Aufsetzen des Domes, Ol3 Finnland

Lagergestell

Abfallsortierung, KKW Grafenrheinfeld

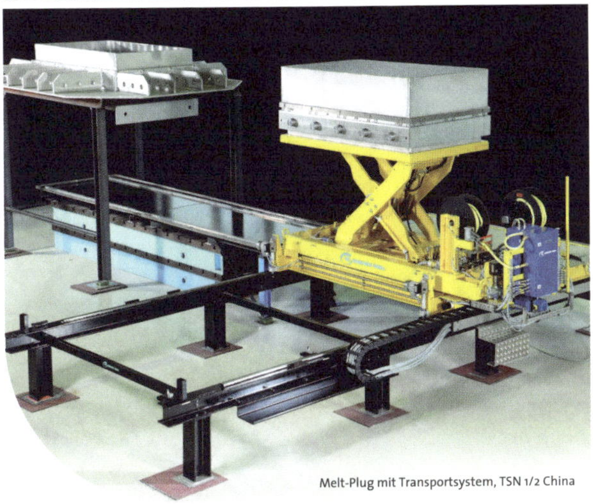
Melt-Plug mit Transportsystem, TSN 1/2 China

Zementiereinheit, TSN 1/2 China

Der **Onlineservice InfoClick** bietet unter www.vogel-buchverlag.de nach Codeeingabe zusätzliche Informationen und Aktualisierungen zu diesem Buch.

InfoClick

In 3 Schritten zum Onlineservice

1. Einfach www.vogel-buchverlag.de aufrufen.
2. Auf das Logo **InfoClick** klicken.
3. Den unten stehenden Zugangscode und eine E-Mail-Adresse eingeben.

Ihr persönlicher Zugang zum Onlineservice ⇨ 3253 1477 0002

Markus Zink, geb. Borlein
Kerntechnik

Wem der große Wurf gelungen,
Eines Freundes Freund zu sein;
Wer ein holdes Weib errungen,
Mische seinen Jubel ein!

Ja – wer auch nur eine Seele
Sein nennt auf dem Erdenrund!
Und wer's nie gekonnt, der stehle
Weinend sich aus diesem Bund!

Aus der Ode «An die Freude»
von Friedrich Schiller.
Meiner Frau Corinna gewidmet, ohne deren
Geduld und Nachsicht die Entstehung
des Buches und die Vielzahl meiner
Aktivitäten nicht möglich wären.

M. Eng., Dipl.-Ing. (FH) Markus Zink, geb. Borlein

Kerntechnik

Grundlagen

2., überarbeitete Auflage

Vogel Buchverlag

M. Eng. Dipl.-Ing. (FH) Markus Zink, geb. Borlein

Jahrgang 1980, studierte elektrische Energietechnik und «Elektro- und Informationstechnik» an der Hochschule für angewandte Wissenschaften, Fachhochschule Würzburg-Schweinfurt mit den Abschlüssen Dipl.-Ing. (FH) und M. Eng. Er hat dort seit 2006 Lehraufträge für «Kerntechnik» und «Grundlagen der Elektro- und Energietechnik». Seine berufliche Tätigkeit führte vom Forschungszentrum Karlsruhe (heute KIT) über die Babcock Noell GmbH zur EnBW, wo er seit 2010 als Doktorand im Kernkraftwerk Philippsburg angestellt ist. Markus Zink ist Mitglied der Kerntechnischen Gesellschaft e.V. sowie im VDE e.V.

Weitere Informationen:
www.vogel-buchverlag.de

ISBN 978-3-8343-3253-0
2. Auflage. 2011

Titelmotiv: AREVA NP GmbH, 91058 Erlangen

Vorwort

Eine wachsende Weltbevölkerung, verbunden mit einem steigenden Wohlstand in ärmeren Ländern, und neue Technologien der Industrienationen führen künftig zu einer erheblichen Steigerung des Energiebedarfs. Bis zum Jahr 2030 wird von der Internationalen Energie Agentur (IEA) ein Wachstum des Primärenergieverbrauchs weltweit von 50% prognostiziert (Quelle: Word Energy Outlook, 2006). Dabei sind große Zuwächse in den Entwicklungsländern zu erwarten. Aber auch die Industriestaaten sind dabei, ihren Energiebedarf weiter zu steigern.

Die Sicherstellung einer umweltverträglichen, wirtschaftlichen und zuverlässigen Energieversorgung gehört zu den Kernproblemen, die die Menschheit heute und in Zukunft zu bewältigen hat. Wir alle müssen auf eine ressourcen- und umweltschonende Energieversorgung hinwirken und unser Handeln sowie unsere Politik auf dieses Ziel ausrichten. Der in diesem Zusammenhang oft zitierte Begriff einer «nachhaltigen Energieversorgung» wurde 1987 von der Weltkommission für Umwelt und Entwicklung folgendermaßen definiert: *«Eine nachhaltige Entwicklung ist die Fähigkeit, die Bedürfnisse der Gegenwart zu befriedigen, ohne gleichzeitig die Möglichkeit zukünftiger Generationen zur Befriedigung ihrer eigenen Bedürfnisse einzuschränken.»*

Unsere Energieversorgung beruht zum Großteil auf fossilen Energieträgern. Es wird, infolge der Verfeuerung dieser Energie und dem damit verbundenen Anstieg von CO_2 in der Atmosphäre, in der Öffentlichkeit kaum noch bezweifelt, dass bereits heute erste Kennzeichen eines durch den Menschen herbeigeführten Klimawandels zu beobachten sind.

«Die Frage nach dem Ja oder Nein des Klimawandels hat sich erledigt. Die Veränderung des Klimas ist Teil unseres Alltags. Jetzt kommt es darauf an, alle Kräfte und Erkenntnisse zu bündeln, um die Folgen des Klimawandels in den Griff zu bekommen.» (Wolfgang Kusch, Präsident des Deutschen Wetterdienstes (DWD), 2008.)

Die Kernkraft mindert bereits heute in einem Mix zusammen mit regenerativen Energieträgern den CO_2-Ausstoß bei der Stromproduktion und bietet gleichzeitig wirtschaftliche Strompreise sowie eine sichere Versorgung mit elektrischer Energie. Nach wie vor spielen aber auch fossile Energieträger eine entscheidende Rolle. Zukünftige Reaktorkonzepte, wie beispielsweise der Hochtemperaturreaktor, neuartige Reaktoren der so genannten 4. Generation – deren (Weiter-)Entwicklung

Ziel aktueller Forschungsprogramme ist –, können in Zukunft neben der Stromproduktion auch zur Deckung des weiteren Energiebedarfs beitragen, weil sie Prozesswärme auf einem hohen Temperaturniveau bereitstellen können. Sie wären beispielsweise in der Lage, für die Herstellung von Wasserstoff zum Einsatz im Straßenverkehr die nötige Energie zu liefern.

Die Kernenergie gewinnt aufgrund der steigenden Preise fossiler Brennstoffe zunehmend an Bedeutung. Besonders in der asiatischen Welt wird verstärkt auf Kernkraft gesetzt. Hier befinden sich zz. ca. 30 Reaktoren in Bau und viele weitere in Planung. In Westeuropa werden derzeit zwei Kernkraftwerke gebaut (Finnland und Frankreich), weitere Anlagen sind hier ebenso geplant.

Neben der Kernspaltungstechnik kann langfristig auch die Kernfusion, an deren Realisierung zz. weltweit geforscht wird, einen Beitrag zu einer CO_2-freien Energieversorgung leisten. Die Kernfusion kann für eine sehr lange Zeit eingesetzt werden, weil die benötigten Rohstoffe nahezu unbegrenzt auf der Erde vorhanden sind (in Frankreich begonnen: ITER, Internationaler Thermonuklearer Experimental-Reaktor – Tokamak-Prinzip –, in Deutschland zz.: Experiment Wendelstein 7-X – Stellarator-Prinzip).

Dieser Grundlagentitel behandelt das komplexe Thema der Kernkraft überschaubar und verständlich, insbesondere für Studierende der Kerntechnik, Elektro- und Energietechnik, Verfahrenstechnik, Maschinenbau, oder für Berufseinsteiger bzw. interessierte Laien. Ein spezielles Vorwissen wird dafür nicht benötigt. Wo es möglich war, wurde auf die Verwendung komplexer Formeln verzichtet. Zahlreiche Bilder, Tabellen und Diagramme veranschaulichen den Text.

Behandelt werden der Aufbau von Atomen, die kerntechnischen und physikalischen Grundlagen sowie die Brennstoffaufbereitung, die Technik verschiedener Reaktortypen und des konventionellen Kraftwerksteils sowie die Endlagerung der radioaktiven Reststoffe. Insbesondere wird die Technik der in Deutschland eingesetzten Leistungsreaktortypen des Druck- und Siedewasserreaktors sowie der beiden zukunftsträchtigen Reaktorkonzepte des Hochtemperatur- und Fusionsreaktors erörtert.

Bedanken möchte ich mich für wichtige Anregungen und Hinweise zu einzelnen Kapiteln bei den Herren Dipl.-Ing. Werner Bahm, Dr. rer. nat. Karl G. Bauer, Dr.-Ing. Tim Büscher, Dipl.-Ing. Sven Jansen, Dipl.-Ing. (FH) Carsten George, Dipl.-Ing. (FH) Sebastian Klengel, M. Eng. Michael Moser, Dipl.-Phys. Stefan Opel, Dipl.-Ing. Hagen Pohl, Dipl.-Ing. Norbert Rohleder, Dipl.-Ing. Daniel Scharf, Dr.-Ing. Thomas Schönmuth, Dr.-Ing. Ralph P. Schorn, Dr. rer. nat. Günther Sikler, Dipl.-Ing. Christopher Weßelmann und den Damen Dipl.-Ing. (BA) Evelyn Werner sowie Dipl.-Phys. Christine Kreuzer. Den Herren Dr. rer. nat. Günter Bäro und Dr. rer. oec. Dieter Herrmann danke ich besonders für die Gesamtdurchsicht und für wertvolle Diskussionen. Ebenso möchte ich mich besonders bei Herrn Dipl.-Ing. (FH) Torsten Maier für explizite Anmerkungen und Diskussionen bedanken.

Besonderer Dank in gleicher Form gilt den Firmen, Instituten und Forschungseinrichtungen, die mit zahlreichen Bildern geholfen haben, den Titel gehaltvoll zu illustrieren. Sie sind im Quellenverzeichnis aufgeführt.

Resonanz zum Buch ist stets willkommen, weil eine lebendige Wissensvermittlung Praxis und Lehrbetrieb immer wieder neu motivieren und inspirieren kann. Den schnellsten Kontakt erfüllt eine E-Mail an: borlein@vogel-buchverlag.de.

Vorwort zur 2. Auflage

Dieser Grundlagentitel, der das Themengebiet der Kerntechnik für Studierende, Berufseinsteiger oder interessierte Laien umfassend und verständlich darlegt, erschien in der 1. Auflage 2009. Erfreulich waren die durchweg positive Resonanz aus der Leserschaft und die hohe Nachfrage. Besonders die erschütternden Ereignisse im japanischen Kernkraftwerk Fukushima Daiichi vom 11. März 2011 hatten einen erhöhten Informationsbedarf bezüglich der im Buch behandelten Themen zur Folge.

In vielen Ländern entbrannte nach diesen Ereignissen in Japan eine neue Debatte über die Nutzung der Kernenergie. Insbesondere in Deutschland wird seither mehr denn je diskutiert, ob ein Ausstieg aus der Kernenergie schneller erfolgen kann, als bisher geplant. Aufgrund dieser Diskussionen wurde Abschnitt 1.2 «Kernkraft in der Energieversorgung» überarbeitet, aktualisiert sowie mit weiterführenden Überlegungen und Tabellen ergänzt. Damit ist es dem Leser möglich, sich ein objektives Bild unserer Energie- und Stromversorgung zu machen.

Die Kernenergie leistet heute immer noch einen wertvollen Beitrag zur Reduzierung der CO2-Emissionen und stellt – zusammen mit anderen konventionellen, in der Regel fossilen Energieträgern – Energie planbar rund um die Uhr zur Verfügung. Es wird aber angestrebt, den Anteil der regenerativen Energieträger an der Stromproduktion weiter zu steigern und konventionelle Anlagen damit zu ersetzen. In diesem Kontext gilt es, den zukünftigen Einsatz der Kernenergie neu zu bewerten.

Bisher wurden Kernkraftwerke aus wirtschaftlichen Überlegungen zwar vor allem im Grundlastbetrieb eingesetzt, sie können im Lastfolgebetrieb aber auch eine hohe Regelleistung zur Verfügung stellen, um schwankende Einspeiseleistungen regenerativer Energieträger und einen schwankenden Verbrauch sicher zu beherrschen. Denn solange noch keine ausreichenden Speicherkapazitäten für elektrische Energie vorhanden sind, müssen konventionelle Kraftwerke die für die regenerativen Energien notwendigen Regelreserven bereithalten. Gerade hier kann aus ökologischer und ökonomischer Sicht der Einsatz der Kernenergie durch ihre CO2-freie und kostengünstige Stromproduktion sinnvoll sein. Der Betrieb von Kernkraftwerken muss einem verstärkten Ausbau regenerativer Energieträger demnach nicht im Wege stehen.

Was die energiepolitischen Entscheidungen jedoch bringen werden und welche Rolle zukünftig die Kernenergie im deutschen und weltweiten Energiemix haben wird, kann zum jetzigen Zeitpunkt schwer prognostiziert werden. Energie- und wirtschaftspolitische Entscheidungen müssen unter Berücksichtigung vieler Rahmenbedingungen getroffen werden, denn unsere Gesellschaft braucht zuverlässige, nachhaltige und bezahlbare Energie.

An dieser Stelle möchte ich mich besonders bei Lesern, die durch Hinweise und Diskussionen zu einer sinnvollen Überarbeitung des Werkes beigetragen haben, bedanken. Resonanz zum Buch ist mir auch weiterhin willkommen. Den schnellsten Kontakt erfüllt eine E-Mail: borlein@vogel-buchverlag.de.

Bergrheinfeld — Markus Zink, geb. Borlein

Inhaltsverzeichnis

1 Einführung

Ein Gelehrter in seinem Laboratorium ist nicht nur ein Techniker; er steht auch vor den Naturgesetzen wie ein Kind vor der Märchenwelt.

Marie Curie, französische Physikerin und Nobelpreisträgerin, 1867–1934

Die über 2000 Jahre alte Geschichte der Atom- und Kernphysik ist gekrönt von brillanten wissenschaftlichen und technischen Leistungen. Sie steckt aber auch voller Widersprüche und Irrtümer über die Deutung der Vorgänge in der Welt des Unsichtbaren.

1.1 Geschichte der Kernenergie

Es begann mit dem Naturphilosophen Demokrit rund 400 Jahre v. Chr. Während eines Spaziergangs mit seinen Schülern soll er einst gesagt haben:

«Nur scheinbar hat ein Ding eine Farbe, nur scheinbar ist es süß oder bitter. In Wirklichkeit gibt es nur Atome und den leeren Raum.»

Damit gilt Demokrit, zusammen mit seinem Lehrer Leukippos von Milet, als Begründer der «Atomistik». Die Bezeichnung Atom kommt vom griechischen Wort «atomos», das übersetzt «unteilbar» bedeutet. Die alten Griechen glaubten, dass alle Stoffe aus winzigen Teilchen bestehen, die nicht weiter geteilt werden können. Die verschiedenen Eigenschaften der Stoffe schrieben sie den unterschiedlichen Anordnungen der Teilchen zu.

Im Mittelalter waren es vor allem die Alchimisten, die eifrig an der Materie der verschiedenen Stoffe forschten. Ihr Ehrgeiz wurde besonders von dem Ziel getrieben, mit abenteuerlichen Methoden aus allen möglichen Dingen Gold zu erzeugen. Sie glaubten z.B., aus Wasser könne man Erde herstellen. Sie waren damit, wie wir heute wissen, der Wirklichkeit, dass ein Element in ein anderes umwandelbar ist, gar nicht so fern, wie es auf den ersten Blick scheint.

Erst rund 2000 Jahre nach Demokrit rückte das Atom wieder in den Blickpunkt wissenschaftlicher Untersuchungen. Besonders die Arbeiten der Naturforscher Robert Boyle und Antoine Laurent Lavoisier aus dem 17. Jahrhundert (letzterer kannte zur damaligen Zeit bereits 31 chemische Elemente) haben es John Dalton 1808 ermöglicht, seine Atomtheorie zu formulieren:

«Die Elemente bestehen aus Atomen, aus kleinen, in keiner Weise weiter teilbaren Partikelchen. Die Atome verschiedener Elemente haben unterschiedliches, die Atome ein- und desselben Elements stets gleiches Gewicht…»

Damit schien zunächst bewiesen, was Demokrit schon lange zuvor verkündet hatte. Und dennoch waren beide, wenn auch nur geringfügig, im Irrtum.

DALTONS Atomtheorie beruht u.a. auf der Annahme, die Elemente seien nicht in andere Elemente umwandelbar, sondern fest definiert. Sollte also der Traum der Alchimisten, Gold herzustellen, ewig unerfüllt bleiben? Dies widersprach doch aber den zur damaligen Zeit schon bekannten Erfahrungen, dass z.B. auch verschiedene Formen der Energie, wie Licht, Wärme, Bewegung oder elektrische Energie, ineinander umgewandelt werden können.

Zum Ende des 19. Jahrhunderts gab es dann Anzeichen, die DALTONS Lehre widerlegen sollten. Hier ist zunächst der deutsche Arzt WILHELM CONRAD RÖNTGEN zu nennen, der mit der Katodenstrahlröhre experimentierte und 1895 eine bis dahin unbekannte Strahlung entdeckte, die von grünlich leuchtenden Stellen der Röhrenwand ausging. Er taufte die sonderbaren Strahlen auf den Namen X-Strahlen und bekam für seine Entdeckung im Jahr 1901 den ersten Nobelpreis für Physik. Diese später nach ihm benannten Röntgenstrahlen konnten leichte Stoffe durchdringen, während sie von dichterem Material, wie Knochen oder Metall, aufgehalten wurden. Überall auf der Welt versuchte man nun, diesen Strahlen auf die Spur zu kommen. So z.B. auch in Paris, wo der Chemiker BECQUEREL auf den Gedanken kam, dass die von den grünlich leuchtenden Stellen der Katodenstrahlröhre ausgehenden Röntgenstrahlen auch von anderen grün leuchtenden (fluoreszierenden) Stoffen ausgesendet werden. Er experimentierte zunächst mit den gelbgrün leuchtenden Uransalzen, die auch als färbender Zusatz für Vasen und Gläser verwendet wurden. Tatsächlich fand er auch bei ihnen eine leicht nachzuweisende Strahlung. Des Weiteren entdeckte BECQUEREL, dass diese Strahlung auch bei völliger Dunkelheit eine Fotoplatte schwärzen konnte. Außerdem beobachtete er 1896, dass diese Strahlung auch dann vorhanden war, wenn keine fluoreszierende Materie beteiligt war, und folgerte daraus, dass sie aus den Uran-Atomen kam. Er konnte ebenfalls nachweisen, dass durch die Strahlung auch eine Ionisation von Gasen ausgelöst werden kann. Er hatte damit die Radioaktivität entdeckt und bekam für seine Forschungen 1903 zusammen mit MARIE CURIE den Physik-Nobelpreis.

Es war ein Fund des Ehepaares CURIE, der die Grundanschauungen der damaligen Physik und Chemie erschütterte. Sie hatten herausgefunden, dass manche Erze, die Uran enthielten, stärker strahlten, als selbst reines Uran und waren deshalb auf der Suche nach dem Ursprung dieser Strahlen. Die Überraschung schlummerte in einer besonders stark strahlenden Uranprobe aus der böhmischen Stadt Johannisthal. In dieser Probe entdeckten sie 1898 ein neues Element und gaben ihm den Namen Polonium, da MARIE CURIE aus Polen stammt. Sie fanden heraus, dass dieses Element ohne erkennbare Ursache ständig eine Strahlung sehr hoher Energie abgibt. MARIE CURIE erhielt für Ihre Entdeckungen 1911 den Nobelpreis für Chemie.

Energie, so wusste man, kann jedoch niemals vernichtet oder erzeugt werden, sondern kann nur ihre Form ändern. Dies trug schließlich mit dazu bei, dem Wesen der ionisierenden Strahlung auf die Spur zu kommen. Eine genaue Untersuchung der ausgesandten Strahlung ergab, dass sie aus verschiedenen Teilen bestehen konnte: Alpha-, Beta- und Gammastrahlen. Dabei entpuppten sich die Betastrahlen als Schwärme von Elektronen, also von Katodenstrahlen bzw. Elektrizität, während die Gammastrahlen eine Art Röntgenstrahlen waren. Die Alphastrahlen jedoch bargen die größte Überraschung. Bei ihnen handelt es sich um positiv geladene Teilchen. Weiter wurde beobachtet, dass sich z.B. Radium durch die ständige Abgabe von Strahlung nach und nach in Blei verwandelte. Was also Generationen von Alchimisten vergeblich versucht hatten und was DALTON, wie auch DEMOKRIT für schlicht unmöglich hielten, geschieht hier ganz von selbst. Elemente wandeln sich in andere um.

Nun konnte weiter an der Entwicklung von Modellen um den Aufbau und das Wesen der Atome geforscht werden. Eine bedeutende Persönlichkeit in diesem neuen Teil der Physik war ERNEST RUTHERFORD. 1904 hatte er die Radioaktivität als Zerfall von Atomkernen erklärt und wenige Jahre später (1911) ein Modell über den Aufbau des Atoms entwickelt. Er postulierte, dass alle Atome aus denselben Grundbausteinen aufgebaut sind. Ein weiterer Wissenschaftler kam in Kopenhagen zu ähnlichen Resultaten. NILS BOHR präzisierte die von RUTHERFORD postulierte Theorie und führte das bis heute gebräuchliche BOHRsche Atommodell ein.

Die Geschichte der Kernspaltung, die die Grundlage unserer heutigen Energiegewinnung aus der Kernkraft darstellt, beginnt noch etwas später – schließlich hatte JAMES CHADWICK auch erst im Jahr 1932 das Neutron entdeckt, wofür er 1935 den Nobelpreis für Physik erhielt. Ende 1938 wurde von FRITZ STRASSMANN und OTTO HAHN die Vermutung geäußert, dass durch Neutronenbeschuss von Uran Barium entstanden ist. Damit wurde von ihnen die Pionierarbeit um die Erforschung der Kernspaltung geleistet. Anfang 1939 kann die Kollegin OTTO HAHNS, LISE MEITNER, (sie war jüdischer Abstammung und nach der Flucht vor dem NS-Regime am Nobel-Institut in Schweden tätig) wertvolle Erkenntnisse um die Deutung des von HAHN und STRASSMANN entdeckten Phänomens beitragen. Von 1939 wird auch erstmals das Wort Kernspaltung verwendet und eingeführt. OTTO HAHN erhielt für seine Arbeiten 1944 den Nobelpreis für Chemie.

Ebenfalls im Jahr 1939 wurden vom Team um FRÉDÉRIC JOLIOT die bei der Kernspaltung frei werdenden Neutronen nachgewiesen. Somit wurde auch klar, dass durch die Kernspaltung eine Kettenreaktion ausgelöst werden könnte.

Bereits 1942 konstruierte und baute ENRICO FERMI, der 1938 für seine Forschungen zur Kernspaltung den Nobelpreis für Physik bekam, an der Universität in Chicago den ersten Kernreaktor mit einer kontrolliert ablaufenden Kettenreaktion – den Chicago Pile 1. Am 20. Dezember 1951 wurde erstmals durch den Experimental Breeder Reactor 1 (EBR-I) in den USA Strom durch Kernenergie erzeugt. 1957 begann auch in Deutschland die Forschung zur Kerntechnik mit der Inbetriebnahme des ersten Forschungsreaktors, dem FRM-I («Atomei») in Garching bei München. 1961 wurde vom Kernkraftwerk Kahl zum ersten Mal in

Deutschland Strom aus Kernenergie ins Netz gespeist. 1972 nahmen die ersten beiden kommerziellen Kraftwerke in Deutschland (Stade und Würgassen), ihren Betrieb auf. Weitere statistische Daten zur Kernenergie sind zu Beginn des Kapitels 6 aufgeführt.

Die sich abzeichnende, teilweise rasante Entwicklung im Bereich der Kerntechnik wurde jedoch auch durch zwei tragische Reaktorunglücke beschattet. Zum einen ereignete sich am 28.03.1979 im Kernkraftwerk Three-Mile-Island nahe Harrisburg (USA) ein schwerer Reaktorunfall mit partieller Kernschmelze. Dank der vorhandenen Barrieren und Sicherheitskonzepte konnte ein größeres Austreten von radioaktivem Material verhindert werden. Der 26.04.1986 war das Datum des bislang schwersten Reaktorunglücks im sowjetischen Kernkraftwerk Tschernobyl. Bei diesem Unfall wurde eine sehr große Menge radioaktiven Materials in die Umgebung freigesetzt.

Seit nunmehr ca. 50 Jahren wird weltweit auch an der Erforschung einer weiteren Energiequelle, der Kernfusion, gearbeitet. Bei der Kernfusion handelt es sich quasi um das «Gegenteil» zur Kernspaltung. Hierbei wird Energie nicht durch die Spaltung schwerer, sondern durch die Verschmelzung leichter Atomkerne gewonnen. Die Aufrechterhaltung einer Fusionsreaktion stellt sich jedoch ungemein schwieriger dar, als die Kernspaltung, die in einer kontrollierten Kettenreaktion von selbst abläuft. Deshalb wird es auch noch viel Forschungsarbeit brauchen, bis die Kernfusion eines Tages Strom ins Netz liefern kann. Sollte dies jedoch möglich sein und genutzt werden können, wovon die Forscher heutzutage überzeugt sind, dann ist ein sehr großer Schritt zur Lösung der weltweiten Energieprobleme getan. Die Rohstoffe der Kernfusion, Deuterium und Tritium (bzw. dessen Brutmaterial Lithium), sind auf der Erde in großen Mengen vorhanden und würden für die Energieversorgung der Menschheit für eine sehr lange Zeit ausreichen (Abschnitt 6.8).

1.2 Kernkraft in der Energieversorgung

Unser heutiger Lebensstil und unser Wohlstand sind zum allergrößten Teil auf die Verfügbarkeit von Energie und insbesondere auf die der elektrischen Energie zurückzuführen. Ohne die Versorgung mit Energie rund um die Uhr und ohne planmäßig einsetzbare Energieträger wäre das Leben in Industrienationen wie Deutschland in der Art, wie wir es heute gewohnt sind, nicht denkbar.

Anmerkung

Der Einsatz von Energie steigert die Produktivität, ermöglicht Wirtschaftswachstum und einen höheren Lebensstandard. Es lässt sich feststellen, dass sich der Energieverbrauch einer Nation im Allgemeinen proportional zum Bruttoinlandsprodukt entwickelt. Im Rahmen dieser Grundtendenz lösen sich längere Perioden gegenseitig ab, in denen es entweder verstärkt zum Ausbau neuer ergiebiger Energiequellen oder zu Energieeinsparung und Effizienzerhöhungen kommt. Beides sind notwendige Seiten einer nachhaltigen Entwicklung. Gelegentlich wird in stark vereinfachter Sichtweise nur die Einsparung bzw. Effizienzsteigerung und damit die mögliche zeitweise Entkopplung von Wirtschaftswachstum und Energieverbrauch als nachhaltig angesehen.

Beispielsweise wurden zu Beginn der vermehrten Nutzung der fossilen Energieträger, als deren Marktpreise noch niedrig waren, viele Häuser mangelhaft wärmeisoliert, weil dies nicht wirtschaftlich war (der Preis für die zusätzliche Wärmeisolation war höher als die benötigten Heizkosten). Heute, wo die Marktpreise für fossile Brennstoffe sehr hoch sind und sich eine Verknappung der Reserven andeutet, werden alte Häuser mit Wärmeisolationen nachgerüstet bzw. neue Häuser gleich entsprechend gebaut und neue Energiequellen (z.B. Solarheizung) genutzt, um den künftigen Bedarf zu decken.

Im Folgenden wird die Energieversorgung der Bundesrepublik Deutschland erläutert. Als Basis wurden soweit als möglich die Daten aus dem Jahr 2009 herangezogen. Im Wesentlichen lassen sich die Verhältnisse auch auf andere Industrieländer der westlichen Welt übertragen.

1.2.1 Elektrische Energie

Tabelle 1.1 zeigt sowohl die installierte elektrische Leistung der einzelnen Energieträger als auch deren durchschnittliche Ausnutzungsdauer und die daraus resultierende Stromerzeugung. Es wird deutlich, dass knapp 60% unserer elektrischen Energie auf der Nutzung fossiler Energieträger beruht.

Die Kernenergie hatte 2009 einen Anteil von 23%, regenerative Energien deckten unseren Strombedarf zu 12...14% (nicht explizit aufgeführt ist der Anteil der Biomasse und anderer regenerativer Energieträger, die unter Sonstige enthalten sind).

Die Angabe der durchschnittlichen Ausnutzungsdauer zeigt die zeitliche Verfügbarkeit der jeweiligen Energieträger. Es ist zu erkennen, dass z.B. die Windenergie trotz ihrer im Vergleich zur Kernenergie um 25% höheren installierten Leistung nur zu 7% beiträgt, während die Kernenergie etwa dreimal mehr Strom erzeugt.

Anmerkung

Es ist zunächst anzunehmen, dass sich durch die Multiplikation der installierten Kraftwerksleistung mit der durchschnittlichen Ausnutzungsdauer die erzeugte Strommenge ergibt. Waren aber z.B. installierte Kraftwerke nur bedingt verfügbar, trugen sie auch nicht zur erzeugten Strommenge bei.

Tabelle 1.1 Installierte Netto-Kraftwerksleistung, durchschnittliche Ausnutzungsdauer und Nettostromerzeugung der BRD im Jahr 2009 (a) [1.1], b) [1.2])

Energieträger	installierte Kraftwerksleistung netto a)	durchschnittliche Ausnutzungsdauer b)	Nettostromerzeugung a)	
	[GW]	[h]	[TWh]	[%]
Steinkohle	28,0	3580	100	18
Erdgas	21,7	3150	75	13
Braunkohle	20,3	6610	134	24
Kernenergie	20,5	7710	128	23
Wasser	5,3	3530	19	3
Wind	25,8	1520	38	7
Sonne	9,8	890	6	1
Sonstige	24,1	–	61	11
Summe	**155,5**	**–**	**561**	**100**

Anmerkung

1 kWh (Kilowattstunde) ist die Energie, die umgesetzt wird, wenn eine Leistung von 1000 W (1 kW) über die Zeitdauer von 1 h erbracht wird. Zum Vergleich: Der Mensch ist in der Lage, eine Dauerleistung von ca. 100 W zu erbringen. Spitzensportler können kurzzeitig auch ca. 1500 W leisten. Um z.B. die Energie zu erzeugen, die ein Elektroherd mit einer Leistung von 2000 W während eines einstündigen Betriebs verbraucht (2 kWh), müsste ein Mensch ca. 20 h arbeiten (z.B. auf einem Fahrrad mit angeschlossenem Generator). Der Preis für diese Energiemenge liegt beim heutigen Strompreis von ca. 20 ct/kWh bei 40 ct.

Neben der Wattsekunde (W s) sind auch das Joule (J) und das Newtonmeter (N m) Grundeinheiten der Energie bzw. der Arbeit. Diese Größen können einander gleichgesetzt werden, d.h., 1 J = 1 W s = 1 N m.

Die kWh ist eine abgeleitete Einheit (1 kWh = 3 600 000 W s).

1 GW entspricht 1 Mio. kW, 1 TWh = 1 000 000 000 kWh.

Da elektrische Energie derzeit nur sehr bedingt und in kleinem Umfang gespeichert werden kann, muss die von den Verbrauchern benötigte Energie «just in time» in das Stromnetz eingespeist werden. Verbrauch und Einspeisung bzw. Erzeugung müssen sich also zu jeder Zeit ausgleichen. Kommt es z.B. witterungsbedingt zu Schwankungen in der Einspeisung mancher Energieträger, müssen andere Kraftwerke den Leistungsbedarf ausregeln (Regelreserve). Für diesen Zweck dienen heutzutage vor allem Kohle- und in zunehmendem Maße auch Gas- und Kernkraftwerke. Damit diese Schwankungen in der Verfügbarkeit einzelner Energieträger nicht zu Energieengpässen führen, ist ein ausgewogener Mix an verschiedenen Energieträgern nötig.

Neben den witterungsbedingten Schwankungen in der Einspeisung, muss die erzeugte Menge an elektrischer Energie auch dem Bedarf der Verbraucher angepasst werden. Der Bedarf an elektrischer Energie ist über den Tag verteilt nicht konstant, sondern schwankt gemäß unseren Lebensgewohnheiten. So ist z.B. der Bedarf im Sommer um die Mittagszeit und im Winter bei Nacht am größten (Bild 1.1). Die sog. Grundlast ist dabei die Menge an elektrischer Energie, die rund um die Uhr benötigt wird. Die Kernkraft trägt zu 45% zur Deckung der Grundlast bei (Bild 1.2). Daneben wird Braunkohle und Wasserkraft für die Grundlastdeckung verwendet. Des Weiteren wird zwischen der Mittel- und Spitzenlast unterschieden. Zur Deckung der Mittellast werden insbesondere Kohlekraftwerke eingesetzt. Für die Spitzenlast stehen neben den Kohlekraftwerken auch Gas- und in gewissem Umfang auch Pumpspeicherkraftwerke zur Verfügung. Letztere werden verwendet, um den schwankenden Bedarf etwas zu vergleichmäßigen, indem sie zu Zeiten niedrigen Bedarfs (z.B. nachts) Energie dazu verwenden, Wasser auf ein höheres Potential zu pumpen, das sie dann zu Zeiten großen Bedarfs (z.B. mittags) wieder zur Stromerzeugung ablassen (Bild 1.1).

Diese Kraftwerke stellen heutzutage in der BRD mit rund 6,7 GW und etwa 40 GWh nur eine sehr geringe Kapazität. In Zukunft wird der Bedarf an Speicherkraftwerken durch den weiteren Ausbau der regenerativen Energieträger stark ansteigen. Durch das Erneuerbare Energien Gesetz (EEG) ist geregelt, dass der Strom der regenerativen Energieträger vorrangig vom Netz aufzunehmen ist – unabhängig davon, ob er (z.B. nachts) gerade benötigt wird. Deshalb müssen heute konventionelle Kraftwerke diese Regelaufgabe bewältigen und sowohl die schwankende Einspeisung der regenerativen Energieträger als auch die schwankende Nachfrage der Verbraucher ausgleichen.

Auch die Kernenergie wird in zunehmendem Maße für diese Regelung eingesetzt. Kernkraftwerke sind auf Laständerungen, die sich aus dem Lastfolgebetrieb ergeben, ausgelegt und können sowohl technisch als auch physikalisch für die Lastwechsel eingesetzt werden – siehe Abschnitt 5.4 [1.3]. Sie erreichen im oberen Leistungsbereich (etwa 80...100% der Nennleistung) Änderungsgeschwindigkeiten, die denen von Gaskraftwerken gleichen und können in einem großen Leistungsbereich geregelt werden. Gleichzeitig tragen sie durch ihre CO_2-freie Stromproduktion zur Einsparung der Treibhausgasemissionen bei und können somit zusammen mit den regenerativen Energien zu einem sowohl aus ökologischer als auch aus ökonomischer Sicht günstigen Energiemix führen.

Anmerkung

Die Höchstlast (Bild 1.1) beträgt im Sommer ungefähr 60 GW, im Winter bis zu 80 GW. Die Grundlast liegt im Sommer ca. bei 30...40 GW. Die von der Photovoltaik eingespeiste Leistung variiert täglich zwischen 0 und dem verfügbaren Maximum von bis zu 10 GW (s. Tabelle 1.1). Gleichzeitig kann auch die von der

Windkraft erzeugte Leistung innerhalb weniger Stunden um viele GW schwanken. Diese Änderungen bei der Einspeisung und beim Verbrauch müssen von den Regelkraftwerken entsprechend ausgeglichen werden, sodass Erzeugung und Verbrauch zu jeder Zeit gleich sind. Zuverlässige Vorhersagen der Einspeisung und des Verbrauchs ermöglichen es, sich auf die zu erwartenden Schwankungen Tag für Tag einzustellen, sodass die Änderungen nicht völlig unerwartet auftreten. Abweichungen von der Prognose können jedoch den Energieversorgern viel Geld kosten, da der Strom für die BRD an der Leipziger Strombörse gehandelt wird und i.d.R. einen Tag im Voraus gekauft bzw. verkauft wird.

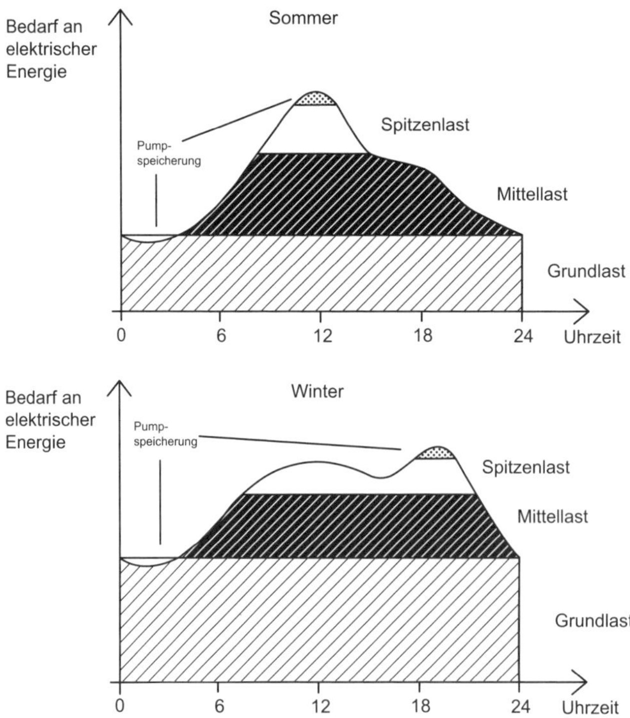

Bild 1.1 Schematischer Lastgang des elektrischen Energiebedarfs im Sommer und im Winter – der tatsächliche Lastgang ist auch vom Wochentag, Wetter und anderen Parametern abhängig.

Die dargelegten Zahlen zeigen, dass der bloße Anteil an der erzeugten Strommenge eines Energieträgers, wie er in Tabelle 1.1 aufgeführt ist, für sich alleine kein befriedigendes Qualitätsmerkmal darstellt. Es muss auch die Verfügbarkeit bzw. die Planbarkeit des Energieträgers in Betracht gezogen werden, damit Strom zu jeder Zeit in der benötigten Menge zur Verfügung steht. Die sog. Grundlastfähigkeit spiegelt diese Eigenschaft der einzelnen Energieformen wieder und beurteilt, ob ein Energieträger auch «rund um die Uhr» für die Stromerzeugung zur Verfügung stehen kann bzw. aus wirtschaftlichen Gründen hierfür eingesetzt wird. Über die Verteilung der Grundlaststromversorgung der BRD im Jahr 2009 gibt Bild 1.2 Auskunft:

Bild 1.2 Grundlaststromversorgung 2009 in der BRD [1.1]

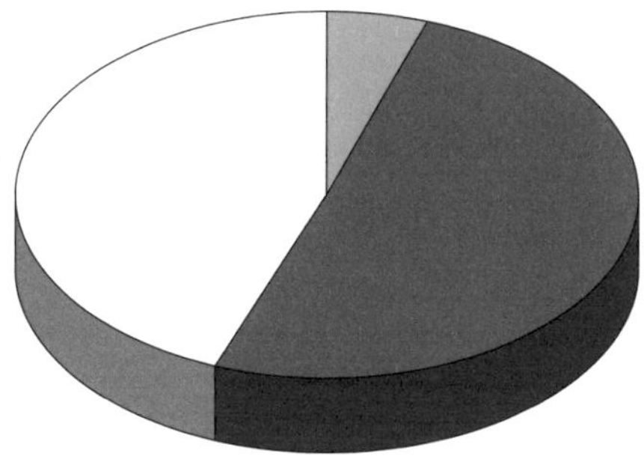

Unser Stromverbrauch wird in den nächsten Jahren weiter ansteigen. Der Verband der Großkesselbesitzer (VGB) prognostiziert in [1.4] einen Anstieg des Strombedarfs der EU-27 Mitgliedsstaaten um 17% bis zum Jahr 2020 (von bisher 3.400 TWh auf etwa 4.000 TWh jährlich). Als Grund hierfür werden der Nachholbedarf der neuen EU-Länder sowie die steigende Zahl der mit elektrischem Strom betriebenen Verbraucher in den Haushalten genannt. Auch die vermehrte Verwendung der elektrischen Energie zur Verringerung des Primärenergieeinsatzes (z.B. Wärmepumpen für Gebäudeheizung und -klimatisierung) tragen zur Steigerung des Stromverbrauchs bei.

In den nächsten Jahren kommt zu dieser allgemeinen Steigerung des Stromverbrauchs auch ein großer Bedarf an Ersatzleistung für alte und unwirtschaftliche Kraftwerke hinzu. Viele Kraftwerke, nicht nur Kernkraftwerke, sondern vor allem auch Kohlekraftwerke, die heute einen großen Beitrag zur Stromerzeugung und insbesondere zur Grundlastdeckung liefern, müssen in den nächsten Jahren altersbedingt vom Netz genommen und durch neue Anlagen ersetzt werden. Der VGB nennt in [1.4] einen Neubaubedarf an Kraftwerksleistung in der EU-27 von 400 000 MW bis zum Jahr 2020. Das entspricht bei einer durchschnittlichen Kraftwerksleistung von ca. 1000 MWe etwa 400 neuen Großkraftwerken.

Anmerkung

Interessant ist auch die Aufteilung der elektrischen Energie auf die verschiedenen Verbraucher. Aus Bild 1.3 ist zu erkennen, dass im Bereich der Industrie und des Gewerbes der Verbrauch am höchsten ist.

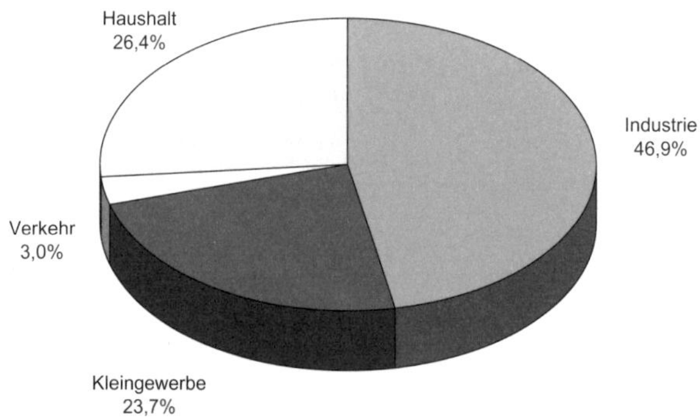

Bild 1.3 Übersicht der Stromverbraucher nach Sektoren 2005 [1.1]

1.2.2 Primärenergie

Die elektrische Energie ist aber nur eine von vielen Energieformen, auf die unsere heutige Gesellschaft nicht mehr verzichten kann. Die Summe der Energieträger, die in der Natur vorkommen und aus denen unsere für den Endverbrauch bestimmten Energieträger (z.B. Strom, Kraftstoff, Heizöl usw.) gewonnen werden, fasst man unter dem Sammelbegriff der Primärenergieträger zusammen. Tabelle 1.2 listet die verschiedenen Primärenergieträger der Bundesrepublik sowie deren Anteile.

Tabelle 1.2 Primärenergieträger der BRD 2009 [1.1]

Energieträger	Primärenergieanteil
Erdgas	22%
Kernenergie	11%
Braunkohle	11%
Steinkohle	12%
Mineralöl	35%
Windkraft	1%
Biomasse	5%
Biokraftstoff	1%
Solarthermie	0,1%
Wärmepumpe	0,1%
Sonstige	1,8%

Während die Kernenergie im Bereich der Stromerzeugung in der BRD einen Anteil von 23% hat (Tabelle 1.1), trägt sie zur Deckung der Primärenergie nur mit 11% bei. Dies kommt vor allem daher, weil zur Versorgung des Verkehrswesens und des Hausbrandes (Heizung), die zusammen rund 2/3 des Primärenergieverbrauchs ausmachen, hauptsächlich die Energieträger Mineralöl und Erdgas herangezogen werden. Bild 1.4 zeigt das Energieflussbild der Bundesrepublik Deutschland für das Jahr 2007. Der dargestellte Primärenergieverbrauch von 477,5 Mt SKE (Steinkohleeinheiten) entspricht rund 3900 TWh.

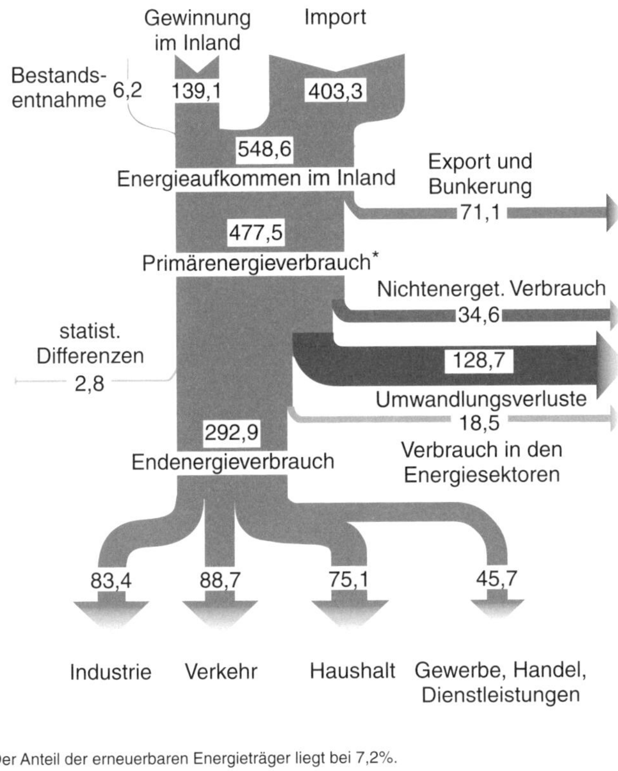

Bild 1.4 Energieflussbild 2007 für die Bundesrepublik Deutschland, Zahlen in Mt SKE [1.5]

In den kommenden Jahrzehnten wird es immer schwieriger werden, den weltweiten Hunger nach Energie, vor allem in den aufstrebenden Nationen wie China, Indien oder auch Südamerika und Afrika, zu stillen. Bereits heute ist z.B. an den steigenden Preisen für Rohöl ein deutlicher Trend hin zu erhöhten Kosten und schließlich auch zur Verknappung der Ressourcen zu erkennen. Ebenso muss jedoch dringend auf eine klimaschonende und umweltverträgliche Nutzung von Energie, auch im Sinne der Nachhaltigkeit, geachtet werden. Hierfür ist ein ausgewogener Energiemix dringend nötig, um sich z.B. nicht in die Abhängigkeit von anderen, oft politisch instabilen, Ländern zu begeben. (Weitere statistische Daten, speziell zur Kernenergie, werden zu Beginn des Kapitels 6 aufgeführt.)

2 Grundlagen

Welch triste Epoche, in der es leichter ist,
ein Atom zu zertrümmern, als ein Vorurteil!

ALBERT EINSTEIN, deutscher Physiker und Nobelpreisträger, 1879–1955

Im Folgenden wird nach der einleitenden Beschreibung des prinzipiellen Atomaufbaus dargestellt, warum es bei der Spaltung eines schweren Atomkerns bzw. bei der Fusion von leichten Atomkernen zur Freisetzung von Energie kommt.

2.1 Aufbau des Atoms

In der Einleitung wurde die Geschichte der Kernenergie dargelegt und u.a. das nach seinem Entdecker NIELS BOHR benannte Atommodell erwähnt. Dieses Modell beschreibt den prinzipiellen Aufbau des Atoms, bei dem der Atomkern im Zentrum von den Elektronen umkreist wird. Allerdings stellen die «Bahnen» der Elektronen keine wirklichen Kreise dar, und nur bildhaft sind Elektronen kleine «Kügelchen», die um den Atomkern kreisen (Bild 2.1). Vielmehr sind Elektronen quantenmechanische Teilchen, für deren Eigenschaften (Impuls, Aufenthaltsort, Energie usw.) lediglich Angaben zur Wahrscheinlichkeitsverteilung gemacht werden können. Die Ansammlung der im Atom gebunden Elektronen wird daher auch als «Elektronenwolke» bezeichnet.

Bild 2.1
BOHRsches Atommodell

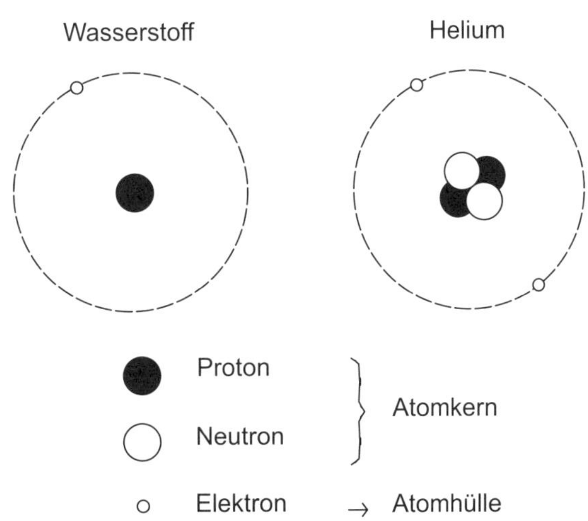

Protonen und Neutronen, die sog. Nukleonen (Kernbausteine), bilden gemeinsam den Atomkern, der von den Elektronen umkreist wird.

Der Durchmesser eines Atoms beträgt ca. 10^{-10} m. Im Vergleich dazu ist der Durchmesser des Atomkerns ca. 100 000-mal kleiner. Trotz seiner winzigen Abmessungen ist fast die gesamte Masse des Atoms im Kern gebündelt – die Dichte im Atomkern beträgt ca. 10^{17} kg/m³. Die Masse der Protonen und der Neutronen ist annähernd gleich und mit rund $1{,}67 \cdot 10^{-27}$ kg ca. 1837-mal größer als die des Elektrons.

Neben der Masse ist auch die elektrische Ladung ein Unterscheidungskriterium der Bausteine eines Atoms. Während das Neutron elektrisch neutral ist, ist das Proton elektrisch positiv und das Elektron elektrisch negativ geladen. Ein Atom mit der gleichen Anzahl von Protonen und Elektronen ist gegenüber seiner Umwelt elektrisch neutral. Ist die Anzahl der Elektronen und der Protonen nicht identisch, handelt es sich, je nachdem, welche Ladung überwiegt, um ein positives oder negatives Ion. Da die absoluten Massen der Nukleonen sehr klein sind, wird in der Kernphysik bzw. der Chemie meistens mit der Anzahl der in einem Kern befindlichen Bausteine gerechnet. Die Elemente werden daher nach einem Schema, das in Bild 2.2 wiedergegeben ist, gekennzeichnet.

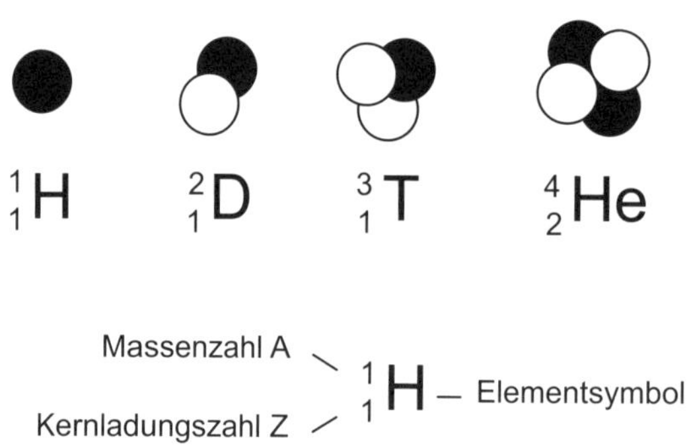

Bild 2.2 Schematischer Aufbau und Kennzeichnung der Atomkerne am Beispiel der ersten stabilen Nuklide des Periodensystems

Die Zahl links unten am Symbol ist die sog. Kernladungszahl Z. Dies ist die Anzahl der im Kern enthaltenen Ladungen, also der Protonen. Die obere Zahl wird als Massenzahl A bezeichnet. Sie gibt an, wie viele Nukleonen insgesamt im Kern enthalten sind. Die Neutronenzahl erhält man aus der Differenz von Massenzahl und Kernladungszahl. Diese Schreibweise ist nützlich, um z.B. bei der Betrachtung radioaktiver Zerfälle oder Kernspaltungsprozesse die Veränderung von Atomkernen mittels Kernreaktionsgleichungen beschreiben zu können. Auch die Atombausteine selbst lassen sich in dieser Schreibweise angeben (s. Tabelle 2.1).

Tabelle 2.1 Kennzeichnung der Atombausteine

Proton	Neutron	Elektron
$^{1}_{1}p$	$^{1}_{0}n$	$^{0}_{-1}e$

Die Kernladungszahl (Anzahl der Protonen) ist das einzige Kriterium nach dem Atome in das Periodensystem der chemischen Elemente (s. Bild 2.3) eingeordnet werden. Sie wird daher auch Ordnungszahl genannt. Im Gegensatz zum Begriff des Elements ist das «Nuklid» durch die Protonen- und Neutronenzahl charakterisiert. Es gibt Nuklide mit derselben Kernladungszahl, die jedoch eine unterschiedliche Neutronenzahl aufweisen. Deuterium beispielsweise ist ein Wasserstoffelement, da es nur 1 Proton im Kern hat. Es unterscheidet sich jedoch vom herkömmlichen Wasserstoff durch das zusätzliche, im Kern vorhandene Neutron. Nuklide mit der gleichen Anzahl an Protonen, jedoch mit unterschiedlicher Anzahl an Neutronen, nennt man Isotope. Sie weisen zwar die gleichen chemischen Eigenschaften auf, können sich jedoch in ihren kernphysikalischen Eigenschaften deutlich voneinander unterscheiden (s. Abschnitt 3.1).

Anmerkung

Neben dem Begriff des Isotops (Nuklide mit der gleichen Anzahl an Protonen, aber unterschiedlicher Anzahl von Neutronen) hat man noch zwei weitere Bezeichnungen für Kerne mit gleichen Eigenschaften eingeführt. Zum einen werden Kerne mit gleicher Neutronenzahl Isotone, zum anderen Kerne mit gleicher Massenzahl Isobare genannt. In der Darstellungsform als Nuklidkarte (Abschnitt 3.1.2) liegen Isotope auf waagrechten Linien, Isotone auf senkrechten Linien und Isobare auf diagonalen Geraden mit der Steigung –1.

Beim Wasserstoff hat man die beiden Isotope ^{2}H und ^{3}H mit speziellen Namen versehen – Deuterium und Tritium.

Die Elemente unterscheiden sich chemisch in der Anzahl ihrer Elektronen (dadurch ist für elektrisch neutrale Atome auch die Anzahl der Protonen, also das Element selbst, festgelegt). Nach diesem Kriterium in Reihenfolge geordnet und nach ihren chemischen Eigenschaften gruppiert, sind sie im Periodensystem der Elemente zusammengefasst (s. Bild 2.3).

Anmerkung

Während Elektronen bei allen chemischen Reaktionen ausschlaggebend sind, spielen sie bei Reaktionen, die im Atomkern stattfinden, quasi keine Rolle (vgl. Abschnitt 3.1).

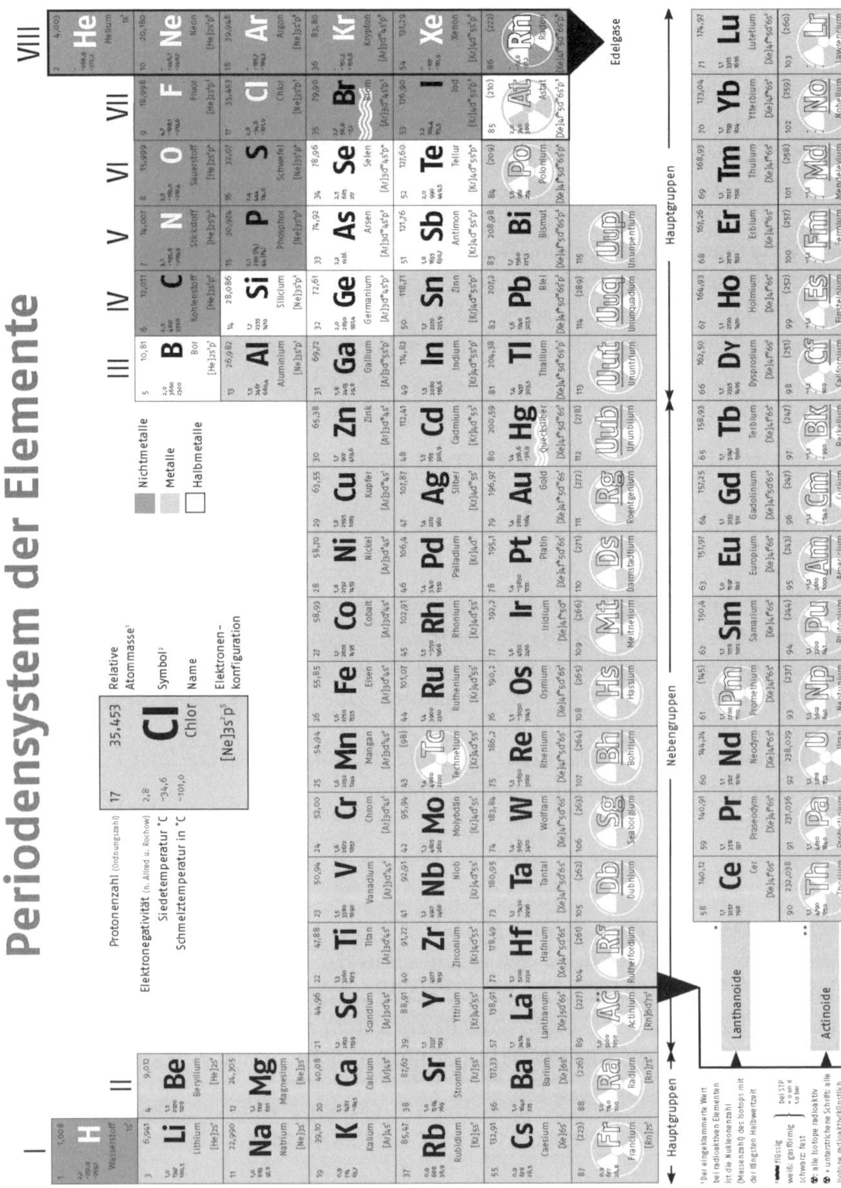

Bild 2.3 Periodensystem der Elemente [2.1]

2.2 Massendefekt, Bindungsenergie

Da der Kern eines Atoms lediglich aus Protonen und Neutronen besteht, müsste man annehmen, dass ein Atomkern nicht stabil sein kann, da sich die positiven Ladungen im Atomkern sehr stark abstoßen. Die Kraft zwischen elektrischen Ladungen folgt dem COULOMBschen Gesetz von Gl. 2.1.

$$|K| = \frac{1}{4 \cdot \pi \cdot \varepsilon_0} \cdot \frac{q_1 \cdot q_2}{r^2} \qquad \text{(Gl. 2.1)}$$

mit:

ε_0	absolute Dielektrizitätskonstante
q_1 und q_2	Ladungen
r	Abstand zwischen den Ladungen

Sind Ladungen gleichnamig, ist $K > 0$, und es wirkt eine abstoßende Kraft. Bei unterschiedlichen Polaritäten ist $K < 0$ (anziehende Kraft). Die abstoßende Kraft zwischen 2 Protonen im Kern eines Atoms, mit dem Abstand von ~1,8 · 10^{-15} m, ist sehr groß. Sie beträgt nach Gl. 2.2 ~ 70 N.

$$F = k \cdot \frac{q_1 \cdot q_2}{r^2} = 9 \cdot 10^9 \frac{\text{Nm}^2}{\text{C}^2} \cdot \frac{(1{,}6 \cdot 10^{-19}\,\text{C})^2}{(1{,}8 \cdot 10^{-15}\,\text{m})^2} = 70\ \text{N} \qquad \text{(Gl. 2.2)}$$

Dies entspricht ca. der Gewichtskraft einer Masse von 7 kg. Das ist äußerst viel für Teilchen, deren Massen bei ca. 10^{-27} kg liegen.

Damit ein Atomkern stabil ist, müssen anziehende Kräfte den abstoßenden COULOMBschen Kräften zwischen den Protonen entgegenwirken. Die zwischen den Teilchen wirkende gravitative Anziehung kommt hierfür nicht infrage, da sie im Bereich der sehr kleinen Massen äußerst gering ist und von der abstoßenden COULOMBschen Kraft um ca. 36 Größenordnungen übertroffen wird. Dass es dennoch stabile Atomkerne gibt, ist den sog. Kernkräften zu verdanken. Diese wirken sehr viel stärker als die abstoßende elektrostatische Kraft. Während die abstoßenden elektrostatischen Kräfte auch über größere Entfernungen wirken (Bild 2.4 a), ist die Reichweite der Kernkräfte mit ~10^{-15} m extrem gering. Sie wirken nur

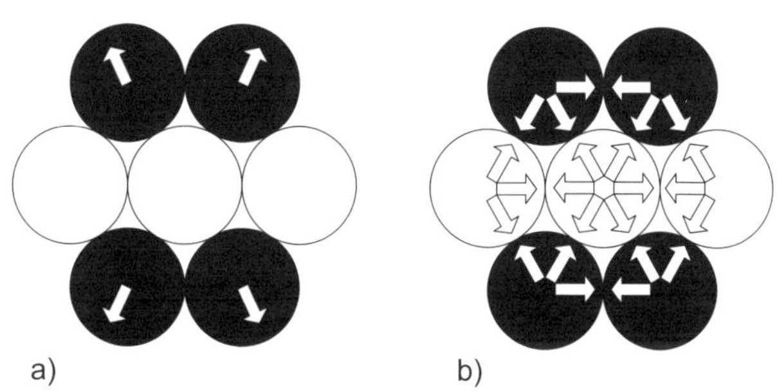

Bild 2.4
Veranschaulichung der Kräfte im Atomkern:
a) abstoßende COULOMBsche Kräfte,
b) anziehende Kernkräfte

zwischen benachbarten Nukleonen innerhalb desselben Atomkerns. Auf überatomaren Skalen ist sie nicht messbar.

Eine weitere Eigenschaft der anziehenden Kernkräfte ist es, dass sie zwischen allen Nukleonen, also auch zwischen Protonen und Neutronen wirken können – unabhängig also von der Ladung der Teilchen (Bild 2.4 b).

Anmerkung

Die anziehende, kurz-reichweitige Kernkraft zwischen den Nukleonen basiert auf dem Austausch von sog. Mesonen. Deren Existenz und Funktionsweise wird im physikalischen Konzept der «starken Wechselwirkung» beschrieben . Daneben gibt es noch die «schwache Wechselwirkung», die die Umwandlung von Nukleonen (z.B. durch den β-Zerfall, Abschnitt 3.1) beschreibt und bestimmt. Sie trägt ihren Namen, weil sie ca. 10^{11}-mal schwächer ist, als die starke Wechselwirkung.

Eine wesentliche Rolle in der Kernphysik spielt der sog. Massendefekt und die mit ihm einhergehende Definition der Bindungsenergie. Die Werte der Ruhemassen der Kernbausteine sind in Tabelle 2.2 angegeben. Ein ^{4}He-Kern, der aus 2 Protonen und 2 Neutronen besteht, müsste nach Gl. 2.3 eine Masse von 6,6951 · 10^{-27} kg haben. Durch Messungen lässt sich aber nachweisen, dass ein Heliumkern etwas weniger Masse hat (6,6446 · 10^{-27} kg) als die Summe seiner einzelnen Bestandteile vor dem Zusammenschluss.

$$2 \cdot (1{,}67262 + 1{,}67493) \cdot 10^{-27}\,\text{kg} = 6{,}6951 \cdot 10^{-27}\,\text{kg} \qquad \text{(Gl. 2.3)}$$

Tabelle 2.2 Ruhemassen der Kernbausteine

Proton	Neutron
1,67262 · 10^{-27} kg	1,67493 · 10^{-27} kg

Die Differenz der Masse, der sog. Massendefekt, geht beim Zusammenschluss der Kernbausteine zu einem Kern in Energie über und wird freigesetzt. Diese Energie steckt als Bindungsenergie im neuen Kern. Sie lässt sich mit der berühmten Formel $E = \Delta m \cdot c^2$ berechnen, wobei E die Energie, m die Masse (bzw. die Massendifferenz) und c die Vakuumlichtgeschwindigkeit ist. Nach Gl. 2.4 erhält man für den betrachteten ^{4}He-Kern eine Energie von 28 MeV. Sie wurde bei der Bildung des Heliumkerns freigesetzt. Um den Heliumkern in seine einzelnen Bestandteile zu zerlegen, müsste genau diese Energie wieder zugeführt werden.

$$E = 0{,}05044 \cdot 10^{-27}\,\text{kg} \cdot (3 \cdot 10^9\,\frac{\text{m}}{\text{s}})^2 = 28\,\text{MeV} \qquad \text{(Gl. 2.4)}$$

Anmerkung
1 eV ist die Energie, die ein Elektron beim Durchfliegen einer Potentialdifferenz von 1 V aufnimmt. Sie entspricht rund $1{,}6 \cdot 10^{-19}$ J. Das eV ist eine in der Kernphysik häufig verwendete Größe, weil herkömmliche Energieeinheiten, wie das J bzw. die Ws, zu groß sind als dass sie die Vorgänge im atomaren Bereich anschaulich beschreiben könnten.

Beispiel
Die bei der Spaltung von 1 kg ^{235}U entstehenden Spaltprodukte (vgl. Abschnitt 5.2.1) haben eine um ca. 0,86 g geringere Masse. Dieser Massendifferenz entspricht eine Energie von $7{,}7 \cdot 10^{13}$ Ws, was umgerechnet rund 21 Mio. kWh sind.

Jedes Nuklid hat eine charakteristische Bindungsenergie. Diese totale Bindungsenergie lässt sich auch auf die einzelnen Kernbausteine normieren. Dadurch erhält man einen für jeden Atomkern spezifischen Wert (die Bindungsenergie pro Nukleon). Im Fall des ^{4}He-Kerns nach Gl. 2.5 also ca. 7 MeV / Nukleon.

$$\frac{28\ \text{MeV}}{4\ \text{Nukleonen}} = 7\frac{\text{MeV}}{\text{Nukleon}} \qquad \text{(Gl. 2.5)}$$

Eine hohe Bindungsenergie stellt für einen Kern physikalisch ein bevorzugtes Stadium dar, da der Kern bei seiner Bildung die Bindungsenergie abgeben konnte und dadurch stärker zusammenhält. Es wäre auch ein höherer Energieaufwand

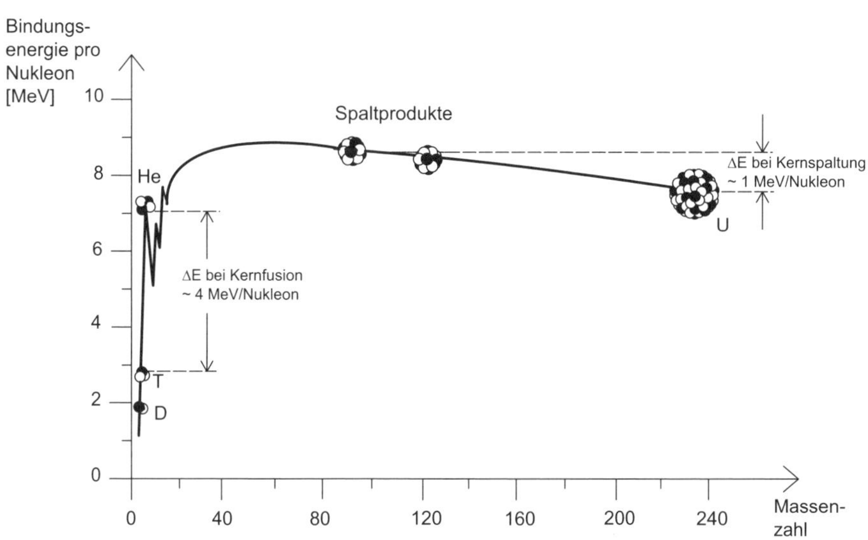

Bild 2.5 Bindungsenergie der Atomkerne

nötig, um ihn wieder aufzutrennen – es müsste genau die Energiedifferenz zugeführt werden, die bei der Bildung des Nuklids frei wurde. Auf die Bindungsenergie wird auch in Abschnitt 5.1.2 näher eingegangen.

Die Bindungsenergie eines Atomkerns kann pro Nukleon bis zu 8,5 MeV betragen. Die Kurve, die entsteht, wenn man die Bindungsenergie pro Nukleon der einzelnen Atomkerne über der Massenzahl aufträgt, hat ein Maximum im Bereich des Elements Eisen (Bild 2.5).

Dass sich demnach sowohl sehr leichte Kerne als auch sehr schwere Kerne nicht im energetischen Minimum befinden, lässt sich technisch auf zwei Arten nutzen:

Entweder regt man schwere Kerne dazu an, sich in leichtere Kerne aufzuteilen (zu spalten) und gewinnt dabei die freigesetzte Energie von ~1 MeV pro Nukleon – dies geschieht heute in den Reaktoren der Kernkraftwerke (Kapitel 6) –, oder man bringt sehr leichte Kerne dazu, sich miteinander zu verbinden (zu verschmelzen) und nutzt die dabei freiwerdende Energie von ca. 5 MeV pro Nukleon. Dies wird in Kernfusionsreaktoren angestrebt, an deren Entwicklung derzeit geforscht wird (Abschnitt 6.8).

Anmerkung

Analog dazu kann auch ein Massendefekt für radioaktive Zerfälle (Kapitel 3) angegeben werden. Z.B. wird beim α-Zerfall eines schweren Kerns auch Energie in Form von Bindungsenergie frei, die beim Zerfall größtenteils in kinetische Energie des entstehenden α-Teilchens umgesetzt wird.
Auch bei der frei werdenden Energie chemischer Reaktionen (z.B. Verbrennung von fossilen Energieträgern) handelt es sich um Bindungsenergie. Jedoch sind für diese Prozesse die Reaktionen der Elektronenhüllen der beteiligten Moleküle ausschlaggebend und nicht die Vorgänge im Atomkern. Aber nicht nur in der Welt der Atome, sondern auch z.B. beim Zusammenschluss zweier Himmelskörper, wird Bindungsenergie freigesetzt. Die gebundenen Partner besitzen eine negative potentielle Energie, d.h., man müsste für die Trennung des Systems diese Energie wieder zuführen.

3 Ionisierende Strahlung

Ein einzelnes Atom «lebt» nicht. Wie kommt es aber, dass eine große Ansammlung von ihnen Lebewesen hervorbringt? Leben ist also mehr als nur Materie, und das, was wir Leben nennen, ist Teil einer alles erfüllenden, kosmischen Energie. Die Erforschung des Subatomaren wird in Zukunft noch einige diesbezügliche Überraschungen bereit halten!

WERNER BRAUN, deutscher Aphoristiker, 1951–2006

In diesem Kapitel werden zunächst die verschiedenen Arten von Kernumwandlungen und die dabei ausgesandte Strahlung, die sog. ionisierende Strahlung, behandelt. Anschließend werden einige grundlegende Begriffe aus dem Bereich des Strahlenschutzes und der Strahlenmessung erläutert. Dabei wird gezeigt, dass die Energie der beim radioaktiven Zerfall freigesetzten Teilchen und deren Wirkung auf organische Materie sehr unterschiedlich sein können.

Anmerkung
Für die Strahlung aus Atomkernen wird häufig der Begriff «radioaktive Strahlung» benutzt. Aufgrund der Wirkungsweise dieser Strahlung auf Materie ist jedoch der Begriff «ionisierende Strahlung» fachlich korrekt und wird im Folgenden angewendet.

Heute sind rund 1500 verschiedene Nuklide bekannt. Nur ca. 500 kommen in der Natur vor und nur 249 davon sind stabil. Die restlichen 1000 Nuklide gibt es erst (wieder), seit der Mensch sich der Erforschung der Kernphysik gewidmet hat, bzw. entsprechende Materialien in Energie- und Medizintechnik nutzt. Sie wurden nämlich vornehmlich künstlich erzeugt und existieren auch wegen ihrer geringen Halbwertszeit teilweise schon nicht mehr.

3.1 Kernumwandlungen und Radioaktivität

Die Eigenschaft bestimmter Stoffe, sich ohne äußere Einwirkungen umzuwandeln, wird Radioaktivität genannt. Bei radioaktiven Stoffen lässt sich zwischen natürlicher Radioaktivität, falls der Stoff der Natur entstammt, und künstlicher Radioaktivität, wenn das radioaktive Material künstlich (in einem Kernreaktor bzw. Beschleuniger o.ä.) entstanden ist, unterscheiden.

Radioaktive Umwandlungen von Atomkernen können von außen nicht gehemmt oder abgeschwächt werden. Sie finden von selbst und ohne Zutun statt. Lediglich die Auswirkungen ionisierender Strahlen lassen sich eindämmen, wie Abschnitt 3.5.3 zeigt.

Warum aber zerfallen Atomkerne? Ein Atomkern gibt ionisierende Strahlung ab, wenn er dadurch in einen energetisch günstigeren Zustand gelangen kann. Auch eine Kernspaltung bietet schweren Kernen die Möglichkeit, Energie abzugeben. In Bild 2.5 ist zu sehen, dass mittelschwere Kerne eine höhere Bindungsenergie pro Nukleon besitzen als schwere Kerne. Zerfällt ein schwerer Kern in zwei leichtere Bruchstücke, so wird diese Differenz als Energie abgegeben, was bedeutet, dass die durch den Zerfall entstandenen Kerne in Summe eine höhere Bindungsenergie besitzen als der Ausgangskern. Somit entspricht die radioaktive Kernumwandlung dem allgemeinen physikalischen Bestreben eines jeden Systems, Energie abzugeben. Neben den «materiebehafteten» Kernzerfällen (der Kernspaltung, dem α- oder β-Zerfall) gibt es auch weitere Zerfallsarten z.B. den γ-Zerfall, bei dem der Kern überschüssige Energie in Form von γ-Strahlen (elektromagnetische Wellen) abgibt.

Bei der Betrachtung von Kernzerfällen ist es häufig nützlich, eine Kernreaktionsgleichung aufzustellen. Gl. 3.1 vermittelt, wie ein Radiumkern unter Abgabe eines α-Teilchens (Heliumkern) zu Radon zerfällt. Dabei müssen die Summen der Kernladungs- und der Massenzahl (vgl. Bild 2.2) auf beiden Seiten gleich sein.

$$^{226}_{88}Ra \rightarrow ^{222}_{86}Rn + ^{4}_{2}He \qquad \text{(Gl. 3.1)}$$

Anmerkung

Für das kernphysikalische Grundverständnis ist diese Darstellung ausreichend. Bei genauerer Betrachtung stellt man jedoch fest, dass noch weitere Erhaltungssätze über die Energie (kinetisch und massenäquivalent), den Impuls und den Drehimpuls gelten müssen. Um die Gleichung auch unter diesen Kriterien zu erfüllen, müssen zu den ausgesandten Teilchen bzw. Strahlen Neutrinos hinzugefügt werden.

3.1.1 Verschiedene Arten von Kernumwandlungen

Nach dieser kurzen Betrachtung der Grundlagen der Radioaktivität, sollen nun die verschiedenen Arten der Kernumwandlungen beleuchtet werden.

❑ α-Zerfall

Hierbei sendet der Atomkern ein sog. α-Teilchen aus. Dies ist der Kern eines Heliumatoms, der aus 2 Protonen und 2 Neutronen besteht. Bei diesem Zerfall wird also die Kernladungszahl um 2 und die Massenzahl um 4 verringert. Bild 3.1 zeigt die Darstellung des in Gl. 3.1 genannten Beispiels eines α-Zerfalls.

Bild 3.1
Grafische Darstellung und Reaktionsgleichung eines α-Zerfalls

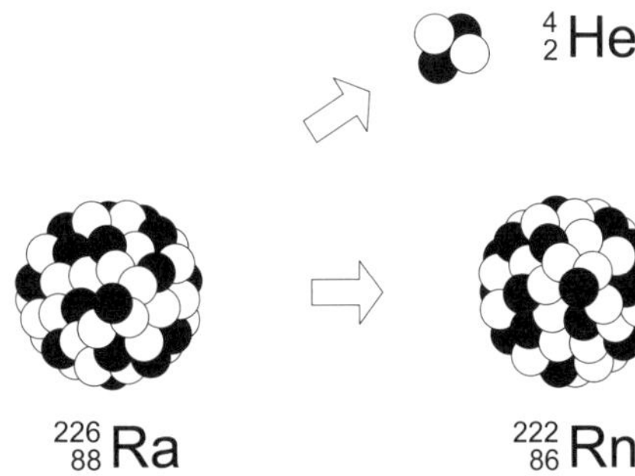

$$^{226}_{88}Ra \rightarrow ^{222}_{86}Rn + ^{4}_{2}He$$

❑ *β*-Zerfall

Beim β-Zerfall sendet der Atomkern ein β-Teilchen aus. Man unterscheidet zwei Arten des β-Zerfalls – den β^+- und den β^--Zerfall. Beim β^--Zerfall wandelt sich ein Neutron in ein Proton um, und es wird ein Elektron aus dem Kern abgegeben. Der Kern verliert dabei eine negative Ladung. Beim β^+-Zerfall hingegen wandelt sich ein Proton in ein Neutron um, und es wird ein Positron (das positiv geladene Antiteilchen des Elektrons) aus dem Kern abgegeben. Dem Kern geht hierbei eine positive Ladung verloren.

Beim β-Zerfall bleibt also die Massenzahl des Kerns konstant, und nur seine Ladung ändert sich – beim β^--Zerfall nimmt die Ladung zu und beim β^+-Zerfall wird sie verringert, was Bild 3.2 verdeutlicht.

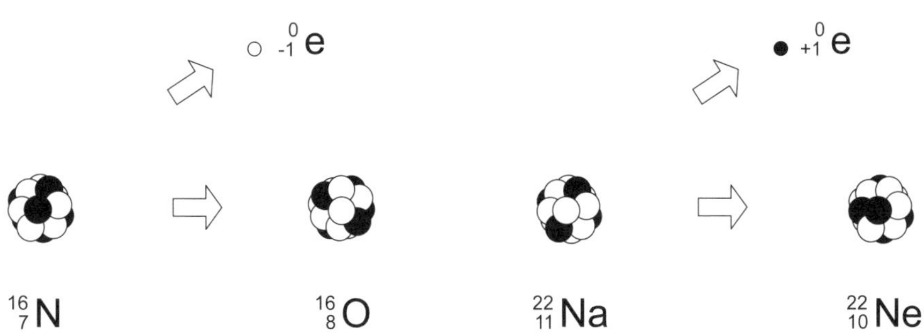

$$^{16}_{7}N \rightarrow ^{16}_{8}O + ^{0}_{-1}e \qquad ^{22}_{11}Na \rightarrow ^{22}_{10}Ne + ^{0}_{+1}e$$

Bild 3.2 Beispiel eines β^--Zerfalls (links) und eines β^+-Zerfalls (rechts) und dazugehörige Reaktionsgleichungen

Anmerkung
Durch die genaue Untersuchung des β-Zerfalls konnte auf die Existenz der Neutrinos geschlossen werden. Das beispielsweise beim β^+-Zerfall entstehende Neutron und das Positron haben zusammen i.Allg. eine geringere Energie als das ursprüngliche Proton. Deshalb postulierte man mit dem Neutrino ein weiteres Teilchen, das die überschüssige Energie mit davonträgt.

Analog dazu entsteht beim β^--Zerfall ein Anti-Neutrino. Neutrinos sind elektrisch neutral und verfügen auch nicht über die Möglichkeiten der starken Wechselwirkung. Deshalb führen sie auch nur selten eine Wechselwirkung mit Materie durch und lassen sich nur sehr schwer nachweisen. Ihre genaue absolute Masse ist bis heute nicht bekannt, jedoch Gegenstand aktueller Forschungsprogramme, wie beispielsweise dem im Aufbau befindlichen KATRIN-Experiment am Forschungszentrum Karlsruhe.

γ-Zerfall
Bei vielen Kernumwandlungen kommt es auch zur Aussendung von γ-Strahlung. Beim γ-Zerfall (Bild 3.3) bleiben, im Gegensatz zu den anderen Kernumwandlungen, die Massen- sowie die Kernladungszahl erhalten. Durch einen γ-Zerfall kann ein Atomkern überschüssige Energie portionsweise abgeben und so in seinen energetischen Grundzustand gelangen. Damit geht kein Kernzerfall einher, sondern es wird lediglich die überschüssige Energie des metastabilen Kerns abgebaut.

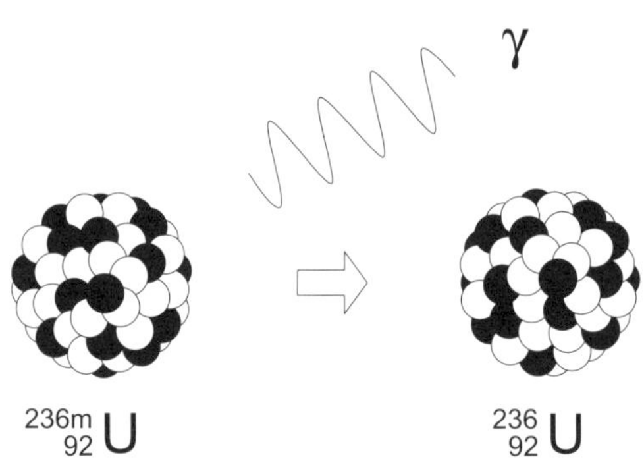

$$^{236m}_{92}U \rightarrow ^{236}_{92}U + \gamma$$

Bild 3.3
Beispiel eines γ-Zerfalls und zugehörige Reaktionsgleichung

K-Einfang
Hat ein Atomkern zu viele Protonen, so kann es neben der β^+-Strahlung auch zu einer weiteren Kernumwandlung, dem Elektroneneinfang, kommen. Dabei fängt sich der Atomkern ein Elektron aus seiner Hülle, meist aus der innersten Schale (K-Schale) ein. Deshalb trägt diese Kernumwandlung auch den Namen K-Einfang. Bei dieser Umwandlung wird aus einem Proton ein Neutron, wodurch sich die

Kernladungszahl um eine Einheit erniedrigt, während die Massenzahl gleich bleibt, was Bild 3.4 veranschaulicht.

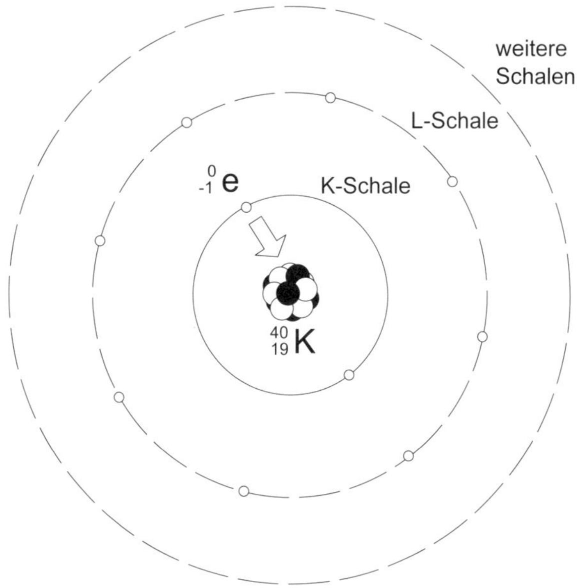

$$^{40}_{19}K + ^{0}_{-1}e \rightarrow ^{40}_{18}Ar$$

Bild 3.4
Beispiel eines K-Einfangs und die zugehörige Reaktionsgleichung

Protonen- und Neutronen- Strahlung

Bei einem extremen Protonen- bzw. Neutronenüberschuss kann es auch zum Aussenden von Protonen oder Neutronen kommen. Einer solchen Reaktion geht stets eine Kernreaktion voraus, die derart exotische Kerne oder Anregungszustände bildet. Da nach der Ausstrahlung von Kernteilchen prinzipiell ein Ladungsausgleich stattfindet, rekombiniert das freie Proton mit einem Elektron und bildet so ein Wasserstoffatom. Freie Neutronen sind hingegen nicht stabil und zerfallen nach kurzer Zeit durch einen β^--Zerfall in ein Proton und ein Elektron.

Zu Neutronenstrahlung kann es z.B. auch durch Reaktionen des Kerns mit γ-Strahlung kommen. Beim Strahlungseinfang wird ein γ-Quant vom Kern absorbiert und veranlasst ein Neutron, den Kern zu verlassen.

Spontane Kernspaltung

Auch bei der spontanen Kernspaltung handelt es sich um eine Kernreaktion. Sie tritt vor allem bei sehr schweren Atomkernen, wie z.B. beim Uran, auf. Würde aber beispielsweise ^{238}U nur durch spontane Kernspaltung zerfallen, so ergäbe sich eine

Halbwertszeit (siehe Abschnitt 3.1.4) von ca. 10^{16} Jahren. Tatsächlich zerfällt aber ^{238}U vor allem durch die Abgabe eines α-Teilchens und zwar mit einer Halbwertszeit von $4{,}5 \cdot 10^9$ Jahren. Beide Zerfallsarten stellen somit konkurrierende Prozesse dar. Die spontane Kernspaltung wird in Abschnitt 5.1.3 behandelt.

Anmerkung

Neben den besprochenen Kernumwandlungen gibt es noch weitere Zerfallsarten, auf die jedoch hier nicht näher eingegangen werden soll. Hierzu zählen z.B. der Cluster-Zerfall, bei dem analog zum α-Zerfall größere Kernbruchstücke emittiert werden, oder die innere Konversion. Hier wird die Energie, die beim Übergang eines Atomkerns in den Grundzustand frei wird, auf die Elektronenhülle übertragen. Das Atom wird dadurch positiv ionisiert.

3.1.2 Nuklidkarte

Die Nuklidkarte ist ähnlich dem Periodensystem der Elemente für den Chemiker ein hilfreiches Instrument für die Arbeit des Kerntechnikers mit Nuklidumwandlungen. Sie ist eine grafische Zusammenstellung aller bekannten Nuklide. Die farbliche Unterlegung der Felder kennzeichnet die Eigenschaft der Kerne – ob sie stabil sind oder ob sie sich durch einen β^--, β^+-Zerfall bzw. einen K-Einfang, durch einen α-Zerfall oder auch durch spontane Spaltung umwandeln.

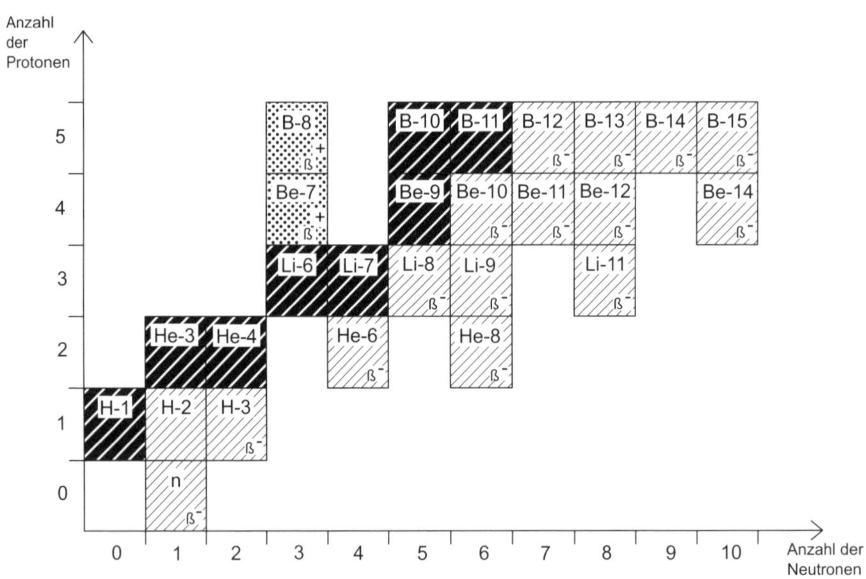

Bild 3.5
Auszug aus der Nuklidkarte (vereinfacht) mit den ersten 5 Elementen und ihren Isotopen

Die Karte ist so eingeteilt, dass die Ordnungszahlen (Kernladungszahlen) auf der Ordinate und die Anzahl der Neutronen auf der Abszisse abgetragen sind. Die stabilen Elemente kleiner Massenzahlen fallen in dieser Darstellung in etwa mit der Winkelhalbierenden zusammen, da hier noch in guter Näherung die Anzahlen der Protonen und Neutronen gleich sind.

Bild 3.5 zeigt nur einen kleinen Ausschnitt der Karte. Auf der Gesamtübersicht ist zu erkennen, dass mit steigender Kernladungszahl die Massenzahl überproportional zunimmt. Die Linie der stabilen Elemente weist also im Bereich höherer Massenzahlen eine Steigung von weniger als 1 auf, wie Bild 3.6 zeigt.

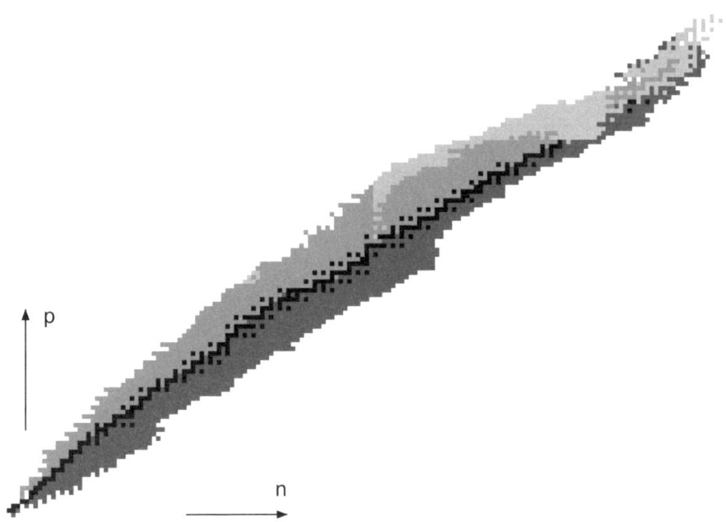

Bild 3.6 Nuklidkarte mit Linie der stabilen Nuklide (schwarze Elemente), horizontale Achse: Anzahl der Neutronen; vertikale Achse: Anzahl der Protonen

Durch die Betrachtung der bei den einzelnen Kernzerfällen auftretenden Änderungen der Kernladungs- bzw. Massenzahl, lassen sich einfache Vorschriften herleiten, wie an dieser Karte z.B. Zerfallsreihen (vgl. Abschnitt 3.1.3) abgelesen werden können. Am Beispiel des radioaktiven Elements Tritium (^{3}He) lässt sich dies verdeutlichen.

Tritium wandelt sich durch einen β^--Zerfall um. Bei diesem Zerfall erhöht sich die Kernladungszahl um eine Einheit, während die Massenzahl unverändert bleibt. Im Kern befinden sich also nach der Umwandlung 1 Neutron und 2 Protonen, wodurch der Kern zu Helium geworden ist – genauer gesagt zum ^{3}He, was ein stabiles Isotop ist und in der Natur mit der (ebenfalls meist in der Nuklidkarte angegebenen) Häufigkeit von 0,000137% unter den Heliumatomen vorkommt.

Bei dieser Reaktion ist man in der Karte um ein Feld nach links und um ein Feld nach oben gelangt. Dies ist bei allen β^--Zerfällen so und kann entsprechend angewandt werden. Genauso lassen sich auch Vorschriften für die anderen Zerfallsarten finden (Bild 3.7).

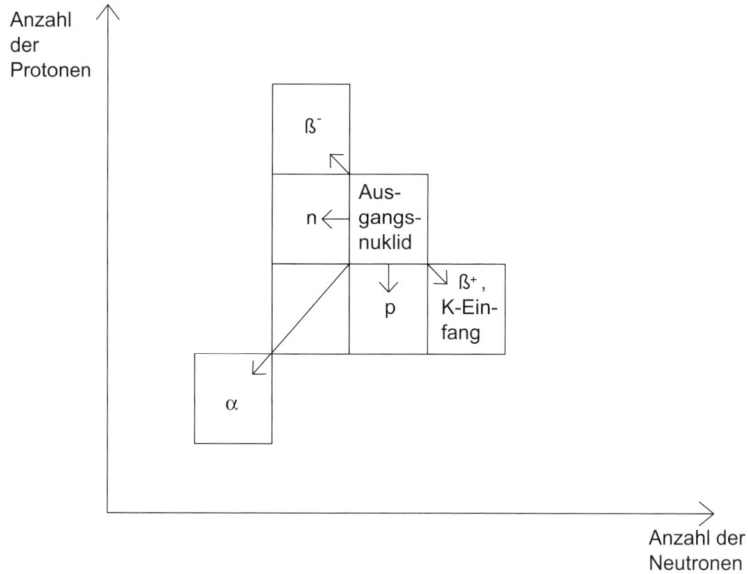

Bild 3.7 Darstellung der Zerfallsarten in der Nuklidkarte

Die Zerfallsart des jeweiligen Nuklids weist dabei immer in Richtung der stabilen Elemente. Das bedeutet, wenn ein Nuklid im Vergleich zur stabilen Kurve zu viele Protonen besitzt, also oberhalb der stabilen Kurve platziert ist, so wird es sich durch einen β^{+}-Zerfall oder einen K-Einfang umwandeln. Hat es dagegen zu viele Neutronen, so kommt es zu einem β^{-}-Zerfall. Schwere Nuklide bevorzugen einen α-Zerfall, um dadurch überschüssige Energie abzugeben und sich zu einem stabileren Nuklid umzuwandeln. Für sehr schwere Kerne kommt auch die spontane Kernspaltung infrage.

Wenn für ein Nuklid mehrere Zerfallsarten möglich sind (konkurrierende Prozesse), so ist das Feld in der Nuklidkarte in verschiedene Farben unterteilt. An der Größe der Teilfelder lässt sich ersehen, welche Zerfallsart statistisch überwiegt.

Bild 3.6 zeigt nur einen vereinfachten Ausschnitt der Nuklidkarte. Aus dem Original lassen sich noch mehr Informationen ablesen, wie Halbwertszeit (Abschnitt 3.1.4), Wahrscheinlichkeit der jeweiligen Kernumwandlung, Spaltquerschnitt (vgl. Abschnitt 5.1.4) usw.

Zudem lassen sich aus der Nuklidkarte auch Kernreaktionen festmachen, die durch den Beschuss eines Nuklids mit einem bestimmten Teilchen ausgelöst werden. Ist die darauffolgende Kernreaktion bekannt, kann man aus der Nuklidkarte den sich bildenden Kern ablesen. Z.B. bedeutet eine (n, p)-Reaktion, dass ein Kern (Target) ein Neutron (n) aufnimmt und ein Proton (p) aussendet. Dadurch entsteht ein Kern, der rechts unten am Targetkern anschließt (ähnlich dem β^+-Zerfall). Bild 3.8 illustriert diese Reaktionen grafisch.

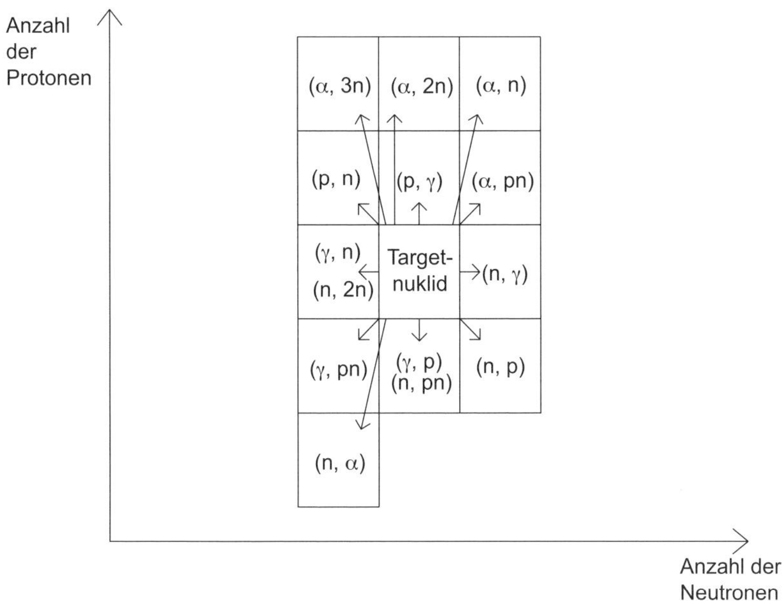

Bild 3.8 Reaktionsspinne der Nuklidkarte für verschiedene Kernreaktionen

3.1.3 Zerfallsreihen

Jedes radioaktive, also nicht stabile, Nuklid (Radionuklid) zerfällt auf eine charakteristische Weise. Durch den Zerfall entsteht ein neues Nuklid. Ist das neue Nuklid wiederum radioaktiv, so zerfällt auch dieses in der für ihn üblichen Zerfallsart. Dieser Zerfall (Zerfallsreihe) setzt sich so lange fort, bis ein stabiles Nuklid entstanden ist, das nicht weiter zerfallen kann.

47 der auf der Erde natürlich vorkommenden Radionuklide entstammen einer der 3 folgenden Zerfallsreihen, deren Anfangsglieder sehr lange Halbwertszeiten haben, so dass die Ausgangs- und Folgeprodukte immer noch vorhanden sind (primordiale Ausgangsnuklide):

- Uran-Radium-Reihe, Ausgangselement ^{238}U ($T_{0,5}$ = 4,5 Mrd. Jahre)
- Uran-Actinium-Reihe, Ausgangselement ^{235}U ($T_{0,5}$ = 0,7 Mrd. Jahre)
- Thorium-Reihe, Ausgangselement ^{232}Th ($T_{0,5}$ = 14 Mrd. Jahre).

Anmerkung

Eine 4. Zerfallsreihe, die Neptunium-Reihe, war aufgrund der kurzen Halbwertszeit des Ausgangsnuklids ^{237}Np von 2,2 Mio. Jahren bereits ausgestorben. Heute existieren ihre typischen Radionuklide jedoch aufgrund von Kernwaffentests, des Betriebs von Kernreaktoren und der Forschung mit Radionukliden wieder.

Die Endnuklide dieser Reihen sind die stabilen Blei-Isotope ^{206}Pb, ^{207}Pb und ^{208}Pb (Bild 3.9). Charakteristisch für diese 3 Zerfallsreihen ist die Bildung der radioaktiven Isotope ^{219}Rn, ^{220}Rn und ^{222}Rn. Das gasförmige Radon trägt wesentlich zur

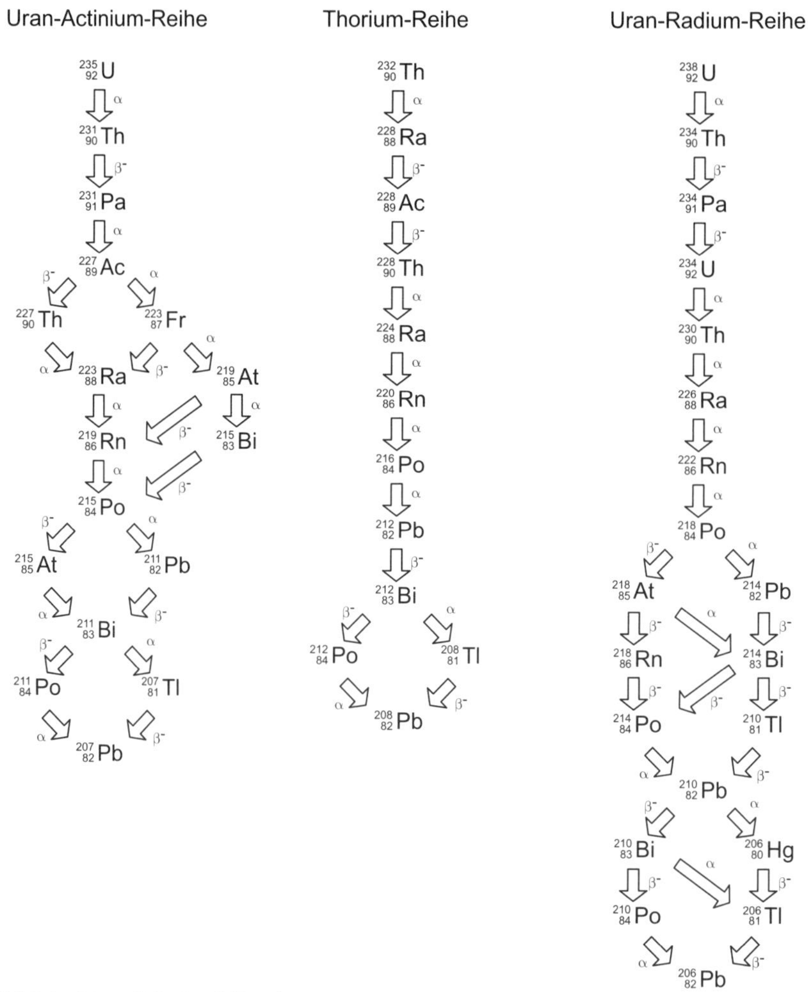

Bild 3.9 Natürliche Zerfallsreihen

natürlichen Strahlenbelastung bei, weil es aus dem Erdboden austreten und sich z.B. in geschlossenen Räumen (besonders im Keller) konzentrieren kann. Die Höhe der hierdurch verursachten Strahlenbelastung ist stark von den regionalen Bodenbeschaffenheiten sowie den Lebensgewohnheiten (Lüften usw.) abhängig (vgl. Abschnitt 3.5.2.1).

Weitere 25 natürliche Radionuklide stammen nicht aus diesen Reihen, sondern haben selbst sehr große Halbwertszeiten. Sie sind seit langer Zeit vorhanden und wurden in Sternen erzeugt. Außerdem können Radionuklide auch z.B. in der Erdatmosphäre durch die kosmische Höhenstrahlung (eine sehr energiereiche γ- und Teilchenstrahlung) entstehen.

Da bei jedem Kernzerfall durch den Massendefekt Energie freigesetzt wird und die durch den Zerfall bzw. die Spaltung entstehenden Kerne wiederum radioaktiv sein können, setzt ein Kernreaktor bzw. ein verbrauchtes Brennelement auch nach der Unterbrechung der Kettenreaktion (Abschnitt 5.3.1) bzw. nach der Entnahme aus dem Reaktor (Abschnitt 8.1) noch für lange Zeit durch den radioaktiven Zerfall der Spaltprodukte Energie frei und gibt ionisierende Strahlung ab (Abschnitt 5.2.5).

3.1.4 Halbwertszeit

Betrachtet man nur ein einzelnes, radioaktives Nuklid, lässt sich dessen Zerfallszeitpunkt nicht vorhersagen. Der Zerfall tritt spontan auf und unterliegt dem reinen Zufall. Ist jedoch eine makroskopisch große Menge des gleichen radioaktiven Stoffs vorhanden, lässt sich der Zerfallsverlauf dieser Masse präzise bestimmen. Der Zerfall folgt stets einem exponentiellen Abnahmegesetz. Die Menge

Bild 3.10
Grafische Darstellung der Halbwertszeit

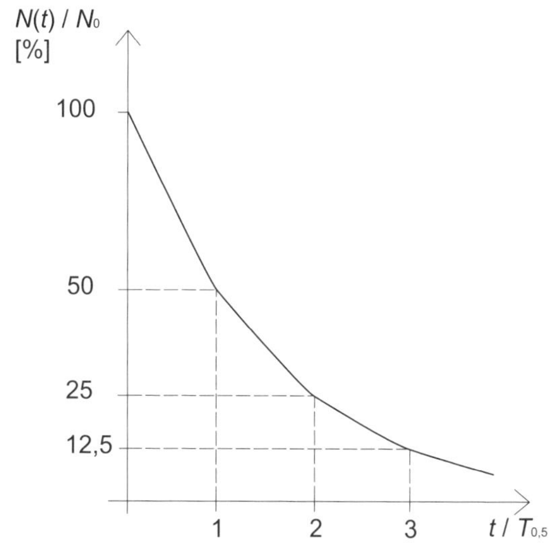

an radioaktivem Material halbiert sich innerhalb einer charakteristischen Zeit – der Halbwertszeit ($T_{0,5}$). Bild 3.10 veranschaulicht dies.

Von der anfänglich betrachteten Menge (100%) ist während einer Halbwertszeit (bei t / $T_{0,5}$ = 1) die Hälfte des Materials zerfallen. Nach einer weiteren Halbwertszeit sind nur noch 25% der ursprünglichen Menge vorhanden, usw. Mathematisch ist dieser Verlauf in Gl. 3.2 wiedergegeben.

$$N(t) = N_0 \cdot \left(\frac{1}{2}\right)^{\frac{t}{T_{0,5}}} \qquad \text{(Gl. 3.2)}$$

mit:

N_0 Anzahl des radioaktiven Materials zu Beginn der Betrachtung
$N(t)$ Anzahl radioaktiven Stoffes nach Ablauf der Zeit t
$T_{0,5}$ Halbwertszeit des Stoffes

Die mittlere Lebensdauer τ eines Elements ist definiert als die Zeit, nach der die Anzahl der vorhandenen Elemente auf 1 / e (ca. 36,8%) abgeklungen ist (Gl. 3.3).

$$\frac{N(t=\tau)}{N_0} = \left(\frac{1}{2}\right)^{\frac{\tau}{T_{0,5}}} = \frac{1}{e} \Rightarrow e = 2^{\frac{\tau}{T_{0,5}}} \Rightarrow T_{0,5} = \ln 2 \cdot \tau \qquad \text{(Gl. 3.3)}$$

Mit der Definition der Zerfallskonstanten λ zu λ = 1 / τ erhält man Gl. 3.4.

$$T_{0,5} = \frac{\ln 2}{\lambda} \; und \; \tau = \frac{l}{\lambda} \cong 1{,}44 \cdot T_{0,5} \qquad \text{(Gl. 3.4)}$$

Aus diesen Definitionen folgt das Zerfallsgesetz von Gl. 3.5.

$$^{232}_{90}Th + ^{1}_{0}n \rightarrow ^{233}_{90}Th \xrightarrow[T_{1/2=22\,min}]{} ^{233}_{91}Pa + ^{0}_{-1}e \xrightarrow[T_{1/2}=27\,d]{} ^{233}_{92}U + ^{0}_{-1}e \qquad \text{(Gl. 5.31)}$$

Die Halbwertszeit kann für jedes Isotop und die entsprechende Zerfallsart angegeben werden und, je nach Element, eine Zeitdauer von weniger als 1 ns (z.B. ^{8}Be mit $9 \cdot 10^{-17}$ s) betragen oder auch sehr große Werte von mehreren Mrd. Jahren (z.B. ^{238}U mit $4{,}5 \cdot 10^9$ Jahren) annehmen.

3.2 Aktivität

Für die quantitative Erfassung der (Radio-)Aktivität wird der Quotient aus der Anzahl der Kernzerfälle und der betrachteten Zeit gebildet (Gl. 3.6).

$$\text{Aktivität} = \frac{\text{Anzahl der Kernzerfälle}}{\text{Zeit}} \qquad \text{(Gl. 3.6)}$$

Für die Einheit der Aktivität wurde ein spezieller Name geprägt:
Aktivität = 1/s = Becquerel (Bq). Die alte Einheit der Aktivität ist das Curie (Ci). Für die Umrechnung gilt: 1 Ci = $3{,}7 \cdot 10^{10}$ Bq.

Anmerkung
Die alte Einheit der Aktivität beruht auf der Definition nach der Messung der Zerfallsrate von Radium, dem Element, an dem das Ehepaar CURIE die Radioaktivität untersuchte. Seine Aktivität beträgt definitionsgemäß 1 Ci / g (heute kennt man den exakten Wert von rund $3{,}61 \cdot 10^{10}$ Bq/g).

Während einer Halbwertszeit hat sich die Menge der radioaktiven Nuklide einer Ausgangsmasse halbiert (Abschnitt 3.1.4). Mit dieser Abnahme ist auch eine Abnahme der Aktivität verbunden, da sich die Anzahl der Kernzerfälle ebenso reduziert, wie folgendes Beispiel zeigt:

Beispiel
Hat eine gewisse Masse eines radioaktiven Stoffes zu einem bestimmten Zeitpunkt eine Aktivität von 4000 Bq und eine Halbwertszeit von 10 Tagen, so beträgt die Aktivität nach Ablauf von 10 Tagen nur noch 2000 Bq und nach Ablauf von 20 Tagen (2 Halbwertszeiten) nur noch 1000 Bq usw.

Die Aktivität einer Probe lässt sich auch anhand der bereits definierten Zerfallskonstanten, respektive aus der Halbwertszeit eines Elements nach Gl. 3.7 ermitteln,

$$\text{Aktivität } A(t) = -\frac{\mathrm{d}N(t)}{\mathrm{d}t} = -\frac{\mathrm{d}}{\mathrm{d}t}(N_0 \cdot e^{-\lambda t}) = \lambda \cdot N(t) = N(t) \cdot \frac{\ln 2}{T_{0,5}} \qquad \text{(Gl. 3.7)}$$

mit:

N_0 ursprüngliche Anzahl der radioaktiven Kerne einer Probe
$N(t)$ Anzahl der radioaktiven Kerne zum Zeitpunkt t
λ deren Zerfallskonstante (Einheit der Halbwertszeit = s)

Die beschriebene Abnahme der Aktivität mit der Halbwertszeit ist jedoch nur für die Betrachtung eines einzelnen Nuklids gültig. Sind die Zerfallsprodukte des Ausgangsnuklids wiederum radioaktiv, so reduziert sich die Aktivität der gesamten betrachteten Masse nicht im beschriebenen Maße. Deshalb gilt es zu beachten, dass sich Aktivitätsangaben eines Stoffes immer auf diesen Stoff selbst beziehen und nicht auf die unter Umständen bei seinem Zerfall entstehenden Folgeprodukte. Die Aktivität lässt sich auch auf die Gesamtheit einer Masse (also einschließlich der radioaktiven Folgeprodukte) beziehen – man spricht von der Gesamtaktivität und muss dies entsprechend angeben.

Häufig wird die Aktivität eines Stoffes auf eine bestimmte Größe bezogen. Es lassen sich dabei z.B. folgende Unterscheidungen treffen:

- Spezifische Aktivität Bq/kg
- Aktivitätskonzentration Bq/l oder Bq/m^3
- Flächenaktivität Bq/cm^2

3.3 Wechselwirkungen von Strahlung mit Materie

In diesem Abschnitt wird zunächst dargelegt, wie die verschiedenen Arten der ionisierenden Strahlung mit Materie wechselwirken. Anschließend wird gezeigt, wie ionisierende Strahlung auf organische und damit auch auf menschliche Zellen Einfluss nimmt.

3.3.1 Wechselwirkung von α-Strahlung

α-Teilchen bestehen aus 2 Protonen und 2 Neutronen und bilden den Kern eines Heliumatoms. Aufgrund der hohen Masse dieser Teilchen übertragen sie eine beachtliche (kinetische) Energie auf die bestrahlte Materie.

α-Strahlen wirken sich i.d.R. auf die Hüllelektronen der bestrahlten Materie aus. α-Teilchen regen Elektronen an, d.h., sie bringen sie auf ein höheres Orbital (auch Umlaufbahn oder Schale genannt). Die angeregten Elektronen geben die ihnen zugeführte Energie anschließend unter Abgabe eines Photons (elektromagnetische Strahlung) wieder ab. Häufig reißt das α-Teilchen auch ein Elektron aus der Hülle des bestrahlten Atoms heraus. Das bestrahlte Atom wird dadurch ionisiert. Ist die kinetische Energie, die das abgetrennte Elektron mit sich trägt, groß genug, kann es seinerseits durch die im nächsten Abschnitt beschriebenen Wechselwirkungen andere Atome ionisieren (Sekundärionisation). Das abgetrennte Elektron könnte sich auch an ein elektrisch neutrales Atom lagern und dieses negativ ionisieren. Es bildet sich zusammen mit dem positiv ionisierten Atom, dem das Elektron entstammt, ein Ionenpaar. Die Kurve in Bild 3.11 zeigt das Ionisierungsvermögen von α-Strahlen bezüglich der zurückgelegten Wegstrecke in Luft. Es ist zu erkennen, dass die maximale Strahlungswirkung nicht etwa in direkter Nähe der Quelle, sondern ca. 7 cm davon entfernt zu finden ist. Dies kommt daher, dass die größte Wechselwirkung der α-Strahlen erst bei relativ niedrigen Geschwindigkeiten erzielt wird, also wenn das Teilchen bereits Energie durch Wechselwirkungen entlang der Wegstrecke verloren hat.

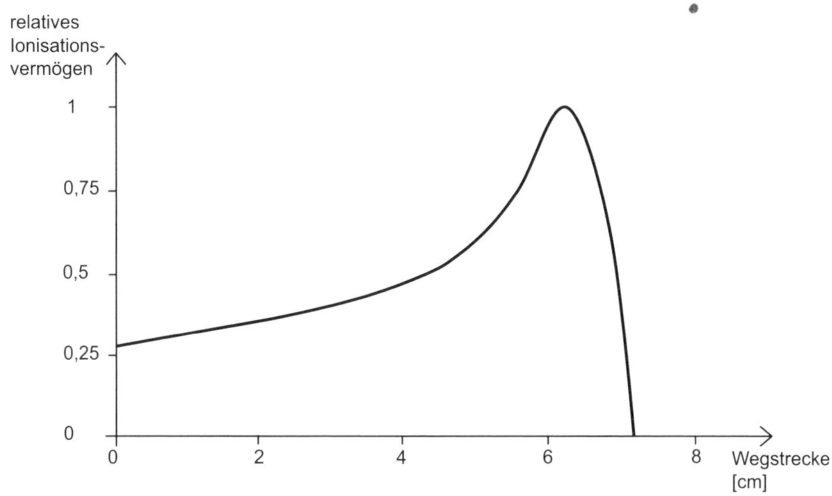

Bild 3.11 Ionisierungsvermögen von α-Strahlen in Abhängigkeit der Wegstrecke in Luft

Anmerkung

Die Reichweite der α-Strahlen in Luft hängt auch stark von der Energie der Strahlung ab. Für α-Strahlen mit 1 MeV beträgt die Reichweite beispielsweise 0,5 cm, für 3,5 MeV 7 cm und für 7 MeV ca. 8 cm [3.1].

Über eine längere Distanz kann α-Strahlung in Luft keine Schäden anrichten, da sie durch die beschriebenen Wechselwirkungen recht schnell bis auf thermische Energie abgebremst wird. Dann fängt sich das α-Teilchen 2 Elektronen aus der Umgebung ein und wird zum ungefährlichen Heliumatom. α-Strahler sind jedoch sehr gesundheitsgefährdend, wenn sie vom Körper aufgenommen (inkorporiert) werden (s. Abschnitt 3.4.2).

3.3.2 Wechselwirkung von β-Strahlung

Bei der β-Strahlung ist die ionisierende Wirkung um ca. 2 bis 3 Größenordnungen geringer als bei α-Teilchen (vgl. Abschnitt 3.4.3.2). Dies bedeutet auch, dass ein β-Teilchen bei gleicher Energie im Vergleich zu einem α-Teilchen eine wesentlich längere Strecke zurücklegen muss, um seine Energie durch Wechselwirkungen zu verlieren. Deshalb ist die Reichweite von β-Strahlen auch deutlich größer als die von α-Strahlen. In Luft haben β-Strahlen eine Reichweite im Bereich von einigen cm bis zu einem m. Auch β-Strahlen wirken auf die Atomhüllen der bestrahlten Materie ionisierend, indem sie Elektronen durch Stoßprozesse aus der Hülle herauslösen. β-Teilchen können ihre Energie aber auch dadurch verlieren, dass sie im elektrischen Feld der Atome abgebremst werden. Die Energie des β-Teilchens wird dann durch Abstrahlen von γ-Quanten bzw. Photonen abgegeben, und es entsteht die sog. Bremsstrahlung. Aufgrund der geringen Masse der β-Teilchen werden sie bei Wechselwirkungen mit der Materie auch sehr stark abgelenkt (gestreut).

Wegen der größeren Reichweite bzw. des schwächeren Ionisierungsvermögens ist die biologische Wirkung von β-Strahlen im Vergleich zu α-Strahlen geringer (vgl. auch Bild 3.14).

3.3.3 Wechselwirkung von γ-Strahlung

Bei der Wechselwirkung von γ-Strahlung mit Materie lassen sich im Wesentlichen 3 Effekte unterscheiden:

Photoeffekt

Hier wirkt ein γ-Quant auf ein Elektron einer inneren Schale des bestrahlten Atoms und löst dieses aus dem Atom heraus. Die Energie des Photons wird dabei vollständig auf das Elektron übertragen und durch Abtrennarbeit und Beschleunigung des Elektrons aufgebraucht. Das freigesetzte Elektron (β-Strahlung) kann dann seinerseits Atome aus der Umgebung ionisieren oder anregen (Sekundärionisation). Nach der Freisetzung eines Elektrons aus einer inneren Schale wird der freie Platz wieder durch ein Elektron einer äußeren Schale besetzt. Dabei entsteht wieder ein Photon – die sog. Röntgen-Fluoreszenz-Strahlung.

COMPTON-Effekt

Beim COMPTON-Effekt wirkt die γ-Strahlung auf eine ähnliche Weise auf die Hüllelektronen, wie beim Photoeffekt. Der Unterschied besteht jedoch darin, dass die Wechselwirkung hier mit Elektronen der äußeren Schalen stattfindet und bei der Abtrennung eines Elektrons nicht die gesamte Energie des γ-Quants verbraucht wird. Das γ-Quant fliegt nach dieser Reaktion mit veränderter Richtung weiter und kann weitere Wechselwirkungen hervorrufen. Der Unterschied zwischen Photo- und COMPTON-Effekt liegt im Wesentlichen an der Anfangsenergie des γ-Quants. Ein γ-Quant kann so lange Wechselwirkungen nach dem COMPTON-Effekt bewirken, bis seine Energie weit genug abgebaut ist, dass es dann durch den Photoeffekt aufgebraucht wird.

Paarbildung

Neben den beiden dargestellten Effekten, die zur Freisetzung von Elektronen aus Atomhüllen des bestrahlten Materials, also zur Ionisierung, führen, kann auch die sog. Paarbildung als ein weiterer Effekt der Wechselwirkung zwischen γ-Strahlung und Materie auftreten. Dabei wird aus der Energie des Photons im elektrischen Feld eines Atomkerns ein Paar aus Elektron und Positron erzeugt. Die überschüssige Energie des γ-Quants bekommt das erzeugte Paar als Bewegungsenergie mit auf den Weg, der allerdings im Fall des Positrons recht schnell endet, da es sich in der umgekehrten Weise wieder mit einem Elektron zu 2 Photonen zerstrahlt.

Es sei bereits hier angemerkt, dass eine γ-Strahlung durch die beschriebenen Wechselwirkungen ihre Intensität nur abschwächt, aber stochastisch betrachtet nie ganz verliert, da nicht alle γ-Quanten aus der Strahlenquelle mit der bestrahlten bzw. durchstrahlten Materie reagieren. Dies wird in Abschnitt 3.5.3.1 näher beschrieben.

3.3.4 Wechselwirkung von Neutronenstrahlung

Im Gegensatz zu den bisher betrachteten Strahlungsarten, die fast ausschließlich auf die Elektronenhüllen der bestrahlten Atome einwirken, kann die Neutronenstrahlung hier keinen Einfluss nehmen, da sie elektrisch neutral ist und die Elektronenhülle eines Atoms ungehindert passieren kann. Die Wechselwirkungen der Neutronenstrahlung beruhen daher auf Einwirkungen auf den Atomkern. Diese Eigenschaft macht man sich auch bei der Energiegewinnung durch die Kernkraft zunutze, indem man die Kettenreaktion der Kernspaltungen durch die bei der Kernspaltung ebenfalls erzeugten Neutronen einleitet und kontrolliert (Abschnitt 5.3.1).

Bei der Neutronenstrahlung lassen sich aufgrund der Energie unterschiedliche Wechselwirkungen beobachten:

Zusammenstoß mit dem Atomkern

Bei diesem Prozess kann, analog zur Kinetik der klassischen Physik, zwischen elastischen und unelastischen Stößen unterschieden werden. Beim elastischen Stoß ist die Gesamtenergie der Stoßpartner vor und nach dem Stoß gleich – das Neutron gibt einen Teil seiner Bewegungsenergie an den Atomkern (hier Rückstoßkern genannt) ab.

Beim unelastischen Stoß hingegen wird ein Teil der vom Neutron eingetragenen Energie als Anregung (bildlich: als Verformung) auf den Kern übertragen, der diese überschüssige Energie wiederum z.B. in Form eines γ-Quants abgibt. Alle Kerne haben wohldefinierte (quantifizierte) Anregungsenergien und lassen sich daher nur «portionsweise» anregen.

Für die Art des Stoßes ist nicht nur die Energie des Neutrons ausschlaggebend, sondern auch die Masse des Atomkerns, der vom Neutron getroffen wird. Ein Neutron kann seine Bewegungsenergie durch einen elastischen Stoß am besten auf einen Atomkern mit kleiner Masse übertragen. Bei einem schweren Kern würde es, sofern kein unelastischer Stoß stattfindet, abprallen und mit annähernd gleicher Geschwindigkeit in eine andere Richtung weiterfliegen. Diese Tatsache wird in Abschnitt 5.5 nochmals aufgegriffen, wo die Moderation der Spaltneutronen eines Kernreaktors behandelt wird. Bild 3.12 veranschaulicht die Stoßwechselwirkung.

Neutroneneinfang

Neutronen müssen beim Zusammentreffen mit einem Atomkern nicht unbedingt einen Stoß ausführen und vom Kern abprallen. Abhängig von der Energie der

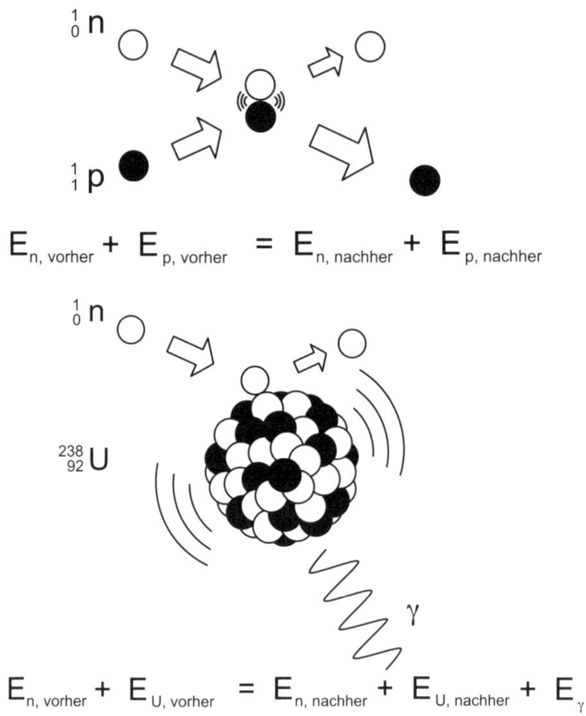

Bild 3.12
Prinzip des elastischen Stoßes (oben) und des unelastischen Stoßes eines Neutrons (unten)

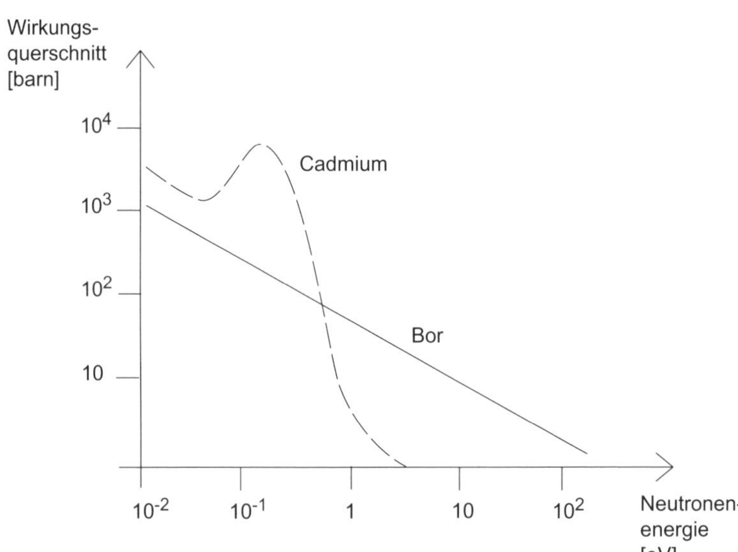

Bild 3.13
Wirkungsquerschnitt für den Neutroneneinfang in Abhängigkeit von der Energie, nach [3.2]

Neutronen besteht für viele Nuklide auch eine gewisse Wahrscheinlichkeit, dass ein auftreffendes Neutron absorbiert wird. Als Maß für diese Wahrscheinlichkeit dient der Wirkungsquerschnitt (Abschnitt 5.1.4). Er trägt die Einheit Barn: 1 Barn = 10^{-28} m² = 10^{-24} cm², was ca. der Querschnittsfläche eines Urankerns entspricht. Die Wahrscheinlichkeit für den Neutroneneinfang ist i.d.R. umso größer, je langsamer die Neutronen sind.

Bild 3.13 zeigt den Wirkungsquerschnitt für den Neutroneneinfang in Abhängigkeit von der Energie exemplarisch anhand der Elemente Bor und Cadmium.

Der Neutroneneinfang von Bor und Cadmium spielt für die Kerntechnik in der Reaktorsteuerung und -regelung eine wesentliche Rolle (Abschnitt 5.4).

Wie in Bild 3.13 dargestellt, hat Bor einen recht kontinuierlichen Wirkungsquerschnitt und fängt Neutronen mit thermischer Energie (s. Abschnitt 5.1.4.2) besonders gut ein. Dabei entstehen die Elemente Lithium und Helium. Zusätzliche wird Energie in Form eines γ-Quants abgegeben.

Wenn ein Atomkern durch den Einfang eines Neutrons in ein instabiles Isotop verwandelt wird (man spricht von Aktivierung), wird der Kern früher oder später unter Aussendung ionisierender Strahlung zerfallen.

3.4 Wirkung ionisierender Strahlung

Nachdem nun der Begriff der Aktivität eingeführt und die verschiedenen Arten ionisierender Strahlung und deren Auswirkungen auf Materie erläutert wurden, wird im Folgenden gezeigt, welche Wirkung ionisierende Strahlung im Speziellen auf organisches Gewebe, z.B. auf den menschlichen Körper, hat.

3.4.1 Beschreibung der biologischen Strahlenwirkung

Bei der Betrachtung der biologischen Strahlenwirkung ist fast ausschließlich die Tatsache von Bedeutung, dass sich die Strahlung ionisierend auf das bestrahlte Material auswirkt. Denn genau die bei der Ionisation betroffenen Hüllelektronen eines Atoms sind es, die bei chemischen Reaktionen, z.B. in Zellen des menschlichen Körpers, ausschlaggebend sind. Treten Veränderungen in der Elektronenhülle auf, so ändern sich auch die chemischen Eigenschaften der Atome und Moleküle. Dies kann bei Zellvorgängen – z.B. Zellteilung, Vervielfältigung der Erbinformationen usw. – eine entscheidende Rolle spielen.

Durch die Ionisation kann auch ein komplettes Molekül, das aus mehreren Atomen besteht, zerfallen, da die Elektronen in den Atomhüllen die Bindung zwischen den Atomen eines Moleküls vermitteln. Die Bruchstücke eines Moleküls reagieren im Zellverband anders, als das Ausgangsmolekül; evtl. können dabei sogar toxische Moleküle entstehen.

Schwere ionisierende Teilchenstrahlung, z.B. α-Strahlen, können aufgrund ihrer hohen Ionisationsdichte Materialien in der Zelle (z.B. die Erbsubstanz) zerstören.

Die Wirkung ionisierender Strahlung auf eine Zelle geht also dahin, dass die Zelle durch Ionisation bzw. Schädigung von Molekülen in ihren chemischen Aufgaben eingeschränkt ist, bzw. ihre biologische Funktion nicht mehr ordnungsgemäß ausführen kann. Der menschliche Körper ist jedoch in der Lage, beschädigte Zellen zu reparieren, bzw. zu erkennen und abzubauen. Natürliche Radioaktivität ist seit jeher in unserer Umgebung vorhanden. Unser Körper ist ihr ständig ausgesetzt und trägt sie sogar in sich. Erst wenn der Schaden durch die ionisierende Strahlung zu groß ist, ist das Immunsystem überfordert und der Organismus bekommt einen merklichen Schaden.

Generell lässt sich zwischen einem deterministischen und einem stochastischen Schaden unterscheiden. Als deterministisch sind Schäden einzuordnen, die nach außen hin erkennbar sind, z.B. Hautrötung. Stochastische Schäden lassen sich nach einer erhaltenen Dosis (Abschnitt 3.4.3) nicht unmittelbar bemerken. Z.B. wird das Krebsrisiko durch eine Bestrahlung erhöht, worauf es zum Ausbruch einer Krebserkrankung kommen kann, jedoch nicht muss.

3.4.2 Bestrahlung, Kontamination und Inkorporation

Wenn sich eine radioaktive Substanz in der Umgebung eines Organismus befindet und der von dieser Substanz ausgehenden Strahlung ausgesetzt ist, spricht man von einer Bestrahlung oder auch Exposition. Durch eine geeignete Abschirmung (Abschnitt 3.5.3) der Strahlung ist der Organismus vor einer unzulässig hohen Belastung geschützt. Auch eine Vergrößerung der Distanz zur strahlenden Quelle mindert die Auswirkung der Strahlung deutlich, und ein Entfernen des Strahlers bzw. vom Strahler beendet die Exposition.

Haftet radioaktives Material dagegen auf der Oberfläche eines Körpers, so spricht man von Kontamination. Die Distanz zum Strahler ist dann sehr gering, und die Strahlung hat eine entsprechend hohe Wirkung. Durch den unsachgemäßen Kontakt mit einer radioaktiven Substanz, befinden sich eventuell noch Reste des strahlenden Materials auf der Kleidung oder Haut. Durch entsprechende Kontrollen und Messungen (Bild 3.22) kann dies festgestellt und durch geeignete Maßnahmen beseitigt werden (Dekontamination). In diesem Fall ist die Strahlenexposition mit der Reinigungsmaßnahme beendet.

Anmerkung
Die in einem Kontrollbereich üblicherweise zu tragende Kleidung soll nicht etwa vor ionisierender Strahlung schützen, sondern eine Kontamination ziviler Kleidung oder der Haut verhindern. Diese Kleidung wird nach dem Verlassen des

Kontrollbereichs in entsprechenden Schleusen freigemessen und für einen erneuten Gebrauch freigegeben (Bild 3.22). Sollte z.B. an Schuhen oder am Overall eine Kontamination stattgefunden haben, so verbleibt die Kleidung innerhalb des Kontrollbereichs und wird dort gereinigt oder ggf. entsorgt (vgl. Abschnitt 3.5.3.2).

Hat ein Organismus eine radioaktive Substanz in sich aufgenommen, man spricht von Inkorporation, so zerfällt diese durch Aussendung von ionisierender Strahlung in unmittelbarer Nähe zu Zellen und Organen. Dies stellt für die Auswirkungen der Strahlung den schlimmsten Fall dar. Ein Organismus kann nicht zwischen radioaktiven und stabilen Elementen differenzieren, weil sich beide nur in ihren kernphysikalischen Eigenschaften und nicht in ihrem chemischen Verhalten unterscheiden. Eine aufgenommene radioaktive Substanz verbleibt üblicherweise so lange im Körper, wie es ihre physikalische Halbwertszeit und der Stoffwechselprozess (biologische Halbwertszeit) zulassen.

Die Inkorporation lässt sich in die Inhalation, bei der die Substanz über die Atemwege aufgenommen wird und in die Ingestion, bei der die Substanz oral bzw. über den Verdauungstrakt in den Körper gelangt, unterteilen.

Anmerkung

Wenn ein Atomkern durch Wechselwirkungen (z.B. Einfangen eines Neutrons) ein radioaktives Isotop wird, spricht man von Aktivierung. Das neu entstandene Nuklid zerfällt dann in der für ihn typischen Zerfallsart und Halbwertszeit.

3.4.3 Strahlendosis

Die verschiedenen Arten der ionisierenden Strahlung wirken sich trotz evtl. gleicher Energie(dosis) auf unterschiedliche Weise auf Organismen aus. Um dies zu quantifizieren, und damit man die unterschiedlichen Strahlenarten vergleichen kann, wurden verschiedene Größen definiert, die in diesem Abschnitt behandelt werden.

Die hier dargestellten und von der Energiedosis abgeleiteten Größen «Organdosis» und «effektive Dosis» werden unter dem Begriff der Körperdosen zusammengefasst. Da sie insbesondere zur Abschätzung möglicher Strahlenschäden und zur Festlegung von Grenzwerten dienen, werden sie auch als Schutzgrößen bezeichnet. Daneben gibt es auch die Äquivalentdosen, die sich in Personen- und Ortsdosen gliedern und vor allem zur messtechnischen Erfassung (Messgröße) und Abschätzung von Körperdosisgrößen dienen. Auf die Äquivalentdosisgrößen wird hier nicht näher eingegangen, da sie nicht zu einem prinzipiellen Verständnis der ionisierenden Strahlung beitragen. Weitere Informationen können aus [3.3] entnommen werden.

3.4.3.1 Energiedosis, Ionendosis

Bei jedem Stoff wird eine bestimmte Energie benötigt, um durch ionisierende Strahlung ein Ladungsträgerpaar zu bilden (z.B. 34 eV in Luft). Die bei der Ionisation an das bestrahlte Medium abgegebene Energie dient als Maß für die Stärke der ionisierenden Strahlung und wird als Energiedosis bezeichnet. Die Angabe der Energiedosis wird dabei nach Gl. 3.8 immer auf die Masse des bestrahlten Materials bezogen.

$$\text{Energiedosis } D = \frac{\text{absorbierte Strahlungsenergie}}{\text{Masse}} \qquad \text{(Gl. 3.8)}$$

Die Einheit der Energiedosis ist demnach der Quotient aus Energie und Masse. Für die Energiedosis gilt die spezielle Einheit: [Energiedosis] = GRAY (Gy) = J / kg. Die alte Einheit der Energiedosis ist das Rad (englisches Akronym für Radiation Absorbed Dose – auch rd abgekürzt). Für die Umrechnung gilt: 1 Gy = 100 rd.

Anmerkung

Betrachtet man zum Beispiel Wasser als bestrahltes Medium, und wurde eine Energiedosis von 1 Gy übertragen, so hat sich die Temperatur des Wassers aufgrund der eingetragenen Energie nur um ca. 0,24 mK erhöht. Dennoch ist eine Energiedosis von 1 Gy bezüglich der biologischen Wirkung auf einen Organismus eine sehr große Menge, obwohl ihr energetischer Inhalt quasi vernachlässigbar ist. Die Dosis, die bei einer Ganzkörperbestrahlung mit einer Wahrscheinlichkeit von 50% zum Tod führt (letale Dosis: LD_{50}) liegt für den Mensch bei 4...5 Gy.

Früher wurde auch eine aus der Anzahl der erzeugten Ionenpaare ermittelte Einheit, die sog. Ionendosis, anstelle der Energiedosis verwendet. Die Einheit trug den Namen RÖNTGEN (R). Die heute zulässige Einheit der Ionendosis ist C / kg, die die erzeugte Ladung [C = COULOMB] quantifiziert. Die Umrechnung lautet: 1 Röntgen = 2,58 · 10^{-4} C/kg.

Kennt man die Ionendosis, die im Gegensatz zur Energiedosis leicht messtechnisch bestimmt werden kann (Abschnitt 3.5.1), lässt sich anhand des Dosisumrechnungsfaktors f, der Tabellen entnommen werden kann, für das jeweilige Material die entsprechende Energiedosis ermitteln:

$$\text{Energiedosis}\,[Gy] = Ionendosis\,[C/kg] \cdot f\,[J/C] \qquad \text{(Gl. 3.9)}$$

3.4.3.2 Organdosis

Für die Beurteilung der Strahlenwirkung auf organisches Material ist die alleinige Angabe der Energiedosis ungenügend, da sich die verschiedenen Strahlungsarten trotz gleicher Energie(dosis) aufgrund der verschieden starken Wechselwirkung unterschiedlich auf organische Materie auswirken. Der Vergleich von z.B. α-Strahlen mit β-Strahlen zeigt, dass trotz gleicher Energiedosis die verursachte Schädigung an Zellen bei α-Strahlen rund 20-mal größer ist als bei β-Strahlen. Bild 3.14 veranschaulicht dies.

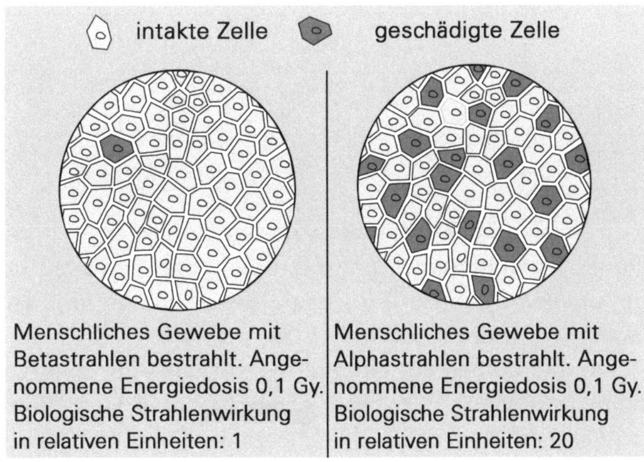

Bild 3.14
Vergleich der schädigenden Wirkung ionisierender Strahlung [3.2]

Um die Wirkung der Strahlung auf organisches Material zahlenmäßig zu erfassen und gleichzeitig die unterschiedlich starken biologischen Wirkungen der verschiedenen Strahlen zu beziffern und zu vergleichen, wurde die Organdosis H_T nach Gl. 3.10 definiert.

$$\text{Organdosis } H_T = \sum_R w_R \cdot D_{R,T} \qquad \text{(Gl. 3.10)}$$

Dabei ist D die über das betrachtete Organ gemittelte Energiedosis und w_R der sog. Strahlungswichtungsfaktor, der die verschiedenen Strahlungsarten R nach ihrer Wirkung bei unterschiedlichen Energien wichtet. Der Index R kennzeichnet die verschiedenen Strahlungsarten (engl. radiation = Strahlung), die bei der Gesamtbeurteilung getrennt voneinander betrachtet werden müssen. Der Index T gibt an, dass die Betrachtung für unterschiedliche Organe bzw. Gewebestrukturen gemacht wird (engl. tissue = Gewebe). Der anzusetzende Strahlungswichtungsfaktor kann aus Tabellen entnommen werden. Ein Beispiel hierfür zeigt Tabelle 3.1. Für den Vergleich der unterschiedlichen Strahlenarten wurde der Strahlenwichtungsfaktor von γ-Strahlen mit 1 festgesetzt.

Anmerkung

In Tabelle 3.1 ist zu erkennen, dass nicht nur die Art der Strahlung, sondern auch die Energie der Teilchen für die Höhe des Strahlungswichtungsfaktors ausschlaggebend ist.

Tabelle 3.1 Strahlungswichtungsfaktoren nach [3.3]

Strahlenart	Energiebereich	Strahlungswichtungsfaktor w_R
Photonen	alle Energien	1
Elektronen	alle Energien	1
Neutronen	<10 keV 10 keV...100 keV 100 keV...2 MeV 2 MeV...20 MeV >20 MeV	5 10 20 10 5
Protonen	>2 MeV	5
α-Teilchen oder Kernbruchstücke	alle Energien	20

Da die Strahlungswichtungsfaktoren keine Einheiten besitzen, ergibt sich für die physikalische Einheit der Organdosis ebenfalls J/kg. Die Einheit der Organdosis lautet [Organdosis] = SIEVERT (Sv) = J / kg.

Die alte Einheit der Organdosis war das Rem (englisches Akronym für Röntgen Equivalent Man). Für die Umrechnung gilt: 1 Sv = 100 rem.

Während die Angabe der Energiedosis immer zulässig ist (für jede Strahlungsart, Energiehöhe und jede Art bestrahlter Materie), darf die Organdosis streng genommen nur für menschliches Gewebe verwendet werden, weil die Strahlungswichtungsfaktoren hierfür bemessen sind.
Durch die Organdosis werden die verschiedenen Strahlungsarten gegeneinander gewichtet. Dadurch wird ein direkter Vergleich der Dosen ermöglicht. Das bedeutet z.B., dass eine durch β-Strahlen verursachte Organdosis von 100 µSv die gleiche Wirkung hat, wie 100 µSv verursacht durch α-Strahlung.

Um deterministische Strahlungseinwirkung in Organen und Körperteilen zu minimieren, wurden für beruflich strahlenexponierte Personen Organdosis-Grenzwerte festgelegt, die Tabelle 3.2 wiedergibt.

Tabelle 3.2 Grenzwerte für Organdosis v strahlenexponierter Personen (aus [3.3])

Organ / Gewebe	Grenzwert Organdosis [mSv/a]
Keimdrüsen, Gebärmutter, Knochenmark	50
Auge, sonstige Körperteile	150
Knochenoberfläche, Schilddrüse	300
Extremitäten, Haut	500

3.4.3.3 Effektive Dosis

Mit der Organdosis lässt sich berechnen, wie sich eine Energiedosis einer bestimmten Strahlungsart auf menschliches Gewebe auswirkt. Für die Beurteilung des Gesamtrisikos, das von dieser Bestrahlung ausgeht, ist jedoch noch zu unterscheiden, welcher Körperteil (Gewebe, Organ usw.) diese Strahlendosis abbekommen hat, denn die verschiedenen Organe sind von ionisierender Strahlung unterschiedlich stark gefährdet. Deshalb wird ein weiterer Wert eingeführt, der das gesamte Strahlenrisiko klassifiziert – die sog. effektive Dosis, wie sie Gl. 3.11 wiedergibt.

$$E = \sum_{T} w_{\mathrm{T}} \cdot H_{\mathrm{T}} \qquad \text{(Gl. 3.11)}$$

Dabei ist H_{T} die im letzten Abschnitt definierte Organdosis des jeweiligen Organs bzw. Gewebes T und ω_{T} der sog. Gewebewichtungsfaktor, der aus Tabelle 3.3 entnommen werden kann.

Die Summe der aufgelisteten Gewebewichtungsfaktoren muss 1 ergeben, da die gesamte an den Organismus abgegebene Dosis maximal mit 100% bewertet werden kann.

Tabelle 3.3 Gewebewichtungsfaktoren aus [3.3]

Gewebeart	Gewebewichtungsfaktor w_{T}
Keimdrüsen	0,20
Dickdarm	0,12
Knochenmark	0,12
Lunge	0,12
Magen	0,12
Blase	0,05
Brust	0,05
Leber	0,05
Speiseröhre	0,05
Schilddrüse	0,05
Haut	0,01
Knochenoberfläche	0,01
sonstige Gewebe/Organe	0,05
Summe	1,0

Beispiel

Ein erwachsener Mensch nimmt durch den Verzehr eines Nahrungsmittels eine gewisse Menge eines radioaktiven Stoffes auf und seine Schilddrüse erhält dadurch eine Organdosis von 100 mSv. Wie hoch ist die zu erwartende effektive Dosis aus dieser Inkorporation?

E = 100 mSv · 0,05 = 5 mSv

Die effektive Dosis erlaubt es also, die Auswirkung auf unterschiedliches Gewebe zu unterscheiden. Z.B. wird eine Bestrahlung der Haut im Vergleich zum Knochenmark nur sehr schwach bewertet. Als Einheit der effektiven Dosis wird ebenfalls das SIEVERT verwendet.

Neben den in Tabelle 3.2 genannten Grenzwerten für die Organdosen von beruflich strahlenexponierten Personen gibt es für diese Gruppe auch eine Berufslebensdosis, die in Summe 400 mSv beträgt und nicht überschritten werden darf. Der jährliche Grenzwert der effektiven Dosis für beruflich strahlenexponiertes Personal beträgt 20 mSv. Für die restliche Bevölkerung wurde ein Grenzwert der effektiven Dosis von 1 mSv/a bei der Durchführung beruflicher Tätigkeiten festgelegt [3.3].

Auch für Personen der normalen Bevölkerung sind in [3.3] Grenzwerte der jährlichen Dosis festgehalten, die nicht überschritten werden sollen. Diese sind z.B. bei der definierten Abgabe radioaktiver Stoffe in der Medizin und in kerntechnischen Anlagen zu Grunde zu legen (s. auch Abschnitt 3.5.3.3).

3.4.3.4 Dosisleistung

Eine von der effektiven Dosis abgeleitete Größe ist die Dosisleistung (auch Dosisrate genannt). Sie gibt die Dosis in Bezug auf die Zeit an (Gl. 3.12):

$$\dot{H}_T = \frac{\text{Dosis}}{\text{Zeit}} \qquad \text{(Gl. 3.12)}$$

wobei als Zeiteinheit üblicherweise Stunden bzw. Jahre eingesetzt werden.

Beruflich strahlenexponierte Personen sollen im Jahr eine Dosis von 20 mSv nicht überschreiten. Für die restliche Bevölkerung wurde ein Grenzwert von 1 mSv/a effektiver Dosis bei der Durchführung von beruflichen Tätigkeiten festgelegt [3.3]. Analog hierzu lassen sich auch die Energiedosisleistung oder die Organdosisleistung berechnen.

3.4.3.5 Dosisfaktor

Damit die aus einer Inkorporation (Abschnitt 3.4.2) hervorgehende effektive Dosis leichter bestimmt werden kann, wurden sog. Dosisfaktoren eingeführt. Ist die Menge und somit die Aktivität eines inkorporierten Stoffes bekannt, kann anhand dieser Dosisfaktoren die effektive Dosis errechnet werden. Der Dosisfaktor berücksichtigt die biologische und die physikalische Halbwertszeit des radioaktiven Stoffes, die Energie der abgegebenen Strahlung sowie die Masse des belasteten Körperteils. Die Einheit des Dosisfaktors belegt Gl. 3.13.

$$[\text{Dosisfaktor}] = \frac{\text{Sv}}{\text{Bq}} \qquad \text{(Gl. 3.13)}$$

Bei der Angabe der Dosisfaktoren (Tabelle 3.4) muss zwischen Kindern und Erwachsenen unterschieden werden, da der Stoffwechsel und die Ablagerung von

Stoffen in der Wachstumsphase andere sind, als bei ausgewachsenen Personen. Weiterhin muss bei der Angabe der Dosisfaktoren auch zwischen den unterschiedlichen Aufnahmepfaden der aktiven Stoffe, z.B. über die Luft (Inhalation) oder über die Nahrung (Ingestion) und zwischen ihren chemischen Eigenschaften (z.B. löslich oder unlöslich) unterschieden werden, da sich dadurch unterschiedliche Aufenthaltsdauern des Stoffes im Körper ergeben (biologische Halbwertszeit). Deshalb sind die Zahlen in Tabelle 3.4 nur als beispielhaft anzusehen.

Tabelle 3.4 Beispiele von Dosisfaktoren (nach [3.4])

	Organ/Gewebe	Dosisfaktor in Sv/Bq		
Radionuklid		^{90}Sr	^{131}I	^{134}Cs
Erwachsener	Knochen	$2{,}6 \cdot 10^{-6}$	–	$1{,}5 \cdot 10^{-8}$
	Schilddrüse	–	$5{,}1 \cdot 10^{-7}$	–
	Ganzkörper	$2{,}4 \cdot 10^{-7}$	$8{,}4 \cdot 10^{-10}$	$1{,}9 \cdot 10^{-8}$
Kleinkind	Knochen	$6{,}8 \cdot 10^{-6}$	$9{,}2 \cdot 10^{-9}$	$1{,}2 \cdot 10^{-7}$
	Schilddrüse	–	$4{,}2 \cdot 10^{-6}$	–
	Ganzkörper	$1{,}7 \cdot 10^{-6}$	$6{,}4 \cdot 10^{-9}$	$1{,}9 \cdot 10^{-8}$

3.4.3.6 Folgedosis

Hat ein Körper einen radioaktiv strahlenden Stoff inkorporiert, so zerfällt dieser im Innern des Körpers entsprechend seiner Halbwertszeit und bestrahlt das umliegende Gewebe mit der für ihn typischen Strahlung solange er im Körper verbleibt. Integriert man die dabei auftretende Organ-Dosisleistung (Dosis pro Zeit) im Gewebe oder Organ T über den Zeitraum der Bestrahlung, erhält man die Organ-Folgedosis aus Gl. 3.14.

$$H_T(\tau) = \int_{t_0}^{t_0+\tau} \dot{H}_T(t)\,dt \qquad \text{(Gl. 3.14)}$$

Als Integrationszeit ist die Verweildauer des radioaktiven Materials im Körper anzusetzen. Zum einen ist sie von der physikalischen Halbwertszeit des Stoffes abhängig, zum andern wird sie durch Stoffwechseleffekte beeinflusst, die das Material aus dem Körper entfernen.

Anmerkung
Um sowohl die physikalische als auch die biologische Halbwertszeit zu berücksichtigen, kann eine effektive Halbwertszeit angegeben werden (Gl. 3.15):

$$T_{eff} = \frac{T_{0,5\,b} \cdot T_{0,5\,p}}{T_{0,5\,b} + T_{0,5\,p}} \qquad \text{(Gl. 3.15)}$$

mit:

$T_{0,5\,p}$ *physikalische Halbwertszeit*
$T_{0,5\,b}$ *biologische Halbwertszeit*

Tabelle 3.5 gibt eine Übersicht über der effektiven Halbwertszeit einiger Radionuklide:

Tabelle 3.5 Physikalische, biologische und effektive Halbwertszeit einiger Radionuklide (aus [3.4])

Nuklid	$T_{0,5\,p}$	$T_{0,5\,b}$	T_{eff}
^{3}H	12,3 a	10 d	10 d
^{131}I	8 d	80 d	7,2 d
^{134}Cs	2,1 a	110 d	96 d
^{137}Cs	30,2 a	110 d	109 d
^{239}Pu	24 100 a	50 a	50 a

Falls kein Integrationszeitraum angegeben werden kann, wird für Erwachsene 50 Jahre und für Kinder die Altersdifferenz zum 70. Lebensjahr angesetzt.

Die effektive Folgedosis $E(\tau)$ ergibt sich aus der Organ-Folgedosis durch Aufsummieren über alle in Tabelle 3.3 aufgeführten Organe und Gewebe, sowie durch Bewertung mit dem Gewebewichtungsfaktor.

3.5 Strahlenschutz

Da der Mensch kein Sinnesorgan für ionisierende Strahlung besitzt, muss auf das Erkennen von radioaktiv strahlenden Quellen und einen entsprechenden Schutz vor einer unzulässig hohen Dosis ein besonderes Augenmerk gelegt werden. In den folgenden Abschnitten sollen deshalb zunächst Messmethoden der ionisierenden Strahlung aufgezeigt werden, bevor verschiedene Schutzkonzepte erläutert werden.

Um den Umgang mit radioaktiven Stoffen und den Schutz vor ionisierenden Strahlen zu regeln, wurde die Verordnung über den Schutz vor Schäden durch ionisierende Strahlung (Strahlenschutzverordnung, StrlSchV) erlassen [3.3]. Nach § 1 dieser Verordnung vom 20.07.2001 kann ihr Zweck entnommen werden:

§ 1 Zweckbestimmung
Zweck dieser Verordnung ist es, zum Schutz des Menschen und der Umwelt vor der schädlichen Wirkung ionisierender Strahlung Grundsätze und Anforderungen für Vorsorge- und Schutzmaßnahmen zu regeln, die bei der Nutzung und Einwirkung radioaktiver Stoffe und ionisierender Strahlung zivilisatorischen und natürlichen Ursprungs Anwendung finden.

3.5.1 Messung ionisierender Strahlung

Da der Mensch keine direkte Wahrnehmung für ionisierende Strahlung besitzt, muss ein sicherer Schutz durch Überwachung und entsprechende Messung erfolgen. In diesem Abschnitt werden an vereinfachten Beispielen verschiedene Methoden zur Messung ionisierender Strahlung aufgezeigt. Die messtechnische Überwachung bzw. Erfassung der Strahlendosis wird allgemein als Dosimetrie bezeichnet.

3.5.1.1 Ionisationskammer

Zur Messung der Aktivität wird ein Messinstrument benötigt, das die Impulsrate (Anzahl der Kernzerfälle) anzeigt, so dass unter Berücksichtigung der Zeitdauer der Messung und des Kalibrierfaktors die Aktivität angegeben werden kann.

Anmerkung

Eine gewisse Masse eines radioaktiven Stoffes strahlt die bei den Kernzerfällen entstehenden Strahlen in alle Richtungen (isotrop) aus. Ein Messinstrument, das zur Erfassung dieser Strahlen dient, kann natürlich nicht alle Kernzerfälle, die im Material entstehen, registrieren. Die gemessene Aktivität ist demnach immer niedriger als in Wirklichkeit. Daher muss jedes Messinstrument auf die vorzunehmende Messung kalibriert werden. Das Messergebnis ist dann mit dem erhaltenen Kalibrierfaktor zu wichten.

Ein einfaches Messinstrument zur Messung der Impulsrate ist die Ionisationskammer. Sie ähnelt vom Aufbau her einem Kondensator, an dessen Elektroden eine

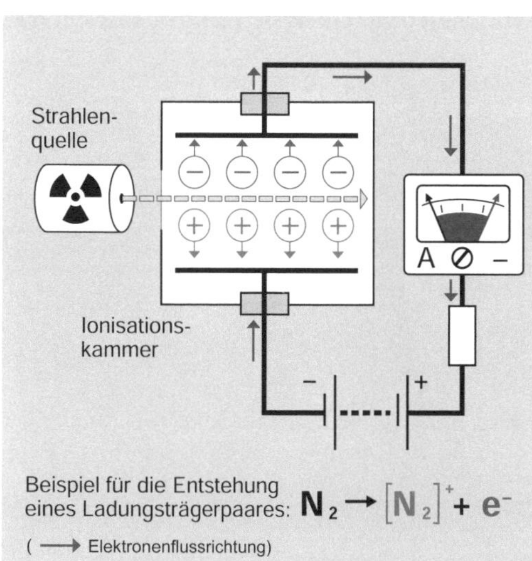

Bild 3.15
Ionisationskammer zur Messung ionisierender Strahlung [3.2]

elektrische Spannung anliegt. Im Dielektrikum zwischen den Platten befindet sich ein spezielles Gas(gemisch), das die erforderlichen elektrischen Eigenschaften wie z.B. Ionisationsvermögen oder Rekombinierungsverhalten aufweist. Trifft eine ionisierende Strahlung auf ein Molekül im Dielektrikum, so wird dieses ionisiert und die beiden Ionen werden im elektrischen Feld der angelegten Spannung jeweils zur entgegengesetzt polarisierten Elektrode hin beschleunigt und treffen auf diese auf. Dadurch fließt ein elektrischer Strom über die an den Elektroden angeschlossene Spannungsquelle. Dieser Strom kann extern gemessen werden. Die Spannung zwischen den Elektroden wird dabei gerade so hoch gewählt, dass das erzeugte Ionenpaar nicht rekombinieren kann, aber andererseits auch nicht so sehr beschleunigt wird, dass weitere Ionen erzeugt werden. Die Höhe dieses Stroms ist somit lediglich von der Anzahl der primär erzeugten Ionenpaare abhängig. Bild 3.15 zeigt ein Beispiel des beschriebenen Aufbaus.

Die Wände dieses Messgerätes müssen für die zu messende ionisierende Strahlung durchlässig sein. Da α- und β-Strahlen relativ leicht abzuschirmen sind (vgl. Abschnitt 3.5.3), müssen die Wände zur Detektion dieser Strahlen ausreichend dünn ausgeführt werden.

Mit einem solchen Messinstrument lassen sich nur diejenigen ionisierenden Strahlen einer Quelle erfassen, die auf das Instrument gerichtet sind. Deshalb muss vor einer Messung die jeweilige Messmethode kalibriert werden (siehe Anmerkung 3.5.1.1).

3.5.1.2 GEIGER-MÜLLER-Zählrohr

Eine besondere Form der Ionisationskammer stellt das GEIGER-MÜLLER-Zählrohr (GEIGER-Zähler) dar. Es besitzt prinzipiell die gleiche Wirkungsweise wie die Ionisationskammer, hat allerdings eine typische Form. Die erste Elektrode ist ein me-

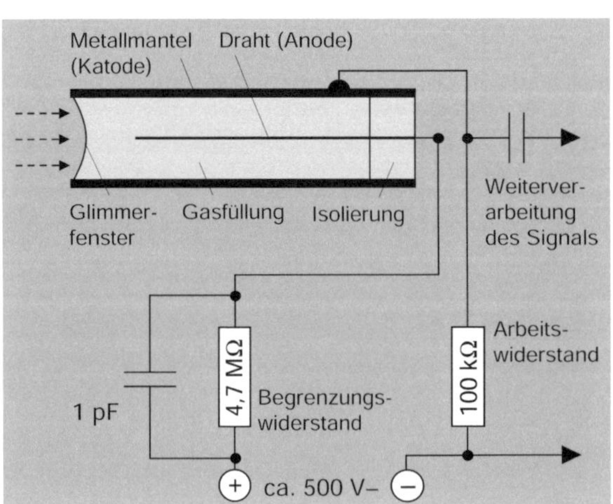

Bild 3.16
Prinzip des GEIGER-MÜLLER-Zählrohrs [3.2]

tallisches Rohr und die zweite Elektrode verläuft als dünner Draht in der Mitte dieses Rohres. Als Dielektrikum im Innern wird ein Gemisch aus Edelgasen verwendet. Die angelegte Gleichspannung beträgt ca. 500 V. Anders als bei der Ionisationskammer wird hier die Bildung von Ladungsträgerlawinen genutzt. Eine ionisierende Strahlung erzeugt zunächst ein Ionenpaar, das von der angelegten Spannung beschleunigt wird. Aufgrund der hohen Feldstärke erzeugt das primäre Ionenpaar weitere Ladungsträger (Sekundärionisation), die zusammen einen recht großen Stromimpuls geben, der im äußeren Stromkreis detektiert werden kann.

Ein GEIGER-MÜLLER-Zählrohr ist zwar ein sehr gängiges Messinstrument für die Zählung der Impulsrate, bringt jedoch auch einige Nachteile mit sich. So kann es z.B. nicht zwischen den verschiedenen Arten der ionisierenden Strahlung differenzieren. Zum anderen ergibt sich eine Totzeit nach jedem Impuls, die vergehen muss bis alle erzeugten Ladungsträger wieder rekombiniert sind und sich die äußere Spannung wieder aufgebaut hat. Erst dann ist der Zähler wieder bereit für einen nächsten Impuls. Gute Zählrohre haben eine Totzeit von $<10^{-4}$ s, was einer maximalen Impulsrate von 10^4 entspricht. Die somit erfassbare Aktivität beträgt 10^4 Bq. Bild 3.16 zeigt ein vereinfachtes Schema des GEIGER-MÜLLER-Zählrohrs.

3.5.1.3 Stabdosimeter

Das Stabdosimeter (Bild 3.17) ist ein Messinstrument mit dem die Dosis einer Strahlung gemessen werden kann. Seine Funktionsweise beruht auf einem Elektroskop – das sind 2 Elektroden, die durch eine externe Spannung aufgeladen werden und die sich durch eine spezielle Formgebung und die elektrostatische Abstoßung voneinander entfernen. Durch die ionisierende Einwirkung von Strahlung wird das Instrument langsam entladen. Die Wirkung der einfallenden Strahlung wird durch diese Anordnung aufintegriert. An einer Skala lässt sich die detektierte Dosis ablesen. Das Stabdosimeter zeichnet sich besonders durch die einfache Handhabung aus. Außerdem ist für seinen Betrieb während der Messung keine

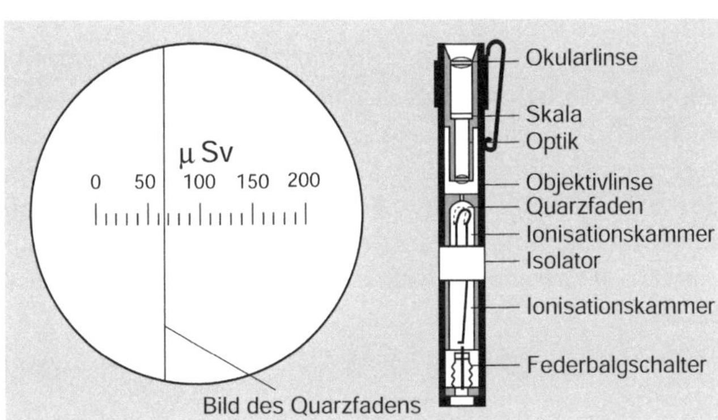

Bild 3.17
Prinzip eines Stabdosimeters [3.2]

zusätzliche Hilfsenergie nötig. Von Nachteil sind allerdings die hohe Stoßempfindlichkeit sowie die langsame Selbstentladung bei längerer Messdauer. Stabdosimeter werden heutzutage durch vergleichbare Digitalgeräte abgelöst.

3.5.1.4 Filmdosimeter

Eine weit verbreitete Überwachungsmethode ist die Verwendung sog. Filmdosimeter (auch Strahlenschutzplakette oder Filmplakette genannt), mit deren Hilfe die kumulierte Strahlendosis nachträglich ermittelt werden kann. Heute werden meist Gleitschattendosimeter mit prinzipiell ähnlicher Funktionsweise verwendet. In einer Kassette befindet sich ein Film, der auf Bestrahlung mit γ-Quanten durch eine Schwärzung reagiert. Die Kassette ist lichtdicht verschlossen und enthält neben dem Film noch diverse Filter, die es ermöglichen, über die Schwärzung des Films auf die erhaltene Dosis zu schließen. Bild 3.18 zeigt den prinzipiellen Aufbau eines solchen Dosimeters.

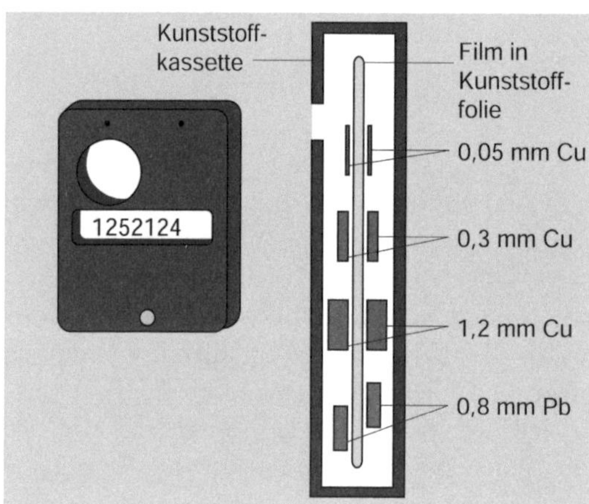

Bild 3.18
Prinzip eines Filmdosimeters [3.2]

Durch die beidseitige und auch teilweise versetzte Anordnung der Filter in Form unterschiedlich dicker Metallschichten ist es möglich, neben der Strahlungsenergie, auch auf die Richtung aus der die Strahlung gekommen ist, zu schließen. Strahlung, die von hinten kam, hat auf ihrem Weg zum Dosimeter den gesamten Körper durchdrungen. Diese Tatsache kann und muss bei der Ermittlung der erhaltenen Dosis berücksichtigt werden. Zur Auswertung wird das Filmdosimeter an eine amtliche Messstelle geschickt. Dort wird für die Wiederverwendung ein neuer Film eingesetzt.

Anmerkung
Das Filmdosimeter und das im nächsten Abschnitt behandelte Albedodosimeter sind amtliche Dosimeter und zur behördlichen Überwachung der Personendosis zugelassen. Elektronische Dosimeter und Stabdosimeter sind hingegen nichtamtliche Dosimeter und dienen der betrieblichen Dosimetrie.

3.5.1.5 Neutronenmessung

Da Neutronen direkt keine Ionisation hervorrufen, können sie nur indirekt gemessen werden. Die Neutronenstrahlen werden benutzt, um im Messgerät Kernreaktionen hervorzurufen und so indirekt ionisierende Strahlen wie α-Teilchen oder γ-Strahlung zu erzeugen, die dann wiederum mit den bereits beschriebenen Methoden detektiert werden können. Ggf. muss die Neutronenstrahlung durch eine geeignete Wahl an Wandstärke und Wandmaterial (z.B. Polyethylen, Paraffin o.ä.) erst moderiert werden, damit sie in einem Energiespektrum vorliegt, wo sie gut detektiert werden kann. Eine veränderbare Wandstärke lässt dann z.B. auch den Schluss auf die Energie der Neutronenstrahlung zu.

Für die Erfassung der Dosis durch Neutronenstrahlung werden z.B. Albedodosimeter eingesetzt. Ihre Verwendung wird empfohlen, wenn im konkreten Einsatzfall die Neutronenäquivalentdosis 10% der Photonenäquivalentdosis übersteigt. Albedodosimeter sind mit mehreren Thermolumineszenzdetektoren (TLD) ausgestattet, die durch eine geeignete Abdeckung zwischen verschiedenen Strahlenarten unterscheiden lassen. Die Materialien in diesen Detektoren werden durch ionisierende Strahlung angeregt, d.h., ein Teil der Elektronen des bestrahlten Detektors wird in einen angeregten Zustand versetzt und dort durch geeignete Haftstellen festgehalten. Werden die Detektoren dann für das Auslesen auf ca. 300 °C erhitzt, gehen die angeregten Atome unter Aussendung von Licht in den Grundzustand über. Dieses Licht wird zur Auswertung verwendet und ist ein direktes Maß für die Höhe der erhaltenen Strahlendosis. Das Albedodosimeter kann nach der Auswertung wieder verwendet werden.

3.5.1.6 Gamma-Spektroskopie

Bei den bis her kennengelernten Methoden der Messung ionisierender Strahlung, konnte nicht auf ein konkretes Nuklid als den Ursprung der Strahlen geschlossen werden. Verschiedene Radionuklide haben aber z.B. durch die biologischen Reaktionen im Körper unterschiedliche Wirkung auf den menschlichen Organismus (vgl. Tabelle 3.4). Um die genaue Zusammensetzung einer radioaktiven Substanz zu bestimmen, gilt es, die einzelnen Elemente (Nuklide) zu erkennen. Hierzu ist es nützlich, dass bei radioaktiven Zerfällen oft γ-Strahlen abgegeben werden, die für jedes Radionuklid eine ganz typische Energie besitzen. So hat fast jedes Radionuklid ein charakteristisches γ-Spektrum. Durch die Bestimmung der Energie der beim Zerfall abgegebenen γ-Strahlung lässt sich also auf das Ausgangsnuklid schließen.

γ-Strahlung lässt sich z.B. durch eine Fotodiode (Halbleiterdiode), die in Sperrrichtung betrieben wird, detektieren. Gelangt ein γ-Quant in die Sperrschicht der Diode, so wird dort ein (oder mehrere – entsprechend wirkt der Photo- oder der COMPTON-Effekt, s. Abschnitt 3.3.3) Ladungsträgerpaar erzeugt, das über die angelegte Spannung zu den Elektroden transportiert wird. Die Spannungsquelle gleicht die so erzeugte Ladung durch einen externen Stromfluss wieder aus. Die Höhe des Stromflusses, der im externen Kreis gemessen wird, ist ein Indiz für die Energie des eingetragenen γ-Quants und kann zur Klassifizierung der Strahlungsquelle herangezogen werden.

Als Ergebnis dieser Messung erhält man eine Grafik, die die Anzahl der Impulse über deren Energie aufträgt. Anhand bekannter Energien lässt sich auf die Zusammensetzung des strahlenden Materials schließen.

3.5.2 Quellen ionisierender Strahlung

Unsere Zivilisation hat in vielen Bereichen Kontakt mit Radioaktivität, ja verdankt ihr sicher auch einige positive und nützliche Entwicklungen in der Evolution. Radioaktivität ist keineswegs eine vom Menschen geschaffene Erscheinungsform, sondern hat auch eine Vielzahl natürlicher Quellen. Im Folgenden werden kurz die verschiedenen Ursprünge ionisierender Strahlung dargelegt und erläutert.

3.5.2.1 Natürliche Quellen

Kosmische Strahlung

Aus dem Kosmos trifft eine sehr energiereiche (bis zu 10^{14} MeV) Strahlung auf die Atmosphäre der Erde. Diese Strahlung besteht zu einem Großteil aus Protonen und Elektronen und ionisiert bzw. zertrümmert in der Erdatmosphäre Atome und Moleküle, die zum einen neue, u.U. radioaktive, Elemente bilden und zum andern auch wieder andere Atome oder Moleküle ionisieren können. Die Höhenstrahlung ist besonders für Flugpersonal oder für Reisende bei Interkontinentalflügen nicht zu vernachlässigen.

Die kosmische Höhenstrahlung ist z.B. auch maßgeblich für die Produktion des radioaktiven Isotops ^{14}C verantwortlich, das aus atmosphärischem Stickstoff durch eine (n, p)-Reaktion entsteht. Es wird von Organismen wie normaler Kohlenstoff inkorporiert, im Körper angelagert und trägt zur körperinneren Strahlenbelastung bei.

Exkurs: Dass natürlicher Kohlenstoff zu einem gewissen Teil aus dem radioaktiven ^{14}C besteht, macht man sich beispielsweise bei der Altersbestimmung eines Organismus durch die sog. Radio-Karbon- oder C-14-Methode zunutze. Da die Halbwertszeit (rund 5730 Jahre) und der relative Anteil des Elements ^{14}C zu Lebzeiten des Organismus bekannt ist, und man den Anteil des ^{14}C in einer gefundenen Probe durch Messung bestimmen kann, lässt sich das Alter des untersuchten Materials ermitteln. Die Konzentration des ^{14}C in lebender Materie beträgt ca. 10^{-12} (10^{-10}%). Die geringste nachweisbare Konzentration in einer Probe liegt bei ca. 10^{-15}. Das bedeutet, dass der messtechnisch erfassbare Konzentrationsunterschied etwa 3 Größenordnungen (Faktor 1000) beträgt. Innerhalb jeder Halbwertszeit nimmt die Konzentration des radioaktiven Stoffes um den Faktor 2 ab. Bis also eine Konzentrationsminderung von 1000 erfolgt ist, sind ca. 10 Halbwertszeiten vergangen (2^{10} = 1024). Mit der Radio-Karbon-Methode lassen sich also Altersbestimmungen an organischen Materialen vornehmen, die bis zu 60 000 Jahre alt sind.

Während der letzten 100 Jahre wurde die natürliche Konzentration des ^{14}C durch menschliche Eingriffe beeinflusst. Durch die Nutzung fossiler Energieträger wird eine erhebliche Menge an Kohlenstoff (CO bzw. CO_2) freigesetzt, der einen geringeren Anteil an ^{14}C hat. Durch Kernwaffentests wurden drüber hinaus große Mengen ^{14}C direkt in die Atmosphäre gebracht [3.5].

Natürliche Radionuklide

In der Natur kommen seit jeher auch natürliche Radionuklide vor, die je nach Halbwertszeit früher oder später zerfallen und sich in weitere Radionuklide oder in stabile Elemente umwandeln. Ihr Ursprung liegt oft schon in der Frühgeschichte unseres Planeten – sie waren quasi schon immer vorhanden und entstammen einer der drei Zerfallsreihen, die in Abschnitt 3.1.3 besprochen wurden. Ein Teil der natürlichen Radionuklide wird durch die bereits erwähnte kosmische Höhenstrahlung auch ständig neu erzeugt. Da diese Radionuklide auf der Erdoberfläche, bzw. unter oder in der Erde vorkommen, spricht man auch von terrestrischer Strahlung.

Die natürliche Strahlenexposition ist nicht überall gleich. Neben der geografischen Höhe spielt z.B. auch die regional unterschiedliche Bodenbeschaffenheit eine Rolle im Hinblick auf die Strahlenbelastung der dort lebenden Bevölkerung (s. auch [3.5]). So ist z.B. die mittlere natürliche Dosisleistung in Hamburg mit rund 0,35 mSv/a knapp doppelt so hoch, wie in Berlin (ca. 0,19 mSv/a). Im Schwarzwald ist die Dosisleistung mit lokal bis zu 0,6 mSv/a aufgrund der Bodenbeschaffenheit besonders stark.

Da radioaktive Isotope chemisch und somit auch im weitesten Sinne biologisch genauso reagieren wie das stabile Isotop, gehen sie auch dieselben biologischen Verbindungen ein und befinden sich somit auch zu einem gewissen Prozentsatz in allen Lebewesen (vgl. obigen Exkurs zur C-14-Methode). Die Organismen haben sich an diese Tatsache angepasst und verfügen über Reparaturmechanismen, um durch die ionisierende Strahlung geschädigte oder defekte Zellen auszusondern bzw. zu reparieren. Die im menschlichen Körper durchschnittlich vorhandene Aktivität aus natürlichen Radionukliden beträgt ca. 9000 Bq. Tabelle 3.6 zeigt Zahlenbeispiele der im Wasser enthaltenen natürlichen Radioaktivität.

Tabelle 3.6 Natürliche Radioaktivität in Wasser (nach [3.5])

	Radionuklid	**Konzentration [mBq/l]**
Grundwasser	^{3}H ^{40}K ^{238}U	40...400 4...400 1...200
Oberflächen-gewässer	^{3}H ^{40}K ^{238}U	20...100 40...200 <40
Trinkwasser	^{3}H ^{40}K ^{238}U	20...70 ca. 200 ca. 0,4

Die Strahlenbelastung aus der natürlichen Radioaktivität setzt sich also aus zwei Anteilen zusammen: Zum einen aus der Aktivität, die von der Umgebung ausgeht (äußere Bestrahlung) und zum andern aus der Belastung, die vom Körperinneren kommt (innere Bestrahlung). In Deutschland beträgt die effektive Jahresdosis der Bundesbürger durchschnittlich ca. 2,1 mSv, wobei die einzelnen Werte aufgrund der regionalen Unterschiede zwischen ca. 1,5 mSv/a und 6 mSv/a schwanken können.

Exkurs: Auch die Lebensgewohnheiten der Menschen tragen zu einer zusätzlichen Belastung durch ionisierende Strahlung bei. So sind z.B. in den Baumaterialien, die üblicherweise zum Bau der Wohnhäuser verwendet werden, teilweise recht hohe Aktivitätswerte zu verzeichnen, die, je nach Baumaterial, zu einer zusätzlichen Belastung von 0,1 mSv/a bis 0,3 mSv/a führen können. Auch die Tatsache des Wohnens in geschlossenen Räumen erhöht die Strahlenbelastung, da sich z.B. das gasförmige, radioaktive Edelgas Radon, das vom Erdboden ausgesondert wird, in geschlossenen Räumen konzentriert und sich zu einer deutlich höheren Konzentration als im Freien ansammelt.

3.5.2.2 Künstliche Quellen

Neben den erwähnten Beispielen der natürlichen Radioaktivität, kommt es auch zu einer zusätzlichen Strahlenbelastung aufgrund der Anwendung moderner Technik. Diese Quellen der künstlichen Radioaktivität werden im Folgenden kurz umrissen.

Röntgentechnik

Die vor ca. 100 Jahren von WILHELM KONRAD RÖNTGEN entdeckten X-strahlen

(Röntgenstrahlen) sind vom Wesen her nichts anderes als γ-Strahlen in einem etwas niederfrequenteren Wellenlängenbereich und führen bei Röntgenaufnahmen zu einer Exposition der bestrahlten Region. Körperteile, die bei einer Röntgenaufnahme nicht bestrahlt werden sollen, werden zum Schutz mit Bleischürzen abgedeckt (vgl. Abschnitt 3.5.3.1).

Tabelle 3.7 gibt beispielhaft einige effektive Dosen bei Röntgenaufnahmen an. Die durch Röntgenaufnahmen im Durchschnitt pro Bundesbürger erhaltene effektive Dosis beträgt ca. 2 mSv/a (so viel wie die natürliche Strahlenbelastung – s. Abschnitt 3.5.2.1).

Tabelle 3.7 Beispiele effektiver Dosen bei Röntgenaufnahmen

Bestrahlter Körperteil	Effektive Dosis
Zahn	10 μSv
Brustkorb	0,3 mSv
Harntrakt	5 mSv
Computertomographie im Bauchraum	30 mSv

Strahlentherapie

Auch zur Bekämpfung von Tumorzellen kann die ionisierende Strahlung eingesetzt werden. Dabei wird gezielt die schädigende Wirkung ionisierender Strahlung auf organisches Material genutzt, um die Tumorzellen abzutöten. Verschiedene Methoden erlauben es, dass das umliegende, gesunde Gewebe nicht zu sehr, aber die Tumorregion dafür stark bestrahlt wird. Dies kann z.B. durch die Bestrahlung aus verschiedenen Richtungen (Pendelbestrahlung) erreicht werden, da hierdurch im Kreuzungspunkt aller Richtungen, wo sich der Tumor befindet, die höchste Bestrahlung vorliegt.

Zum einen können hierfür Röntgenstrahlen verwendet werden, aber auch an Beschleunigeranlagen können Patienten mit z.B. Protonen oder auch Kohlenstoffkernen behandelt werden. Dabei wird die ganz spezifische Wirkungsweise und Eindringtiefe der jeweiligen Strahlen genutzt (vgl. beispielhaft Bild 3.11).

Radiologische Untersuchungen

Auch in der Diagnostik von Stoffwechsel und Organfunktionen im menschlichen Körper haben Radionuklide ihre Anwendung gefunden. Injiziert man einem Patienten ein bestimmtes, radioaktives Element (Radiopharmakon oder Radiopharmazeutika genannt), so wird es, je nach seinen Stoffwechseleigenschaften bzw. den Stoffwechseleigenschaften eines Carriers, in entsprechende Organe transportiert. Der Verlauf dieses Stoffes im Körper kann dann von außen durch Strahlenmonitore nachvollzogen und zeitlich aufgelöst werden. Die Konzentration des Stoffes in bestimmten Bereichen oder der zeitliche Verlauf des Stofftransportes kann zu medizinischen Schlussfolgerungen beitragen.

Belastung bei Langstreckenflügen
Auch bei Flügen in großen Höhen kommt es aufgrund der Höhenstrahlung zu einer Exposition der Flugreisenden und des Flugpersonals. Die Strahlenbelastung bei einem Überseeflug beträgt ca. 0,1 mSv. Die Dosis ist natürlich stark abhängig von der Flughöhe (und der Sonnenaktivität, die durch den Sonnenwind für die Stärke der Höhenstrahlung maßgeblich ist). Für das Flugpersonal, das sich z.B. für 600 Stunden pro Jahr in einer Höhe von ca. 10 km befindet, beträgt die erhaltene Jahresdosis ca. 6 mSv – etwa die dreifache Menge, wie die der mittleren natürlichen Strahlendosis in der Bundesrepublik.

Betrieb von kerntechnischen Anlagen
Da kerntechnische Anlagen, z.B. Kernkraftwerke oder auch die uranverarbeitende Industrie, genauso wie z.B. Krankenhäuser oder sonstige Anlagen der Nuklearmedizin, mit ihrer Umgebung in Kontakt stehen und unter Anderem auch Stoffe an die Umgebung ableiten, ist es unumgänglich, dass auch aus den Kontrollbereichen radioaktive Stoffe abgegeben werden. Um ein Höchstmaß an Schutz der Bevölkerung und der Umwelt zu gewährleisten, werden bezüglich der Abgabe radioaktiver Stoffe sehr hohe Anforderungen in Form von gesetzlichen Auflagen und Kontrollen gestellt. Als gesetzlich vorgeschriebener Grenzwert für die effektive Dosis, die an der ungünstigsten Stelle in der Umgebung einer kerntechnischen Anlage auch bei sehr restriktiven Berechnungsannahmen nicht überschritten werden darf, gilt der Wert von 0,3 mSv/a – etwa ein Zehntel der durchschnittlichen natürlichen Jahresdosis in Deutschland. Neben theoretischen Berechnungen und sehr strengen Kontrollen der abgegebenen Stoffe gibt es auch Messstellen außerhalb der kerntechnischen Anlagen, die über das ganze Jahr die Aktivität der Umgebung aufzeichnen. Zusätzlich wird durch Probenahmen aus der Umwelt die Einhaltung der Grenzwerte kontrolliert (Umgebungsüberwachung).

Die tatsächlich abgegebenen Strahlendosen aus Kernkraftwerken unterschreiten die gesetzlichen Maximalwerte i.d.R. um ein Vielfaches (vgl. auch [3.6]).

3.5.3 Schutz vor ionisierender Strahlung

Generell lässt sich beim Strahlenschutz festhalten, dass jede (zusätzliche) Dosis schädlich ist und vermieden werden sollte. Jeder Mensch muss von sich aus schon gewisse Maßnahmen treffen, um nicht unnötig oft einer ionisierenden Strahlung ausgesetzt zu sein. Z.B. zählen das Röntgen oder auch radiologische Untersuchungen zu solchen Einwirkungen, die es, wenn möglich, zu vermeiden gilt.

Ein im Strahlenschutz gebräuchliches Prinzip trägt die Bezeichnung ALARA: As Low As Reasonable Achievable («so gering, wie mit vernünftigen Maßnahmen erreichbar»). Das will heißen, dass die auf einen Organismus übertragene Strahlendosis durch vernünftige Maßnahmen so klein wie möglich gehalten werden muss. Die anwendbaren Strahlenschutzmaßnahmen werden in den folgenden Abschnitten besprochen.

3.5.3.1 Maßnahmen zum Schutz vor Strahlungseinwirkungen

Einfache Maßnahmen, sich vor unnötig hohen Expositionen zu schützen sind z.B. eine günstige Wahl von Materialien (z.B. Radiopharmaka) mit einer Aktivität, die nicht höher ist, als unbedingt nötig, genügend Abstand beim Arbeiten (doppelter Abstand verringert die Strahlendosis auf 25% des ursprünglichen Wertes) und geringe Arbeitszeiten mit diesen Substanzen. Zudem sollten geeignete Maßnahmen zur Abschirmung getroffen, sowie eine Inkorporation der radioaktiven Substanzen vermieden werden. Diese Punkte lassen sich zu den Grundregeln des Strahlenschutzes zusammenfassen («die 5 A»):

- Aktivität verkleinern,
- Abstand vergrößern,
- Aufenthaltsdauer verringern,
- Abschirmung verstärken,
- Aufnahme (Inkorporation) vermeiden.

In der Medizintechnik kommen der Reduzierung der Strahlendosen auch neue Entwicklungen zu Gute, die es z.B. durch sensiblere Messtechniken erlauben, die Bestrahlungszeiten und die Strahlungsenergie bei Röntgenaufnahmen zu verkürzen bzw. schwächer zu wählen. Durch die Wahl geeigneter Werkzeuge und Hilfsmittel (z.B. Greifer oder Manipulator) lässt sich z.B. Einfluss auf den Abstand zu einer strahlenden Quelle nehmen – vgl. auch Abschnitt 8.4.2, Bild 8.14.

Im Folgenden sollen prinzipielle Möglichkeiten dargelegt werden, die verschiedenen Strahlungsarten abzuschirmen und einer Exposition vorzubeugen.

Abschirmung von α-Strahlen

α-Strahlen bestehen aus Heliumkernen (2 Protonen und 2 Neutronen), die beim Zerfall bestimmter radioaktiver Nuklide ausgesendet werden. Sie haben i.d.R. eine große Energie, da sie z.B. im Vergleich zu β-Strahlen sehr massereich sind und lassen sich schlecht streuen. α-Teilchen geben ihre Energie durch Ionisation oder Anregung der bestrahlten Materie ab (Abschnitt 3.3.1). Da die Ionisationsdichte recht hoch ist, verlieren α-Teilchen schnell ihre Energie und haben somit nur eine kurze Reichweite. Auch bei einer sehr hohen Anfangsenergie von 10 MeV beträgt die Reichweite von α-Teilchen in Luft nur ca. 10 cm, in dichterer Materie (z.B. Gewebe oder Metallen) gar nur einige 10 μm. Im Prinzip genügt daher zur Abschirmung von α-Strahlen bereits ein einfaches Blatt Papier. Kommt es dennoch zu einer Exposition eines Menschen mit α-Strahlen, z.B. durch eine Kontamination der Haut, so werden diese bereits durch die äußeren Hautschichten vollständig abgeschirmt und können nicht zu inneren Organen vordringen.

Anmerkung

Gefährlich wirken sich α-Strahlen allerdings bei einer Inkorporation aus, wenn die Strahlen in unmittelbarer Nähe zu Organen und wichtigen Zellen ausgesandt werden.

Abschirmung von β-Strahlen

β-Strahlen bestehen aus Elektronen bzw. Positronen. Sie können ihre Energie auf verschiedene Weise abgeben – Ionisation, Streuung, Bremsstrahlung oder auch durch Anregung der bestrahlten Materie (Abschnitt 3.3.2). Da sie i.Allg. nur mit den Hüllelektronen der bestrahlten Materie in Kontakt treten, verlieren sie umso schneller an Energie und Reichweite, je dichter die abschirmende Materie ist. Die wichtigsten Effekte hierbei sind die Ionisation und die Aussendung von Bremsstrahlung (γ-Strahlung) bei der Streuung und Abbremsung. Eine gute Abschirmung kann deshalb durch die Minimierung beider Effekte erreicht werden. β-Strahlen lassen sich am besten durch schwere Elemente abschirmen. Eine starke Abbremsung der β-Strahlen bedeutet aber auch, dass eine hohe Bremsstrahlung ausgesendet wird. Deshalb muss für die Abschirmung von β-Strahlen ein 2-schichtiges Material verwendet werden, in dessen 1. Schicht die Elektronen abgebremst werden, wobei sie die Bremsstrahlung aussenden. In der 2. Schicht wird die Bremsstrahlung geschwächt. Die 1. Schicht kann z.B. aus Kunststoff sein und hat eine Dicke, die größer ist, als die Reichweite der Elektronenstrahlung in diesem Material. Die zweite Schicht ist z.B. aus Blei und könnte bei einer Strahlung mit geringer Anfangsenergie auch entfallen. Die Eindringtiefe von β-Strahlen in den menschlichen Körper ist mit einigen Millimetern eher gering.

Abschirmung von γ-Strahlen

γ-Strahlen (γ-Quanten) sind elektromagnetische Strahlen mit einer hohen Frequenz. Sie können nur statistisch gesehen mit der bestrahlten Materie wechselwirken und haben somit eine beliebig große Eindringtiefe in Materialien, wobei jedoch ihre Intensität mit wachsender Eindringtiefe stark abnimmt. Da keine komplette Abschirmung, sondern nur eine Abschwächung der Strahlung erreicht werden kann, wurde im Strahlenschutz die sog. Halbwertsschicht (Halbwertsdicke) und die Zehntelwertsschicht (Zehntelwertsdicke) definiert. Diese geben an, welche Schichtdicken eines bestimmten Materials erforderlich sind, um eine γ-Strahlung auf ihre halbe bzw. den zehnten Teil ihrer Anfangsintensität abzuschwächen. In Wasser beispielsweise beträgt für γ-Strahlen mit einer Energie von 10 MeV die Halbwertsschicht 32 cm, die Zehntelwertschicht ~1 m. Bei Blei genügen hingegen ca. 1 cm, respektive 4 cm.

Abschirmung von Neutronen

Neutronenstrahlen lassen sich am besten dann mit Materie in Wechselwirkung bringen, wenn ihre Energie (Geschwindigkeit) gering ist. Deshalb gilt es für die Abschirmung von Neutronenstrahlung zunächst deren Geschwindigkeit herabzusetzen (sie zu moderieren – s. Abschnitt 5.5). Dazu werden Materialien mit einem hohen Wasserstoffanteil benötigt, da der Kern des Wasserstoffatoms dieselbe Masse wie das Neutron hat und deshalb durch einen elastischen Stoß die größte Energie übertragen werden kann (vgl. Abschnitt 3.3.4). Wasserstoffhaltige Materialien sind zum Beispiel Kunststoffe oder natürlich Wasser selbst. Nach der Moderation der Neutronen können sie von Kernen des bestrahlten Materials eingefangen werden. Dafür eignet sich im besonderen Maße das Element Bor (siehe auch Abschnitt 5.4.3). Für die Abschirmung braucht es aber keineswegs reines Bor, sondern es genügt ein Material mit einem gewissen Boranteil (vgl. Abschnitt 5.4.2). Dann genügen auch wenige Millimeter um den Neutronenfluss um viele Größenordnungen abzuschwächen. Da jedoch z.B. durch den Zerfall von Bor wiederum überschüssige Energie in Form von γ-Quanten abgegeben wird, muss auch diese Sekundärstrahlung abgeschirmt bzw. abgeschwächt werden. Ein effektiver Neutronenschild besteht deshalb aus 3 Schichten – Moderator (z.B. Polyäthylen), Absorber (z.B. Cadmium oder Bor) und γ-Schirm (z.B. Blei). Da dies jedoch als Mehrschichtmaterial oft umständlich ist, besteht beispielsweise der Neutronenschild eines Kernkraftwerks (auch biologischer Schild genannt) aus einer ca. 2 m dicken Betonwand mit bestimmten Zusatzstoffen, die eine sichere Abschirmung gewähren.

Schutz vor Inkorporation

Um sich vor einer Inkorporation zu schützen, müssen beim Umgang mit radioaktiven Stoffen besondere Maßnahmen getroffen werden. Dazu zählen zunächst einfache Grundregeln, wie etwa das Verbot der Nahrungsaufnahme in Kontrollbereichen. Daneben empfiehlt es sich aber auch, Schutzkleidung zu tragen, um eine Kontamination der Haut zu vermeiden. Ggf. muss bei bestimmten Arbeiten auch entsprechender Atemschutz getragen werden, damit Stäube nicht eingeatmet werden. In besonderen Fällen (z.B. Zerlegearbeiten kontaminierter Strukturen) muss in Heißen Zellen gearbeitet werden, die die radioaktiv strahlenden Materialien von der Umgebung abschirmen und nur durch Strahlenschutzfenster und Videokameras eine Einsicht für das Personal erlauben, das fernhantiert die Geräte steuern kann (vgl. Bild 8.13 und Bild 8.14).

Nach jedem Besuch im Kontrollbereich muss der Körper gründlich gereinigt und auch entsprechend auf Kontamination hin vermessen werden (s. nächsten Abschnitt).

3.5.3.2 Strahlenschutzmaßnahmen in einem Kernkraftwerk

Im Strahlenschutz unterscheidet man zwei Gruppen von Personen – solche, die beruflich einer Strahlenexposition ausgesetzt sein können und die «normale» Bevölkerung. Als beruflich strahlenexponierte Person gilt, wer durch seine Berufsausübung pro Jahr eine höhere effektive Dosis als 1 mSv erhalten kann. Bei beruflich strahlenexponierten Personen muss darauf geachtet werden, dass die durch die Strahlenschutzverordnung festgelegten Grenzwerte für die effektive Dosis nicht überschritten werden. Dementsprechend sind geeignete Maßnahmen zu treffen und die Dosen durch Messgeräte und Zugangskontrollen zu überwachen.

Anmerkung
Im Jahr 2006 waren in Deutschland 312 500 Personen beruflich strahlenexponiert und dementsprechend überwacht. Davon entstammen rund 77% der Medizintechnik, etwa 11% arbeiten in kerntechnischen Anlagen. Der Rest war in Forschung, Entwicklung und sonstiger Industrie tätig. Von diesen überwachten Personen erhielten ca. 55 000 eine Dosis von durchschnittlich 0,75 mSv (exponierte Personen). In der Luftfahrt waren 2006 ca. 32 000 Personen tätig, die eine mittlere Dosis von etwa 2,2 mSv erhalten haben [3.7].

Damit die gesetzlichen Grenzwerte keinesfalls überschritten werden, sind in einer kerntechnischen Anlage bestimmte Bereiche abgegrenzt, die nach den dort herrschenden Aktivitäten und damit verbundenen Strahlenbelastungen unterteilt werden. Das führt zwangsläufig zu einer unterschiedlichen Zugangskontrolle bzw. Zugangsberechtigung.

Überwachungsbereich
Hier könnten Personen einer effektiven Dosis von mehr als 1 mSv/a, einer höheren Organdosis für Augenlinsen als 15 mSv/a oder 50 mSv/a für Haut und Extremitäten ausgesetzt sein [3.3]. Zum Überwachungsbereich zählt z.B. das eingezäunte Gelände eines Kernkraftwerks, also alle nicht zu den Kontroll- und Sperrbereichen zählenden betrieblichen Bereiche der Anlage.

Kontrollbereich
Hier könnten Personen einer effektiven Dosis von mehr als 6 mSv/a, einer höheren Organdosis für die Augenlinsen als 45 mSv/a oder 150 mSv/a für Haut und Extremitäten ausgesetzt sein.

Der Kontrollbereich in einem Kernkraftwerk umschließt das Reaktorgebäude und das bzw. die Hilfsanlagengebäude (vgl. Abschnitt 6.2). Beim Kernkraftwerk mit Siedewasserreaktor (Abschnitt 6.6) zählt auch das Maschinenhaus zum Kontrollbereich.

Für die Dauer des Aufenthalts in einem Kontrollbereich muss jede Person ein amtliches Dosimeter und zusätzlich ein nicht amtliches (betriebliches), jederzeit ablesbares Dosimeter mitführen. Mit diesen Geräten wird die erhaltene Dosis gemessen und dokumentiert (vgl. Abschnitt 3.5.1).

Sperrbereich
Hier kann die Ortsdosisleistung 3 mSv/h übersteigen. Sperrbereiche sind wiederum abgegrenzte Zonen innerhalb eines Kontrollbereichs und dürfen i.d.R. nicht betreten werden, weil die dort auftretende Strahlenlast zu hoch ist. Sie sind deutlich gekennzeichnet und üblicherweise verschlossen, um eine eindeutige Zugangskontrolle zu gewähren. Im Kernkraftwerk zählen zu diesen Bereichen die Räume des Primärkreises, was Bild 3.19 für einen Druckwasserreaktor verdeutlicht. Dem Kraftwerkspersonal stehen aus diesem Bereich aber genügend Informationen aus

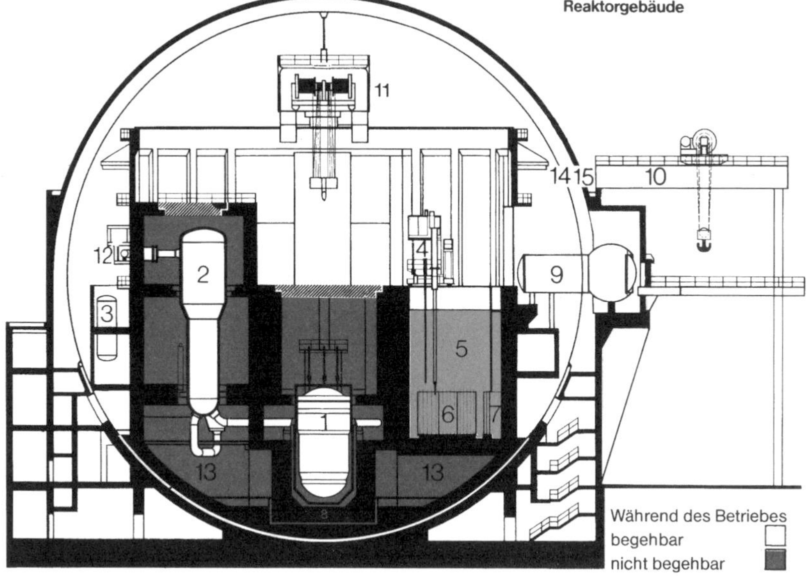

Bild 3.19 Sperrbereiche in einem Kernkraftwerk mit Druckwasserreaktor [3.8]

Videoaufzeichnungen und Messgeräten zur Verfügung, so dass ein Zugang normalerweise nicht nötig ist.

Bild 3.20 veranschaulicht die verschiedenen Maßnahmen und Kontrollen für Tätigkeiten in einem Kontrollbereich.

Prinzipiell wäre ein Wechsel von Kleidungsstücken, wie er beim Betreten und Verlassen des Kontrollbereichs durchgeführt wird, nicht nötig, aber es könnte bei manchen Arbeiten im Kontrollbereich zu einer geringfügigen Kontamination der Werkzeuge und der Kleidung kommen. Diese Materialien dürfen dann nicht unbehandelt nach außen gelangen und werden im Kontrollbereich gereinigt oder ggf. entsorgt. Am Ausgang des Kontrollbereichs unterzieht sich der Mitarbeiter beim Verlassen Messungen, die eine Kontamination der Kleidung oder der Haut feststellen. Hierfür stehen verschiedene Monitore zur Verfügung, wie beispielsweise Ganzkörpermonitore (Bild 3.21), in denen Kleidung, Hände oder Haut auf eine evtl. Kontamination hin geprüft werden. Dabei werden sukzessive zunächst die Kleidung am Körper, dann nach Ablegen der Überkleidung die Haut, insbesondere Hände, Kopf und Füße sowie mitgeführte Gegenstände vermessen.

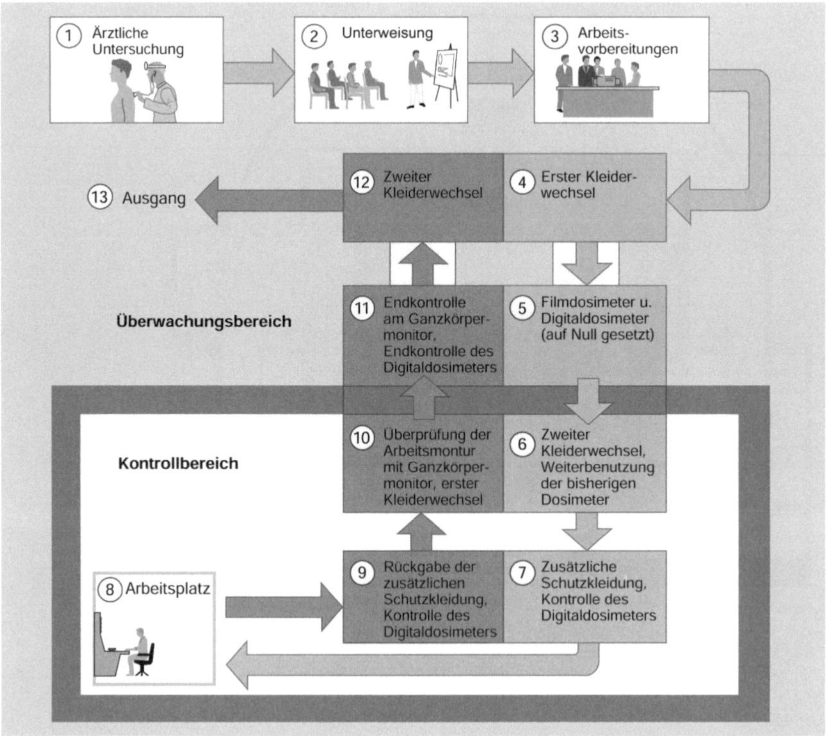

Bild 3.20 Beispiel der Kontrollmaßnahmen für Arbeiten in Kontrollbereichen [3.2]

Sind diese Messungen negativ (keine Kontamination), kann die Kleidung vom selben Mitarbeiter bei einem späteren Besuch wieder verwendet werden. Wurden die Kleider während der Arbeiten im Kontrollbereich kontaminiert, können sie innerhalb des Kontrollbereichs gereinigt oder entsorgt werden. Wird eine Kontamination der Haut festgestellt, muss innerhalb des Kontrollbereichs geduscht werden, damit das Wasser kontrolliert abgeführt werden kann. Auch die mitgeführten Gegenstände (Schlüssel, Dosimeter, Stifte usw.) werden auf Kontaminationsfreiheit geprüft.

Anmerkung

Auch vor dem ersten Besuch in einem Kontrollbereich werden Mitarbeiter oder auch Besucher auf Kontamination geprüft (Eingangsmessung). Dadurch wird sichergestellt, dass sie nicht schon vor dem Betreten des Kontrollbereichs kontaminiert waren. Nur so kann man gewährleisten, dass auf den Ursprung einer Kontamination (z.B. innerhalb des Kontrollbereichs) geschlossen werden kann.

Bild 3.21 Ganzkörpermonitor am Ausgang eines Kernkraftwerks [3.2]

Der Reaktorunfall von Tschernobyl wurde beispielsweise dadurch bekannt, dass im schwedischen Kernkraftwerk «Forsmark» Mitarbeiter am Ausgang des Kontrollbereichs eine Kontamination anzeigten. Nach einer Untersuchung stellte sich heraus, dass diese jedoch nicht aus der Anlage, sondern von außerhalb stammte.

Innerhalb des Kontrollbereichs kann es neben den Sperrbereichen auch andere Zonen geben, die nur mit Überschuhen oder zusätzlicher Kleidung betreten werden dürfen (sog. Schuhzonen). Dadurch ist es möglich, diese Überkleidung beim Verlassen der Zone abzulegen, damit kein Schmutz aus dieser Zone herausgetragen wird.

Anmerkung
Die Direktstrahlung (v.a. Neutronenstrahlung) eines Kernkraftwerks wird durch eine Vielzahl von Barrieren abgeschirmt. Die im Kern eines Reaktors erzeugten α- und β-Strahlen können die Brennstäbe bzw. den bis zu 25 cm dicken

Reaktordruckbehälter nicht verlassen. Die erzeugte Neutronen- und γ-Strahlung werden durch den Reaktordruckbehälter stark abgeschwächt und durch den umgebenden biologischen Schild aus ca. 2 m Stahlbeton ebenfalls quasi vollständig abgeschirmt. Weiter außen folgt als weitere, jedoch nicht unmittelbar dem Schutz vor der Direktstrahlung dienende Barriere der Sicherheitsbehälter (Containment) und die Außenmauer des Reaktorgebäudes. Neben dem Reaktor selbst gibt es aber auch weitere Bereiche in einem Kernkraftwerk, die es abzuschirmen gilt. So fungiert auch das Wasser im Brennelementlagerbecken, wo sich verbrauchte Brennelemente befinden, unter anderem als Abschirmung der dort ausgesandten Strahlung.

3.5.3.3 Kontrollierte Abgabe radioaktiver Stoffe

Die in diesem Abschnitt getroffenen Aussagen gelten generell für alle Bereiche, in denen mit radioaktiven Stoffen hantiert wird. Die Darstellung wird sich jedoch auf die im Kernkraftwerk anfallenden Materialien beschränken.

In einem Kernkraftwerk fallen durch den Betrieb des Reaktors radioaktive Stoffe an. Der allergrößte Teil dieser Stoffe verbleibt in den Brennstäben und ist dort sicher eingeschlossen. Es kommt aber durch die auftretende Strahlung und durch kleine Leckagen an den Brennstäben (Abschnitt 4.4.1) zu einer Aktivierung bzw. Kontamination (vgl. Abschnitt 3.4.2) der Umgebung des Reaktors – z.B. des Kühlmittels oder der umgebenden Wände und Strukturmaterialien. Weil ein Teil des Kühlmittels ständig gereinigt wird (Abschnitt 6.5.6), findet auch ein Stoffaustausch über die Grenzen des Kontrollbereichs hinaus statt. Dort aber dürfen gewisse Grenzwerte der abgeführten Aktivität nicht überschritten werden. Es wird hierbei zwischen Genehmigungs- und Abgabewerten unterschieden. Die Genehmigungswerte werden von der Behörde festgelegt und dürfen auch unter ungünstigsten Bedingungen nicht überschritten werden [3.3]. Die Einhaltung ist durch geeignete Maßnahmen und kontrollierende Messungen sicherzustellen und zu dokumentieren. Die tatsächlich erreichten Aktivitäts- bzw. Dosiswerte der abgegebenen Stoffe (Abgabewerte) erreichen meist nur wenige Prozent des Genehmigungswerts.

Anmerkung

Ein Beispiel für die Aktivierung von Strukturmaterialien im Kernreaktor ist die Kernreaktion $^{59}Co(n, \gamma)^{60}Co$. ^{60}Co *ist ein* β^-*-Strahler und zerfällt mit einer Halbwertszeit von 5,2 Jahren. Um die Strukturmaterialien bei einer geringen Aktivierung zu halten, werden Stähle mit niedrigem Co-Gehalt verwendet. Auch das Kühlmittel Wasser wird durch die Neutronenstrahlung aktiviert, weil sich aus dem leichten Wasserstoff (H) bzw. dem schweren Wasserstoff* ($D = {}^{2}H$) *Tritium* ($T = {}^{3}H$) *bildet (vgl. auch Tabelle 5.6). Die Reaktionsgleichung hierzu lautet wie folgt:* $^{1}H(n, \gamma)^{2}H(n, \gamma)^{3}H$. *Dieser Effekt spielt aber hinsichtlich der Kontamination des Kühlmittels eine untergeordnete Rolle. Vielmehr kommt es durch* *geringfügige Undichtigkeiten von Brennelement-Hüllrohren (vgl. Abschnitt 4.4) zu einer Kontamination des Kühlmittels durch radioaktive Spaltprodukte.*

Im Folgenden werden die verschiedenen Möglichkeiten erläutert, wie die Aktivität eines Stoffes, der an die Umgebung abgeführt werden soll, verringert werden kann. Generell kann die Aktivität reduziert werden, wenn der Stoff vor der Abgabe eine gewisse Zeit kontrolliert zurückgehalten und so den Radionukliden die Möglichkeit gegeben wird, im Rahmen ihrer Halbwertszeit zu entsprechenden Anteilen zu zerfallen. Auch können radioaktive Bestandteile durch chemische Behandlungen, Filteranlagen o.ä. aus dem abzugebenden Medium (Abwasser oder Abluft) getrennt und konzentriert werden, um dann definiert einer Endlagerung oder weiteren Behandlung zugeführt zu werden.

Reduzierung von gasförmigen, radioaktiven Stoffen

In einer kerntechnischen Anlage fällt z.B. durch die im Kraftwerk übliche Unterdruckbarriere (Abschnitt 6.5.8) Abluft an, die über einen Kamin an die Umwelt abgegeben wird. Durch Belüftungsanlagen an Behältern und Tanks diverser Stoffe fallen radioaktive Gase an, die über eine Verzögerungs und Filterstrecke geführt werden, um durch den natürlichen Zerfall eine Verringerung der Aktivitätskonzentration zu erlangen. Verzögerungsstrecken für gasförmige Stoffe bestehen i.d.R. aus Aktivkohlefiltern.

Die Kohlepartikel in diesen Filtern haben eine raue Oberfläche und nehmen so die in der Luft mitgeführten Stoffe auf (Absorption). Diese lassen sie nur langsam durch die Kohlestrecke hindurch laufen (Desorption), wodurch Verzögerungszeiten von bis zu 60 Tagen erreicht werden. Auf diese Weise wird z.B. die Aktivität des Elements ^{131}Xe mit einer Halbwertszeit von ca. 5 Tagen fast gänzlich abgebaut. Elemente mit längerer Halbwertszeit können aber auf diese Weise nicht in ihrer Aktivität reduziert werden. Diese Stoffe müssen (z.B. chemisch oder mechanisch) gefiltert und zurückgehalten werden.

Das gasförmige Spaltprodukt ^{85}Kr beispielsweise ist als Edelgas nicht in der Lage chemische Verbindungen einzugehen und kann auch nicht von Organismen aufgenommen werden. So darf dieses Element unter Einhaltung bestimmter Grenzwerte direkt an die Umwelt abgegeben werden. Beim Element ^{131}I hingegen besteht eine recht große Gefahr für die Umwelt, da es eine hohe Radiotoxizität besitzt. Dieses Element jedoch kann durch chemische Filter relativ einfach von der Abluft getrennt werden – z.B. durch Filter, die Silbernitrat enthalten, das sich mit dem Iod zu Silberiodid verbindet und im Filter verbleibt.

Im Normalbetrieb eines Kernkraftwerks fallen diese Stoffe jedoch nur in sehr geringen Mengen in der Abluft an.

Reduzierung von flüssigen, radioaktiven Stoffen

Flüssige radioaktive Stoffe treten in einem Kernkraftwerk durch Leckagen, Waschvorgänge, Laborarbeiten oder auch Dekontaminationsvorgänge auf. Bevor sie als

Abwasser an die Umwelt abgegeben werden dürfen, müssen auch sie bestimmte Grenzwerte unterschreiten. Hierfür werden zunächst die radioaktiven Elemente in der Flüssigkeit reduziert. Z.B. kann dies durch Eindicken (Verdampfen) der Flüssigkeit oder auch durch mechanische oder chemische Filtrierung geschehen, wobei die radioaktiven Bestandteile im Konzentrat verbleiben und das Kondensat nach einem Freigabeverfahren abgegeben werden kann.

Vor der Freigabe einer Menge flüssigen Abfalls wird die Aktivität sowie die Zusammensetzung der radioaktiven Bestandteile bestimmt (vgl. Abschnitt 3.5.1.6) und auf die erlaubten Konzentrationen hin überprüft.

Reduzierung von festen, radioaktiven Stoffen

Beim Umgang mit radioaktiven Stoffen kommt es auch zur Erzeugung fester, radioaktiver Abfälle, z.B. Putzlappen, kontaminierte Kleidung, verbrauchte Filter o.ä. Diese Feststoffe werden vor einer Zwischen- bzw. Endlagerung in ihrem Volumen reduziert. Dazu können sie entweder verbrannt oder auch verpresst werden. Anschließend werden sie in Fässer verpackt und für eine Endlagerung bereitgestellt. Die Behandlungsschritte bezeichnet man auch als Abfallkonditionierung (vgl. auch Abschnitt 8.5).

Anmerkung

Wie Tabelle 3.8 zeigt, verursacht nicht nur die Stromerzeugung aus Kernkraft eine Strahlenbelastung der Umwelt, sondern auch die fossilen Energieträger Kohle, Öl und Gas tragen zu einer erhöhten Exposition bei.

Tabelle 3.8 Strahlenexposition durch den Betrieb von Kraftwerken (nach [3.9])

Primärenergieträger	Effektive Dosis in der Umgebung [μSv/a]	Dosisrelevante Nuklide
Braunkohle Steinkohle Öl	0,5...2 1...4 1	^{238}U, ^{232}Th, ^{226}Ra, ^{210}Pb, ^{210}Po
Erdgas Erdwärme	0,2...1 100	^{222}Rn- und Folgeprodukte
Kernenergie	0,1...5	Spaltprodukte

4 Brennstoffversorgung

Erst haben die Menschen das Atom gespalten,
jetzt spaltet das Atom die Menschen.

Gerhard Uhlenbruck, deutscher Mediziner und Aphoristiker, 1929

Uran ist das 92. Element unseres Periodensystems (seine Kernladungszahl beträgt 92) und ist das letzte stabile, natürlich existierende Element. Es besitzt mehrere Isotope, die in unterschiedlicher Häufigkeit im Natururan vorkommen. Das häufigste Isotop ist das ^{238}U mit seinen 146 Neutronen im Kern, das zu 99,2739% im Natururan enthalten ist. Aufgrund einer kleinen Zerfallsreihe des ^{238}U (über Th und Pa) wird ^{234}U erzeugt, das sich demnach auch in kleinen Spuren 0,0056%) im natürlichen Uran findet. Neben diesen beiden ist noch das ^{235}U mit einem Anteil von etwa 0,7205% im natürlichen Uran vorhanden. Für den Einsatz in den meisten Kernreaktoren ist vor allem das Isotop ^{235}U relevant, weil es mit thermischen Neutronen spaltbar ist (vgl. Abschnitt 5.1.4).

Uran wurde im Jahre 1789 vom deutschen Chemiker Martin Heinrich Klaproth entdeckt. Es ist nach dem Planeten Uranus benannt, der nur 8 Jahre vorher von Friedrich Wilhelm Herschel entdeckt worden war. Auf die gleiche Weise wurden auch die dem Uran im Periodensystem (Bild 2.3) folgenden Elemente Neptunium und Plutonium benannt.

Uran als reiner Stoff ist ein von der Farbe her silbrig-weißes Metall mit hoher Dichte, das sich leicht mit Sauerstoff verbindet und deshalb auch als feines, metallisches Pulver brennbar ist. Natürliche Uranvorkommen liegen daher oxidiert vor. In metallischer Form ist Uran sehr reaktionsfreudig, wenn es mit Wasser in Verbindung gebracht wird. Deshalb wird in Kernreaktoren Uran stets in oxidischer Form verwendet. Uran kann sich in den meisten Säuren lösen und ist aus diesem Grund auch sehr giftig.

In den folgenden Abschnitten werden die verschiedenen Stufen, die der Kernbrennstoff bis zu seinem Einsatz im Reaktor durchläuft, erläutert. Bild 4.1 zeigt ein Schema des Urankreislaufs, dessen erste Stufen in diesem Kapitel behandelt werden.

4.1 Uranvorkommen und Uranerzgewinnung

Mit einem Anteil von ca. 3...4 ppm ist Uran in der Erdrinde rund 100-mal häufiger vorhanden als Silber oder Gold und zudem relativ gleichmäßig über die Erde verteilt. Es gibt dabei regional leichte Unterschiede in der tatsächlichen Konzentration von Uran im umgebenden Boden. Zurzeit lassen sich die Erzvorkommen wirtschaftlich nutzen und abbauen, bei denen der Urangehalt bis zu 0,5% beträgt.

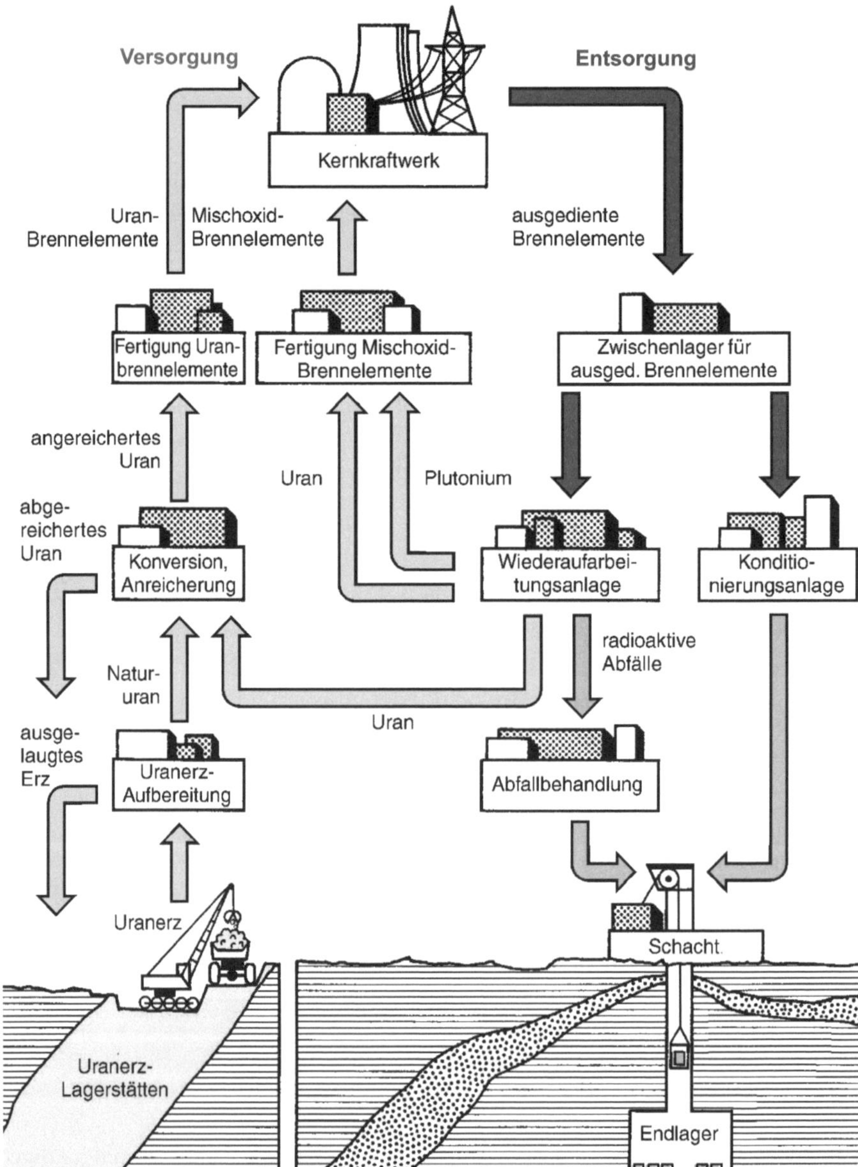

Bild 4.1 Schema des Urankreislaufs [4.1]

Uran wird heute in vielen Ländern der Erde abgebaut, z.B. in Kanada, USA, Südamerika, Afrika, Frankreich, Schweden, Australien oder Russland. Der weltweite Jahresbedarf an Uran als Brennstoff für Kernkraftwerke beträgt heute rund 68 000 t.

Anmerkung
Uran wurde auch in der Bundesrepublik, genauer gesagt in der ehemaligen DDR, abgebaut – vor allem im Erzgebirge und im südlichen Thüringen. Dort wurde von der SDAG Wismut (Sowjetisch-Deutsche Aktiengesellschaft Wismut) das Mineral Uraninit (Pechblende) gewonnen. Die gesamte Abbaumenge betrug in den Jahren zwischen dem 2. Weltkrieg und 1990 ca. 231 000 t. Das ist mehr als die Menge, die beim heutigen weltweiten Uranverbrauch für 3 Jahre reichen würde. Damit war die SDAG Wismut weltweit der drittgrößte Uranproduzent [4.2].

4.1.1 Reichweite der Uranvorräte

Uran ist als Brennstoff der meisten Kernkraftwerke eine Ressource, die – wie jeder andere Rohstoff auch – keine unbegrenzte Reichweite besitzt. Um abschätzen zu können, wie lange die bekannten Uranressourcen für die Versorgung der Kernkraftwerke mit Brennstoff noch reichen, werden zunächst einige Tatsachen beschrieben, die generell in der Mineralogie, also auch für alle anderen Rohstoffe gelten.

Aufgrund verschiedener Vorkommens- und Bindungsweisen der Rohstoffe im umgebenden Material müssen unterschiedliche Abbaumethoden verwendet werden, die sich aber in ihren Kosten unterscheiden und erst bei einem entsprechenden Marktpreis des Rohstoffs wirtschaftlich anwenden lassen. Deshalb muss differenziert werden zwischen den im Moment in Betrieb befindlichen Abbaustätten, deren Vorrat sehr sicher bekannt ist (Reserven) und deren Abbaumethoden schon beim heutigen Marktpreis rentabel sind, und den weiteren Vorkommen, die sich momentan noch nicht wirtschaftlich erschließen lassen (Ressourcen). Steigt der Marktpreis aufgrund einer erhöhten Nachfrage oder wegen einer Verknappung der Reserven, wird die Erschließung neuer Ressourcen wirtschaftlich sinnvoll. Dadurch steigt zum einen das Angebot wieder an und stabilisiert den Preis, zum andern können sich dadurch aber auch die Reserven erhöhen, da neue Abbaustätten erschlossen werden, die vorher evtl. nicht bekannt waren – durch hohe Marktpreise wird auch die Suche nach neuen Lagerstätten und deren evtl. aufwendigere Erschließung lukrativ.

Auch kommen durch Weiterentwicklung neue Technologien im Bergbau hinzu, die es ermöglichen, effektiver zu arbeiten und die Ausbeute zu erhöhen. Aus diesen Gründen haben sich die bekannten Uranvorräte in den letzten 10 Jahren deutlich erhöht.

Exkurs: Eine vergleichbare Entwicklung zeichnete sich zur Zeit der Ölkrise in den 1970er Jahren ab. Auch damals war von Reichweiten fossiler Brennstoffe die Rede, die heute (40 Jahre später) noch größer sind als die damals prognostizierten Werte.

Aufgrund dieser Betrachtungen können die Zahlen der zz. bekannten, sicher abgeschätzten und noch vermuteten Vorräte an Uran besprochen werden. Wie erläutert, sind dabei die Vorräte nach dem Marktpreis differenziert zu betrachten.

Tabelle 4.1 Uranreserven in Abhängigkeit des Marktpreises (nach [4.3])

Preis	**Reasonably Assured Resources**	**Inferred Resources**	**Identified Resources (total)**
[US $/kg U]	[Mt]	[Mt]	[Mt]
<40	1,77	1,20	2,97
<80	2,60	1,86	4,46
<130	3,34	2,13	5,47
Gesamt			**5,47**

Tabelle 4.1 belegt die weltweiten Uranressourcen. Seit 2005 hat sich eine Erhöhung dieser Ressourcen um ca. 15% ergeben, was beim momentanen Verbrauch einer Vergrößerung der Reichweite um etwa 11 Jahre entspricht [4.3]. Dies ist in einer Neubewertung der Vorräte in den bekannten Lagerstätten sowie im Fund neuer Lagerstätten begründet.

Der Marktpreis des Urans hatte sich seit seinem historischen Tiefstand aus dem Jahr 2001 von 17 US $ für 1 kg Uran (entsprechend 6,5 US $/lb U_3O_8) bis 2007 auf 346 US $/kg U verzwanzigfacht. Mittlerweile hat er sich wieder etwas erholt und liegt zz. bei ca. 150 US $/kg U. Damit kommen für die aktuellen Berechnungen der Reichweite alle Bereiche der gezeigten Tabelle in Betracht.

Anmerkung

Dass sich die Preiserhöhungen des Urans der letzten Jahre trotz ihrer enormen Steigerung nur unwesentlich auf die Stromgestehungskosten der Kernkraftwerke ausgewirkt haben liegt daran, dass die Urankosten nur zu ca. 30% in die Brennstoffkosten und diese wiederum nur zu ca. 10% in die Betriebskosten eines Kernkraftwerks eingehen. Folglich macht der reine Uranpreis einen Anteil von ca. 3% an den Stromgestehungskosten aus der Kernkraft aus und Preisschwankungen beim Rohstoff Uran wirken sich kaum auf den Endpreis aus. Die Stromgestehungskosten aus Kernkraft lassen sich in etwa wie folgt aufschlüsseln – je nach Alter der Anlage oder z.B. Art der Anreicherung (vgl. Abschnitt 4.2) kann diese Zusammensetzung im konkreten Fall etwas unterschiedlich ausfallen:

- *Kapital* 65%
- *Betrieb/Instandhaltung* 20%
- *Entsorgung* 5%
- *Brennstoff* 10%

Der Anteil des Brennstoffs wiederum setzt sich wie folgt zusammen:

- *Rohstoff (Uran)* 30%
- *Anreicherung* 17%
- *Brennelementfertigung* 18%
- *Entsorgung* 35%

Die aktuelle Jahresfördermenge an Uran beträgt 36 600 t. Der momentane Verbrauch liegt bei weltweit ~68 000 t pro Jahr. Die Differenz aus Verbrauch und Fördermenge wird z.B. durch bereits abgebauten Rohstoff (sekundäre Ressourcen), die Abrüstung von Kernwaffen sowie durch die Wiederaufarbeitung (Abschnitt 8.4) gedeckt. Die sich aus diesen Zahlen ergebende Reichweite der Uranvorräte beträgt ca. 100 Jahre [4.3].

Diese Zahl beruht auf den Vorräten der momentan in Betrieb befindlichen Lagerstätten und ist sowohl gemessen, als auch mit sehr großer Sicherheit geschätzt. Hinzu kommt noch, dass auch in der Umgebung der momentanen Abbaustätten bzw. an anderen Orten wissenschaftlich und geologisch fundiert weitere Uranvorkommen vermutet werden. Werden auch diese Mengen von ca. 10,5 Mt (Prognosticated and Speculative Resources [4.3]) mit berücksichtigt, ergibt sich eine geschätzte Reichweite des Urans von ca. 300 Jahren.

Zudem kommen auch andere Quellen (Unconventional Resources) – z.B. das in Phosphaten enthaltene Uran hinzu. Werden auch diese Reserven berücksichtigt, so erhöht sich die Reichweite um weitere 300 Jahre. Eine letzte, nahezu unerschöpfliche Quelle ist das im Meerwasser gelöste Uran. Hierbei handelt es sich um etwa 4 Mrd. Tonnen. Könnte beispielsweise aus dem Meerwasser 1% des darin enthaltenen Urans extrahiert werden, würde der Kernbrennstoff Uran für weitere 600 Jahre reichen. Entsprechende Technologien hierzu waren Bestandteil einiger Forschungsarbeiten, sind jedoch aufgrund des niedrigen Marktpreises der vergangenen Jahrzehnte noch nicht weiter vorangetrieben worden. Diese Technologien könnten aber in Zukunft wieder lukrativ werden.

Anmerkung

Forschungen zur Gewinnung von Uran aus dem Meerwasser wurden in den 1970er und 1980er Jahren in mehreren Ländern, u.a. auch in Deutschland, durchgeführt. Aktuell wird sie jedoch nur in Japan weiter vorangetrieben. Forscher haben dort zwischen 2001 und 2003 in einer Testanlage durch einen 30-tägigen Probebetrieb ca. 1,5 g Uran gewinnen können. Die Leistung eines derartigen Systems, das auf einer chemischen Filtrierung basiert, wird auf ca.

1200 t U/Jahr geschätzt. Die Kosten für die Urangewinnung sollen sich auf ~700 US $/kg belaufen.

Auch die Nutzung von Bruttechnologien, respektive Brutreaktoren trägt zu einer Verlängerung der Reichweite der Kernbrennstoffe bei. Das Brutmaterial Thorium z.B. ist auf der Erde rund 3-mal häufiger vorhanden als Uran und kann z.B. in Hochtemperaturreaktoren angewendet werden (vgl. Abschnitt 5.8.2 und Abschnitt 6.7). Da durch den Einsatz des Brennstoffs im Reaktor nicht alles spaltbare Material während eines Zyklus verbraucht wird, ist auch die Wiederaufarbeitung des ausgedienten Brennelements eine Möglichkeit, um die Reserven zu schonen (vgl. Abschnitt 8.4 und Bild 5.25).

Bei einem Ausbau der weltweiten Kernenergienutzung ist der Einsatz beider Technologien – der Wiederaufarbeitung und der Brutreaktoren – unabdingbar, um die Brennstoffvorräte für längere Zeit zu sichern.

Der Brennstoff für Kernreaktoren kann aufgrund seiner großen Reichweite auch als eine nachhaltige Energiequelle eingestuft werden, die zudem nicht regional begrenzt, sondern vielerorts wirtschaftlich abbaubar ist. Aufgrund der sehr großen Energiedichte ist Uran auch in energetisch großen Mengen und für lange Zeit bevorratbar.

Anmerkung
1 kg ^{235}U enthält so viel Spaltenergie wie ca. 1 800 000 kg Heizöl (oder Benzin) oder 2 700 000 kg Steinkohle.

4.1.2 Uranabbau und Vorbereitung zur Weiterverarbeitung

Uran kommt in über 100 verschiedenen Mineralien vor und ist dort in unterschiedlichsten chemischen Zusammensetzungen vorhanden. In den wichtigsten Erzen ist das Uran in den Verbindungen UO_2 bis U_3O_8 enthalten. Die abbaufähigen Schichten haben typischerweise eine Dicke von 2...4 m. Ob das uranhaltige Erz im Tage- oder Untertagebau gewonnen wird, hängt davon ab, in welcher Form das Erz vorliegt und welche Bodenschichten sich darüber befinden. Ab einer Tiefe von etwa 120 m wird eine unterirdische Mine dem Tagebau vorgezogen.

Anmerkung
Neben den bergmännischen Methoden gibt noch weitere Möglichkeiten des Uranabbaus. Eine ist die sog. In-situ-Methode, die auch beim Abbau anderer Metalle Anwendung findet. Dabei wird der zu gewinnende Stoff durch Wasser (evtl. mit chemischen Zusätzen) aus dem Erz gelöst. Dieses Wasser gelangt über eine Bohrung unter die Erde und wird dort mit dem Grundwasser weitergespült, wobei es das abzubauende Mineral (hier Uran) aufnimmt. Es gelangt zu einer

weiteren Bohrung, von der es wieder nach oben befördert wird. Diese Abbaumethode darf natürlich nicht überall eingesetzt werden, da nicht garantiert werden kann, dass auch alles uranhaltige Wasser nach oben gelangt.

Nach dem Abbau des Erzes muss das Uran vom Erz getrennt und der Urangehalt durch geeignete (und je nach Vorkommen und chemischer Zusammensetzung verschiedene) Verfahren konzentriert werden. Das Erz wird dabei im ersten Verarbeitungsschritt fein zermahlen und beispielsweise mit Schwefelsäure aus dem Gestein herausgelöst. So entsteht z.B. aus dem anfänglichen Urandioxid das sog. Uranylsulfat nach Gl. 4.1.

$$UO_2 + H_2SO_4 + O \longrightarrow UO_2(SO_4) + H_2O \qquad \text{(Gl. 4.1)}$$

Das Uranylsulfat muss in geeigneten Reinigungsschritten z.B. durch Filtrieren, Dekantieren usw. von Begleitstoffen befreit werden.

Anschließend wird das Uran aus dem flüssigen Uranylsulfat durch Zugabe von Ammoniak (NH_3) abgeschieden. Es entsteht dabei Ammoniumuranat, das nach Filtrierung, Eindickung und Trocknung als gelbliches Konzentrat vorliegt und zwischen 70% und 80% Uran enthält. Wegen seiner Farbe wird es auch als «Yellow Cake» bezeichnet. Dieses Konzentrat ist die Grundlage weiterer chemischer Verarbeitungsschritte, die auch als Konversion bezeichnet werden und an deren Ende das für die Urananreicherung benötigte Uranhexafluorid (UF_6) steht.

4.2 Urananreicherung, Brennstoffaufbereitung

Uran ist in seiner natürlichen Zusammensetzung mit nur ca. 0,72% ^{235}U für den Einsatz in Leichtwasserreaktoren nicht geeignet, da durch Absorptionsprozesse in der Spaltzone Neutronen verlorengehen, die keine weitere Kernspaltung ausführen können (vgl. Abschnitt 5.3.2). Deshalb muss der Anteil des Spaltstoffes ^{235}U vor der Weiterverarbeitung zu Brennstofftabletten für Leichtwasserreaktoren durch entsprechende Maßnahmen erhöht (angereichert) werden. Reaktoren, die mit anderen Moderatorstoffen (z.B. Grafit oder schwerem Wasser) arbeiten, können prinzipiell auch mit Natururan betrieben werden. Eine Anreicherung ist in diesem Fall nicht nötig (vgl. Abschnitt 5.5.2).

4.2.1 Ausgangsmaterial für die Anreicherung

Die heute üblichen Technologien für die Anreicherung arbeiten mit dem gasförmigen Molekül Uranhexafluorid (UF_6). Hierbei ist von Vorteil, dass Fluor ein Reinelement ist, das in der Natur quasi zu 100% aus ^{19}F besteht (das langlebigste Isotop des Fluor hat eine Halbwertszeit von unter 2 Stunden). Dadurch hat die Verbindung UF_6 nur unterschiedliche Masse, die vom Isotop des Urans herrührt. Dies wird bei den verschiedenen Anreicherungsmethoden genutzt.

Anmerkung
Es existieren 22 Reinelemente. Dazu gehören z.B. Aluminium und Gold.

UF_6 ist bei Raumtemperatur fest (der Sublimationspunkt, wo es in die gasförmige Phase übergeht, liegt bei 56 °C). Es kann relativ leicht transportiert werden, da es nicht brennbar oder explosiv ist. Mit Luft kann es nicht reagieren, allerdings mit Wasser und entsprechend mit feuchter Luft. Bei Kontakt mit Wasser reagiert es zu Uranylfluorid (UO_2F_2) und zu hochgiftigem Fluorwasserstoff (HF), das zusammen mit Wasser Flusssäure bildet. Transportbehälter für UF_6 müssen daher luftdicht verschlossen werden.

UF_6 ist nur schwach radioaktiv und stellt deshalb nur bei direkter Kontamination oder Inkorporation eine Gefahr für den Menschen dar. Allerdings ist der Stoff chemisch sehr toxisch – in erster Linie aufgrund der Bildung von Flusssäure. Bei einem möglichen Unfall, z.B. während des Transports, wäre von Vorteil, dass der Stoff ein hohes spezifisches Gewicht hat und sich direkt bei der Unfallstelle niederschlägt. So lassen sich die Gefahren des Transports von UF_6 durchaus mit denen anderer Chemikalien vergleichen bzw. stellen sich sogar noch günstiger dar, da der Stoff nicht gasförmig, sondern fest ist. Die Transportbehälter weisen einen Unterdruck auf, wodurch ein Austreten des Inhalts bei einem kleinen Leck verhindert wird.

4.2.2 Grundlagen der Urananreicherung

Für die im Anreicherungsprozess verwendeten Stoffe gibt es typische Bezeichnungen: Das Natururan bzw. der Ausgangsstoff wird Feed genannt. Bei Tails ist die Rede von abgereichertem Uran, und das angereicherte Uran nennt man Product. Der als Tails verbleibende Anteil an ^{235}U wird auch als tails assay (Restkonzentration) bezeichnet.

Der Trennfaktor drückt aus, wie groß die Konzentrationsverschiebung in einem Trennelement ist. Je höher der Trennfaktor, desto effektiver arbeitet das Trennverfahren und desto weniger Stufen sind prinzipiell in Serie zu schalten, um die gewünschte Anreicherung zu erhalten. Jedoch muss zur Qualifikation eines Trennverfahrens auch noch der erzielte Massendurchsatz betrachtet werden. Dieser bestimmt, wie viele Trennstufen parallel geschaltet werden müssen, um eine gewisse Menge innerhalb einer bestimmten Zeit umzusetzen.

Als Maß für den bei der Anreicherung nötigen Aufwand zur Konzentrationsänderung wurde die Einheit Kilogramm Urantrennarbeit (kg UTA, englisch SWU – seperative work unit) eingeführt. Auch die Kapazität einer Anreicherungsanlage wird in dieser Einheit angegeben, z.B. 1000 t UTA/a. Die Höhe der Urantrennarbeit ist abhängig vom Anreicherungsverfahren, dem gewünschten Anreicherungsgrad und der Restkonzentration (tails assay).

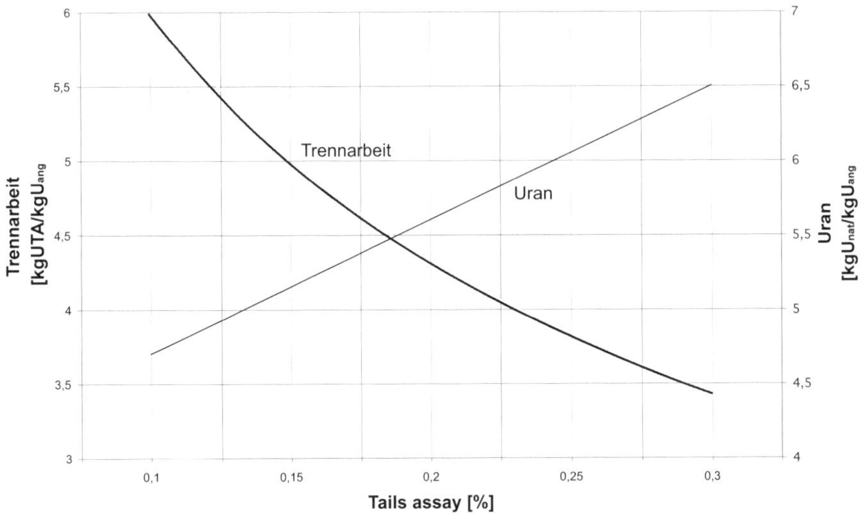

Bild 4.2 Schematische Darstellung von Trennarbeit und Naturuaneinsatz als Funktion der Restkonzentration (tails assay) bei einer Anreicherung auf ca. 3% ^{235}U (nach [4.4])

Auch bei der Urananreicherung kann die Reichweite des Kernbrennstoffs Uran verlängert werden, indem das Natururan, das zu ca. 99,3% aus ^{238}U und nur zu 0,72% aus ^{235}U besteht, besser ausgenutzt, also der Anteil des ^{235}U weiter verringert wird. Damit verbunden ist jedoch eine Erhöhung des Energieaufwands für die Anreicherung. Auch die Menge des benötigten Feed hängt vom tails assay ab. Für einen bestimmten Anreicherungsgrad (z.B. 3% ^{235}U) ist die Menge des benötigten Natururans davon abhängig, wie weit der Gehalt des ^{235}U im Natururan abgereichert (reduziert) wird. Dies ist in Bild 4.2 dargestellt. Für die Berechnung der Trennarbeit wurde Gl. 4.2 entwickelt.

$$UTA = M \cdot \left[\left[\left(\frac{2 \cdot PA}{100} - 1\right) \cdot ln\left(\frac{PA}{100 - PA}\right) - \left(\frac{2 \cdot TA}{100} - 1\right) \cdot ln\left(\frac{TA}{100 - TA}\right)\right] - \left[\left(\frac{PA - TA}{FA - TA}\right)\right.\right.$$

$$\left.\left.\cdot \left[\left(\frac{2 \cdot FA}{100} - 1\right) \cdot ln\left(\frac{FA}{100 - FA}\right) - \left(\frac{2 \cdot TA}{100} - 1\right) \cdot ln\left(\frac{TA}{100 - TA}\right)\right]\right]\right] \qquad \text{(Gl. 4.2)}$$

mit:

M Menge an Product [kg U]

PA Product assay (Anreicherungsgrad des Product) [%]

TA tails assay [%]

FA feed assay (Brennstoffgehalt im Feed – z.B. 0,72 % ^{235}U im Natururan) [%]

Beispiel

Ein Kernkraftwerk mit einem Leichtwasserreaktor und einer elektrischen Leistung von 1400 MW benötigt pro Jahr rund 30 t Uran, das auf ca. 3% ^{235}U-Gehalt angereichert ist. Der Grafik ist zu entnehmen, dass diese Menge bei einem tails assay von 0,3% aus rund

$$6{,}5\,\frac{\text{kg U}_{\text{nat}}}{\text{kg U}_{\text{ang}}}\cdot 30000\ \text{kg U}_{\text{ang}} = 200\ \text{t U}_{\text{nat}}$$

unter Aufwendung von

$$3{,}4\,\frac{\text{kg UTA}}{\text{kg U}_{\text{ang}}}\cdot 30000\ \text{kg U}_{\text{ang}} = 102\ \text{t UTA}$$

hergestellt wird. Eine Anreicherungsanlage mit einer Kapazität von 1000 t UTA/a kann also unter den zugrunde gelegten Randbedingungen ca. 10 Kernkraftwerke mit Brennstoff versorgen. Auf die bei der Anreicherung benötigte Energiemenge wird in Abschnitt 4.2.3.3 eingegangen.

In Anbetracht des für die Anreicherung benötigten Energieaufwands (Trennarbeit), der mit sinkender Restkonzentration stark ansteigt, ist es verständlich, dass die bisherige Urananreicherung mit einem recht hohen tails assay von ca. 0,3% betrieben wurde. Weltweit lagern demnach noch Bestände an abgereichertem Uran (Tails), dessen tails assay rund 0,3% beträgt. Bei den Marktpreisen der vergangenen Jahre war es nicht wirtschaftlich, den tails assay bei der Anreicherung weiter zu reduzieren. Bei höheren Marktpreisen wird es jedoch sinnvoll, den tails assay mehr zu reduzieren, weil sich der erhöhte Energieaufwand durch die Einsparung an Feed deckt. So wird der tails assay kontinuierlich dem vorherrschenden Marktpreis angepasst. Abgereichertes Uran stellt also keineswegs ein Abfallprodukt dar, sondern ist als Wertstoff zu betrachten, der sich noch weiter nutzen lässt und somit die Reichweite des Urans noch mehr vergrößert.

Anmerkung

Bei der Anreicherung fallen gemäß des obigen Beispiels bei einem tails assay von 0,3% pro Tonne angereichertem Uran ca. 5,5 t Tails an. In diesem Tails ist jedoch bei einer Restkonzentration von 0,2...0,3% noch ca. 30...50% des ursprünglich im Feed (Natururan) vorhandenen Brennstoffs ^{235}U enthalten. Auch hinsichtlich des Anteils an dem nicht direkt spaltbaren ^{238}U stellt das Tails noch einen Wertstoff dar. Dieses ^{238}U lässt sich in Brutreaktoren als Brennstoff einsetzen, um daraus spaltbares Plutonium zu gewinnen (Abschnitt 5.8.1). Aufgrund seiner hohen Dichte (Masse pro Volumen) findet Uran auch in anderen technischen Gebieten Anwendung. So lässt es sich z.B. als Gegengewicht beim Flugzeugbau, zur Panzerung oder zur Abschirmung einsetzen.

Das Tails, das bei der Anreicherung entsteht, wird zunächst in den Anreicherungsanlagen im Umfang von genehmigten Kapazitäten gelagert. Dazu wird es in der Form UF_6 belassen. Ist die genehmigte Speicherkapazität ausgeschöpft, kann das UF_6 auch wieder in Uranoxid umgewandelt (dekonvertiert) und in dieser Form gelagert werden. Falls langfristig kein Bedarf an diesem Material besteht, wird es in geeigneter Form der Endlagerung zugeführt.

4.2.3 Anreicherungsverfahren

Zur Vereinfachung des Anreicherungsprozesses wird UF_6 unter einem absoluten Druck von 50 mbar gehalten, damit es auch bei Raumtemperatur gasförmig bleibt. So wird es in den im Folgenden beschriebenen Verfahren verwendet, um den Gehalt des ^{235}U zu erhöhen.

4.2.3.1 Trenndüsenverfahren

Beim Trenndüsenverfahren wird, genauso wie auch beim weiter unten vorgestellten Zentrifugenverfahren, die Fliehkraft ausgenutzt, um die beiden Isotope ^{235}U und ^{238}U von einander zu trennen.

Bild 4.3 zeigt ein Schema dieses Verfahrens. Der von links kommende Gasstrom (Feed) wird in einer Düse mit einem Durchmesser von ca. 0,1 mm umgelenkt und in eine andere Richtung gezwungen. Am Ausgang der Vorrichtung befindet sich ein

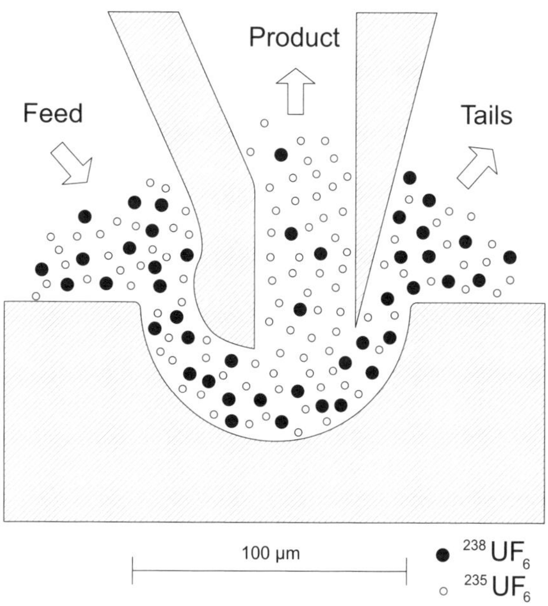

Bild 4.3
Schema des Trenndüsenverfahrens [4.1]

Abschälblech, das in den umgelenkten Gasstrom hineinragt. Die schwereren Moleküle $^{238}UF_6$, befinden sich aufgrund der höheren Fliehkraft weiter außen und werden gesondert weiter geführt (Tails). In der Mitte der Düse befindet sich UF_6-Gas, das etwas mehr Gehalt an ^{235}U hat als vorher, also angereichert ist (Product).

Der dabei erzielte Trennfaktor ist allerdings nicht sehr hoch. Er beträgt pro Stufe ca. 1,002. Das bedeutet, dass für eine Anreicherung von ^{235}U auf 3% ungefähr 400...500 Stufen hintereinander geschaltet werden müssen.

Das Trenndüsenverfahren konnte sich aufgrund seines hohen Energiebedarfs (vgl. Tabelle 4.2) nicht am Markt durchsetzten und spielt deshalb in der Praxis bislang keine Rolle.

4.2.3.2 Diffusionsverfahren

Die Anlagen nach dem Diffusionsverfahren stellen zz. noch die weltweit größten Kapazitäten auf dem Sektor der Urananreicherung. Beim Diffusionsverfahren wird die unterschiedliche Masse der Uranhexafluorid-Moleküle genutzt.

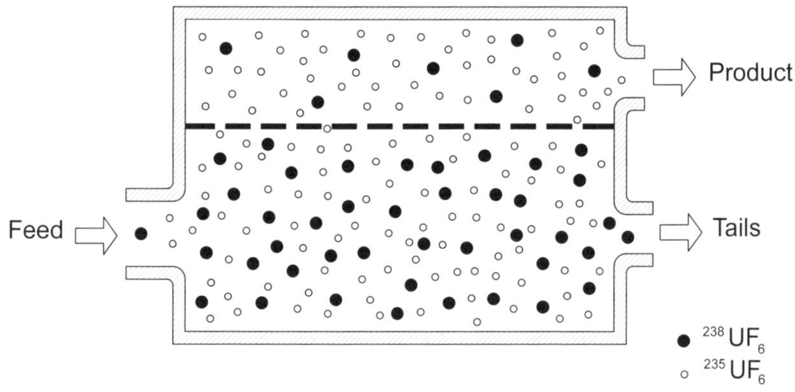

Bild 4.4 Schema des Diffusionsverfahrens [4.1]

In Bild 4.4 ist das Prinzip des Diffusionsverfahrens dargestellt. Das UF_6-Gas (Feed) kommt unter Druck in eine Kammer, die durch eine Membran in 2 Teile geteilt wird. Die Membran hat sehr feine Löcher von ca. 10 nm Durchmesser, durch die die $^{235}UF_6$-Moleküle leichter hindurch kommen, als die mit ^{238}U als Bestandteil. Deshalb befindet sich auf der Ausgangsseite hinter der Membran das Product mit einem höheren Gehalt an ^{235}U.

Auch bei diesem Verfahren braucht es viele (ca. 2500) solcher Stufen hintereinander, bevor der gewünschte Anreicherungsgrad erzielt ist. Deshalb ist auch hier der Energieaufwand sehr hoch (Tabelle 4.2).

Es ist allerdings nicht die bloße Größe der UF_6-Moleküle, die es ermöglicht, durch dieses Verfahren den Gehalt an ^{235}U anzureichern. Die Molekülmasse spielt insofern eine Rolle, als dass die Moleküle mit ^{235}U (also die etwas leichteren) bei gleicher Temperatur des Gasgemisches eine größere Geschwindigkeit aufweisen als die schwereren $^{238}UF_6$-Moleküle. Dadurch treffen die $^{235}UF_6$-Moleküle häufiger an Wände und eben auch an die Trennmembran.

Anmerkung

Dieser Effekt lässt sich auch in einem weiteren Verfahren nutzen: Anstelle des beschriebenen Druckunterschiedes kann beim Diffusionstrennverfahren auch ein Temperaturgradient für die Trennung der Uranisotope sorgen. Bei diesem, als Thermodiffusion bezeichneten Verfahren wird von 2 senkrechten Platten, in deren Zwischenraum sich das Feed befindet, die eine beheizt und die andere gekühlt. Moleküle mit dem leichteren Isotop wandern dabei bevorzugt zur wärmeren Platte und können dort aufgrund der auftretenden Wärmekonvektion am oberen Ende entnommen werden. In der Praxis werden anstelle der Platten auch Rohre verwendet.

4.2.3.3 Zentrifugenverfahren

Beim Zentrifugenverfahren wird, wie auch beim Trenndüsenverfahren, die Trägheit der unterschiedlich schweren UF_6-Moleküle ausgenutzt.

Das Prinzip dieses Verfahrens zeigt Bild 4.5. Die Zentrifuge befindet sich in Rotation. Das gasförmige Feed wird nahe zur Mitte eingeleitet. Weil das $^{238}UF_6$ massereicher ist als $^{235}UF_6$, wird es durch die Zentrifugalkraft zum Rand gedrängt. Dort wird ein Teil des Gases abgesaugt, das somit einen erhöhten Anteil ^{238}U enthält, also an ^{235}U abgereichert ist. Das Product wird entsprechend zentral aus der Zentrifuge entnommen.

Aufgrund des hohen Trennfaktors von ca. 1,5 arbeitet dieses Verfahren besonders wirtschaftlich. Für die Anreicherung von 0,72% ^{235}U auf 3% ^{235}U sind deshalb nur ca. 13 Stufen hintereinander nötig. Wie viele Anlagen dabei parallel betrieben werden, hängt vom gewünschten Anlagendurchsatz ab. Weil dieser pro Stufe relativ gering ist, müssen viele Zentrifugen parallel, genauer genommen kaskadiert (vgl. Bild 4.7) verschaltet werden, um entsprechende Durchsatzmengen zu erzeugen. Insgesamt sind in einer Anreicherungsanlage ca. 150 000 Zentrifugen im Einsatz.

In Deutschland betreibt die Firma Urenco in Gronau eine Anlage mit einer genehmigten Kapazität von 4500 t UTA/a (Bild 4.6). Der Anreicherungsgrad darf dabei bis zu 6% ^{235}U betragen.

Das Zentrifugenverfahren ist das wirtschaftlichste Verfahren zur Trennung von Uran, wie es Tabelle 4.2 belegt.

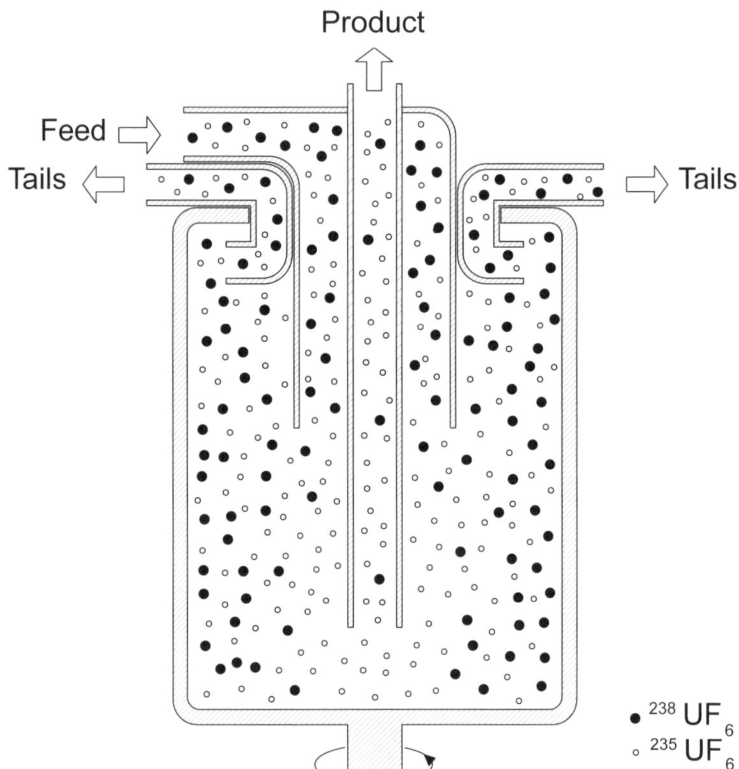

Bild 4.5 Schema des Zentrifugenverfahrens [4.1]

Tabelle 4.2 Energieverbrauch der verschiedenen Anreicherungstechnologien (aus [4.6])

Verfahren	**Energieverbrauch** [kWh/kg UTA]	**Trennfaktor pro Stufe**	**Anzahl der Stufen in einer Kaskade für 3% Anreicherungsgrad**
Zentrifuge	100... 250	1,2...1,5	10...20
Diffusion	2300...2500	1,002	1200
Trenndüse	2500...3300	1,01...1,02	450

Anmerkung

Die Anreicherung von Uran ist sehr energieintensiv. Mit den Zahlen aus Tabelle 4.2 lässt sich errechnen, dass zur Anreicherung von 30 t Uran (das entspricht

Bild 4.6 Foto der Zentrifugen für die Urananreicherung [4.5]

etwa dem Jahresverbrauch eines Kernkraftwerks mit 1400 MW_e, vgl. Beispiel in Abschnitt 4.2.2) im Zentrifugenverfahren 7500 MWh elektrische Energie benötigt werden. Diese Energie hat das Kernkraftwerk aber durch einen etwa 6-stündigen Betrieb wieder kompensiert. Es lässt sich auch ersehen, dass Diffusions- oder Trenndüsenverfahren deutlich mehr Energie benötigen und dadurch auch eine längere energetische Amortisationszeit haben.

Bild 4.7 zeigt ein Schema der Kaskadierung einzelner Trennelemente. Da einzelne Trennelemente nur bis zu einem gewissen Grad abreichern (vgl. Angabe zu den Trennfaktoren aus Tabelle 4.2), ist es sinnvoll, das Tails der 1. Stufe nicht sofort zu verwerfen, sondern erneut eine Serie von Trennelementen durchlaufen zu lassen. Erst bei Erreichen eines gewissen Abreicherungsgrades wird das Tails dem Prozess entnommen. Das in den unteren Stufen der Kaskade gewonnene «Product» wird in höhere Stufen geführt. Das Tails aus den höheren Stufen wird als Feed den darunter liegenden Stufen zugeführt.

Die Anzahl der Trennelemente, die pro Stufe parallel durchlaufen werden, bestimmt den Massendurchsatz der Anlage. Die Anzahl der Stufen der Kaskade bestimmt den Anreicherungs- bzw. Abreicherungsgrad.

Weitere Methoden der Urananreicherung sind zwar vorhanden, haben allerdings technisch (noch) wenig Bedeutung. Die elektromagnetische Anreicherung arbeitet nach dem Prinzip eines Massenspektrometers. Hierfür werden Uranatome ionisiert und in einem elektrischen Feld beschleunigt. Von einem magnetischen

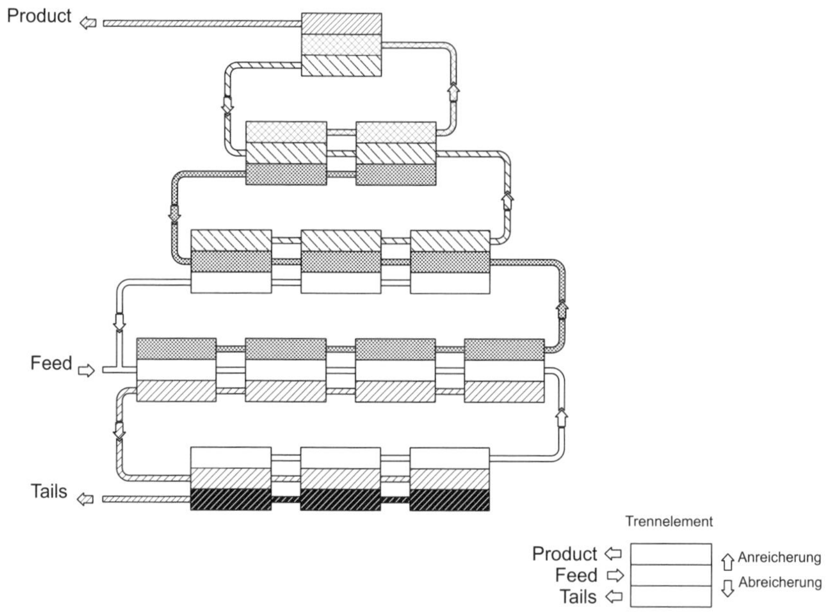

Bild 4.7 Schema der Kaskadierung einzelner Trennelemente

Feld, das die Bewegungsrichtung der Atome senkrecht schneidet, lassen sich dann die unterschiedlichen Isotope aufgrund ihrer unterschiedlichen Masse verschieden stark ablenken und so voneinander trennen. Der erzielte Massendurchsatz ist allerdings äußerst gering, weshalb dieses Verfahren technisch quasi bedeutungslos ist.

Die Laser-Anreicherung ist Gegenstand vieler Forschungsprogramme, wurde aber bislang noch nicht kommerziell umgesetzt. Mit einem schmalbandigen Laser von geeigneter Wellenlänge lassen sich gezielt bestimmte Isotope eines Materials selektiv anregen. Diese besitzen dann z.B. unterschiedliche chemische oder physikalische Eigenschaften und lassen sich voneinander isolieren.

Beim atomaren Laserverfahren (AVLIS) werden in einem Hochvakuumofen Uranatome aus einer Schmelze metallischen Urans mit Hilfe eines Elektronenstrahls verdampft. Die ^{235}U Isotope des entstehenden Urandampfes werden mit Hilfe eines Lasers selektiv ionisiert und können dann in einem elektrischen Feld vom übrigen Gas abgetrennt werden. Besonders der hohe Trennfaktor, der eine Anreicherung auf 3% ^{235}U-Gehalt im Product in nur einer Stufe verspricht, macht dieses Verfahren besonders attraktiv. Allerdings stellt dieses Verfahren technisch sehr hohe Ansprüche und konnte bislang noch nicht bis zur Marktreife entwickelt werden. Aufgrund der aktuellen Forschungslage darf jedoch in den nächsten Jahren mit der Einführung gerechnet werden.

4.3 Brennstoffverarbeitung

Der Brennstoff muss für die Verwendung im Reaktor einige wesentliche Eigenschaften erfüllen. Dazu zählen:

- hohe Dichte (einschließlich einer hohen Reinheit),
- hohe Temperaturbeständigkeit (hoher Schmelzpunkt),
- gute Strukturbeständigkeit,
- gute Korrosions- und Strahlungsbeständigkeit,
- hohe Wärmeleitfähigkeit,
- hohe mechanische Festigkeit.

Zudem ist es wichtig, dass das Uran an Elemente gebunden wird, die einen kleinen Einfangquerschnitt für thermische Neutronen haben und somit nicht zu den Neutronengiften zählen. Diese Anforderungen werden besonders durch die Verbindung Urandioxid (UO_2) erfüllt, die deshalb in den gängigen Reaktortypen Einsatz findet.

Für Leichtwasserreaktoren wird der Brennstoff in kleine Tabletten, den Pellets, gepresst (Bild 4.8). Um die gewünschten mechanischen Eigenschaften und Mikrostrukturen zu erhalten, wird es bei einer hohen Temperatur gesintert. Da diese Pellets sehr passgenau sein müssen, werden sie abschließend auf exakte Durchmesser geschliffen.

Bild 4.8 Uranpellets während der Brennelementfertigung [4.7]

Neben dem reinen UO_2 wird bei manchen Brennelementen auch Plutonium als Brennstoff beigemischt (vgl. Bild 4.1 – Rückführung von Brennstoff aus der Wiederaufarbeitung in die Brennelementfertigung). Dieses Plutonium enstammt dem Brennstoffkreislauf und entsteht durch den Einsatz von Uran im Kernreaktor (Abschnitt 5.8.1). Brennelemente mit Plutoniumanteil werden MOX-(MischOXid-) Brennelemente genannt. Sie können in den meisten gängigen Leichtwasserreaktoren zu gewissen Anteilen neben den herkömmlichen Brennelementen eingesetzt werden. Hierbei ist von Vorteil, dass das langlebige Element Plutonium aus dem endzulagernden Reststoff der Brennelemente beseitigt wird (Abschnitt 8.4) und nebenbei noch für die Energieerzeugung genutzt werden kann.

4.4 Brennelemente

Das Brennelement ist eine mechanische Struktur, die den Brennstoff des Reaktors sicher umschließt, definiert auf Abstand hält und auch die durch die Spaltung entstehenden, unter Umständen gasförmigen Spaltstoffe aufnimmt und deren Eintritt in den Primärkreis verhindert.

4.4.1 Allgemeiner Aufbau von Leichtwasserreaktor-Brennelementen

Die am Ende des letzten Abschnitts genannten Eigenschaften für den Brennstoff müssen auch von den Strukturmaterialien der Brennelemente erfüllt werden. Auch diese müssen temperatur-, strahlungs- und korrosionsbeständig, außerdem gut wärmeleitfähig und mechanisch stabil sein. Das Brennelement muss ferner dem Betriebsdruck des Kühlmittels (z.B. beim Druckwasserreaktor ca. 160 bar) standhalten. Geometrische Randbedingungen werden aus der Forderung nach einem günstigen Oberflächen-Volumen-Verhältnis gebildet, damit die im Brennstoff erzeugte Wärme gut abgeführt werden kann.

In Leichtwasserreaktoren werden die in Abschnitt 4.3 beschriebenen Brennstoffpellets in ein sog. Hüllrohr gegeben, durch 2 Endstücke aus Keramik begrenzt und durch eine Druckfeder zusammengepresst (Bild 4.8). Das Hüllrohr wird anschließend gasdicht verschweißt. Der durch die Druckfeder geöffnete Raum innerhalb des Hüllrohres dient während des Betriebs dazu, die sich bildenden Spaltgase aufzunehmen. Im Innern des Hüllrohres wird vor dem gasdichten Verschließen ein Überdruck von bis zu 30 bar mit Heliumgas erzeugt. Dadurch kann die Druckdifferenz im späteren Betrieb, wenn sich das umgebende Kühlmittel bei ca. 160 bar (Druckwasserreaktor) oder ca. 80 bar (Siedewasserreaktor) befindet, reduziert werden. Der Druck im Innern des Hüllrohres steigt durch die Produktion von gasförmigen Spaltprodukten während des Betriebs an.

Das Material des Hüllrohres erfüllt die Anforderungen an Wärmeleitfähigkeit, Dichte, Temperatur- und Korrosionsbeständigkeit und vor allem auch Neutronendurchlässigkeit. Bei Leichtwasserreaktoren wird als Material für das Hüllrohr eine sehr reine Zirkonlegierung, sog. Zircalloy, verwendet weil dieses Material einen geringen Einfangquerschnitt für Neutronen hat. Besonders 2 Legierungen haben sich bewährt:

- Zircalloy-2: 98,25% Zr, 1,45% Sn, (Rest Cr, Fe, Hf, Ni),
- Zircalloy-4: 98,23% Zr, 1,45% Sn, (Rest Cr, Fe, Hf).

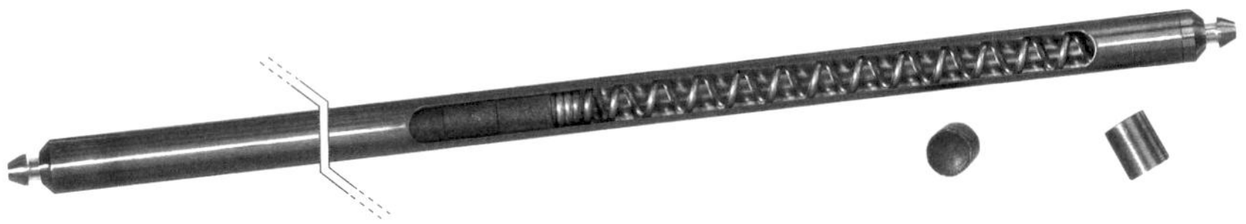

Bild 4.9 Schematische Darstellung eines Brennstabes [4.8]

Das Hüllrohr mit seinem Inhalt bildet einen Brennstab (Bild 4.9). Viele solcher Brennstäbe werden von einer Tragstruktur gehalten und bilden ein Brennelement.

Im Folgenden werden die Brennelemente des Druck- und Siedewasserreaktors näher beschrieben. Eine besondere Form von Brennelementen kann beim Hochtemperaturreaktor vorliegen, der in Abschnitt 6.7 behandelt wird.

4.4.2 Brennelemente für Druckwasserreaktoren

In einem Brennelement für Druckwasserreaktoren sind z.B. 17 · 17 = 289 Positionen für Brennstäbe vorhanden (Bild 4.10). Nicht alle dieser Positionen sind aber mit Brennstäben besetzt. Dies hängt damit zusammen, dass auch Platz für die Steuer- und Regelstäbe (s. Abschnitt 5.4.2) geschaffen werden muss. Pro Brennelement sind 24 Führungsrohre für die Steuerstäbe vorhanden. Diese Führungsrohre sind mit Abstandshaltern, die die Struktur des Brennelements gewährleisten, ca. alle 500 mm, sowie mit dem Kopf- und Fußstück verbunden. Am unteren Ende sind die Führungsrohre für die Steuerstäbe in bestimmten Abständen verengt, damit der Stabeinwurf (Abschnitt 5.4.2.1) gedämpft wird.

Die Brennstäbe sind in den Abstandshaltern durch Federn fixiert, um eine thermische Ausdehnung zu gewährleisten, ohne dabei eine zu hohe Kraft auf das Hüllrohr einzutragen.

Aus dem Kopfstück ragen Bolzen heraus, die durch eine Feder nach oben gedrückt werden. Auf ihnen setzt das obere Kerngerüst des Reaktordruckbehälters (Abschnitt 6.5.2) auf, zentriert das Brennelement in seiner Position und drückt es nach unten.

Die Brennelemente sind konstruktiv so ausgeführt, dass sie sich im Reaktorkern dicht an dicht reihen und der Abstand zwischen 2 Brennelementen nicht größer ist, als der Abstand zwischen den einzelnen Brennstäben im Brennelement selbst.

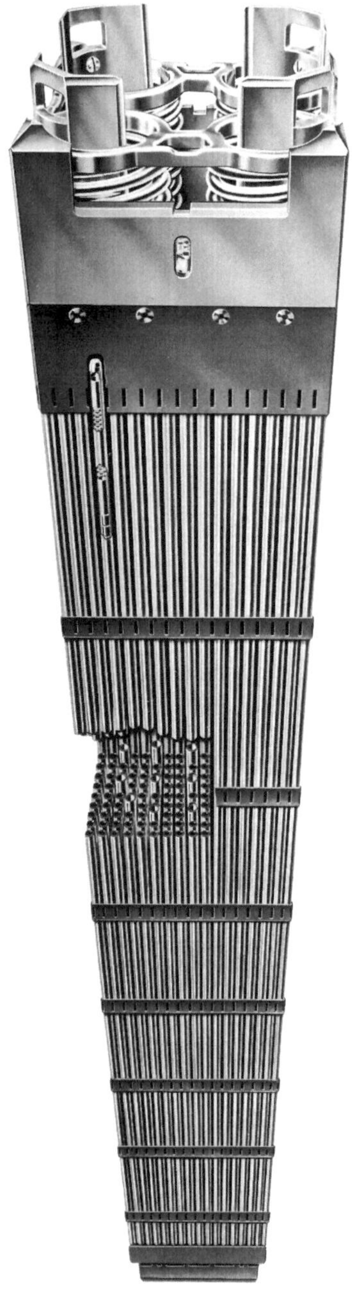

Bild 4.10 Druckwasserreaktor-Brennelement mit 17 · 17 Stabpositionen [4.7]

Die technischen Daten eines Druckwasserreaktor-Brennelements lassen sich wie folgt zusammenfassen (geometrische Größen am Beispiel des EPR-Reaktors von Areva, der 241 Brennelemente enthält):

- Gesamtlänge 4,8 m
- aktive Länge 4,2 m
- spezif. Leistung im Brennstoff ca. 36 kW/kg U
- Leistung pro Brennstab ca. 70 kW
- mittlere Stablängenleistung 16,3 kW/m
- Brennstabdurchmesser 9,5 mm
- Hüllrohrwandstärke 0,57 mm
- Heizflächenbelastung ca. 60 W/cm^2

4.4.3 Brennelemente für Siedewasserreaktoren

Die einzelnen Brennstäbe eines Siedewasserreaktor-Brennelements sind im Wesentlichen genauso aufgebaut, wie die des Druckwasserreaktors (vgl. Bild 4.9). Sie haben auch etwa dieselben physikalischen Daten. Die Anzahl der Brennstäbe pro Brennelement ist mit z.B. 10 · 10 beim Siedewasserreaktor jedoch niedriger, als beim Druckwasserreaktor. Der Durchmesser des einzelnen Brennstabs kann beim Siedewasserreaktor etwas größer sein, als beim Druckwasserreaktor.

Bild 5.14 zeigt einen Schnitt durch eine sog. Steuerstab- oder Kernzelle eines Siedewasserreaktors. Es sind hier 4 Brennelemente mit jeweils 64 Stabplätzen dargestellt. Aufgrund der geringeren Anzahl an Brennstäben je Brennelement ergibt es sich, dass ein Siedewasserreaktor mit ca. 800 Brennelementen im Vergleich zu einem Druckwasserreaktor gleicher Baugröße deutlich mehr Brennelemente besitzt.

Wie auch beim Druckwasserreaktor müssen nicht alle Plätze im Brennelement eines Siedewasserreaktors mit Brennstäben belegt sein, sondern es können sich auch leere Positionen darunter befinden. Beim Siedewasserreaktor dienen sie jedoch nicht zur Aufnahme der Steuerstäbe, sondern haben die Aufgabe, Wasser zu führen, das als Moderator den Neutronenfluss innerhalb des Brennelements beeinflusst. In Bild 5.14, das eine Steuerstabzelle eines Siedewasserreaktors zeigt, sind auch beispielhaft unterschiedliche Anreicherungsgrade innerhalb des Brennelements dargestellt, wie sie zu einer definierten Leistungs- und Neutronenflussverteilung angewendet werden können. Die Steuerstäbe des Siedewasserreaktors sind kreuzförmig ausgeführt und befinden sich zwischen jeweils 4 Brennelementen (Abschnitt 5.4.2.2). Bild 4.11 zeigt den Aufbau eines Siedewasserreaktor-Brennelements.

Bild 4.11 Siedewasserreaktor-Brennelement mit 10 · 10 Stabpositionen [4.8]

Die technischen Daten eines Siedewasserreaktor-Brennelements lassen sich beispielhaft wie folgt zusammenfassen:

- Gesamtlänge 4,5 m
- aktive Kernhöhe 3,8 m
- spezif. Leistung im Brennstoff 26 kW/kg U
- Leistung pro Brennstab 77 kW
- mittlere Stablängenleistung 20 kW/m
- Brennstabdurchmesser 12 mm
- Hüllrohrwandstärke 0,85 mm
- Heizflächenbelastung 50 W/cm^2

5 Reaktorphysik

Die Physik erklärt die Geheimnisse der Natur nicht,
sie führt sie auf tieferliegende Geheimnisse zurück.

Carl Friedrich von Weizsäcker, deutscher Physiker und Philosoph, 1912–2007

Im vorliegenden Kapitel wird auf die Physik, die hinter dem Phänomen der Kernspaltung steckt, näher eingegangen, dazu gehören zunächst die Kernspaltung selbst, ihre Folgeprodukte und die Neutronenbilanz. Dabei werden Begriffe wie Potentialwall, Anregungsenergie oder Wirkungsquerschnitt erläutert. Anschließend wird auf die Reaktorregelung eingegangen, bei der die Neutronen eine wesentliche Rolle spielen. Die Beschreibung verschiedener Moderator- und Kühlmittelstoffe macht die Vielfalt möglicher Kernreaktoren, wie sie auch die Tabellen zu Beginn von Kapitel 6 wiedergeben, erkennbar.

5.1 Kernspaltung

Bei sehr schweren Nukliden ist die mittlere Bindungsenergie pro Nukleon geringer, als bei mittelschweren Kernen (vgl. Bild 2.5). D.h., ein sehr schwerer Kern ist energetisch nicht so stark gebunden (stabil), wie ein mittelschwerer Kern, und es besteht die Möglichkeit, für ein schweres Nuklid die Differenz der Bindungsenergie durch eine Kernspaltung freizusetzen (Abschnitt 2.2) und dadurch auf ein energetisch günstigeres Niveau zu gelangen.

Anmerkung
Der α-Zerfall stellt quasi einen Spezialfall der Kernspaltung dar, bei dem eines der beiden Kernbruchstücke ein ^{4}He-Kern ist.

5.1.1 Potentialwall

Um den Prozess der Kernspaltung zu veranschaulichen, wird zunächst der Begriff des Potentialwalls erläutert. Wie in Abschnitt 2.2 gezeigt, wirken im Kern anziehende und abstoßende Kräfte. Die anziehenden starken Kernkräfte sind nur auf einer sehr kurzen Distanz zwischen benachbarten Nukleonen wirksam, während die abstoßende elektrostatische Coulombsche Kraft zwischen allen Protonen im Kern wirkt. Bei einem stabilen Kern überwiegen die anziehenden Kräfte und halten den Kern zusammen. Wenn sich das Nuklid deformiert und eine Form, wie in der 2. Darstellung aus Bild 5.2 annimmt, so versuchen die anziehenden Kräfte, den Kern wieder in seine Ausgangsform zurückzubringen. Wird unterstellt, dass sich die beiden Bruchstücke des Kerns etwas weiter voneinander entfernt haben, so dass die anziehenden Kernkräfte die abstoßenden elektrostatischen Kräfte nicht mehr kompensieren können, treibt die abstoßende Kraft die Bruchstücke auseinander und die Spaltung ist vollzogen (Bild 5.2, letzte Darstellung). Das Bruchstück des Kerns, bzw. die beiden Spaltprodukte, müssen sich also ein gewisses Stück weit entfernt haben, damit sie aufgrund der elektrostatischen Abstoßung, den anziehenden kurzreichweitigen Kernkräften entkommen können (vgl. Abschnitt 2.3).

Dieses Verhalten lässt sich durch einen sog. Potentialwall veranschaulichen. Die potentielle Energie des sich spaltenden Atomkerns kann in einer Kurve dargestellt werden, die Bild 5.1 zeigt. Zur Veranschaulichung sind auch noch einmal die Zustände aus Bild 5.2 unter der Kurve aufgetragen.

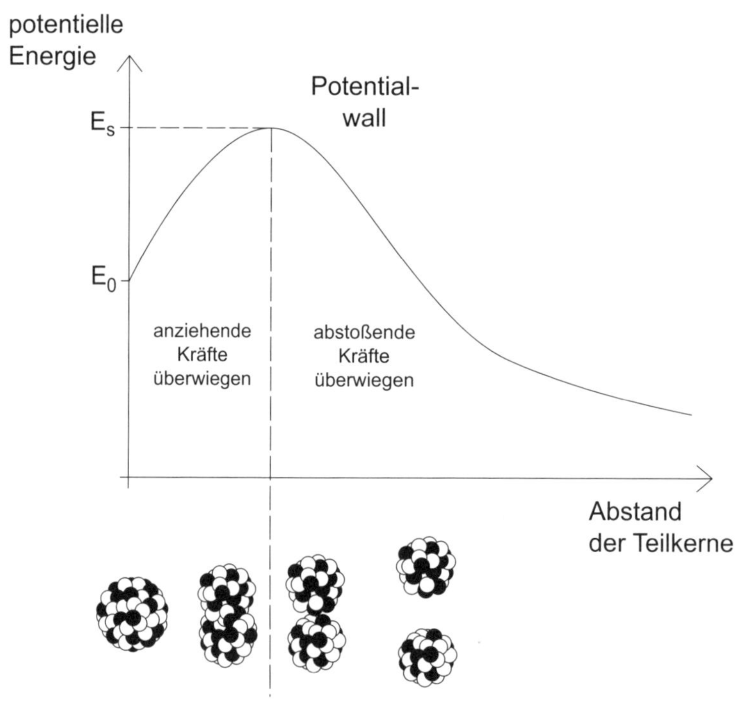

Bild 5.1 Potentielle Energie zweier Kernbruchstücke als Funktion ihres Abstands, darunter schematisch der jeweilige Zustand

Haben die Bruchstücke einen gewissen Abstand erreicht und den Potentialwall durch Überschreiten der potentiellen Energie E_s überwunden, beginnen die abstoßenden Kräfte zu überwiegen und die beiden Bruchstücke streben einem energetisch günstigeren Zustand mit geringerer potentieller Energie zu (sie haben zusammen nach der Spaltung eine geringere Bindungsenergie als vorher). Die dabei frei werdende (Bindungs-)Energie entspricht der Differenz der Bindungsenergien der gebildeten Bruchstücke zum Ausgangskern und wird den beiden Bruchstücken als kinetische Energie zugeführt (Abschnitt 5.2.4).

Anmerkung

Es besteht durch den sog. Tunneleffekt auch die Möglichkeit, dass der Potentialwall (also die anziehenden Kernkräfte) auch mit einer niedrigeren Anregungsenergie überwunden wird. Dies ist z.B. auch die Ursache für den α-Zerfall (Abschnitt 3.1.1). Um dies zu verstehen, muss man sich jedoch vom klassischen Anschauungsbild der Nukleonen als kleine Teilchen lösen und deren Aufenthaltsort mit einer Wellenfunktion nach den Regeln der Quantenmechanik beschreiben. So reicht z.B. die Wellenfunktion eines α-Teilchens aus dem Atomkern auch durch den Potentialwall hindurch, d.h. das α-Teilchen hat auch eine gewisse Wahrscheinlichkeit, sich außerhalb des Kernes zu befinden. In diesem Moment wirken dann die abstoßenden elektrostatischen Kräfte und das α-Teilchen löst sich vom Kern.
Dieser Prozess ist aber für ein einzelnes Nuklid nicht vorhersehbar und findet rein zufällig statt. Für eine größere Masse eines radioaktiven Stoffes jedoch, können die Zerfallsraten genau angegeben werden (vgl. Abschnitt 3.1.4)

Bei Kernen mit steigender Massenzahl wird der Potentialwall für die Kernspaltung zunehmend kleiner, und bei schweren Kernen besteht auch eine gewisse Wahrscheinlichkeit der spontanen Spaltung (s. Abschnitt 5.1.3). Bei sehr schweren Kernen (den Transuranen) ist der Potentialwall quasi nicht mehr vorhanden, und die Kerne sind nicht stabil, sondern zerfallen sofort nach ihrer Entstehung wieder.

Leichte Atomkerne spalten sich nicht von selbst, weil dies energetisch ungünstig ist. Bei ihnen befindet sich der Startpunkt der potentiellen Energie (bei Abstand $r = 0$) tiefer als der Endwert, dem die Kurve zustrebt, so dass für eine Spaltung sogar Energie zugeführt werden müsste.

Anmerkung

Leichte Atomkerne haben eine höhere Bindungsenergie als ihre einzelnen Bausteine. Deshalb wurde bei der Bildung dieser Kerne Energie frei.
Diese sog. Kernfusion findet z.B. im Innern der Sterne statt. Technisch versucht man sich diese Energiequelle ebenfalls zu erschließen (vgl. Abschnitt 6.8).

5.1.2 Tröpfchenmodell, Bindungsenergie

Zum Veranschaulichen der Kernspaltung dient das sog. Tröpfchenmodell (Bild 5.2). Der ursprüngliche Kern des ^{235}U befindet sich im linken Bild noch im kugelförmigen Ausgangszustand. Nimmt der Kern zusätzliche Energie auf (hier durch den Einfang eines Neutrons – s. Abschnitt 5.1.4), beginnt er zu schwingen (er wird angeregt), und es entsteht (z.B. zufällig) eine Form wie im zweiten Bild. Dieser Punkt entspricht dem Maximum des Potentialwalls, weil hier die anziehenden Kräfte gerade überwunden werden. In der nächsten Darstellung ist der Potentialwall bereits überwunden und die beiden Bruchstücke treiben aufgrund der abstoßenden Kraft auseinander. Bei der Kernspaltung werden üblicherweise auch Neutronen freigesetzt, wie es das letzte Bild zeigt und in Abschnitt 5.2.2 besprochen wird. Vom Zeitpunkt des Neutroneneinfangs bis zur Kernspaltung vergehen ca. 10^{-15} s.

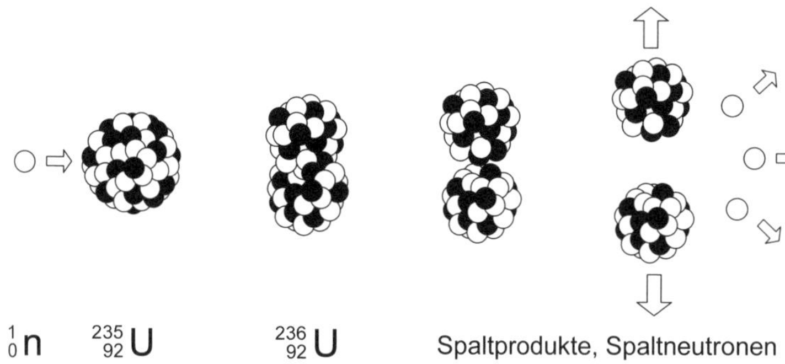

Bild 5.2 Tröpfchenmodell der Kernspaltung

Das Tröpfchenmodell wurde in den 1930er Jahren von den Kernphysikern Gamov, Weizsäcker, Bohr, Wheeler, Beethe und Fermi entwickelt. Es erhält seinen Namen durch den Vergleich der Physik im Atomkern mit der eines Wassertropfens. Diese Zusammenhänge lassen sich durch die Untersuchung der unterschiedlichen Vorgänge erkennen, die zur Bindungsenergie eines Kerns beitragen. Dabei legt dieses Modell lediglich die Coulombsche Abstoßung, die zwischen den im Kern vorhandenen Protonen wirkt, und die zwischen allen benachbarten Nukleonen wirkende Anziehung (starke Kernkraft – vgl. Abschnitt 2.2) zu Grunde und geht von elementaren geometrischen Zusammenhängen aus. Die einzelnen Beiträge zur Bindungsenergie werden im Folgenden näher betrachtet – die angegebenen Konstanten $c_1 \ldots c_5$ werden empirisch ermittelt und können durch verschiedene Methoden genähert werden, weshalb sich der konkrete Wert je nach Quelle leicht unterscheiden kann. Deshalb sollten sie hier nur als exemplarisch betrachtet werden. Anziehende Kräfte bewirken einen positiven, abstoßende Kräfte einen negativen Beitrag zur Bindungsenergie.

a) Volumenterm E_V

Nimmt man die Dichte im Kern als konstant und die Grundform als kugelförmig an, so ist das Volumen proportional zur Anzahl der Nukleonen, also zur Massenzahl A. Wie beim Wassertropfen ist die Dichte eines Atomkerns unabhängig von dessen Größe. Das bedeutet, dass die Bindungsenergie pro Nukleon nach dem Volumenterm eine konstante Größe ist (E_V/A = konst.). Der sich hieraus ergebende Beitrag zur Bindungsenergie wird aus Gl. 5.1 deutlich.

$$E_v = c_1 \cdot A \qquad \text{(Gl. 5.1)}$$

mit:

c_1 = 15,8 MeV

b) Oberflächenterm E_O

Die anziehenden Kernkräfte wirken nur auf unmittelbar benachbarte Teilchen (vgl. Bild 2.4). An der Oberfläche des Kerns besitzen die Nukleonen aber weniger Nachbarn als im Innern, wo jedes Nukleon an allen Seiten von weiteren Kernteilchen umgeben ist. Deshalb muss die unter a) ermittelte Bindungsenergie um einen Betrag reduziert werden, der dies berücksichtigt. Die Oberfläche einer Kugel vermittelt Gl. 5.2 als Funktion des Volumens V.

$$O \sim (V)^{\frac{2}{3}} \qquad \text{(Gl. 5.2)}$$

Da im Atomkern das Volumen proportional zur Massenzahl A ist (s. Gl. 5.1), ergibt sich für den negativen Beitrag der Oberflächenenergie E_o zur Bindungsenergie Gl. 5.3.

$$E_o = -c_2 \cdot (A)^{\frac{2}{3}} \qquad \text{(Gl. 5.3)}$$

mit

c_2 = 17,2 MeV

c) COULOMBscher Term E_C

Ein weiterer Faktor, der die Bindungsenergie im Kern reduziert, ist die bereits angesprochene COULOMBsche Abstoßung. Diese ist proportional zur Höhe der Ladungen (hier Kernladungszahl Z – genauer genommen zum Quadrat, da jeweils zwei gleiche Ladungen miteinander wechselwirken) sowie umgekehrt proportional zum Abstand der Ladungen, der hier als Radius des Kerns betrachtet wird. Zwischen Radius r und Volumen V einer Kugel gilt Gl. 5.4.

$$r \sim (V)^{\frac{1}{3}} \qquad \text{(Gl. 5.4)}$$

Nach der getroffenen Annahme unter a) ist das Volumen proportional zur Massenzahl A. Somit ergibt sich für den abstoßenden Anteil der Bindungsenergie Gl. 5.5.

$$E_c = -c_3 \cdot \frac{Z^2}{(A)^{\frac{1}{3}}} \tag{Gl. 5.5}$$

mit:
c_3 = 0,71 MeV

d) Asymmetrie-Term E_A
Ein Ungleichgewicht im Kern zwischen der Protonenzahl (Kernladungszahl Z) und Neutronenzahl (A – Z) ist energetisch ungünstig. Dabei ist es nicht von Belang, welcher Anteil überwiegt – der Kern zerfällt entweder in einem β^-- oder β^+-Zerfall bzw. durch *K*-Einfang – vgl. Abschnitt 3.1.1. Hieraus ergibt sich der negative Beitrag zur Bindungsenergie von Gl. 5.6.

$$E_A = -c_4 \cdot \frac{(A - 2 \cdot Z)^2}{A} \tag{Gl. 5.6}$$

mit:
c_4 = 23,7 MeV

e) Paarungsterm E_P
Es hat sich gezeigt, dass Kerne mit einer geraden Anzahl von Nukleonen (Massenzahl A) eine höhere Stabilität (also eine höhere Bindungsenergie) haben als solche mit ungerader Massenzahl. Weiter lässt sich beobachten, dass Kerne mit gerader Protonen- und gerader Neutronenzahl (sog. «gg-Kerne») eine hohe, Kerne mit «ug-Charakter» eine mittlere und «uu-Kerne» eine schwache Bindung haben. Da dieser Einfluss mit steigender Massenzahl abnimmt, wird ein Faktor von $(A)^{1/2}$ berücksichtigt. Aus Gl. 5.7 erhält man den negativen Anteil der Bindungsenergie.

$$E_p = c_5 \cdot \frac{d}{(A)^{\frac{3}{4}}} \tag{Gl. 5.7}$$

mit:

c_5 = 11,5 MeV
d = –1 für uu-Kerne, 0 für ug-Kerne und +1 für gg-Kerne

Den gesamten Ausdruck der Bindungsenergie des Atomkerns formuliert die BETHE-WEIZSÄCKER-Formel von Gl. 5.8. Bild 2.5 und Bild 5.3 zeigen zeigt die Bindungsenergie der Atomkerne als Funktion der Massenzahl.

$$E_B = E_v - E_o - E_c - E_A + E_p \text{, also}$$

$$E_B = c_1 \cdot A - c_2 \cdot (A)^{\frac{2}{3}} - c_3 \cdot \frac{Z^2}{(A)^{\frac{1}{3}}} - c_4 \cdot \frac{(A - 2 \cdot Z)^2}{A} + c_5 \cdot \frac{d}{(A)^{\frac{3}{4}}}$$

oder:

$$\frac{E_B}{A} = c_1 - \frac{c_2}{(A)^{\frac{1}{3}}} - c_3 \cdot \frac{Z^2}{(A)^{\frac{4}{3}}} - c_4 \cdot \frac{(A - 2 \cdot Z)^2}{(A)^2} + c_5 \cdot \frac{d}{(A)^{\frac{3}{2}}} \qquad \text{(Gl. 5.8)}$$

Die einzelnen Anteile der Bindungsenergie lassen sich grafisch, gemäß Bild 5.3, darstellen. Es ergibt sich in Summe die Kurve, die bereits Bild 2.5 wiedergibt.

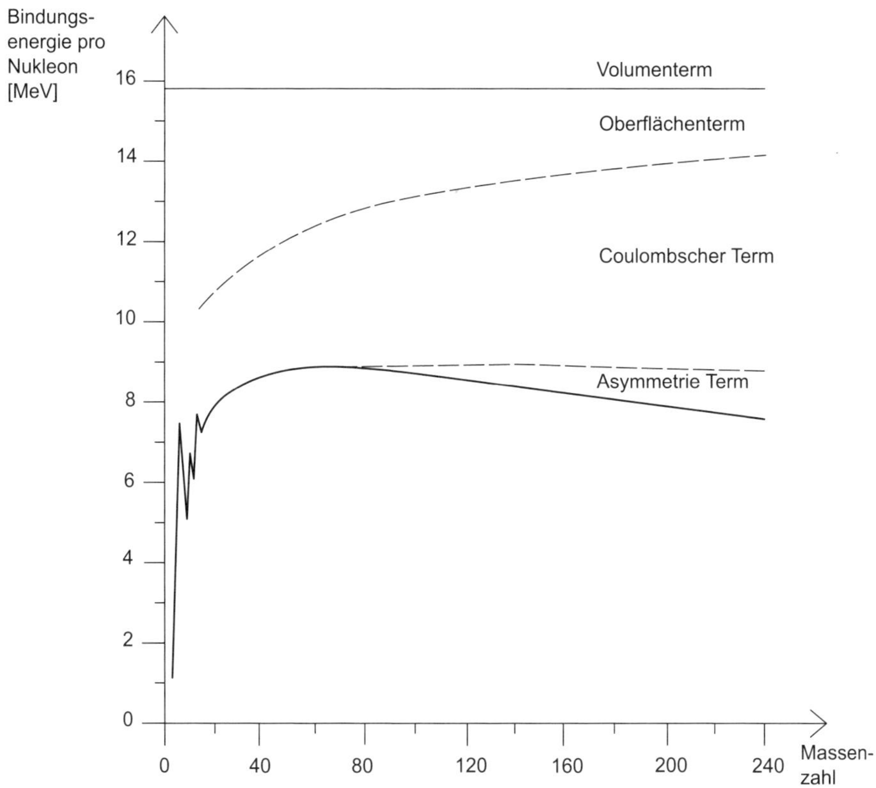

Bild 5.3
Zusammensetzung der einzelnen Anteile der Bindungsenergie (schematisch), nach [5.1]

5.1.3 Spontane Kernspaltung

Besonders bei schweren Atomkernen kann die Spaltung auch spontan eintreten. Die Wahrscheinlichkeit für eine spontane Spaltung nimmt exponentiell mit Höhe und Breite des Potentialwalls ab (Abschnitt 5.1.1), ist aber für mittelschwere Kerne immer noch quasi 0 und für sehr schwere Kerne auch noch sehr klein. Mittelschwere Kerne geben überschüssige Energie meist in Form von α- oder β-Zerfällen ab.

Im Vergleich zur Halbwertszeit des α-Zerfalls bei ^{238}U mit einem Wert von $4{,}5 \cdot 10^9$ Jahren ist die Halbwertszeit für den Prozess der spontanen Spaltung mit $8 \cdot 10^{15}$ Jahren sehr hoch. Das Element ^{254}Cf an 98. Stelle des Periodensystems beispielsweise zerfällt dagegen fast ausschließlich durch spontane Kernspaltung mit einer Halbwertszeit von 60,5 Tagen.

Anmerkung
Dass sehr schwere Kerne nicht stabil sind, erschwert die Suche nach neuen Elementen (Transuranen), denen man z.B. an der Gesellschaft für Schwerionenforschung (GSI) in Darmstadt nachgeht. Dort betreiben die Wissenschaftler Beschleunigeranlagen für schwere Ionen (z.B. Blei), die mit hoher Geschwindigkeit auf ein Target (z.B. Eisen, Nickel o.ä.) geschossen werden, wodurch neue Nuklide entstehen – ganz nach dem Prinzip der Kernfusion, aber mit einhergehendem Energieaufwand (vgl. Abschnitt 2.2). Die erzeugten Kerne sind jedoch nicht stabil und zerfallen sofort wieder in kleinere Bruchstücke. Durch die Zerfallsreihen (vgl. Abschnitt 3.1.3) dieser (radioaktiven) Bruchstücke kann man darauf schließen, dass der erzeugte Kern kurzzeitig vorhanden war und seinen Aufbau rekonstruieren. So wurden durch die Forschungen an der GSI neue Elemente des Periodensystems erzeugt. Da es dem Entdecker eines neuen Elements zusteht, für das neue Element einen Namen vorzuschlagen, tragen diese in Anlehnung an das Bundesland Hessen bzw. Darmstadt, dem Sitz der GSI, Namen wie z.B. Hassium (Hs, $Z = 108$, $T_{0,5} = 1{,}5$ ms für ^{265}Hs, $T_{0,5} = 22$ s für ^{270}Hs) oder Darmstadtium (Ds, $Z = 110$, $0{,}18 \text{ ms} < T_{0,5} < 1{,}1 \text{ min}$).

5.1.4 Induzierte Kernspaltung

Eine spontane Kernspaltung tritt von sich aus auf, ohne dass der Kern vorher mit anderen Teilchen oder seiner Umgebung in Wechselwirkung getreten sein muss. Wie im letzten Abschnitt gezeigt, ist die Wahrscheinlichkeit hierfür zwar mit steigender Masse wachsend, aber selbst beim Uran noch sehr klein, so dass dieser Effekt praktisch keine Rolle spielt und für die Reaktortechnik vernachlässigt werden kann. Soll die Kernspaltung zur Energieerzeugung genutzt werden, ist sie gezielt einzuleiten, indem man dem Spaltkern sog. Anregungsenergie zuführt.

Anmerkung
Die spontane Kernspaltung spielt für die Energieerzeugung in Leistungsreaktoren keine Rolle. Jedoch dient sie als erste Neutronenquelle für die Induzierung einer Kernspaltung, d.h. für den Start der kontrollierten Kettenreaktion. Zum Teil können für diesen Zweck auch künstliche Neutronenquellen, wie z.B. aus dem Element ^{252}Cf*, genutzt werden.*

5.1.4.1 Anregungsenergie

Die Wahrscheinlichkeit für die Kernspaltung wächst mit abnehmender Höhe, respektive Breite des Potentialwalls (Bild 5.1). Gelingt es, einem Kern Energie zuzuführen (ihn anzuregen), so wird die verbleibende Differenz zur Spitze des Potentialwalls verringert und dadurch die Wahrscheinlichkeit für eine Spaltung erhöht.

In einem Kernreaktor wird dem Spaltnuklid (z.B. ^{235}U) zu diesem Zweck ein Neutron zugeführt. Wie in Bild 5.2 zu sehen, wird das eintreffende Neutron vom Kern absorbiert und es bildet sich ein Isotop des Ausgangsstoffes. Das entstandene Isotop wird auch als (angeregter) Zwischenkern (Compoundkern) bezeichnet.

Anmerkung
Für die schriftliche Erfassung von Kernreaktionen wird eine besondere Schreibweise verwendet:

$$^{7}\mathrm{Li}\ (\mathrm{n}, \alpha)\ ^{3}\mathrm{T}$$

Dieses Beispiel gibt an, dass ein Kern des ^{7}Li *ein Neutron einfängt und ein* α*-Teilchen aussendet und so zum Tritiumkern wird (diese spezielle Reaktion wird bei der Kernfusion verwendet, um den Brennstoff Tritium zu erbrüten – Abschnitt 6.8).*

Der Kern strebt nach dem Neutroneneinfang an, die Anregungsenergie wieder abzugeben und in seinen Grundzustand zu gelangen. Dies ist auf verschiedene Weise möglich. Z.B. könnte der Kern durch das Emittieren von γ-Quanten Energie abgeben, oder er kann sich in zwei kleinere Bruchstücke spalten.

Wo aber kommt die Anregungsenergie des Atomkerns nach der Absorption eines Neutrons her? Zur Beantwortung dieser Frage kann der Massendefekt bzw. die Bindungsenergie herangezogen werden (Abschnitt 2.2 und Abschnitt 5.1.2). Wird ein Neutron von einem Nuklid aufgenommen, so wird es an den Kern gebunden. Die entsprechende Bindungsenergie (vgl. Bild 2.5) wird freigesetzt und bleibt zunächst im Kern als Anregungsenergie erhalten. Zu dieser Energie kommt noch die kinetische Energie des eingefangenen Neutrons hinzu, die auch auf den Kern übertragen wird.

Bezeichnet man analog zu Bild 5.1 die anfängliche Energie des Nuklids mit E_0, die maximale Höhe des Potentialwalls mit E_s, die Bindungsenergie des (letzten)

Neutrons an den Zwischenkern mit E_b und die kinetische Energie des Neutrons mit E_k, so erkennt man, dass die Summe der dem Ausgangsnuklid durch die Bindungsenergie und der kinetischen Energie des Neutrons zugeführten Energie (E_b + E_k), höher sein muss als der Potentialwall ($E_S - E_0$), damit der Kern gespalten werden kann, was Gl. 5.9 belegt.

$$E_k + E_b > E_s - E_0 \qquad \text{(Gl. 5.9)}$$

Bei Nukliden mit gerader Neutronenanzahl wird das letzte Neutron um ca. 2 MeV stärker gebunden, als bei Nukliden mit ungerader Neutronenzahl (vgl. Abschnitt 5.1.1). Die Anzahl der Neutronen (N) ist gegeben durch Gl. 5.10.

$$N = A - Z \qquad \text{(Gl. 5.10)}$$

mit:

A Massenzahl
Z Kernladungszahl des Nuklids (Abschnitt 2.1)

Für das Element Uran (Z = 92) bedeutet dies, dass Nuklide mit gerader Massenzahl A besser zur Spaltung geeignet sind, da hier die Bindungsenergie des letzten Neutrons an den Kern höher ist und die durch das Neutron zugeführte kinetische Energie E_k vernachlässigbar sein kann. Diese Nuklide können mit thermischen Neutronen, wie sie in den meisten Reaktoren verwendet werden, (vgl. Tabelle 5.2 in Abschnitt 5.1.4.2) gespalten werden.

Bei diesen Betrachtungen darf allerdings nicht das Ausgangsnuklid (z.B. ^{235}U), sondern es muss der durch den Einfang des Neutrons gebildete Zwischenkern (Compoundkern) berücksichtigt werden (z.B. ^{236}U). Dies wiederum heißt, dass als Ausgangsnuklide für die Kernspaltung besonders Uran-Isotope mit ungerader Neutronen- bzw. Massenzahl geeignet sind, also z.B. ^{233}U oder ^{235}U.

Tabelle 5.1 gibt an, ob die durch den Einfang eines Neutrons freigesetzte Bindungsenergie E_b ausreicht, um den Potentialwall ($E_s - E_0$) zu überwinden und den Kern zu spalten. Ist dies nicht der Fall, könnte die Differenz evtl. durch Zuführung von kinetischer Energie des Neutrons überbrückt werden. Eine Spaltung mit thermischen Neutronen, bei denen die kinetische Energie vernachlässigbar ist (vgl. Abschnitt 5.1.4.2), ist dann nicht möglich.

Beispiel
Bei dem Element ^{235}U wird beim Einfang eines Neutrons eine Bindungsenergie von ca. 6,5 MeV frei. Das ist mehr als die für die Überwindung des Potentialwalls benötigte Energie von ca. 5,7 MeV und reicht daher prinzipiell aus, um den Kern zu spalten. Die Energie des eingefangenen Neutrons spielt hierbei keine Rolle, weil alleine die freigesetzte Bindungsenergie ausreichend ist, um die Kernspaltung auszulösen.

Im Vergleich dazu wird einem Kern des ^{238}U durch die Aufnahme eines Neutrons nur ca. 4,8 MeV Energie zugeführt. Dieser Wert ist deutlich geringer, als die Spaltbarriere von ca. 6,5 MeV und reicht für eine Kernspaltung nicht aus. Die fehlende Energie von 1,7 MeV kann nur durch die kinetische Energie schneller Neutronen geliefert werden (vgl. auch Abschnitt 5.3.3).

Tabelle 5.1 Bindungsenergie E_b eines Neutrons und Höhe des Potentialwalls ($E_s - E_0$) des durch einen Neutroneneinfang aus dem Ausgangsnuklid entstehenden Zwischenkerns (nach [5.2])

Ausgangs-nuklid	Zwischen-kern	E_b	$E_s - E_0$
		[MeV]	[MeV]
^{232}Th	^{233}Th	4,8	6,5
^{233}U	^{234}U	6,8	6,2
^{235}U	^{236}U	6,5	5,7
^{238}U	^{239}U	4,8	6,5
^{239}Pu	^{240}Pu	6,5	5,8

Die Elemente ^{233}U, ^{235}U und ^{239}Pu sind also zur Spaltung mit thermischen Neutronen geeignet, während sich z.B. ^{232}Th und ^{238}U nicht mit thermischen Neutronen spalten lassen. ^{232}Th und ^{238}U wandeln sich allerdings nach dem Einfang eines Neutrons in andere Nuklide um (Konversion). Dieser Prozess läuft in jedem Kernreaktor ab und kann auch gezielt verwendet werden, um neue spaltbare Elemente (Spaltstoff) zu erzeugen (Abschnitt 5.8).

5.1.4.2 Klassifizierung von Neutronen

Die Geschwindigkeit (Energie) der Neutronen spielt bei den Wechselwirkungsprozessen, die die Neutronen ausführen können, eine entscheidende Rolle (vgl. Abschnitt 3.3.4 und Abschnitt 5.1.4). Neutronen lassen sich gemäß Tabelle 5.2 in verschiedene Geschwindigkeitsgruppen einteilen.

Tabelle 5.2 Klassifizierung von Neutronen

Bezeichnung	Energie
thermische (langsame) Neutronen	<10 eV
mittelschnelle (epithermische) Neutronen	10 eV...0,1 keV
schnelle Neutronen	>100 keV

Als thermische Neutronen werden Neutronen mit Geschwindigkeiten bezeichnet, die der mittleren Bewegungsenergie unter normalen Umgebungstemperaturen entsprechen. Dabei handelt es sich z.B. bei Raumtemperatur um absolute Geschwindigkeiten von ca. 2200 m/s und Energien von ca. 0,025 eV (25 meV).

Neben dieser Unterteilung der Neutronen nach ihren Geschwindigkeiten bzw. Energien, werden Neutronen im Kernreaktor auch nach der Entstehungszeit unterschieden. Es gibt prompte Neutronen, die unmittelbar (ca. 10^{-14} s) nach der Kernspaltung freigesetzt werden und verzögerte Neutronen, die im Mittel 13 s nach der Kernspaltung von den Spaltprodukten emittiert werden (vgl. Abschnitt 5.4.1).

5.1.5 Wirkungsquerschnitt

Um zu klassifizieren, wie verschiedene Nuklide mit anderen Nukliden, Kernbausteinen oder vor allem auch Neutronen wechselwirken, wurde der Begriff des Wirkungsquerschnitts eingeführt (vgl. auch Abschnitt 3.3.4). Der Wirkungsquerschnitt stellt generell ein Maß für die Wahrscheinlichkeit des Eintritts einer Kernreaktion dar. Er kann für jede Kernreaktion angegeben werden – z.B. für den Einfang eines thermischen Neutrons des Nuklids ^{239}Pu oder für das Eintreten einer Kernspaltung (man spricht dann vom Spaltquerschnitt) usw.

Die Wirkungsquerschnitte der jeweiligen Kernreaktionen stellen keine Konstanten dar, sondern hängen sehr stark von Randbedingungen ab, wie z.B. der Geschwindigkeit der Stoßpartner (Temperatur). Da in der Reaktortechnik vor allem die Kernreaktionen mit Neutronen von Bedeutung sind, werden sie im Folgenden weiter beschrieben.

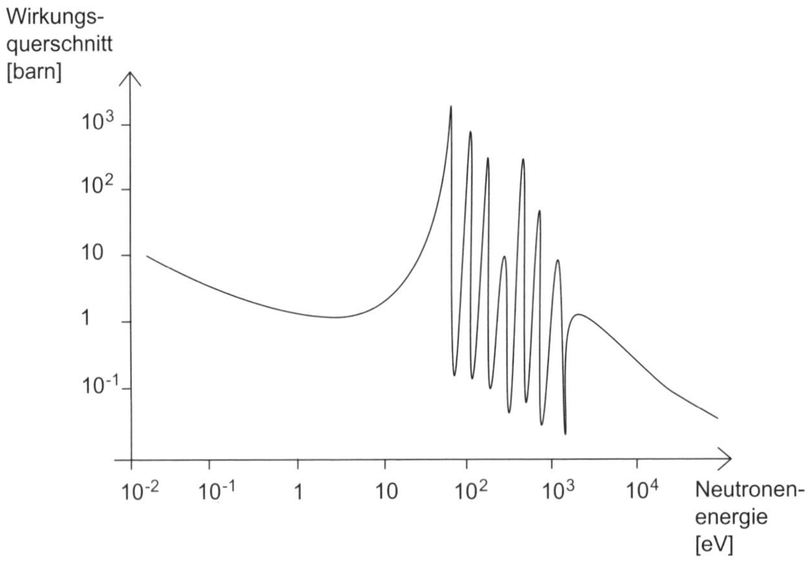

Bild 5.4 Einfangquerschnitt für Neutronen des ^{238}U (schematische Darstellung)

Besonders bei den Neutroneneinfängen ist eine sehr hohe Abhängigkeit der Prozesse von der Neutronenenergie zu beobachten, wie Bild 5.3 zeigt (vgl. dazu auch Bild 3.14). Häufig ist auch ein Geschwindigkeits- bzw. Energiebereich mit ausgeprägten Resonanzerscheinungen gegeben, wie etwa beim ^{238}U. Die Einheit des Wirkungsquerschnitts ist das Barn (b). Es ist definiert: 1 b = 10^{-28} m² = 10^{-24} cm².

Der Wirkungsquerschnitt hat die Dimension einer Fläche, die ein Maß für die Wahrscheinlichkeit des Eintretens der betreffenden Kernreaktion ist.

Anmerkung

Der Wirkungsquerschnitt, als ein Maß für die Wahrscheinlichkeit des Eintretens einer Kernreaktion, kann am Beispiel des Neutroneneinfangs so veranschaulicht werden, dass die Reaktion genau dann eintrifft, wenn das Neutron entlang seiner Flugbahn auf diese Fläche trifft. Je größer diese bildliche Fläche ist, desto größer ist auch die Wahrscheinlichkeit für den Einfang.

Hat ein Element im Reaktor neben dem Spaltstoff (z.B. ^{235}U) einen hohen Wirkungsquerschnitt für den Einfang von Neutronen, so wird es in der Reaktortechnik als Neutronengift bezeichnet, weil es Neutronen absorbiert, die sonst für Kernspaltungen zur Verfügung stünden. Ein solches Element, das auch bei der Kernspaltung von ^{235}U über den Zwischenkern ^{135}I entsteht, ist beispielsweise ^{135}Xe (vgl. Abschnitt 5.4). Derartige Elemente finden Anwendung als Neutronenabsorber in den Elementen zur Reaktorregelung (vgl. Abschnitt 5.4).

5.2 Produkte der Kernspaltung

Durch den Einfang von thermischen Neutronen entsteht aus dem ^{235}U das angeregte Isotop ^{236}U. Dieses gibt seine Anregungsenergie in ca. 82% der Fälle durch eine Kernspaltung ab. In den restlichen Fällen baut der Kern die Anregungsenergie durch die Aussendung von γ-Quanten ab, wobei das langlebige Element ^{236}U bestehen bleibt.

Kommt es zu einer Kernspaltung, bilden sich aus dem Ausgangskern die im Folgenden besprochenen Spaltprodukte. Zusätzlich werden auch Neutronen (Spaltneutronen – Abschnitt 5.2.2) sowie eine große Menge Energie freigesetzt.

5.2.1 Spaltprodukte

Wird ein schwerer Kern gespalten, so entstehen i.d.R. 2, in seltenen Fällen auch 3 Spaltfragmente (neue Nuklide). Welche neuen Elemente dabei gebildet werden, lässt sich nicht genau vorhersagen, sondern unterliegt einer statistischen Vertei-

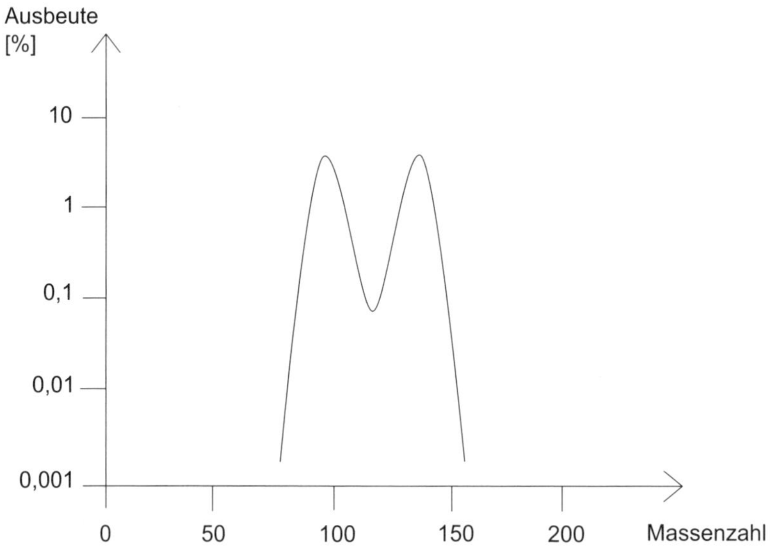

Bild 5.5 Verteilung der Bruchstücke bei der Spaltung des ^{235}U

lung. Im Falle der Spaltung des ^{235}U sieht diese Verteilung so aus wie sie Bild 5.5 wiedergibt.

Es sind ca. 200 verschiedene Spaltprodukte von ^{235}U bekannt, deren Massenzahlen in etwa zwischen 90...160 liegen.

Bild 5.5 gibt das prozentuale Auftreten der jeweiligen Elemente als Spaltprodukt des ^{235}U an. Es werden bevorzugt Elemente mit einer Massenzahl von 95 (und folglich 236 – 2 – 95 = 139) gebildet.

Bei der Kernspaltungsreaktion muss die Massenzahl konstant bleiben. In allgemeiner Schreibweise lässt sich die Spaltung von ^{235}U mit Gl. 5.11 beschreiben (exemplarisch für 2 Spaltfragmente):

$$^{235}_{92}U + {}^{1}_{0}n \rightarrow {}^{236}_{92}U \rightarrow {}^{A_1}_{Z_1}F_1 + {}^{236-A_n-A_1}_{92-Z_1}F_2 + A_n \cdot {}^{1}_{0}n + W \qquad \text{(Gl. 5.11)}$$

wobei F_1 das erste Fragment mit seiner Massenzahl A_1 und Kernladungszahl Z_1 und F_2 das zweite Spaltfragment ist. A_n kennzeichnet die Anzahl der bei dieser Reaktion freigesetzten Neutronen. Sie beträgt im Mittel 2,3; im Einzelfall zwischen 0...6 (s. Abschnitt 5.2.2). Für die primären Spaltprodukte müssen Massen- und Kernladungszahl konstant gegenüber dem Zwischenkern bleiben. W kennzeichnet die bei dieser Reaktion frei werdende Energie, auf die in Abschnitt 5.2.4 eingegangen wird.

5.2.2 Spaltneutronen

Das Ausgangsmaterial ^{235}U hat ein überproportional hohes Verhältnis der Neutronenzahl zur Protonenzahl von ca. 1,55...1,6 (vgl. Abschnitt 3.1.2). Den gleichen Wert haben im Mittel auch die bei der Spaltung entstehenden primären Spaltprodukte. Die Anzahl der Neutronen muss für schwere Nuklide überproportional mit der Kernladungszahl steigen (vgl. Abschnitt 2.2) und kann für mittelschwere Kerne kleiner sein (ca. 1,2...1,45). Die erzeugten Spaltprodukte mit mittlerer Massenzahl haben also einen starken Neutronenüberschuss, den sie zunächst durch den direkten Ausstoß von Neutronen, den Spaltneutronen, abbauen. Die Anzahl der Spaltneutronen von ^{235}U beträgt 2,3 im Mittel, wenn die Spaltung durch ein thermisches Neutron ausgelöst wurde.

Man spricht dabei von prompten Neutronen, weil diese innerhalb von ca. 10^{-14}s nach der Kernspaltung freigesetzt werden. Zudem gibt es auch verzögerte Neutronen, die von den Spaltprodukten ca. 10...20 s nach der ursprünglichen Kernspaltung emittiert werden (vgl. Abschnitt 5.4.1). Die verzögerten Neutronen machen zwar nur einen Anteil von ca. 0,65% aus (im Falle von ^{235}U als Spaltstoff), spielen aber für die Regelung eines Kernreaktors eine entscheidende Rolle (Abschnitt 5.4.1).

Die Spaltprodukte bauen ihre überschüssige Energie durch radioaktive Umwandlungen ab. Aufgrund des Neutronenüberschusses handelt es sich dabei um β^--Zerfälle (Abschnitt 3.1.1).

Bild 5.6 Energieverteilung der Spaltneutronen von ^{235}U

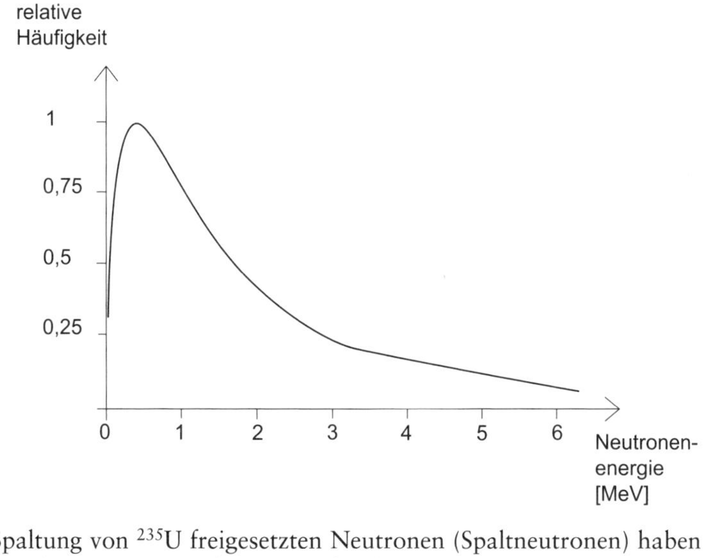

Die bei der Spaltung von ^{235}U freigesetzten Neutronen (Spaltneutronen) haben eine charakteristische Energieverteilung gemäß Bild 5.6. Die relative Häufigkeit der Spaltneutronen von ^{235}U besitzt ein Maximum bei einer Energie von ca.

0,7 MeV. Der Mittelwert über die Energie aller Spaltneutronen liegt bei 1,5 MeV. Die Spaltneutronen zählen also gemäß Tabelle 5.2 zu den schnellen Neutronen.

5.2.3 Effektive Neutronenausbeute

Die bei einer Spaltung des ^{235}U-Kerns freigesetzten Neutronen stehen allerdings nicht alle für eine weitere Spaltung zur Verfügung. Fängt der Kern eines ^{235}U-Atoms ein thermisches Neutron ein, so kommt es nicht immer zu einer Spaltung. In ca. 18% der Fälle baut das durch den Einfang entstehende, angeregte ^{236}U seine Anregungsenergie durch die Aussendung von γ-Strahlung ab ((n, γ)-Reaktion) und wird stabil bzw. sehr langlebig.

Die Neutronen, die aber von einem Kern eingefangen werden, der anschließend durch eine (n, γ)-Reaktion zerfällt, stehen für eine Kernspaltung nicht mehr zur Verfügung. Dies wird durch die effektive Neutronenausbeute (Spaltneutronenausbeute) von Gl. 5.12 verständlich.

$$\eta = \nu \cdot \frac{\sigma_f}{\sigma_f + \sigma_\gamma} \qquad \text{(Gl. 5.12)}$$

Hierbei ist ν die mittlere Anzahl der bei einer Kernspaltung freigesetzten Neutronen, σ_f und σ_γ sind die Wirkungsquerschnitte (Wahrscheinlichkeiten) für eine Spaltung (fission) respektive die (n, γ)-Reaktion. Die Werte von ν bzw. η für die gängigen Spaltmaterialien gibt Tabelle 5.3 wieder.

Tabelle 5.3 Mittlere Spaltneutronenausbeute ν und effektive Spaltneutronen η für die Absorption thermischer Neutronen bei verschiedenen Spaltstoffen [5.3]

Element	ν	η
^{233}U	2,51	2,24
^{235}U	2,3	1,98
^{239}Pu	2,88	1,81

Anmerkung
Die Anzahl der bei einer Kernspaltung frei gesetzten Neutronen ist auch abhängig von der Energie des Spaltneutrons. Die Werte in Tabelle 5.3 sind für thermische Neutronenenergien angegeben, wie sie in Leichtwasserreaktoren Anwendung finden.

Eine Voraussetzung dafür, dass in einem Reaktor eine Kettenreaktion überhaupt aufrechterhalten werden kann, ist eine effektive Neutronenausbeute von $\eta > 1$, so dass im Mittel pro Kernspaltung eine weitere Kernspaltung einsetzen kann. Dies ist ein notwendiges, aber noch nicht hinreichendes Kriterium, da in einem Reaktor die Neutronen nicht ausschließlich mit dem Brennstoff, sondern auch mit den ihn umgebenden Materialien und vor allem auch mit dem Moderator wechselwirken und dort z.B. durch Absorption verloren gehen. Auch verlassen während des Betriebs Neutronen den Reaktorkern und stehen dann für weitere Spaltungen nicht mehr zur Verfügung (Abschnitt 5.3.2). Deshalb muss in einem praktisch funktionierenden Reaktor η deutlich >1 sein.

Eine effektive Neutronenausbeute von >2 ermöglicht sogar den Betrieb eines Brutreaktors (vgl. auch Abschnitt 5.8 und Bild 5.23). In diesem Reaktortyp wird das eine bei einer Spaltung effektiv entstehende Neutron für eine weitere Spaltung genutzt, das andere kann von einem Brutmaterial eingefangen werden, das anschließend durch (η, β)-Prozesse zu einem erneut spaltbaren Material zerfällt.

5.2.4 Energiebilanz der Kernspaltung

Die bei einer Kernspaltung freigesetzte Energie kann anhand der frei werdenden Bindungsenergie der Nukleonen ermittelt werden. Im Fall von ^{235}U beträgt die mittlere Bindungsenergie pro Nukleon im Kern vor der Spaltung ca. 7,6 MeV und nach der Spaltung ca. 8,5 MeV (vgl. Bild 2.5). In Summe wird demnach eine Energie von ca. 236 · 0,9 MeV = 210 MeV freigesetzt. Von dieser Energie können jedoch nur ca. 90% im Reaktor genutzt werden (Tabelle 5.4). Die restlichen 10% werden erst durch radioaktive Zerfälle der Spaltprodukte, also zeitlich verzögert und damit evtl. erst außerhalb des Reaktors, oder durch bei der Spaltung erzeugte, aber nicht direkt nutzbare γ- oder Neutrinostrahlung freigesetzt. Die gesamte Energie teilt sich auf verschiedene Teile auf, wie sie Tabelle 5.4 wiedergibt.

Tabelle 5.4 Verteilung der Energie bei Spaltung von ^{235}U

Beschreibung	**Energieanteil**	**nutzbar im Reaktor?**
kinetische Energie der Spaltprodukte	175 MeV	ja
kinetische Energie der Spaltneutronen	5 MeV	ja
Energie der primären γ-Quanten	7 MeV	nur bedingt*)
Zerfallsenergie der Spaltprodukte	7 MeV	nur bedingt*)
Energie der sekundären γ-Quanten	6 MeV	nur bedingt*)
Energie der Neutrinos	10 MeV	nein
Summe	**210 MeV**	**190 MeV**

*) als Rechenbeispiel wurde angenommen, dass 50% dieser Energie im Reaktor genutzt werden

Die bei der Kernspaltung frei werdende Energie wird zum großen Teil in Form kinetischer Energie zum einen den Spaltprodukten und zum andern den Neutronen mitgegeben. Diese werden jeweils durch das umgebende Material wieder abgebremst und geben ihre Energie in Form von Wärme an den Brennstoff, die Brennstoffhüllen, den Moderator bzw. das Kühlmedium ab.

Der nutzbare Energieanteil von ca. 190 MeV bei der Spaltung eines ^{235}U-Nuklids entspricht der Wärmeenergie, die Gl. 5.13 beschreibt.

$$1{,}9 \cdot 10^8 \ \mathrm{eV} \cdot 1{,}6 \cdot 10^{-19} \ \frac{\mathrm{J}}{\mathrm{eV}} = 3{,}04 \cdot 10^{-11} \ \mathrm{J} \qquad \text{(Gl. 5.13)}$$

Dies ist ein sehr geringer Energiebetrag. Um 1 Joule Wärme zu erzeugen, müssen 33 Mrd. Spaltungen stattfinden (s. Gl. 5.14).

$$\frac{1 \ \mathrm{J}}{3{,}04 \cdot 10^{-11} \ \frac{\mathrm{J}}{\mathrm{Spaltung}}} \cong 33 \ \text{Mrd. Spaltungen} \qquad \text{(Gl. 5.14)}$$

Beispiel

Um 1 l Wasser von 0 °C auf 100 °C zu erwärmen, ist eine Energie von 418 kJ nötig. Dafür müssen 1,4 · 10^{16} Atome von ^{235}U gespalten werden. Dies entspricht einer Masse von ca. 5,5 µg (bei fiktiven 100% Wirkungsgrad).
Als Faustformel gilt, dass die Spaltung von 1 g ^{235}U eine Energie von rund 1 MWd (= 24 MWh) freisetzt. Dies entspricht einem Verbrauch von ca. 1,4 t Spaltstoff pro Jahr für eine Reaktorleistung von 4 GW_{th}, wie sie bei einem Leistungsreaktor mit 1300 MW_e größeren Kernkraftwerk üblich ist. Diese Leistung genügt zur Deckung des jährlichen Energiebedarfs einer Großstadt mit ca. 1,5 Mio. Einwohnern.

Anmerkung

Im Kernreaktor wird nicht nur ^{235}U gespalten, sondern auch ein gewisser Teil ^{238}U. Vor allem wird das aus ^{238}U erbrütete ^{239}Pu zum Teil während des Reaktorbetriebs wieder gespalten und trägt im fortgeschrittenen Nutzungsstadium des Brennelements zur Energieerzeugung bei (s. auch Tabelle 5.8).

5.2.5 Nachzerfallswärme

Wie im letzten Abschnitt dargelegt, wird ein Teil der Energie einer Kernspaltung erst durch Zerfälle der Spaltprodukte freigesetzt. Diese Tatsache ist ein zentraler Aspekt bei Auslegung und Betrieb eines Kernreaktors. Diese sog. Nachzerfallswärme kann nicht unterbunden werden, da die nicht stabilen Spaltprodukte im Brennelement spontan zerfallen und dabei Energie freisetzen. D.h., dass auch nach einer Schnellabschaltung und nach einem Stopp der Kettenreaktion (s. Abschnitt 5.3) eine sichere Kühlung des Reaktors gewährleistet werden muss (vgl. auch Abschnitt 6.5.7 und Abschnitt 6.6.3.2). Außerdem müssen die Brennelemente nach der Entnahme aus dem Reaktor i.d.R. 5 Jahre im Brennelementlagerbecken (auch Abklingbecken genannt) verbleiben, damit sie einen großen Teil ihrer Nachzerfallswärme abgeben können. Dabei vermindert sich auch die Aktivität der Brennelemente deutlich, so dass sie transportiert und weiter behandelt werden können (Kapitel 8). Die Nachzerfallswärme lässt sich mit der analytischen Formel von Gl. 5.15 vereinfacht beschreiben [5.3 und 5.4].

$$P_n = P_0 \cdot 6{,}22 \cdot 10^{-2} \cdot (t^{-0{,}2} - (T_0 + t)^{-0{,}2}) \qquad \text{(Gl. 5.15)}$$

mit:

P_n Reaktorleistung (in MW) zum Zeitpunkt t (in s) nach der Abschaltung
P_0 thermische Reaktorleistung (in MW)
T_0 Betriebsdauer des Reaktors mit der Leistung P_0 (in s)

Beispiel

Bild 5.7 zeigt diese Kurve anhand eines Reaktors mit 3,8 GW$_{th}$ Leistung nach einer Betriebszeit von 180 Tagen. Auf der rechten Größenachse ist die relative Reaktorleistung in % vom Nennwert und auf der linken die ungefähre absolute Reaktorleistung aufgetragen.

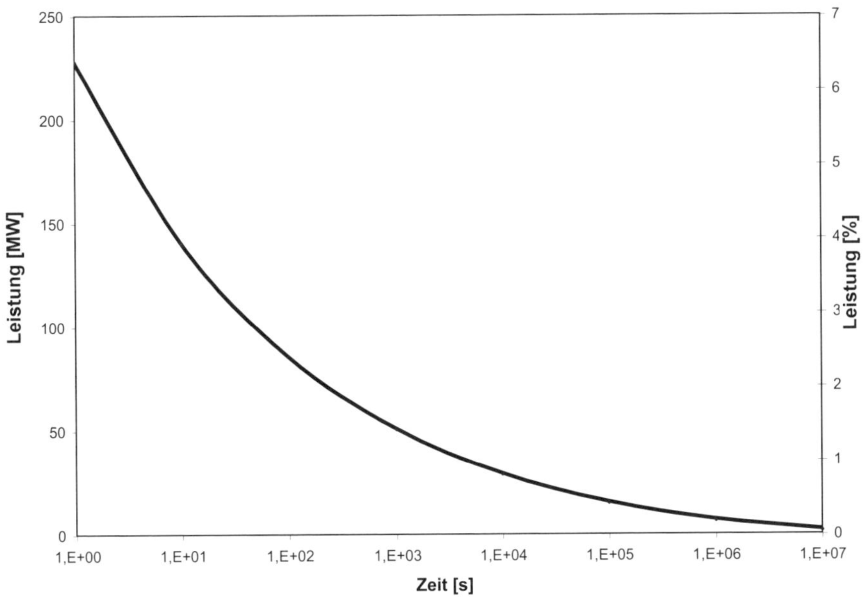

Bild 5.7
Nachzerfallsleistung eines Kernreaktors mit P_n = 3,8 GW$_{th}$ nach 180 Tagen Betriebsdauer

5.3 Neutronenhaushalt

In diesem Abschnitt werden speziell die bei der Kernspaltung freigesetzten Neutronen behandelt. Es werden dabei die verschiedenen Prozesse, die sie im Reaktor durchlaufen, betrachtet. Außerdem werden die Begriffe Kettenreaktion, Neutronenbilanz und abschließend der Multiplikationsfaktor und die 4-Faktoren-Formel erläutert.

5.3.1 Kettenreaktion

Schon bald nach der Entdeckung der Kernspaltung konnte auch nachgewiesen werden, dass bei diesem Prozess Neutronen freigesetzt werden (vgl. Abschnitt 1.1). Da auch die Kernspaltung selbst durch Neutronen ausgelöst werden kann, wurde prognostiziert, dass durch die Kernspaltung die Aufrechterhaltung einer Kettenreaktion möglich ist, indem die freigesetzten Neutronen weitere Atomkerne spalten usw. Bild 5.8 verdeutlicht eine solche Kettenreaktion.

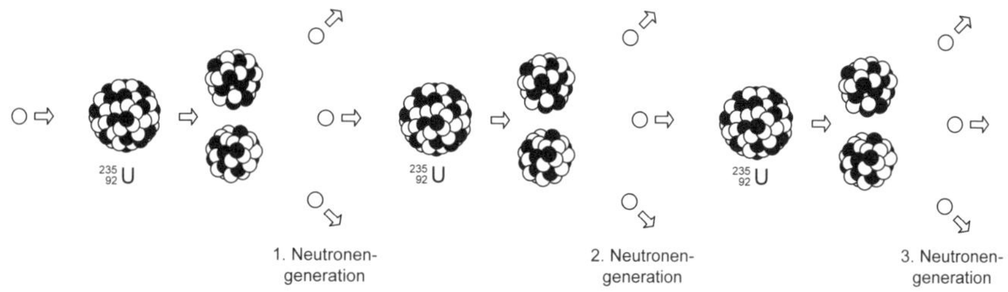

Bild 5.8 Kettenreaktion bei der Kernspaltung im stationären Zustand (d.h., im Mittel bewirkt ein Spaltneutron wieder eine neue Spaltung)

Dieser Prozess läuft sehr schnell ab. Die Lebensdauer einer Neutronengeneration beträgt im Fall von Uran als Spaltstoff ca. 0,1 μs. Demnach kann innerhalb kürzester Zeit eine sehr große Menge Neutronen freigesetzt werden – konkret ca. 10^{30} Neutronen binnen 10 μs. Diese Anzahl von Neutronen reicht aus, um auch größere Mengen Uran zu spalten – eine Tonne Uran besteht aus «nur» 10^{27} Atomen. Natürlich würde dies voraussetzen, dass genügend Spaltstoff vorhanden ist und wirklich alle bei der Spaltung freigesetzten Neutronen auch wieder ein weiteres Uran-Nuklid spalten und nicht durch andere Prozesse verloren gehen. Dies ist zwar einerseits ein hypothetischer Fall (s. Abschnitt 5.3.2). Andererseits kann für alle spaltbaren Materialien, je nach den Umgebungsbedingungen, eine kritische Masse angegeben werden, bei deren Überschreitung schlagartig eine Kettenreaktion einsetzt, die nicht mehr kontrolliert werden kann – überall in der Umgebung kommen freie Neutronen vor (aus natürlichen Kernreaktionen), die als Startneutron für die Kettenreaktion dienen können. Beispielhaft sind in Tabelle 5.5 die kritischen Massen einiger Elemente genannt (aus [5.5]):

Tabelle 5.5 Kritische Massen spaltbarer Nuklide

Nuklid	kritische Massen*)	
	metallische Form	wässrige Lösung
^{235}U	49 kg	1,5 kg
^{239}Pu	10 kg	0,9 kg

*) im Fall von unreflektierten und kugelsymmetrischen Anordnungen

Anmerkung

Aufgrund der kritischen Massen muss bei der Handhabung von Spaltstoffen (z.B. Uran) während der Verarbeitung, insbesondere bei der Wiederaufarbeitung des verbrauchten Brennstoffs (Abschnitt 8.4), stets darauf geachtet werden, dass diese nicht überschritten werden.

5.3.2 Neutronenbilanz

Bild 5.9 gibt ein exemplarisches Beispiel der Neutronenbilanz eines Reaktors, bei dem in der ersten Generation 100 thermische Neutronen 100 Kerne des ^{235}U spalten. Die dadurch erzeugten Spaltneutronen durchlaufen verschiedene Wechselwirkungsprozesse, werden im Moderator zu thermischen Neutronen abgebremst und stehen für eine weitere Spaltung bereit.

Bei der in Bild 5.8 exemplarisch aufgeführten Reaktorbetriebsweise handelt es sich um den kritischen Betrieb – den stationären Reaktorzustand (s. auch Abschnitt 5.3.4 und Bild 5.8). Es werden genau so viele Neutronen erzeugt, dass sich ihre Anzahl durch Effekte wie Absorption oder Entweichung gerade so verringert, dass am Ende einer Neutronengeneration wieder so viele Neutronen eine Spaltung hervorrufen, wie im ersten Schritt. Für die Einstellung dieses Betriebszustandes ist die Reaktorregelung verantwortlich (Abschnitt 5.4).

Anmerkung

Die Neutronen, die die aktive Zone des Reaktors verlassen, werden entweder im Reaktordruckbehälter oder im biologischen Schild um den Reaktor absorbiert und gelangen nicht nach außen (vgl. Abschnitt 3.5.3.2).
Um die Anzahl der Neutronen, die die Spaltzone verlassen, zu verringern, können auch Neutronenreflektoren eingesetzt werden, die die Neutronen vom Rand der Spaltzone zurückreflektieren. Dadurch lässt sich prinzipiell auch der Anreicherungsgrad des Spaltstoffs (vgl. Abschnitt 4.2) verringern. Derartige Reflektoren bestehen z.B. aus Grafit (wie beim Thorium-Hochtemperaturreaktor – Abschnitt 6.7) oder aus einer Stahlstruktur.

Durch den Einsatz eines Reflektors um den Reaktorkern (Abschnitt 6.5.2) wird auch die Belastung des Reaktordruckbehälters durch die Neutronenstrahlung (neutroneninduzierte Versprödung) verringert und die Haltbarkeit dieser Strukturen verlängert.

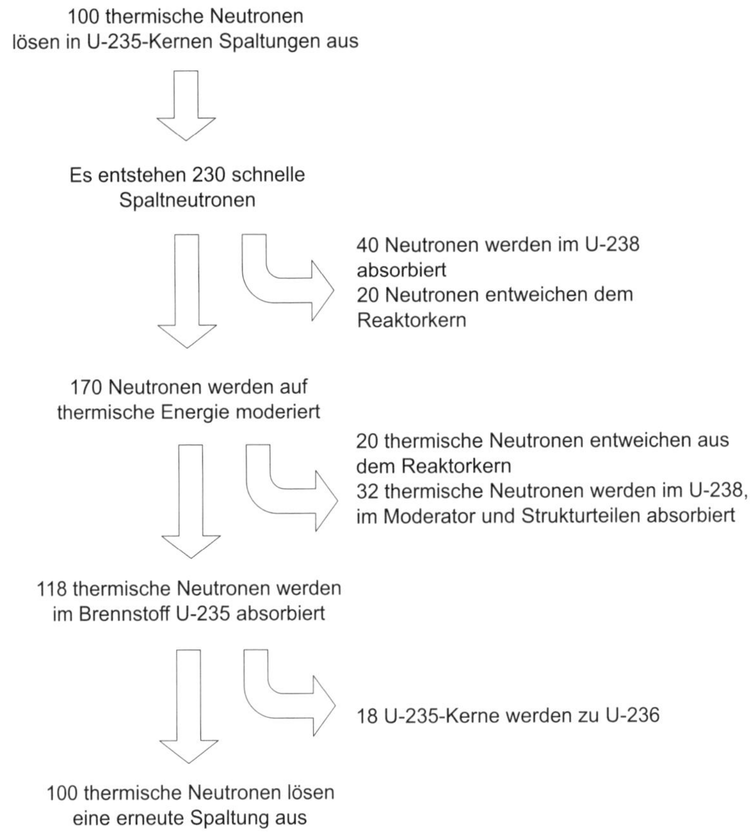

Bild 5.9 Neutronenbilanz eines kritischen Reaktors (nach [5.5])

5.3.3 Multiplikationsfaktor und 4-Faktoren-Formel

Das in Bild 5.9 dargestellte Schema für den Neutronenhaushalt lässt sich auch mathematisch beschreiben. Das Bild zeigt einen kritischen Reaktor, bei dem in jeder Neutronengeneration gerade so viele Neutronen erzeugt werden, wie auch durch Kernspaltungen und Verluste «verbraucht» werden. Diese Tatsache lässt sich durch den Multiplikationsfaktor *k* ausdrücken, der in Gl. 5.16 definiert ist.

$$k = \frac{\text{Anz. der Kernspaltungen}}{\text{Anz. der Kernspaltungen der vorhergegangenen Neutronengeneration}} \qquad \text{(Gl. 5.16)}$$

Ist $k < 1$, so liegt ein unterkritischer Reaktor vor, bei dem die Anzahl der Kernspaltungen mit der Zeit abnimmt. Für $k = 1$ ist der Reaktor kritisch und für $k > 1$ überkritisch. Für das Anfahren des Reaktors beispielsweise muss $k > 1$ gehalten werden, während ein stationärer Betrieb nur bei k = 1 möglich ist. Für die Einstellung des Betriebszustandes sorgt die Reaktorregelung (Abschnitt 5.4). Um den Multiplikationsfaktor zu berechnen, ist es nötig, die einzelnen Wege, die Neutronen im Reaktor beschreiben können, mathematisch bzw. statistisch zu erfassen.

Zunächst stehen am Beginn einer Generation n_0 (s. Tabelle 5.3) schnelle Neutronen aus der Kernspaltung zur Verfügung. Zu diesen schnellen Neutronen aus der Spaltung von ^{235}U kommen durch Spaltungen von ^{238}U, die durch diese schnellen Neutronen direkt hervorgerufen wurden, weitere Neutronen hinzu (vgl. auch Abschnitt 5.1.4.1 und Tabelle 5.1). Dies wird durch den Schnellspaltfaktor ε (mit $\varepsilon \sim 1$) in Gl. 5.17 ausgedrückt:

$$\varepsilon = \frac{\text{Anz. der schnellen Neutronen}}{\text{Anz. der schnellen Neutronen aus thermischen Spaltungen}} \qquad \text{(Gl. 5.17)}$$

Die Anzahl der schnellen Neutronen n ist also das Produkt aus dem Schnellspaltfaktor und der ursprünglichen Anzahl der schnellen Neutronen aus den thermischen Spaltungen: $n = \varepsilon \cdot n_0$.

Anmerkung

Der Schnellspaltfaktor kann i.d.R. vernachlässigt werden – er ist in Realität annähernd 1 (ca. 1,03 für Natur-Uran als Spaltstoff). Dies kommt daher, weil die Neutronen durch die Moderation (auch durch unelastische Stöße am ^{238}U, vgl. Abschnitt 3.3.4) sehr schnell an Energie verlieren und dann im ^{238}U keine Spaltung mehr auslösen können.

Von diesen schnellen Neutronen geht aber ein Teil gleich oder im Laufe der Moderation aus der Spaltzone verloren und nur ein Teil P_s (mit $P_s < 1$) verbleibt im Reaktor. P_s wird schneller Leckfaktor oder schneller Verbleibfaktor genannt. Also beträgt die Anzahl der Neutronen im Reaktor nun: $n = \varepsilon \cdot n_0 \cdot P_S$.

Von den Neutronen werden während des Moderationsprozesses einige im Moderator (s. Abschnitt 5.5) absorbiert. Hierfür wird der sog. Resonanzdurchlassfaktor p (auch Resonanzentkommwahrscheinlichkeit genannt, mit $p < 1$) definiert, der beschreibt, welcher Anteil der Neutronen nicht im Moderator absorbiert, also durch den Bereich des Resonanzeinfangs (vgl. Bild 5.4) hindurchgelassen wird. Daraus ergibt sich die Anzahl der Neutronen, die eine thermische Energie erreichen: $n = \varepsilon \cdot n_0 \cdot P_S \cdot p$.

Diese nun thermischen Neutronen werden aber nicht nur im Brennstoff (z.B. ^{235}U), sondern z.B. auch teilweise in Strukturmaterialen oder im Kühlmittel absorbiert und ein Teil entweicht aus der Spaltzone. Dies erfassen zwei weitere Faktoren. Der thermische Leckfaktor P_{th} (auch thermischer Verbleibfaktor genannt, mit $P_{th} < 1$) beschreibt den Anteil der thermischen Neutronen, die nicht aus dem Reaktor entweichen, f drückt das Verhältnis der im Brennstoff absorbierten thermischen Neutronen zu der Anzahl der insgesamt absorbierten thermischen Neutronen aus (Ausnutzungsfaktor $f < 1$, Gl. 5.18).

$$f = \frac{\text{Anz. der im Brennstoff absorbierten thermischen Neutronen}}{\text{Anz. der insgesamt absorbierten thermischen Neutronen}} \quad \text{(Gl. 5.18)}$$

Demnach ergibt sich die Anzahl der im Spaltstoff absorbierten thermischen Neutronen nach Gl. 5.19:

$$n = \varepsilon \cdot n_0 \cdot P_s \cdot p \cdot f \cdot P_{th} \quad \text{(Gl. 5.19)}$$

Von diesen im Brennstoff absorbierten Neutronen werden effektiv wieder η (s. Abschnitt 5.2.3) neue schnelle Neutronen durch eine Spaltung freigesetzt (vgl. Tabelle 5.3 und Gl. 5.10, hier im Beispiel aus Bild 5.9: 230 / 118 = 1,95). Demzufolge beträgt die Anzahl der schnellen Neutronen in der nächsten Generation:
$n_2 = \varepsilon \cdot n_0 \cdot P_S \cdot p \cdot f \cdot P_{th} \cdot \eta$.

Wird dies nun mit den ursprünglich vorhandenen Neutronen ins Verhältnis (n_2 / n_0) gesetzt, so erhält man den Multiplikationsfaktor von Gl. 5.20.

$$k = \frac{\varepsilon \cdot n_0 \cdot P_s \cdot p \cdot f \cdot P_{th} \cdot \eta}{n_0} = \eta \cdot \varepsilon \cdot p \cdot f \cdot P_s \cdot P_{th} \quad \text{(Gl. 5.20)}$$

Bei dieser Betrachtungsweise hängen die Größen P_{th} und P_s, also die Anzahl der Neutronen, die in der Spaltzone verbleiben, rein von der geometrischen Anordnung bzw. Auslegung des Reaktors ab. Wenn ein Reaktor größer ist, werden auch im Verhältnis weniger Neutronen die Spaltzone verlassen. Bei einem unendlich großen Reaktor würden keine Neutronen mehr verloren gehen und sich P_{th}, respektive $P_s = 1$ ergeben. Damit erhält man einen Multiplikationsfaktor, der nur noch von den Brennstoffeigenschaften abhängt Gl. 5.21.

$$k_\infty = \varepsilon \cdot \eta \cdot p \cdot f \quad \text{(Gl. 5.21)}$$

Dieses k wird auch als unendlicher Multiplikationsfaktor (Vermehrungsfaktor) für Neutronen bezeichnet. Seine Definitionsgleichung wird als 4-Faktoren-Formel bezeichnet. Hieraus lässt sich der effektive Multiplikationsfaktor eines Reaktors mit Gl. 5.22 ermitteln (6-Faktoren-Formel).

$$k_{eff} = k_\infty \cdot P_{th} \cdot P_s \quad \text{(Gl. 5.22)}$$

Der Wert von k_{eff} entscheidet, ob mit einer gegebenen Reaktorgeometrie und den gewählten Brennstoff-, Moderator- und Kühlmittelmaterialien überhaupt ein kritischer Zustand ($k > 1$) erreicht werden kann.
Es muss jedoch beachtet werden, dass viele der dargelegten Faktoren keine Konstanten sind, sondern von weiteren Parametern, wie Druck, Temperatur, Dichte, Materialwahl im Reaktor, Xenonvergiftung (vgl. Abschnitt 5.4) etc. abhängen. Ferner lässt sich der Multiplikationsfaktor, bzw. die Reaktivität (siehe nächster Abschnitt) auch gezielt durch die Reaktorregelung (Steuerstabposition, bzw. Borkonzentration im Kühlmittel – Abschnitt 5.4) beeinflussen.

5.3.4 Reaktivität

Für einen stationären Reaktorbetrieb ist der effektive Multiplikationsfaktor $k_{eff} = 1$. Dies ist der Zustand, bei dem der Reaktor den Neutronenfluss und somit seine Leistung zeitlich konstant hält. Der Multiplikationsfaktor k hängt von den physikalischen Randbedingungen im Reaktor z.B. Druck und Temperatur ab (Abschnitt 5.3.3). Als ein Maß für die mit Änderungen dieser Parameter verbundenen Abweichungen des Multiplikationsfaktors vom Wert 1 wurde die sog. Reaktivität (Gl. 5.23) eingeführt.

$$\varrho = \frac{k_{eff} - 1}{k_{eff}} = 1 - \frac{1}{k_{eff}} \qquad \text{(Gl. 5.23)}$$

Für ein großes k_{eff}, also für eine sehr schnell anwachsende Kettenreaktion, ist die Reaktivität nahezu 1. Für Multiplikationsfaktoren, wie sie üblicherweise auftreten ($k < 1{,}01$), beträgt die Reaktivität nur ca. 1%. Im stationären Betrieb ($k_{eff} = 1$) ist sie 0. Für praktisch vorkommende Werte von k_{eff} (sehr nahe 1) kann vereinfachend auch $\varrho = k_{eff} - 1$ angenommen werden.

Zu Beginn des Reaktorbetriebs ist es nötig, die Reaktivität etwas größer als 0 zu halten (Überschussreaktivität oder Reaktivitätsreserve) und den Neutronenhaushalt durch regelnde Eingriffe auszugleichen (z.B. Borgehalt im Kühlmittel – Abschnitt 5.4.3). Dadurch ist es möglich, eine abnehmende Reaktivität aufgrund von Abbrand (Abnahme des spaltbaren Materials mit der Zeit) oder der Zunahme von Neutronengiften im Reaktor auszuregeln.

Anmerkung
Die Änderung der Reaktivität mit dem Dampfgehalt bzw. der Dichte des Moderators, der bei Leichtwasserreaktoren (Abschnitt 6.5 und 6.6) auch gleichzeitig das Kühlmedium ist, wird durch den Dampfblasenkoeffizient (VOID-Koeffizient) ausgedrückt. Ist dieser negativ, so geht die Reaktorleistung mit zunehmender Temperatur zurück, und das System ist inhärent sicher, da es eine steigende Temperatur aufgrund einer Reaktivitätszunahme selbsttätig ausregelt (s. Abschnitt 5.5.3).

5.4 Reaktorregelung

In einem Kernreaktor muss die Kettenreaktion der Kernspaltung kontrolliert und gesteuert werden. Dies geschieht durch aktive Eingriffe in den Neutronenhaushalt. Damit dies auch sicher gelingt, gilt es schon bei der geometrischen Auslegung des Reaktors entsprechende Randbedingungen zu berücksichtigen und geeignete Kontroll- und Steuermechanismen vorzusehen.

Die Reaktorsteuerung nimmt Eingriff in den Neutronenhaushalt des Reaktors (Abschnitt 5.3). Dabei lassen sich, wie auch schon im Zusammenhang mit Bild 5.9 erwähnt, bestimmte Betriebszustände des Reaktors unterscheiden. Beim unterkritischen Zustand gehen in jeder Neutronengeneration mehr Neutronen verloren als erzeugt werden. Es kommt also keine Kettenreaktion zustande. Wird durch die in diesem Abschnitt beschriebenen Mechanismen steuernd (reaktivitätssteigernd) in den Neutronenhaushalt eingegriffen, so kann der Reaktor kritisch gefahren werden. Die Anzahl der Spaltungen in jeder Neutronengeneration bleibt in diesem Fall konstant – von den pro Spaltung des ^{235}U im Mittel erzeugten 2,3 schnellen Neutronen löst genau eines wieder eine Spaltung aus. Wird dieser Betriebspunkt z.B. beim Anfahren des Reaktors überschritten, spricht man von einer Überkritikalität – die Anzahl der Kernspaltungen steigt mit der Zeit. Dies lässt sich durch den Multiplikationsfaktor k ausdrücken (Abschnitt 5.3.3). Für $k < 1$ ist der Reaktor unterkritisch, bei $k = 1$ kritisch und für $k > 1$ überkritisch.

Die Regelmechanismen des Reaktors müssen aber nicht nur beim Anfahren und im Falle einer Sicherheitsabschaltung (Reaktorschnellabschaltung – RESA) zur Verfügung stehen, sondern auch für den Ausgleich einer mit der Zeit sinkenden Reaktivität sorgen (z.B. aufgrund des Abbrands oder der Vermehrung von Neutronengiften) – mehr dazu auch in Abschnitt 5.4.3).

Nach dem Abschalten des Reaktors bzw. nach einer Leistungsreduzierung spielt hinsichtlich der Regelbarkeit die sog. Xenonvergiftung eine entscheidende Rolle. ^{135}Xe zählt aufgrund seines mit ca. $2{,}7 \cdot 10^6$ barn enorm hohen Wirkungsquerschnitts für den Einfang thermischer Neutronen zu den wichtigsten Neutronengiften im Reaktor.

Das für die Xenonerzeugung ursprüngliche Spaltprodukt ^{135}I (bzw. ^{135}T, das mit $T_{0,5} = 18$ s zu ^{135}Xe zerfällt) zerfällt mit einer Halbwertszeit von ca. 7 Stunden zu ^{135}Xe. Dieses wandelt sich nach dem Einfang eines Neutrons durch eine $(n, \gamma$-)Reaktion in das stabile Isotop ^{136}Xe um oder zerfällt mit einer Halbwertszeit von ca. 9 Stunden durch einen β^--Zerfall. Im stationären Reaktorbetrieb bildet sich durch diese Prozesse ca. 40 Stunden nach dem Anfahren des Reaktors ein Gleichgewicht zwischen der Erzeugung und dem Zerfall von ^{135}Xe, das den Reaktorbetrieb nicht stört. Kommt es aber zu einer Leistungsreduzierung bzw. wird der Reaktor abgeschaltet, bildet sich aus dem im Reaktor noch vorhandenen ^{135}I weiterhin ^{135}Xe und die Xenonkonzentration steigt auf ein Mehrfaches der Gleichgewichtskonzentration, weil immer noch ^{135}Xe erzeugt wird, aber aufgrund des nicht mehr vorhandenen Neutronenflusses kein ^{135}Xe verbraucht wird. Das Maximum dieser sog. Xe-Vergiftung ist ca. 10 Stunden nach dem Abschalten des Reaktors erreicht. Dies kann aufgrund des enorm hohen Wirkungsquerschnitts für den Einfang von thermischen Neutronen des ^{135}Xe dazu führen, dass der Reaktor nach gewissen Stillstandszeiten bzw. Leistungssenkungen je nach der vorhandenen Reaktivitätsreserve nicht beliebig schnell wieder hochgefahren werden kann. Bei einem geplanten Abfahren des Reaktors werden diese Prozesse durch eine speziell ausgelegte Fahrweise berücksichtigt, so dass die auftretenden Effekte minimiert werden können.

5.4.1 Verzögerte Neutronen

Die verzögerten Neutronen wirken sich ganz entscheidend auf die Regelbarkeit eines Reaktors aus (s. auch Abschnitt 5.2.2). Diese Neutronen werden nicht direkt (prompt) mit der Spaltung eines Atomkerns freigesetzt, sondern entstehen im Mittel ca. 10...20 s nach der Spaltung durch Zerfälle der Spaltprodukte und haben eine mittlere Lebensdauer von ca. 13 s.

Der Neutronenfluss Φ kann mit Hilfe des Multiplikationsfaktors vereinfacht mit Gl. 5.24 ausgedrückt werden, wobei l die mittlere Lebensdauer der Neutronen darstellt und k den Multiplikationsfaktor (s. Abschnitt 5.3.3).

$$\Phi(t) = \Phi_0 \cdot e^{\frac{k-1}{l} \cdot t} \qquad \text{(Gl. 5.24)}$$

Daraus ergibt sich die Flussänderungsgeschwindigkeit gemäß Gl. 5.25.

$$\frac{d\Phi}{dt} \cdot \frac{1}{\Phi(t)} = \frac{k-1}{l} = \frac{1}{T} \qquad \text{(Gl. 5.25)}$$

Dabei ist T die sog. Reaktorperiode – das ist die Zeitdauer, in der sich der Neutronenfluss um den Faktor e (ca. 2,718) vermehrt hat.

Gäbe es nur die prompten Neutronen, so würde beispielsweise die Reaktorperiode für einen Multiplikationsfaktor $k = 1{,}0002$ und einer Lebensdauer der prompten Neutronen von $l = l_p = 2{,}5 \cdot 10^{-5}$ s 125 ms betragen. Ein solcher Reaktor wäre unmöglich zu steuern bzw. zu regeln, weil sich der Neutronenfluss und somit die Leistung trotz des geringen Multiplikationsfaktors sehr schnell ändert.

Zusammen mit den verzögerten Neutronen erhält man die mittlere Lebensdauer aus Gl. 5.26.

$$l_m = l_p + \beta \cdot l_v \qquad \text{(Gl. 5.26)}$$

Dabei ist β der Anteil der verzögerten Neutronen (bei ^{235}U als Spaltstoff ca. 0,64%) und l_v die Lebensdauer der verzögerten Neutronen. Mit $l_v = 13$ s beträgt die mittlere Lebensdauer der Neutronen demnach $l_m = 2{,}5 \cdot 10^{-5}$ s + 0,0064 · 13 s = 0,0832 s. Daraus ergibt sich wiederum mit einem $k = 1{,}0002$ die Reaktorperiode von Gl. 5.27.

$$T = \frac{0{,}0832}{0{,}0002} = 416\ \text{s} \qquad \text{(Gl. 5.27)}$$

Ein Reaktor mit dieser Zeitkonstante lässt sich gut regeln. Dafür sind also die verzögerten Neutronen unerlässlich.

5.4.2 Steuer- oder Regelstäbe

Die Steuerung eines Kernreaktors geschieht durch den aktiven Eingriff in den Neutronenhaushalt. Hierbei ist von großem Vorteil, dass die Neutronen, die eine Kernspaltung durchführen können, vorher moderiert werden müssen (bei Leichtwasser- und Hochtemperaturreaktoren). Dies bedeutet, sie müssen den Moderator (Abschnitt 5.5) passieren und dazu das Brennelement verlassen (vgl. Abschnitt 4.4 und Bild 5.9 sowie Abschnitt 6.7.2). Dadurch ergibt sich die Gelegenheit genau an dieser Stelle die Neutronen abzufangen und weitere Kernspaltungen (die Kettenreaktion) zu unterbinden.

Bild 5.10 verdeutlicht die Funktionsweise der Steuerstäbe durch die Darstellung des Schnitts durch ein Brennelement. Im oberen Bild ist kein Steuerstab einge-

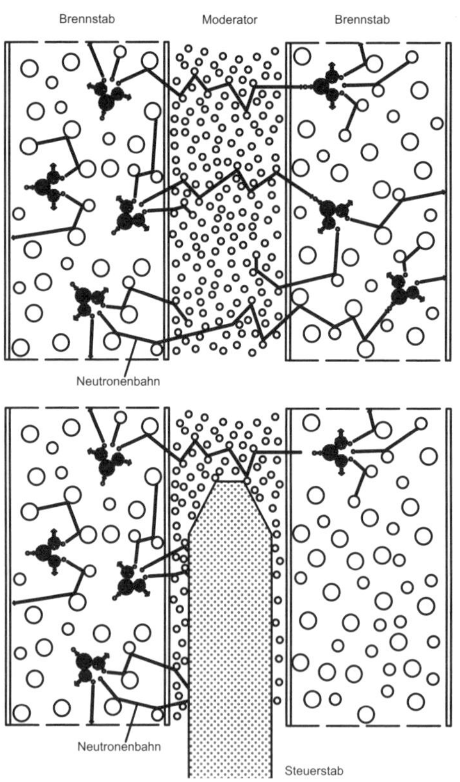

Bild 5.10 Schematische Funktionsweise der Steuerstäbe

fahren, und die Neutronen werden im Moderator (Abschnitt 5.5) abgebremst und können neue Kernspaltungen ausführen. Im unteren Bild ist der Steuerstab zwischen die Brennstäbe gefahren und absorbiert Neutronen, so dass diese für weitere Kernspaltungen nicht zur Verfügung stehen.

Die Materialien der Steuerelemente haben einen sehr hohen Wirkungsquerschnitt für den Einfang von thermischen Neutronen und können den Neutronenfluss sehr effektiv reduzieren. Hierzu eignen sich z.B. die Elemente Bor, Silber, Cadmium oder Hafnium, die in unterschiedlichen Legierungen eingesetzt werden können – z.B. Boral mit ca. 50% B_4C (Borcarbid) in Aluminium, Borstahl (ein Edelstahl mit ca. 5% Borzusatz) oder $Ag_{80}In_{15}Cd_5$.

Typischerweise werden beim Druckwasserreaktor die Steuerelemente von oben, beim Siedewasserreaktor von unten in den Kern eingefahren – beim Siedewasserreaktor (Abschnitt 6.6) tritt der Dampf am oberen Ende des Reaktordruckbehälters aus, und die dort angebrachten Dampftrockner und Wasserabscheider verhindern die Anordnung der Steuerstäbe oberhalb des Kerns.

Anmerkung

Dass die Steuerstäbe beim Siedewasserreaktor von unten eingefahren werden bringt auch den Vorteil, dass dadurch die vertikale Leistungsverteilung im Kern vergleichmäßigt wird. Das siedende Kühlmittel hat im unteren Kernbereich eine größere Dichte als oben (vgl. Abschnitt 5.5.3). Daraus resultiert eine höhere Leistungsdichte im unteren Bereich, der aber durch die Steuerstäbe entgegengewirkt wird.

Zudem bietet sich der Vorteil, dass die Steuerstäbe beim Brennelementwechsel in ihren Positionen verbleiben können, weil sie nicht stören, wenn die Brennelemente nach oben aus dem Reaktorkern gezogen werden. Die Steuerstäbe können so voll die benötigte (negative) Abschaltreaktivität bereitstellen – beim Siedewasserreaktor wird kein Borzusatz im Kühlmittel verwendet (vgl. Abschnitt 5.4.4 und [5.6]).

5.4.2.1 Steuerelemente für Druckwasserreaktoren

Der Aufbau der Steuerstäbe eines Druckwasserreaktors ähnelt optisch dem Aufbau der Brennstäbe (Abschnitt 4.4.1) – die Absorbermaterialien sind in Tabletten-

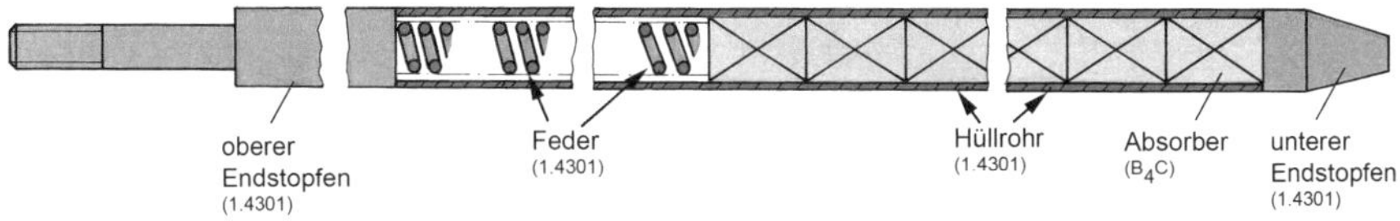

Bild 5.11 Absorberstab eines Druckwasserreaktors [5.7]

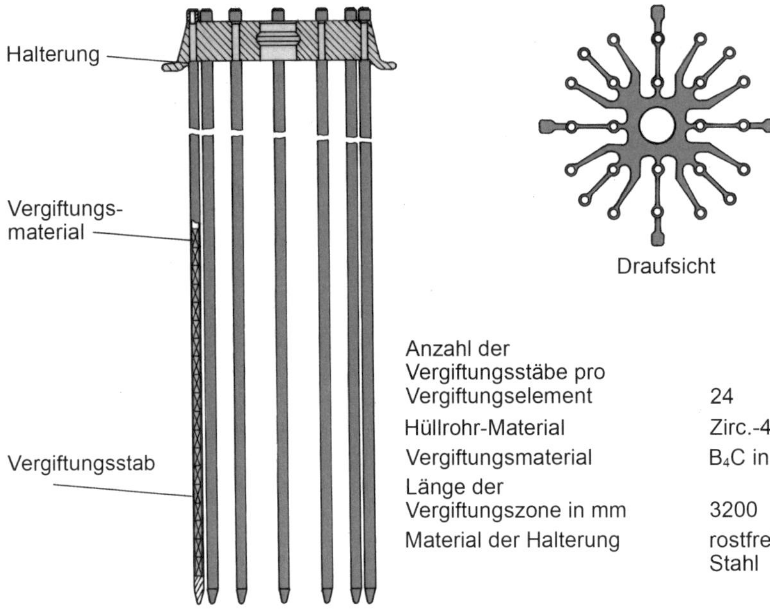

Anzahl der Vergiftungsstäbe pro Vergiftungselement	24
Hüllrohr-Material	Zirc.-4
Vergiftungsmaterial	B_4C in Al_2O_3
Länge der Vergiftungszone in mm	3200
Material der Halterung	rostfreier Stahl

Bild 5.12 Vergiftungselement eines Druckwasserreaktors [5.7]

form im Innern des Hüllrohres untergebracht und werden durch eine Feder gehalten (Bild 5.11). Der verbleibende Bereich wird mit Heliumgas gefüllt.

Anmerkung

Durch den Neutroneneinfang zerfällt das Bor zu Lithium und Helium. Um dieses Heliumgas aufzunehmen, muss in den einzelnen Stäben der Steuerelemente ein Raum frei bleiben. Im Innern des Steuerstabs baut sich über die Zeit durch diese Reaktion ein Druck auf.

Mehrere dieser Absorberstäbe werden zu einem Steuerelement (Prinzipaufbau Bild 5.12) zusammengefasst, das dann über einen Antrieb bedient wird.

Bild 5.13 zeigt ein schematisches Bild eines Steuerstabantriebs für einen Druckwasserreaktor. Da sich die Steuerstäbe innerhalb des Reaktordruckbehälters und somit unter den Bedingungen des Primärkreises befinden, also unter hohem Druck und hoher Temperatur, sind die elektrischen Bauteile der Steuerstabantriebe außerhalb des Reaktordruckbehälters auf normalen Umgebungsbedingungen angeordnet. Der Druck wird dabei von einem Druckkörper eingeschlossen, in dessen Innerem sich die Antriebsstange samt den mechanischen Hubeinheiten befindet. Um den Druckkörper herum sind die Steuerspulen angebracht, die die Hubeinheiten des Antriebs im Innern des Druckkörpers bewegen. Dadurch wird vermieden, dass

Bild 5.13
Steuerstabantrieb eines Druckwasserreaktors [5.8]

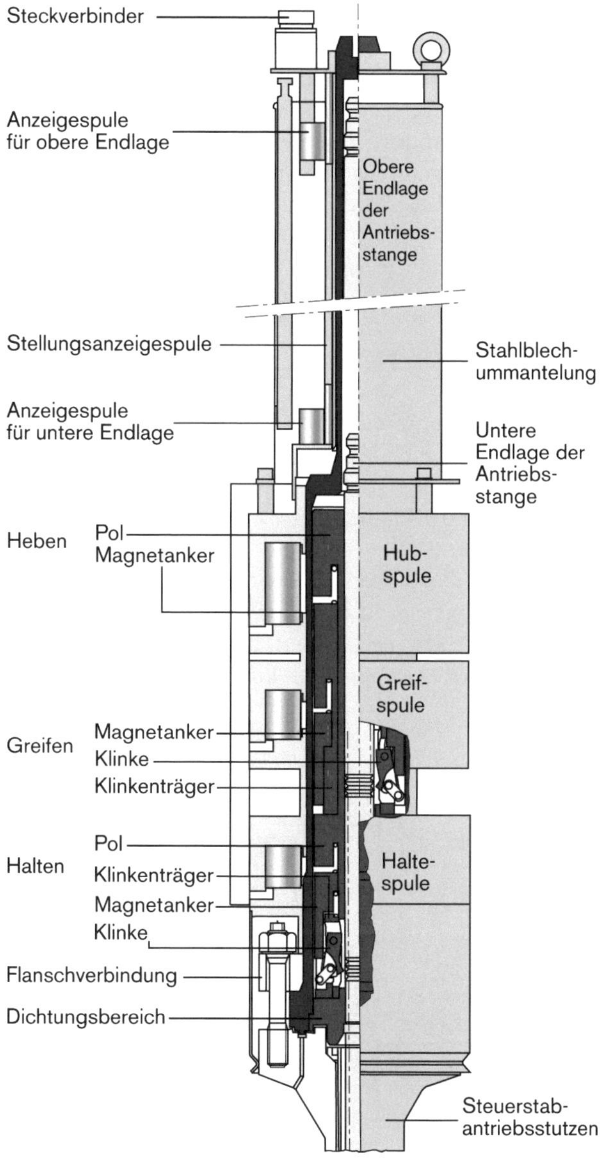

für den Antrieb bewegliche Teile (z.B. Antriebswellen) durch die Wand des Reaktordruckbehälters geführt und abgedichtet werden müssen.

Der Steuerstabantrieb eines Druckwasserreaktors ist in 3 Teile aufgeteilt – einer Hub-, einer Greif- und einer Haltespule. Die Greif- und die Haltespule verfügen jeweils über eine Klinkeneinheit, die bei Bestromung der Spule in die Rillen der Antriebsstange eingreifen. Diese Rillen haben einen Abstand von 10 mm, so dass also der Verfahrweg pro Schritt 10 mm beträgt. Bei Stillstand ist die Greifspule für das Festhalten der Antriebsstange zuständig. Solange diese Spule bestromt ist, ist ihre Klinkeneinheit im Eingriff und hält das Steuerelement in der angefahrenen Position fest.

Das Verfahren des Steuerelements geschieht dabei auf die folgende Weise – am Beispiel des Ausfahrens der Steuerelemente vom Ruhezustand (Bestromung der Greifspule und Eingriff der Hubklinken) aus beschrieben:

a)	Bestromen der Hubspule	Die Antriebsstange wird inklusive der Klinkeneinheiten der anderen Spulen um 10 mm angehoben.
b)	Bestromen der Haltespule	Die Halteklingen greifen in die Antriebsstange und halten das Steuerelement fest.
c)	Entregen der Greifspule	Die Hubklinken werden zurückgezogen.
d)	Entregen der Hubspule	Der Hubanker fällt samt Greifanker zurück.
e)	Bestromen der Greifspule	Die Hubklinken halten die Antriebsstange fest.
f)	Entregen der Haltespule	Die Halteklinken werden gelöst und der Ausgangszustand ist wieder hergestellt.

Zum Halten des Steuerstabes wird demnach auch während des Stillstandes ein gewisser Haltestrom in den Greifspulen benötigt. Fällt die Stromversorgung aus, werden die Greifspulen entregt, und die Steuerstäbe fallen innerhalb weniger Sekunden in den Reaktor und lösen eine Schnellabschaltung (RESA – Reaktor-

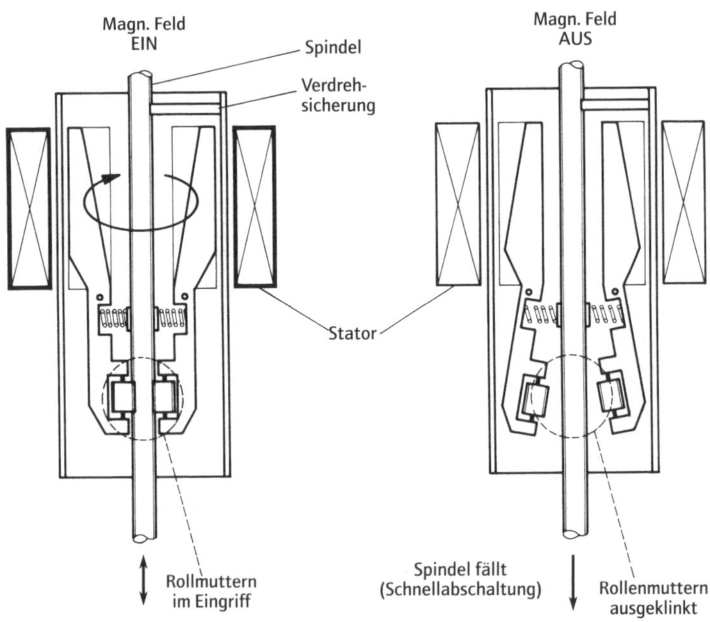

Bild 5.14 Antriebskonzept der Steuerelemente mittels Rollmuttern [5.7]

schnellabschaltung, engl.: scram) aus. Dadurch ist das Prinzip der Drahtbruchsicherung und der Ausfallsicherheit (vgl. auch Abschnitt 6.4.1) eingehalten.

Ein anderes Konzept der Steuerstabantriebe sieht die Verwendung von Rollenmuttern vor, die elektromagnetisch in die als Gewindestange ausgeführte Antriebsstange eingreifen (Bild 5.14). Sind die Spulen bestromt, wird der Steuerstab über die Muttern gehalten. Fällt der Haltestrom aus, fallen die Steuerstäbe aufgrund der Schwerkraft automatisch in den Kern. Für die betriebliche Verstellung werden die Rollenmuttern um die Stange rotiert, so dass diese verfahren wird.

Die Steuerelemente eines Druckwasserreaktors sind an ihren Köpfen durch eine mechanische Spreizkupplung mit der Antriebsstange verbunden. Wird der Reaktordruckbehälterdeckel z.B. zur Entnahme von Brennelementen geöffnet (vgl. Abschnitt 8.1), verbleiben die Steuerstäbe in ihrem zugehörigen Brennelement im Reaktor. Die Antriebseinheiten werden zusammen mit dem Reaktordruckbehälterdeckel abgehoben und auf einem dafür bestimmten Lagerplatz im Containment abgelegt (vgl. auch Abschnitt 8.1).

5.4.2.2 Steuerelemente für Siedewasserreaktoren

Beim Siedewasserreaktor bilden immer vier Brennelemente eine sog. Steuerstabzelle (auch Kernzelle genannt, Bild 5.15, Bild 5.16). Die Steuerstäbe sind kreuzförmig ausgeführt und bedienen je 4 Brennelemente:

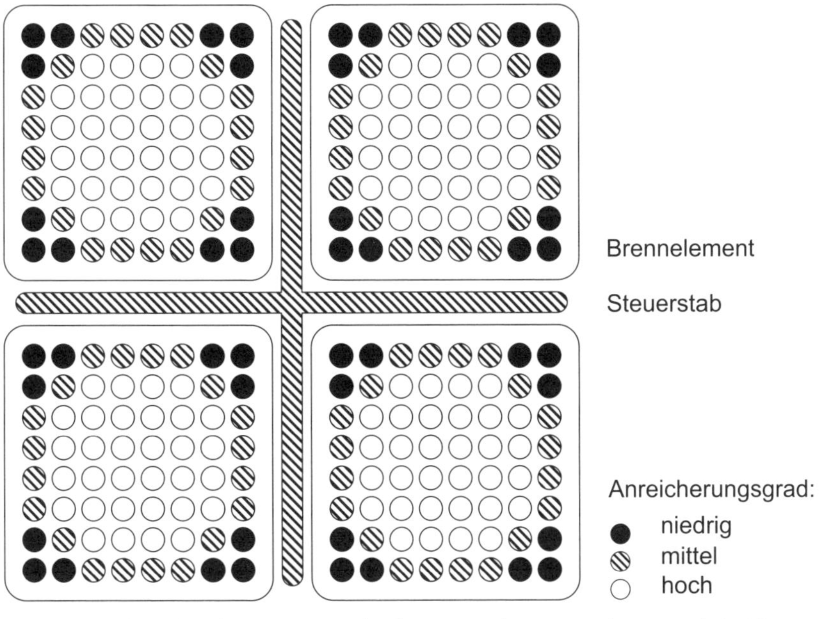

Bild 5.15 Schnitt durch eine Steuerstabzelle eines Siedewasserreaktors (nach [5.9])

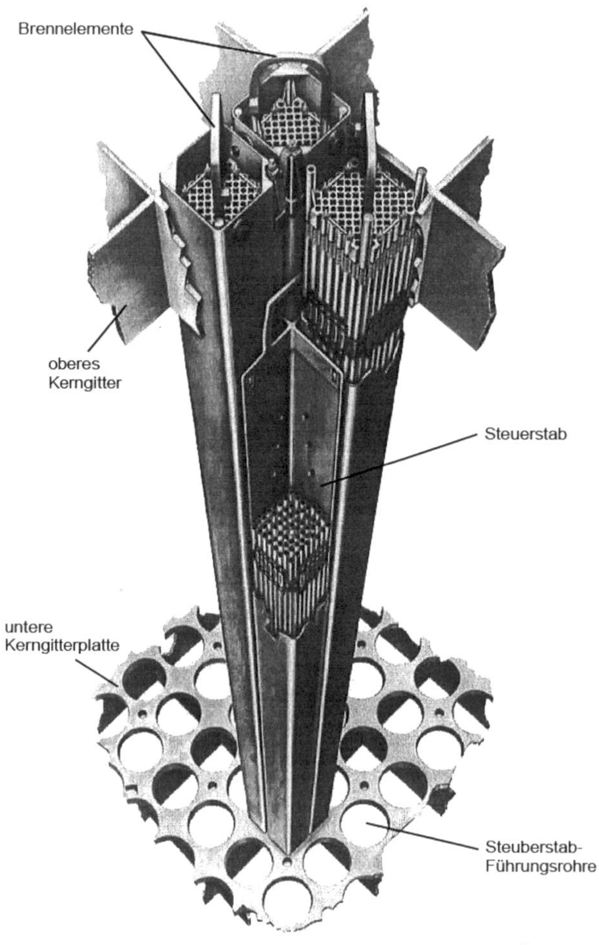

Bild 5.16 Steuerstabzelle eines Siedewasserreaktors im Überblick [5.8]

Der betriebsmäßige Verstellmechanismus dieser Steuerstäbe funktioniert über einen Motor, der eine Gewindestange rotiert, an der eine Mutter die Steuerstäbe je nach Drehrichtung aufwärts oder abwärts befördert. Die Steuerstäbe stehen dabei durch ihr Eigengewicht lose auf dieser Mutter.

Da die Steuerstäbe eines Siedewasserreaktors von unten in den Reaktorkern eingefahren werden, können sie nicht, wie etwa beim Druckwasserreaktor, im Störfall von selbst aufgrund der Gravitation einfallen. Vielmehr muss dafür gesorgt werden, dass sie auch im Störfall (z.B. Ausfall der Stromversorgung) definiert entgegen der Schwerkraft schnell eingeschossen werden können. Für diesen Zweck gibt es Druckspeicher, die über ein Stickstoffpolster ein Wasserreservoir auf einem Druck von ca. 160 bar halten. Diese Druckspeicher sind redundant ausgeführt und über Ringleitungen untereinander verbunden. An diesen Ringleitungen zweigen Leitungen zu den einzelnen Steuerstabantrieben ab. Der Druckraum im Steuerstabantrieb ist über eine Drossel und ein Rückschlagventil mit der Ringleitung verbunden. Die Rückschlagventile haben die Aufgabe im Fall eines Leitungsbruches (Versagen der Ringleitung) einen Wasserverlust aus der anderen Ringleitung zu verhindern.

Bei Bedarf – z.B. bei Ausfall der Elektrizitätsversorgung – werden Ventile zwischen den Druckspeichern und der Ringleitung freigegeben, so dass die Steuerstäbe hydraulisch in den Reaktor eingefahren werden (einschießen). Dabei wird der Raum unterhalb der Steuerstäbe über die Ringleitung mit dem Druck aus den Druckspeichern beaufschlagt. Die Steuerstäbe lösen sich von der Antriebsmutter und schießen nach oben in den Reaktor. Dort halten sie sich durch eine Klinke fest, die erst wieder gelöst werden kann, wenn die Mutter über die Gewindestange nachgefahren ist und über eine Nase den Klinken freigibt. Während das betriebs-

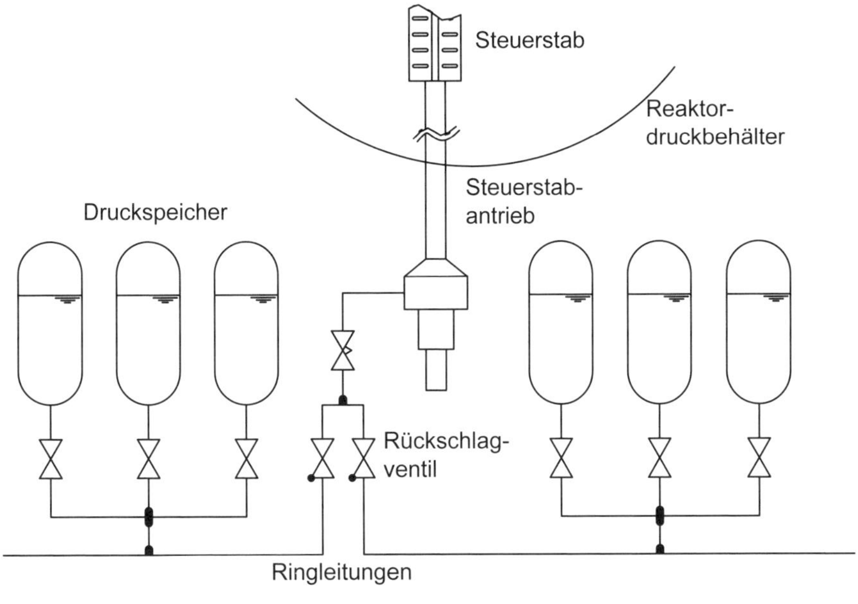

Bild 5.17
Schematische Darstellung des Schnellabschaltsystems eines Siedewasserreaktors (nach [5.6])

mäßige Einfahren der Steuerstäbe ca. 2 min dauert, ist bei einer Schnellabschaltung die Endlage innerhalb von 3 s erreicht.

Damit eine sichere Funktion dieses Systems gewährleistet werden kann, sind wichtige Komponenten, wie die Druckspeicher und Ventile, redundant ausgeführt. Bild 5.17 zeigt ein derartiges System mit einer 2 · 3 · 50%-Redundanz. Das Bild ist als vereinfachte Prinzipdarstellung zu betrachten, weil in der Praxis auch Systeme existieren, bei denen z.B. jeder Steuerstab einen eigenen Druckspeicher hat.

Kommt es bei einer Anforderung des Steuerstabeinwurfs (Reaktorschnellabschaltung RESA) zu einem Fehler und können die Stäbe nicht einfahren, so kann auch über das Vergiftungssystem (Abschnitt 6.6.3.3) eine Reaktorabschaltung erwirkt werden.

5.4.3 Langzeitregelung

Während die im vorigen Abschnitt beschriebenen Steuerelemente insbesondere die kurzzeitige Reaktorregelung vornehmen, ist für die Langzeitregelung der Einsatz von Absorbermaterialien vorgesehen, die dem Kühlmittel bzw. dem Brennstoff beigefügt werden. Beim Druckwasserreaktor kann dem Kühlmedium (leichtes Wasser) Bor zugesetzt werden. Die Borkonzentration wird im Laufe der Betriebszeit über die Kühlmittelreinigung (Abschnitt 6.5.6) reduziert, um die Abnahme der Reaktivität aufgrund der Verringerung des spaltbaren Materials (Abbrand) bzw. eine Zunahme der Neutronengifte im Reaktor zu kompensieren. Beträgt der Anfangsborgehalt eines Reaktors z.B. noch 1200 ppm (1 ppm = 10^{-6} = 0,0001%), so wird er im Laufe eines Betriebszyklus (~1 Jahr) auf ca. 10 ppm reduziert.

Anmerkung
Für die längerfristige Regelung der Reaktivität lassen sich auch Vergiftungselemente verwenden, die an Stelle von Steuerelementen in den Brennelementen (z.B. beim Druckwasserreaktor) platziert werden (s. Bild 5.12). Da diese Vergiftungselemente nicht wie die Steuerelemente verfahren werden, sondern fest auf ihrem Platz verbleiben, wird die Eigenschaft ausgenutzt, dass das Neutronengift mit der Zeit abnimmt (abbrennt). Besonders bei der Erstbeladung eines Kerns ist es wichtig, steuernde Eingriffe vorzusehen, da sich die Zusammensetzung des Brennstoffs in den frischen Brennelementen anders gestaltet, als nach den ersten Brennstoffzyklen (im Brennstoff haben sich noch nicht so viele Neutronengifte angesammelt). Die Vergiftungselemente können nach dem ersten Betrieb sukzessive aus dem Reaktor entfernt werden (vgl. auch Abschnitt 6.7.4).

Beim Siedewasserreaktor wird Gadolinium als abbrennbares Neutronengift verwendet, das bei einigen Brennelementen dem Brennstoff z.B. in der Form Gd_2O_3 beigemischt wird. Dieses Material liegt in fester Form vor und reduziert sich über die Zeit durch seinen eigenen Abbrand selbst.

Der Borgehalt des Kühlmittels beim Druckwasserreaktor bzw. der Gehalt des Gadoliniums im Brennelement des Siedewasserreaktors stellen somit Möglichkeiten der langfristigen Regelung der Reaktivität dar, während das Verfahren der Steuer- und Regelstäbe kurzfristige Eingriffe erlaubt.

Das Aufborieren des Kühlmittels bietet neben der Langzeitregelung auch die Möglichkeit, die Reaktivität des Reaktors bei einer Reaktorschnellabschaltung (Sicherheitsabschaltung) sehr schnell und auch dauerhaft zu reduzieren. So ist das

Zusatz-Borier-System beim Druckwasserreaktor (beim Siedewasserreaktor auch Vergiftungssystem genannt) eines der Sicherheitssysteme eines Kernkraftwerks mit Leichtwasserreaktor. Dieses System stellt hochboriertes Wasser zur Verfügung, das bei Bedarf mit leistungsfähigen Pumpen in großen Mengen auch gegen den hohen Betriebsdruck im Primärkreis in den Reaktor gefördert wird. Dabei sind diese Systeme so effektiv, dass sie auch als Redundanz dienen, falls der Einwurf bzw. Einschuss der Steuerstäbe versagen sollte (s. auch Abschnitt 6.5.7.4 und Abschnitt 6.6.3.3).

5.4.4 Streckbetrieb, Brennelementmanagement

Über die Nutzungsdauer eines Brennelements kommt es zu einer Abnahme der Reaktivität, da spaltbares Material verbraucht wird. Der Anteil des ^{235}U an der Spaltung wird dabei zwar durch die Spaltung des gebildeten Plutoniums teilweise kompensiert (vgl. Abschnitt 5.8), die Reaktivität des Reaktors verringert sich jedoch mit der Zeit – auch aufgrund der Zunahme von Neutronengiften im Reaktor. Würde nun der Reaktor zu Beginn eines Betriebszyklus mit gerade so viel spaltbarem Material beladen werden, wie für die volle Leistung benötigt wird, so würde die Leistung des Reaktors über die Zeit kontinuierlich abnehmen. Um dies zu vermeiden, wird der Reaktor mit mehr spaltbarem Material beladen, als eigentlich benötigt wird (Reaktivitätsreserve). Im Betrieb wird dann die Leistung durch regelnde (reaktivitätsmindernde) Eingriffe reduziert. Für diese Grobregelung wird, wie im vorigen Abschnitt dargelegt, typischerweise der Borgehalt des Kühlmittels beim Druckwasserreaktor bzw. die Zugabe eines abbrennbaren Neutronenabsorbers (Gadolinium) zum Brennstoff beim Siedewasserreaktor verwendet. Die Steuerstäbe sollen für die Langzeitregelung so wenig wie möglich gebraucht werden, um sie zum einen zu schonen und zum andern auch für die Feinregelung und für Reaktorschnellabschaltungen zur Verfügung zu haben. Die zu Beginn einer Periode höhere Reaktivität, die sog. Überschussreaktivität, muss also mit einem hohen Borgehalt (am Beispiel des Druckwasserreaktors) kompensiert werden. Dieser Borgehalt wird dann kontinuierlich verringert, so dass die Leistung stets auf 100% gehalten werden kann.

Nun ist es eine Frage der Planung bzw. der Fahrweise eines Reaktors, wann im Kühlmittel die niedrigste Borkonzentration erreicht ist. Wenn dies vor dem nächsten anstehenden Brennstoffwechsel noch nicht der Fall ist, wurde über die gesamte Periode eine Reaktorleistung von 100% gehalten. Wird jedoch diese Schwelle schon früher erreicht, kann eine sinkende Reaktivität (Reaktorleistung) durch ein Entborieren des Kühlmittels nicht mehr ausgeglichen werden, und die Leistung des Kraftwerks beginnt kontinuierlich zu sinken. Diese Situation wird Streckbetrieb genannt.

Bild 5.18 zeigt die Leistung eines Kernkraftwerks (beispielhaft die des KKP 2 im Jahr 2006), an der von Anfang Juni bis Mitte Juli (Beginn der Revision) dauernde Streckbetrieb zu erkennen ist.

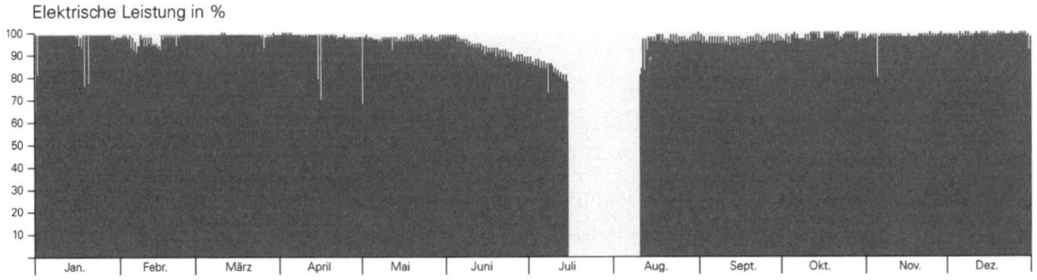

Bild 5.18 Lastgang eines Kernkraftwerks mit Streckbetrieb am Zyklusende – am Beispiel des KKP 2 im Jahr 2006 (aus [5.10])

Dem Abbrand der Brennelemente mit der damit verbundenen Abnahme der Reaktivität muss auch innerhalb des Reaktorkerns Rechnung getragen werden. Schon aufgrund der geometrischen Anordnung kommt es am Rand des Kerns zu geringeren Neutronenflüssen und zu Neutronenverlusten durch Austritte aus dem Reaktorkern (bei manchen Reaktoren ist aus diesem Grund ein Neutronenreflektor um den Kern angeordnet, der die Leckrate verringert – vgl. **Anmerkung** in Abschnitt 5.3.2). Bei der jährlichen Revision eines Kernkraftwerks werden deshalb nicht nur «verbrauchte» Brennelemente ausgetauscht, sondern die im Kern verbleibenden Brennelemente auch teilweise umgesetzt, um eine optimale Verteilung des Neutronenflusses zu erhalten und den Brennstoff bestmöglich auszunutzen. Das Umsetzen der Brennelemente im Reaktor und die damit verbundenen Philosophien werden allgemein unter dem Begriff Brennelementmanagement zusammengefasst.

Bild 5.19 gibt einen Überblick der Brennstoffverteilung in einem Druckwasserreaktor. Diese Aufteilung darf jedoch nur als Schema verstanden werden, da sich

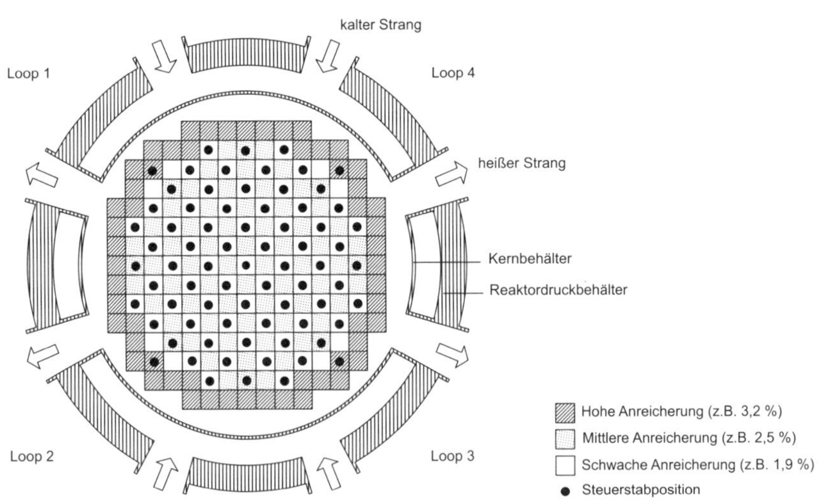

Bild 5.19 Brennstoffverteilung eines Druckwasserreaktorkerns mit schematischem Schnitt durch den Reaktordruckbehälter auf Höhe der Hauptkühlmittelleistungs-Anschlüsse

die wirkliche Anordnung aufgrund der Umsetzung der Brennelemente über die Zeit evtl. verändert. Die Konzepte und Philosophien beim Brennelementmanagement bzw. der Brennelementeinsatzplanung unterscheiden sich zwischen den Betreibern der Kernkraftwerke zum Teil. Ausschlaggebend hierfür sind die jeweiligen reaktortechnischen Hintergründe, wie z.B. allgemeine Kern- und Brennelementgeometrie, Brennstoffverteilung und -art, Anreicherungsgrad oder Einsatzdauer usw.

5.4.5 Regelkreise im Reaktor

Die Regelung der Leistung eines Reaktors erfolgt mit gängigen Regelstrukturen, die aus einer Messeinheit samt Rückkopplung, einer Differenzbildung mit dem Sollwert und der anschließenden Regelstrecke mit ihren Stellgliedern bestehen.

Bei der Regelung eines Kernkraftwerks handelt es sich um viele miteinander verschachtelte bzw. einander untergeordnete Regelkreise. Je nach Betriebszustand übernehmen unterschiedliche Regelkreise die Führung (bei einem Druckwasserreaktor ist z.B. in einem Leistungsbereich zwischen 0...30% die Regelung der Kühlmitteltemperatur im Eingriff, zwischen 30...100% wird die Leistung über die Turbinenregelung geführt, und der Primärkreis passt sich den geänderten Parametern des Sekundärkreises an).

Für die Regelung der Reaktorleistung werden neben den thermohydraulischen Größen wie Drücke, Temperaturen oder Durchflussmengen auch Messungen des

Bild 5.20
Darstellung des Kugelmesssystems [5.8]

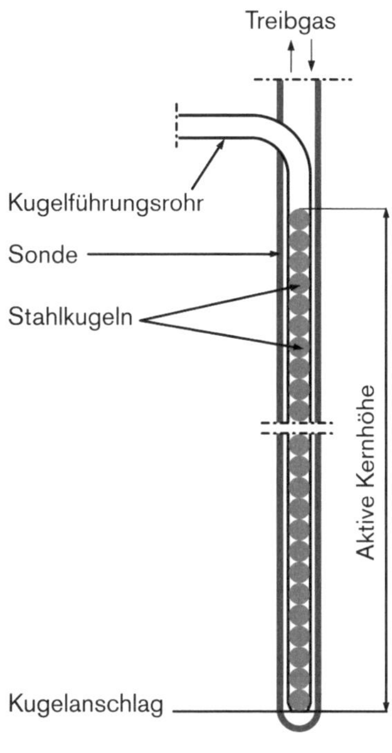

Neutronenflusses verwendet. Für die Messung des Neutronenflusses stehen verschiedene Systeme zur Verfügung. Die Kernaußeninstrumentierung misst den Neutronenfluss außerhalb des Reaktors und ist um die aktive Zone des Reaktordruckbehälters angeordnet (s. auch Bild 5.21). Im Reaktorkern sind Innen-Instrumentierungsstutzen vorhanden, in denen sich verschiedene Messsysteme zur Erfassung des Neutronenflusses und z.B. der Temperaturverteilung befinden.

Neben diesen kontinuierlichen Messungen gibt es auch das Kugelmesssystem. Dieses dient vor allem der Bestimmung des lokalen Abbrandes im Reaktorkern. Bei Bedarf werden für eine definierte Zeit (z.B. 3 min) Kugeln aus einer Vanadium-Eisen-Legierung pneumatisch in dafür vorgesehene Rohre in den Reaktorkern gegeben (Bild 5.20). Diese ca. 2 mm starken Kugeln werden durch die Neutronenstrahlung im Kern aktiviert. Aufgrund der Kenntnis des Aktivierungsverhaltens, lässt sich, nach der Entnahme und Messung der Aktivität der Kugeln, auf die Höhe des Neutronenflusses im Reaktor schließen.

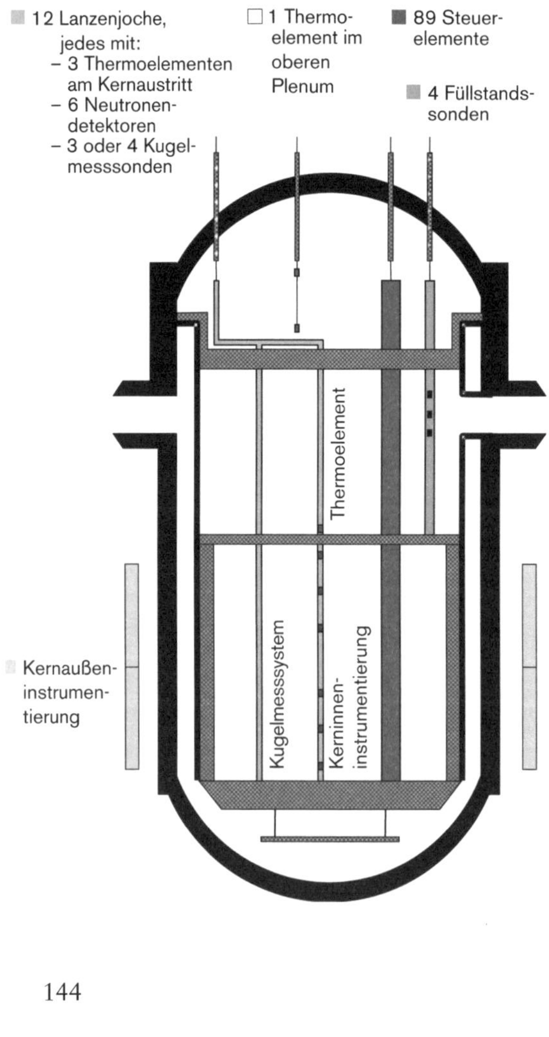

Bild 5.21 Instrumentierung eines Druckwasserreaktors [5.8]

Während des Reaktorbetriebs ändert sich der Neutronenfluss im Vergleich zwischen Null- und Volllast um bis zu 10 Größenordnungen. Um diesen Bereich mit der Messung vollständig abzudecken, werden verschiedenartige Messsonden verwendet, die nach unterschiedlichen Messprinzipien arbeiten. Da der Neutronenfluss auch räumlich verteilt im Reaktor gemessen werden muss, sind die Messsonden unterschiedlich tief in den dafür vorgesehenen Leerrohren (Messlanzen) angebracht.

Gemäß den zu Grunde gelegten Sicherheitsphilosophien (s. Abschnitt 6.4.1) werden sicherheitstechnisch wichtige Messsignale redundant und von anderen Messsignalen getrennt gewonnen.

5.5 Moderator

Da der Wirkungsquerschnitt von ^{235}U für den Einfang von Neutronen mit steigender Neutronengeschwindigkeit bzw. -energie sehr schnell abfällt und Neutronen, die bei einer Kernspaltung freigesetzt werden eine hohe Energie haben (s. Bild 5.6), müssen die Spaltneutronen, bevor sie erneute Spaltungen hervorrufen können, abgebremst (moderiert) werden. Im Folgenden wird die Wirkungsweise des Moderators untersucht, und es werden einige Werkstoffe vorgestellt, die als Moderator in Frage kommen und technischen Einsatz finden. Ausnahmen stellen hier z.B. die schnellen Brutreaktoren dar, die mit schnellen, nicht moderierten Neutronen arbeiten (Abschnitt 5.8).

5.5.1 Wirkungsweise des Moderators

Neutronen können beim Passieren des Moderators ihre kinetische Energie durch Stöße an diesen abgeben und werden dadurch abgebremst (vgl. auch das in Abschnitt 3.3.4 und 5.1.4 geschilderte Stoßverhalten der Neutronen). Die pro Stoß übertragene Energie ist umso größer, je kleiner die Masse der Moderatormoleküle ist – d.h. je näher die Masse des Moderators an der Masse der Neutronen liegt.

Bild 5.22 zeigt schematisch die Wirkungsweise des Moderators. Im Moderator werden die bei der Kernspaltung erzeugten Neutronen (Spaltneutronen, Abschnitt 5.2.2), die Energien von im Mittel 1,5 MeV tragen, auf thermische Energien von ca. 25 meV abgebremst. Diese Energie entspricht einer Geschwindigkeit von ca. 2200 m/s.

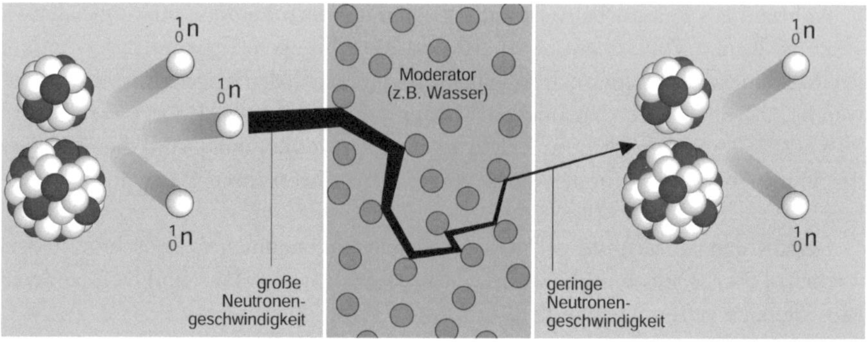

Bild 5.22 Wirkungsweise des Moderators [5.10]

5.5.2 Moderatorstoffe

Beim Passieren des Moderators besteht für die Neutronen auch eine bestimmte Wahrscheinlichkeit, von diesem Material absorbiert zu werden. Wenn die Neutronen noch sehr schnell sind, ist diese Wahrscheinlichkeit entsprechend dem 1/v-Gesetz der Wirkungsquerschnitte recht gering, nimmt aber zu, wenn die Neutronen langsamer werden (vgl. Abschnitt 3.3.4). Es sind demnach Moderatorstoffe zu bevorzugen, die einen geringen Einfangquerschnitt für Neutronen haben.

Der Moderator sollte eine möglichst hohe Dichte aufweisen, damit die für die Moderation nötige Wegstrecke verkürzt und dadurch auch die Anzahl der absorbierten Neutronen verringert wird.

Ein Maß für die Eignung eines Materials als Moderator ist die sog. Bremskraft. Diese ist umso größer, je weniger Stöße für den Bremsvorgang nötig sind, bzw. je höher die Energie ist, die im Mittel pro Stoß an den Moderator abgegeben wird. Tabelle 5.6 gibt hierüber eine Übersicht:

Tabelle 5.6 Vergleich verschiedener Materialien hinsichtlich der Eignung als Moderator

Eigenschaft	**natürliches Wasser**	**schweres Wasser (99,75%)**	**Beryllium**	**Grafit**	**^{238}U**
Molekulargewicht	18	20	9	12	238
Dichte [g/cm3]	1	1,1	1,84	1,62	18,7
Absorptionsquerschnitt für Neutronen [barn]	0,66	0,0026	0,009	0,0045	7,4
mittlere Anzahl von Stößen für die Moderation (Bremskraft)	18	25	86	114	2172

Wie aus dieser Tabelle ersichtlich, muss bei der Wahl des Moderators ein Kompromiss zwischen der Bremskraft und der Neigung zum Einfang von Neutronen eingegangen werden. Die höchste Bremskraft lässt sich mit natürlichem Wasser erzielen. Allerdings hat dieses auch einen hohen Wirkungsquerschnitt für den Einfang thermischer Neutronen. Deuterium (bzw. schweres Wasser D_2O) ist der beste Moderator, da es sowohl eine recht hohe Bremskraft als auch einen niedrigen Wirkungsquerschnitt hat. Es kann aus natürlichem Wasser, in dem es zu 0,015% vorkommt, gewonnen werden. Der Anreicherungsprozess des Deuteriums ist prinzipiell einfacher als der des Urans, weil die relative Massendifferenz zwischen Deuterium und einfachem Wasserstoff (Protium) 100% beträgt – zwischen z.B. ^{235}U und ^{238}U beträgt die relative Massendifferenz lediglich 1,3% (3/235). Die Anreicherung von schwerem Wasser geschieht nach einem chemischen Verfahren unter Einsatz von Schwefelwasserstoff (GIRDLER-Sulfid-Prozess). Auch durch Destillation lässt sich schweres Wasser anreichern, allerdings mit nur mäßigem Trennungsfaktor und geringem Massendurchsatz.

Anmerkung
Die CANDU-Reaktoren (CANadian-Deuterium-Uranium) verwenden schweres Wasser als Kühlmittel. Von ihnen sind weltweit ca. 50 Anlagen in Betrieb, davon ein Großteil in Kanada und Indien. In Südamerika befinden sich ebenfalls schwerwassermoderierte Druckwasserreaktoren im Einsatz – vgl. Tabellen in Abschnitt 6.1.

Aufgrund der niedrigeren Absorptionsrate für Neutronen beim Einsatz von schwerem Wasser als Moderator, lässt sich ein derartiger Reaktor auch mit Natururan, also ohne Erhöhung des Anteils an ^{235}U (Anreicherung), betreiben. Wird in einem Reaktor jedoch natürliches Wasser zur Moderation verwendet, so muss der Anteil der im Moderator absorbierten Neutronen (vgl. Abschnitt 5.3.2), die nicht mehr für eine weitere Spaltung zur Verfügung stehen, durch einen erhöhten Brennstoffanteil, also eine höhere Reaktivität, ausgeglichen werden. Aus diesem Grund muss für einen mit leichtem Wasser moderierten Reaktor der Anteil von ^{235}U vom natürlichen Gehalt auf einen etwas erhöhten Wert von ca. 3...4% angereichert werden. Die entsprechenden Anreicherungstechnologien wurden in Abschnitt 4.2 behandelt.

Neben Wasser ist auch Grafit ein bedeutender Moderatorwerkstoff. Grafit hat gute mechanische und thermische Eigenschaften, bringt aber bei wassergekühlten Reaktoren auch Nachteile mit sich, auf die im nächsten Abschnitt eingegangen wird. Grafit wird z.B. beim Hochtemperaturreaktor (Abschnitt 6.7) als Moderator verwendet, weil hier z.B. Heliumgas als Kühlmittel dient und aufgrund der hohen Temperaturen die Verwendung von Wasser als Moderator ausgeschlossen ist. Ferner kann Grafit auch als Neutronenreflektor eingesetzt werden. Ein Reflektor verringert die Zahl der Neutronen, die die Spaltzone verlassen, indem er sie zurück in den Reaktorkern reflektiert (vgl. Abschnitt 5.3.2).

An den Moderator wird neben den diskutierten Eigenschaften (gute Bremskraft, geringer Absorptionsquerschnitt) auch die Anforderung einer hohen Reinheit gestellt. Zum einen wirken sich Verunreinigungen negativ auf die Neutronenbilanz (zusätzliche Neutronengifte) aus, zum andern kann, z.B. im Falle von Wasser als

Moderator, eine Verunreinigung auch dazu führen, dass Wasser zersetzt, und so brennbare Gemische aus Wasserstoff und Sauerstoff gebildet werden. In Leichtwasserreaktoren kommt es auch zu einer Neutronenabsorption im Sauerstoff des Wassermoleküls. Dieser wandelt sich daraufhin durch eine (n, p)-Reaktion in das Radioisotop ^{16}N um, das mit einer Halbwertszeit von 7,4 s durch einen β^--Zerfall und einer einhergehenden γ-Strahlung von bis zu 7 MeV wieder zu ^{16}O zerfällt und zur Strahlenbelastung durch das Reaktorkühlmittel beiträgt.

Der Moderator sollte zudem eine geringe Korrosionsneigung der Strukturmaterialien aufweisen. Hierin unterscheidet sich schweres Wasser kaum von leichtem Wasser.

Eine weitere wichtige Eigenschaft des Moderators ist seine Beständigkeit gegen die hohe Neutronenstrahlung im Reaktor. Leichtes Wasser absorbiert einen Teil der Neutronen und verwandelt sich dabei in sein Isotop Deuterium (geringfügig auch Tritium), behält aber seine wesentlichen Eigenschaften bei, zumal es auch als Flüssigkeit kontinuierlich gereinigt oder auch getauscht werden kann.

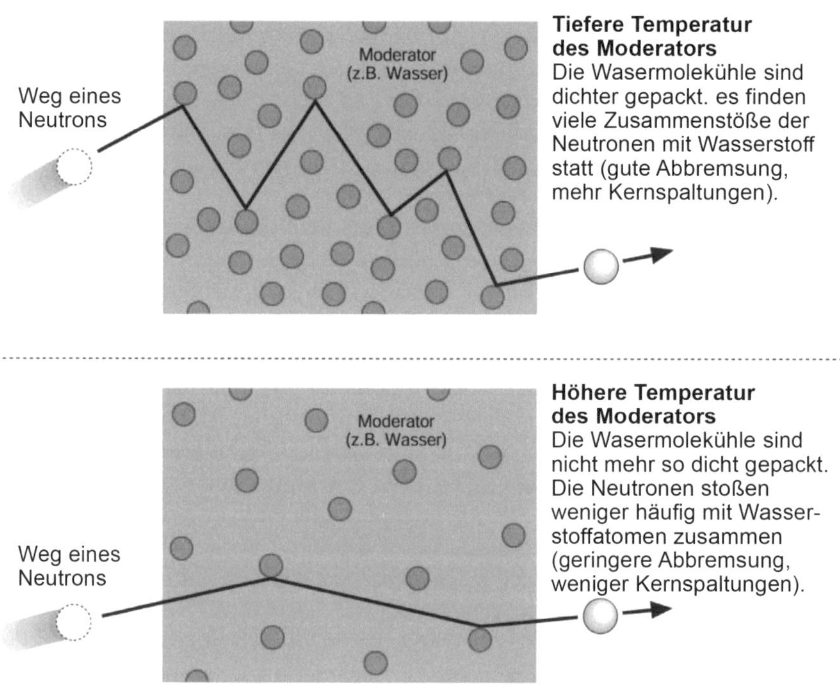

Bild 5.23 Schematische Darstellung der Temperaturrückwirkung auf die Moderation [5.10]

5.5.3 Temperaturabhängigkeit der Moderation

Die Temperaturabhängigkeit der Moderation lässt sich am besten durch die Betrachtung von Wasser als Moderator beschreiben. Bei steigender Temperatur von Wasser sinkt dessen Dichte. Kommt es in einem mit Wasser moderierten Reaktor zu einer Erhöhung der Temperatur, so verringert sich mit der Dichte des Wassers auch die Anzahl der moderierten Neutronen. Dadurch wird die Anzahl der Kernspaltungen und schließlich auch die Reaktorleistung reduziert. Ein derartiges System wirkt also selbststabilisierend, weil einer Temperaturerhöhung des Moderators eine Leistungsreduzierung folgt (negative Reaktivitätsrückkopplung). Bild 5.23 verdeutlicht das.

Wird demgegenüber z.B. Grafit als Moderator verwendet, muss die Funktion des Moderators und des Kühlmittels voneinander getrennt betrachtet werden. Es ergeben sich unter Umständen gegenteilige Eigenschaften. Kommt es bei einem grafitmoderierten und wassergekühlten Reaktor zu einer Erhöhung der Temperatur und des Kühlmittels (Wasser), so verliert das Kühlmittel an Dichte. Aus Abschnitt 5.3.2 ist bekannt, dass Wasser als Moderator auch Neutronen einfängt. Besitzt aber das Kühlwasser nun eine geringere Dichte, geht auch die Neutronenabsorption zurück, und es können mehr Neutronen im Grafit moderiert werden, woraufhin die Anzahl der Kernspaltungen zunimmt. Diesen Sachverhalt verdeutlicht der sog. Dampfblasenkoeffizient der Reaktivität (auch VOID-Koeffizient genannt), der bei grafitmoderierten, wassergekühlten Reaktoren positiv sein kann und bei wassermoderierten, wassergekühlten Reaktoren immer negativ ist. In der Bundesrepublik sind ausschließlich Reaktoren mit negativem Dampfblasenkoeffizient zugelassen.

5.6 Kühlmittel

Die Wahl des Kühlmittels hängt wie die des Moderators entscheidend vom Reaktortyp ab bzw. ist mitbestimmend für den Reaktortyp. Ein Reaktor, der mit Natururan betrieben werden soll, benötigt ein Kühlmittel mit einem möglichst geringen Wirkungsquerschnitt für den Neutroneneinfang (vgl. Abschnitt 5.3.2). Ferner ist bedeutsam, ob das Kühlmittel gleichzeitig als Moderator dienen soll (dann sollte es aus möglichst leichten Atomen bestehen), oder ob eine Moderation der Neutronen nicht erwünscht bzw. nötig ist (z.B. beim Brutreaktor – Abschnitt 5.8). An das Kühlmittel eines Reaktors werden im Wesentlichen folgende technischen Anforderungen gestellt:

- ❑ Temperatur- und Strahlungsbeständigkeit,
- ❑ geringe Temperaturkoeffizienten (Änderung der physikalischen Parameter als Funktion der Temperatur),
- ❑ hohe Wärmekapazität,

- gute Wärmeleit- und Wärmeübergangskoeffizienten,
- niedriger Wirkungsquerschnitt für Neutroneneinfang, geringe Aktivierbarkeit,
- geringe Viskosität,
- niedriger Schmelzpunkt (im Falle z.B. flüssiger Metalle),
- chemische Verträglichkeit mit anderen Reaktorwerkstoffen.

Natürlich spielen neben diesen technischen Eigenschaften auch wirtschaftliche Faktoren, wie Verfügbarkeit und Preis eine Rolle. Im Folgenden werden die wichtigsten technischen Kühlmittel kurz umrissen.

5.6.1 Wasser als Kühlmittel

Wasser als Kühlmittel hat die Eigenschaft, dass es gleichzeitig auch als Moderator dienen kann. Bei der Kombination beider Funktionen bringt es den Vorteil des im letzten Abschnitt beschriebenen negativen Dampfblasenkoeffizienten der Reaktivität. Auch hat Wasser eine sehr hohe spezifische Wärmekapazität und eine relativ niedrige Viskosität, die die erforderliche Pumpenleistung für die Kühlmittelumwälzung niedrig hält. Aufgrund der guten Moderationseigenschaften wirkt Wasser auch als Neutronenreflektor und verringert so die Leckagen der Neutronen aus dem Reaktorkern. Ebenso reduziert es die Strahlenbelastung der Reaktorkomponenten, vor allem des Reaktordruckbehälters durch schnelle Neutronen und γ-Strahlung.

Von Nachteil ist die Eigenart, dass es sich durch ionisierende Strahlung (Neutronenstrahlung) aktivieren und zersetzen (Radiolyse) kann. Ferner wirkt sich bei leichtem Wasser nachteilig aus, dass es absorbierend auf Neutronen wirkt und dadurch den Neutronenhaushalt negativ beeinflusst (vgl. Abschnitt 5.3.2). Sowohl der Wasserstoff im Wasser, als auch der Sauerstoff reagieren absorbierend auf Neutronen. Der Wasserstoff kann sich durch die Reaktion H(n, γ)D zu Deuterium (und auch zu Tritium) umwandeln. Der Sauerstoff des Wassers reagiert unter Neutronenstrahlung durch eine (n, p)-Reaktion zum radioaktiven Isotop ^{16}N, das mit einer Halbwertszeit von 7,5 s mit einem β^--Zerfall wieder zum ursprünglichen ^{16}O zerfällt. Bei diesem β^--Zerfall wird auch γ-Strahlung von bis zu 7 MeV freigesetzt. Diese Reaktion ist zwar langfristig aufgrund der kurzen Halbwertszeit kaum von Bedeutung, bedingt aber dennoch eine gute Abschirmung des Kühlkreises hinsichtlich der auftretenden β-Strahlung. Beim Druckwasserreaktor wird das radioaktive ^{16}N als Anzeichen für Dampferzeuger-Heizrohrleckagen verwendet, indem an der Durchtrittsstelle der Frischdampfleitung durch das Reaktorgebäude entsprechende Aktivitätsmessstellen angebracht sind, die einen Aktivitätsübertritt auf das sekundärseitige Kühlmittel detektieren (vgl. Abschnitt 6.5.4.4).

Nachteilig wirken sich auch der niedrige Siedepunkt und der korrosive Angriff von Metallen aus, insbesondere bei höheren Temperaturen. Der auch bei erhöhtem Druck recht niedrige Siedepunkt begrenzt die mögliche Betriebstemperatur des Reaktors und das Temperaturniveau des thermischen Kreisprozesses (vgl. Kapitel 7). Vor dem Einsatz im Reaktor muss das Wasser sorgfältig von Verunreinigungen befreit werden, da diese u.U. sehr starke Neutronenfänger(-gifte) sind und sich ggf. aktivieren oder chemisch unerwünscht verhalten.

Der Nachteil des hohen Neutroneneinfangs lässt sich durch die Verwendung von schwerem Wasser (D_2O) anstelle von natürlichem Wasser reduzieren. Dadurch ist auch der Bedarf der Anreicherung (s. Abschnitt 4.2) des Brennstoffs hinfällig, und der Reaktor kann mit Natururan betrieben werden. Während in Deutschland ausschließlich Leistungsreaktoren mit leichtem Wasser als Kühlmittel und Moderator im Einsatz sind (vgl. Tabelle 6.3), werden z.B. die CANDU-Reaktoren mit schwerem Wasser moderiert (vgl. Tabelle 6.9).

Anmerkung
Leichtes Wasser wirkt sich negativ auf die Neutronenbilanz aus, weshalb diese Reaktoren ein größeres Bauvolumen (mehr Brennstoffinventar) benötigen. Deshalb werden z.B. Reaktoren von U-Booten mit schwerem Wasser moderiert, weil sich dadurch der Reaktor kompakter bauen lässt, als mit leichtem Wasser als Moderator.

Ein weiterer Nachteil von Wasser als Kühlmittel ist durch die Reaktion mit den Hüllen der Brennstäbe (vgl. Abschnitt 4.4) gegeben, die bei hohen Temperaturen auftritt. Durch die in Gl. 5.28 dargestellte Reaktion bildet Wasser mit dem in den Brennstabhüllen vorhandenen Zirkon Wasserstoff (Knallgas).

$$Zr + 2H_2O \longrightarrow ZrO_2 + 2H_2 \qquad \text{(Gl. 5.28)}$$

Diese Knallgasbildung ist die größte Gefahr bei einem Kühlmittelverluststörfall (vgl. Abschnitt 6.5.4). Kommt es im Primärkreislauf zu einem großen Leck, woraufhin der Kühlmittelfüllstand im Reaktordruckbehälter absinkt, kann der Kern teilweise freigelegt werden. Aufgrund der mangelhaften Kühlung erhitzt sich der Kern und die beschriebene Reaktion kann ablaufen. Das entstehende Knallgas kann durch das Leck aus dem Reaktor austreten und sich im Containment konzentrieren, bis sich schließlich ein explosionsfähiges Gemisch bilden würde. Um dies zu vermeiden, sind im Sicherheitsbehälter (Containment) moderner Kernkraftwerke Rekombinatoren für Wasserstoffgas eingebaut, die einen gefährlichen Konzentrationsaufbau dieses Gases verhindern. Zudem kann neben dem O_2-Gehalt auch der H_2-Gehalt im Containment gemessen und überwacht werden.

5.6.2 Gase als Kühlmittel

Der Wirkungsgrad eines thermodynamischen Prozesses ist umso größer, je höher das Temperaturniveau liegt, auf dem er abläuft (vgl. Abschnitt 7.2.1). Bei der Verwendung von Wasser als Kühlmittel kann jedoch, wie im vorigen Abschnitt gezeigt, die Temperatur nicht beliebig erhöht werden und ist bei modernen Druckwasserreaktoren bei einem Druck von ca. 160 bar auf ca. 330 °C begrenzt. Bei Gasen besteht keine Notwendigkeit die maximale Temperatur zu limitieren, da sie keinen weiteren Phasenübergang mehr vollziehen können (mit Ausnahme des Übergangs in den Plasmazustand bei extrem hohen Temperaturen). Auch haben Gase, insbesondere Edelgase wie z.B. Helium, kein chemisches Reaktionsvermögen und wirken nicht, wie z.B. Wasser, korrosiv auf metallische Strukturen im Reaktor.

Wasserstoff ist von seinen thermischen und physikalischen Eigenschaften her das beste Gas für die Kühlung. Seine chemische Reaktionsfreudigkeit (Knallgas) macht die Verwendung als Kühlmittel im Reaktor allerdings unmöglich. Wasserstoff findet jedoch an anderer Stelle im Kernkraftwerk Anwendung. Z.B. wird es als Kühlgas in großen Turbogeneratoren (Abschnitt 7.3) verwendet.

Geeignete Reaktorkühlgase sind deshalb z.B. CO_2 und Helium. CO_2 hat den Vorteil, dass es im Falle von kleinen Undichtigkeiten an Brennelementen nicht wie etwa Wasser mit dem Brennstoff reagiert. CO_2 ist aber ein Molekül, das durch ionisierende Strahlen zersetzt werden kann (Radiolyse). Ferner trägt CO_2 unter Umständen auch einen gewissen Feuchtigkeitsanteil mit sich. Auch besteht die Gefahr, dass das CO_2 mit dem Stahl der Strukturkomponenten, wie z.B. den Wärmetauschern, reagiert und verunreinigende Stoffe (Korossionsprodukte) freisetzt, die wiederum aktiviert werden können.

CO_2 wird als Kühlmittel in den Kernreaktoren vom GGR- bzw. AGR-Typ verwendet, die vor allem in Großbritannien im Einsatz sind. Dabei handelt es sich um gasgekühlte, grafitmoderierte Reaktoren, die mit leicht angereichertem Uran betrieben werden (s. Tabelle 6.9).

In manchen Reaktortypen, vor allem den zz. in Bau und Planung befindlichen Hochtemperaturreaktoren (s. Abschnitt 6.7), wird Helium als Kühlmittel vorgesehen, weil dadurch eine hohe Temperatur des Reaktors und daher eine hohe Prozesstemperatur erreicht werden kann. Helium hat aufgrund seiner geringen Molekülmasse vorteilhafte thermodynamische Eigenschaften, besonders hinsichtlich des Wärmeübergangs- und Wärmeleitkoeffizienten.

Luft ist als Kühlmittel wegen des niedrigen Preises zwar sehr lukrativ, schließt sich aber aufgrund des hohen Neutroneneinfangquerschnitts (hoher Stickstoff- und Feuchtigkeitsanteil) und der erhöhten Korrosionsprobleme durch den hohen Sauerstoffanteil aus.

5.6.3 Flüssige Metalle als Kühlmittel

Für Reaktoren mit hoher Betriebstemperatur sind auch flüssige Metalle, wie z.B. Natrium, zur Kühlung geeignet. Bei der Verwendung vergleichsweise schwerer Moleküle als Kühlmittel, muss die Moderation der Neutronen (falls erwünscht) mit anderen Medien erfolgen (z.B. Grafit, vgl. Abschnitt 5.5). Schwierig gestaltet sich hierbei jedoch das Verhalten von z.B. Natrium mit einem Grafitmoderator.

Deshalb wird Natrium vor allem bei schnellen Reaktoren eingesetzt, die mit unmoderierten Neutronen arbeiten. Auch muss Natrium als Kühlmittel, besonders in Bezug auf eine Verunreinigung mit Sauerstoff, sehr rein sein.

Natrium ist unter normalen Umgebungstemperaturen fest, woraus folgt, dass vor dem Start des Reaktors zunächst der Kühlkreis vorgeheizt und das Kühlmittel verflüssigt werden muss. Zudem hat Natrium auch einen recht großen Wirkungsquerschnitt für den Einfang von Neutronen und zerfällt nach einer Neutronenabsorption durch einen γ-Zerfall mit einer Halbwertszeit von 15 Stunden. Dies bedingt im Falle von Reparatur- oder Wartungsarbeiten eine lange Abklingzeit nach der Abschaltung des Reaktors, bis die Komponenten zugänglich sind. In Deutschland betriebene Anlagen, die als schnelle Reaktoren Natrium als Kühlmittel verwendet hatten, waren die KNK (Kompakte Natriumgekühlte Kernanlage) im Forschungszentrum Karlsruhe, sowie das Kernkraftwerk Kalkar (SNR-300), das jedoch nie in Betrieb genommen wurde (vgl. Tabelle 6.6).

Ein weiterer Nachteil von Alkalimetallen als Kühlmittel ist ihre große chemische Reaktionsfreudigkeit gegenüber Wasser. Aus diesem Grund darf die Wärme des Primärkreises nicht direkt in einem Schritt an einen Wasserkreislauf abgeführt werden, sondern es muss ein Zwischenkreis eingeschaltet werden (Dreikreislauf-Anlage).

5.7 Homogener, heterogener Reaktor

Nach der Brennstoff- und Moderatoranordnung im Reaktor lässt sich zwischen einem homogenen und einem heterogenen Reaktor unterscheiden. Im homogenen Reaktor liegen Brennstoff und Moderator gemischt (homogen verteilt) vor. Es gibt dabei ein Optimum des Mischungsverhältnisses zwischen der Masse des Kernbrennstoffs und des Moderators. Aber selbst im besten Fall ist der Multiplikationsfaktor für den Betrieb des Reaktors mit Natururan lediglich für den Moderator Schwerwasser >1 (Bedingung für die Möglichkeit einer Kettenreaktion, vgl. Abschnitt 5.3.3), wie Tabelle 5.7 zeigt. Dieses Verhalten folgt aus der Eigenschaft des Moderators, Neutronen einzufangen, die somit nicht für weitere Spaltungen zur Verfügung stehen (vgl. Abschnitt 5.3.2).

Tabelle 5.7 Multiplikationsfaktor eines homogenen Reaktors bei verschiedenen Moderatorstoffen und Betrieb mit Natururan

Moderator	**Multiplikationsfaktor *k***
Wasser (H_2O)	0,62
Beryllium	0,66
Grafit	0,84
Schweres Wasser (D_2O)	1,33

Anmerkung
Dass leichtes Wasser im homogenen Natururan-Reaktor keine Kettenreaktion auslösen kann, ist auch der Grund, weshalb es heutzutage keinen Naturreaktor mehr geben kann (vgl. Anmerkung in Abschnitt 8.6.3). Vor 2 Mrd. Jahren, als der Naturreaktor von Oklo (Gabun, Afrika) in Betrieb war, betrug die Konzentration von ^{235}U im Natururan noch ca. 3,7% was zu einer Aufrechterhaltung einer Kettenreaktion mit leichtem Wasser (Regenwasser) als Moderator ausreichte.

Damit also ein Reaktor auch mit leichtem Wasser als Kühlmittel und Moderator betrieben werden kann, muss der Anteil vom Spaltstoff ^{235}U erhöht werden (vgl. Abschnitt 4.2 und Abschnitt 5.5.2).

Homogene Reaktoren haben heute in der Praxis keine Bedeutung. Diese Technologie ist nicht über das Versuchsstadium hinausgelangt.

Anmerkung
In Deutschland gab es einen Versuchsreaktor vom homogenen Typ am HAHN-MEITNER-Institut für Kernforschung in Berlin (BER-1, Berliner Experimentalreaktor). Der Kern dieses Reaktors bestand aus einer Stahlkugel mit 40 cm Durchmesser. Der Brennstoff Uranylsulfat mit einer Anreicherung von 20% ^{235}U lag in einer wässrigen Lösung vor. Die Leistung dieses Reaktors betrug 50 kW. Der Kern war derart ausgelegt, dass die kritische Masse der Brennstofflösung gerade um 1 kg überschritten wurde. Oberhalb des Kerns gab es eine Überlaufkammer, in der eine gewisse Menge Spaltstofflösung aufgenommen werden konnte, falls die sich durch eine Überhitzung bzw. Dampfbildung ausgedehnt hätte. Dadurch hätte sich der Reaktor im Fall einer unkontrollierten Leistungssteigerung selbst abgeschaltet, da die Anordnung in diesem Fall unterkritisch geworden wäre.
Für die Regelung gab es bei diesem Reaktor Steuerelemente, die von oben in den Kern als Neutronenfänger eingefahren werden konnten. Diese Anlage war zwischen 1958 und 1972 in Betrieb (s. Tabelle 6.6).

Heutzutage sind ausschließlich heterogene Reaktoren in Betrieb. Der Brennstoff liegt hier geometrisch getrennt von Kühlmittel und/oder Moderator vor. Bei den gängigen Reaktorkonzepten ist der Brennstoff in den Brennelementen (Abschnitt 4.4) untergebracht, die vom Moderator (Abschnitt 5.5) umgeben sind.

5.8 Konversions- und Brutprozesse

In einem Reaktor entstehen durch Neutroneneinfang im Brennstoff und anschließendem radioaktiven Zerfall neue Elemente. Wenn die dadurch gebildeten Nuklide ebenfalls spaltbar sind, wird neuer Spaltstoff erzeugt. Die Konversionsrate von

Gl. 5.29 gibt an, wie viel neuer Spaltstoff im Verhältnis zum verbrauchten Spaltstoff erzeugt wird.

$$\text{Konversionsrate} = \frac{\text{erzeugter Spaltstoff}}{\text{verbrauchter Spaltstoff}} \qquad \text{(Gl. 5.29)}$$

Die in den folgenden Abschnitten dargestellten Konversionsprozesse laufen bei prinzipiell allen Reaktortypen mehr oder weniger effektiv bzw. häufig ab. Bei den heute weit verbreiteten Leichtwasserreaktoren, die mit thermischen Neutronenenergien arbeiten, beträgt die Konversionsrate ca. 0,6 (thermischer Konverter, vgl. auch Bild 5.24). Übersteigt die Konversionsrate den Wert 1, so erzeugt der Reaktor netto mehr spaltbares Material, als er durch seinen Betrieb verbraucht. Es handelt sich dann um einen Brutreaktor. Die für das Brüten gezielt eingesetzten Materialien (z.B. ^{232}Th oder ^{238}U) werden als Brutstoff bezeichnet.

In Abschnitt 5.2.3 wurde aufgezeigt, dass die Voraussetzung für einen Brutreaktor eine effektive Neutronenausbeute η von >2 ist. In Tabelle 5.3 ist zu sehen, dass die effektive Neutronenausbeute für den Fall, dass ein thermisches Neutron vom Spaltstoff absorbiert wurde, im besten Fall bei ca. 2,24 (für ^{233}U) liegt. Da dies aber für einen technisch funktionierenden Brutreaktor an der Grenze der Betriebsfähigkeit liegt (Neutronen gehen auch durch andere Wechselwirkungsprozesse verloren – vgl. Abschnitt 5.3.2), sind Brutreaktoren mit thermischen Neutronen schwer zu betreiben. Es lassen sich aber bei bestimmten Reaktorkonzepten, wie etwa dem (Thorium-)Hochtemperaturreaktor ([5.3], vgl. Abschnitt 6.7) bei geeigneter Auslegung bzw. Beschickung und Betriebsweise recht hohe Konversions- bzw. auch kleine Brutraten erzielen.

Wie Bild 5.24 zeigt, braucht es für einen effektiven Brutreaktor schnelle Neutronen mit Energien von $>10^4$ eV.

Man spricht deshalb auch von schnellen Brutreaktoren bzw. dem «Schnellen Brüter». Weil für die Brutprozesse schnelle Neutronen benötigt werden, darf in einem Brutreaktor kein Moderator (vgl. Abschnitt 5.5) vorhanden sein, der die Neutronen auf eine Geschwindigkeit abbremst, bei der das Brüten nicht mehr stattfinden kann.

5.8.1 Erzeugung von Plutonium

In den meisten Kernreaktoren werden thermische (langsame) Neutronen für die Kernspaltung verwendet. Das im Brennstoff vorhandene ^{238}U ist mit thermischen Neutronen nicht spaltbar (s. Abschnitt 5.1.4.1) und trägt auch durch seine Spaltung mit schnellen Neutronen nur unwesentlich zur Energieerzeugung im Reaktor bei. ^{238}U absorbiert allerdings Neutronen und konvertiert durch anschließende Kernumwandlungen (β-Zerfälle) zu Plutonium (Gl. 5.30):

$$^{238}_{92}U + ^{1}_{0}n \rightarrow ^{239}_{92}U \xrightarrow[T_{1/2=23\,\text{min}}]{} ^{239}_{93}Np + ^{0}_{-1}e \xrightarrow[T_{1/2=2\,d}]{} ^{239}_{94}Pu + ^{0}_{-1}e \qquad \text{(Gl. 5.30)}$$

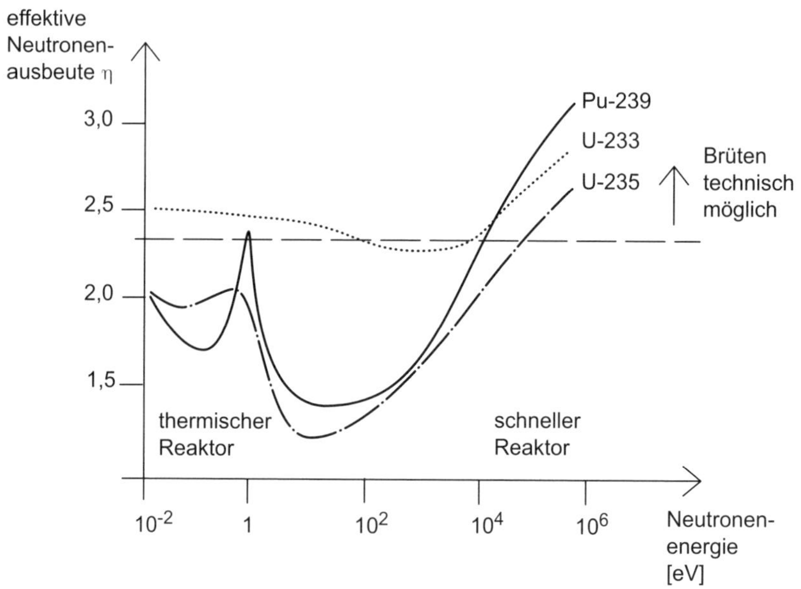

Bild 5.24 Effektive Neutronenausbeute (η) über der Energie der absorbierten Neutronen (nach [5.3 und 5.4])

Durch die anschließende Absorption weiterer Neutronen bilden sich aus dem ^{239}Pu weitere Isotope des Plutoniums. Ein Leistungsreaktor mit 1300 MW_e produziert auf diese Weise jährlich ca. 300 kg Plutonium, dessen Zusammensetzung Tabelle 5.8 zeigt.

Anmerkung
Auch hier ist der im Abschnitt 5.1.4.1 behandelte Effekt zu erkennen, dass sich Elemente mit ungeraden Massenzahlen leichter spalten.

Das in einem Reaktor erbrütete Plutonium ist dabei keineswegs ein Abfallprodukt. Wie in Tabelle 5.8 angegeben, sind die Isotope ^{239}Pu und ^{241}Pu gut durch thermische Neutronen spaltbar. Dies geschieht auch während des Reaktorbetriebs (vgl. Bild 5.24). Der nicht im Reaktor verbrauchte Anteil des erzeugten Plutoniums kann z.B. durch die Wiederaufarbeitung der verbrauchten Brennelemente (Abschnitt 8.4) von den Spaltprodukten, die einer Endlagerung zugeführt werden müssen, getrennt und wieder als Spaltstoff in neue Brennelemente eingebracht werden. Solche Brennelemente nennt man MOX-Brennelemente (MischOXid-Brennelemente), da sie neben dem oxidischen Uran (UO_2) auch Plutonium als Brennstoff in ebenfalls oxidischer Form (PuO_2) mit einer Konzentration von bis zu 5% enthalten.

Tabelle 5.8 In einem Leistungsreaktor mit ca. 4 GW_{th} jährlich erbrütete Menge Plutonium und deren relativer Spaltquerschnitt für thermische Neutronen

Isotop	Menge/Jahr	Spaltbarkeit durch thermische Neutronen
	[kg]	[relative Einheiten]
^{239}Pu	176	17 100
^{240}Pu	74	1
^{241}Pu	46	22 950
^{242}Pu	17	5

Anmerkung
Auch aus Gründen der Endlagerung ist die Wiederaufarbeitung von Brennelementen und die Entfernung des Plutoniums von den wirklichen Abfallprodukten sinnvoll, da alle Plutoniumisotope starke α-Strahler sind und teilweise sehr lange Halbwertszeiten haben. Die Halbwertszeit von ^{239}Pu beträgt z.B. ca. 24 000 Jahre und die des ^{242}Pu sogar 380 000 Jahre.

5.8.2 Erzeugung von ^{233}Uran

Neben Plutonium kann auch das durch thermische Neutronen spaltbare Material ^{233}U in einem Reaktor erzeugt werden. Dabei kommt die Reaktion von Gl. 5.31 zum Tragen:

$$^{232}_{90}Th + ^{1}_{0}n \rightarrow ^{233}_{90}Th \xrightarrow[T_{1/2}=22\,min]{} ^{233}_{91}Pa + ^{0}_{-1}e \xrightarrow[T_{1/2}=27\,d]{} ^{233}_{92}U + ^{0}_{-1}e \qquad \text{(Gl. 5.31)}$$

Um diese Reaktion zu ermöglichen, muss dem Brennstoff das Element Thorium beigemischt werden, das sich im Reaktor zum spaltbaren ^{233}U verwandelt.

Diese Reaktion wurde beispielsweise im Thorium-Hochtemperaturreaktor (THTR, Abschnitt 6.7) verwendet, um das spaltbare Material zum Teil erst im Reaktor zu erzeugen. Dazu wurde in den Brennelementen, die bei diesem Reaktortyp kugelförmig sind, neben dem UO_2 auch ThO_2 untergebracht.

5.9 Brennstoffabbrand

Um herauszufinden, wie hoch der im Reaktor beim Brennstoff erzielte Abbrand ist, betrachtet man die während der Einsatzzeit des Brennstoffs pro Gewichtseinheit abgegebene Wärmeleistung. Üblicherweise wird hierfür die Einheit MWd/t (Megawatt-Tage pro Tonne Uran) verwendet.

In einem Leichtwasserreaktor werden typischerweise ca. 30...50 kg spaltbaren Materials pro Tonne eingesetzten Brennstoffs gespalten. Dabei wird eine Energie von rund 30 000...50 000 MWd/t freigesetzt.

Durch die verschiedenen Prozesse innerhalb eines Reaktors wird zum einen Spaltstoff gespalten und zum andern auch nicht direkt spaltbares Material in Spaltstoff umgewandelt (Abschnitt 5.8). Die Prozesse und die daraus entstehenden Produkte werden in Bild 5.24 zusammengefasst.

Bild 5.25 zeigt die Zusammensetzung des Brennstoffs eines Leichtwasserreaktors vor und nach dem Einsatz. Von den in diesem Beispiel ursprünglich vorhandenen 3,3% ^{235}U, dem eigentlichen Spaltmaterial, werden nur ca. 2,4% durch Spaltung oder auch Umwandlung in ^{236}U verbraucht. Von den ursprünglich 96,7% ^{238}U wandeln sich 2,22% in Plutonium und andere Transurane. Von diesem Pu wird auch ein gewisser Anteil (1,23%) im Reaktor gespalten. Nicht dargestellt ist hier die direkte Spaltung von ^{238}U, die auch nur in sehr geringem Maß zur Energieerzeugung beiträgt. Insgesamt werden also in diesem Beispiel ca. 3,5% Spaltstoff gespalten (2% ^{235}U und 1,5% Pu). Dies bewirkt eine Energiefreisetzung von ca. 33 000 MWd/t.

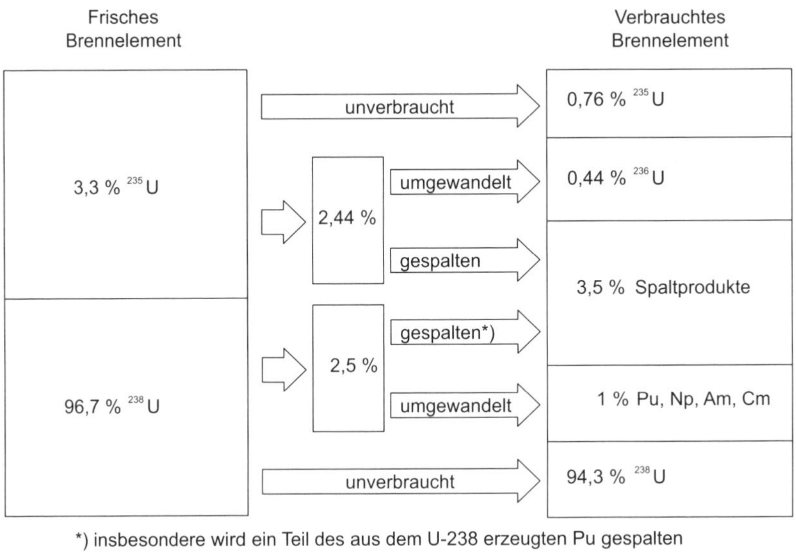

Bild 5.25 Zusammensetzung des Brennstoffs vor und nach dem Einsatz in einem Leichtwasserreaktor [5.11]

6 Kernkraftwerke

Bei der Eroberung des Weltraums sind zwei Probleme zu lösen:
Die Schwerkraft und der Papierkrieg.
Mit der Schwerkraft wären wir fertig geworden.

WERNHER VON BRAUN, *amerikanischer Ingenieur, 1912–1977*

Nachdem im vergangenen Kapitel die Grundlagen der Reaktorphysik und -technik besprochen wurden, wird hier die Technik der Kernkraftwerke behandelt, die die kontrollierte Kettenreaktion der Kernspaltung zur Erzeugung elektrischer Energie nutzen.

Es gibt eine Vielzahl denkbarer und realisierter Reaktortypen, die sich technisch teilweise stark unterscheiden. Tabelle 6.1 vermittelt einen Überblick.

Tabelle 6.1 Überblick möglicher Reaktortypen nach [6.1]

		Leichtwasserreaktor	Schwerwasserreaktor	gasgekühlter, grafitmod. Reaktor	Hochtemperaturreaktor	Schneller Brutreaktor
Brennstoff	Natururan		x	x		
	schwach angereichertes Uran	x	o	x	o	
	hoch angereichertes Uran				x	o
	Plutonium	o*)				x
Moderator	Leichtes Wasser	x	o			
	Schweres Wasser		x			
	Grafit	o		x	x	
Kühlmittel	Leichtes Wasser	x				
	Schweres Wasser		x			
	Natrium					x
	Kohlenstoffdioxid		o	x		
	Helium				x	o

*) als sog. MOX-Brennelement
x = übliche Ausführung
o = mögliche Ausführung

Trotz der Vielzahl theoretisch möglicher Reaktortypen, haben sich nur verhältnismäßig wenige Konzepte wirtschaftlich durchgesetzt. Tabelle 6.2 zeigt die wichtigsten realisierten Konzepte für Leistungsreaktoren.

Tabelle 6.2 Übersicht der wichtigsten, technisch realisierten Reaktortypen

Reaktortyp	DWR	SWR	CANDU	RBMK	SNR	AGR	HTR*)
Brennstoff, Brutstoff	UO_2, MOX	UO_2, MOX	UO_2	UO_2	UO_2, PuO_2	UO_2	UO_2, ThO_2
Anreicherung [%]	3...5	3...5	keine	1,8	10	2	8...93
Moderator	H_2O	H_2O	D_2O	Grafit	kein	Grafit	Grafit
Spektrum	Therm.	Therm.	Therm.	Therm.	schnell	Therm.	Therm.
Kühlmittel	H_2O	H_2O	D_2O	H_2O	Na	CO_2	He
max. Temp. [°C]	340	285	300	285	550	650	750
Kühlmitteldruck primärseitig [bar]	160	70	110	70	10	40	40
Leistungsdichte [MW/m^3]	90	50	15	4	400	2	3...6
Wirkungsgrad [%]	33	33	32	32	40	40	40...50

*) am Beispiel des THTR-300

In den folgenden Abschnitten werden die wichtigsten Reaktorkonzepte erläutert: die Reaktortypen des Druckwasserreaktors, des Siedewasserreaktors sowie zwei zukunftsträchtige Konzepte – der Hochtemperaturreaktor und das Fusionskraftwerk.

6.1 Statistischer Überblick kerntechnischer Anlagen

Zur Einführung in dieses Kapitel wird ein tabellarischer Überblick der weltweit und im speziellen in Deutschland betriebenen kerntechnischen Anlagen gegeben. Die Tabellen vermitteln Anlagenart, elektrische Bruttoleistung, Datum der Inbetriebnahme und den Standort der Anlage. Abschließend wird noch ein Vergleich zwischen den deutschen und allen anderen, weltweit betriebenen Leistungsreaktoren vorgestellt.

6.1.1 Kerntechnische Anlagen in Deutschland

Die Tabellen 6.3 bis 6.8 geben einen Überblick der deutschen Leistungsreaktoren, Forschungs- und Schulungsreaktoren sowie sonstigen kerntechnischen Anlagen. Es wird zwischen Anlagen, die sich zz. in Betrieb befinden und solchen, die in der Stilllegungsphase sind, bzw. deren Stilllegung bereits abgeschlossen ist, unterschieden.

Tabelle 6.3
Überblick der in Deutschland in Betrieb befindlichen Kernkraftwerke (Stand 12/2006 [6.2])

Nr.	Name / Standort	Kurzbezeichnung	Reaktortyp	Bruttoleistung [MW_e]	im Leistungsbetrieb seit
1	Biblis A*)	Biblis A	DWR	1225	1975
2	Biblis B*)	Biblis B	DWR	1300	1977
3	Brokdorf	KBR	DWR	1440	1986
4	Brunsbüttel*)	KKB	SWR	806	1977
5	Emsland	KKE	DWR	1400	1988
6	Grafenrheinfeld	KKG	DWR	1345	1982
7	Grohnde	KWG	DWR	1430	1985
8	Gundremmingen B	KGG B	SWR	1344	1984
9	Gundremmingen C	KGG C	SWR	1344	1985
10	Isar 1*)	KKI 1	SWR	912	1979
11	Isar 2	KKI 2	DWR	1475	1988
12	Krümmel*)	KKK	SWR	1316	1984
13	Neckarwestheim I*)	GKN I	DWR	804	1976
14	Neckarwestheim II	GKN II	DWR	1395	1989
15	Philippsburg 1*)	KKP 1	SWR	926	1980
16	Philippsburg 2	KKP 2	DWR	1458	1985
17	Unterweser*)	KKU	DWR	1410	1979

*) Durch das Moratorium der deutschen Bundesregierung vom 15.03.2011 zunächst befristet außer Betrieb gesetzt.

6.1.1.1 Deutsche Leistungsreaktoren

Tabelle 6.3 zeigt die 17 in Deutschland in Betrieb befindlichen Kernkraftwerke. Neben diesen gibt es auch Leistungsreaktoren in der Rückbauphase bzw. die bereits vollständig zurückgebaut sind (Tabelle 6.4).

6.1.1.2 Deutsche Forschungs- und Schulungsreaktoren

In Deutschland werden auch einige Forschungs- und Schulungsreaktoren betrieben, die in Tabelle 6.5 aufgelistet sind. Ein Forschungsreaktor ist ein Reaktor, der in erster Linie eine Neutronenstrahlung produzieren soll, mit der an verschiedenen Messplätzen unterschiedlichste Experimente vorgenommen werden können – z.B. materialphysikalische oder auch medizinische Untersuchungen. Während Forschungsreaktoren i.d.R. etwas höhere Leistungen im 1...2-stelligen MW-Bereich erzielen, besitzen Schulungsreaktoren typischerweise Leistungen von <1 W. Die entsprechenden Akronyme der Reaktoren verraten viel über deren Einsatz: TRIGA steht z.B. für Training, Reasearch, Isotope-production, General Atomic. SUR bezeichnet den Siemens Unterrichts Reaktor. Schwimmbadreaktoren tragen diese Bezeichnung, weil sich der Reaktorkern am Boden eines großen Flutbeckens befindet. Dieses nimmt zum einen die erzeugte Wärme auf und erlaubt zugleich den direkten Zugang mit Messinstrumenten bzw. Prüflingen. Die erzeugte Strahlung wird durch das Wasser effektiv abgeschirmt.

Tabelle 6.4 Deutsche Leistungs- und Prototypreaktoren, die sich in der Stilllegung befinden, bzw. schon zurückgebaut sind (Stand 12/2006, [6.2])

Nr.	Name/Kurzbezeichnung/ Standort	Reaktortyp	Bruttoleistung [MW_e]	Betriebs-dauer	Status
1	Arbeitsgemeinschaft Versuchsreaktor Jülich AVR	HTR	15	1967–1988	Rückbau
2	Greifswald 1	WWER	440	1973–1990	Rückbau
3	Greifswald 2	WWER	440	1974–1990	Rückbau
4	Greifswald 3	WWER	440	1977–1990	Rückbau
5	Greifswald 4	WWER	440	1979–1990	Rückbau
6	Greifswald 5	WWER	440	1989–1990	Rückbau
7	HDR Großwelzheim	SWR	25	1969–1971	vollständig beseitigt («Grüne Wiese»)
8	Gundremmingen A	SWR	250	1966–1977	Rückbau
9	THTR Hamm-Uentrop	HTR	308	1985–1988	sicherer Einschluss
10	VAK Kahl	SWR	16	1961–1985	vollständig beseitigt («Grüne Wiese»)
11	MZFR Karlsruhe	D_2O-DWR	57	1965–1984	Rückbau
12	KNK II Karlsruhe	SNR	21	1977–1991	Rückbau
13	KWL Lingen	SWR	268	1968–1976	sicherer Einschluss
14	KKW Mühlheim-Kärlich	DWR	1302	1986–1988	Rückbau
15	KKN Niederaichbach	CO_2/D_2O	100	1972–1974	vollständig beseitigt («Grüne Wiese»)
16	KWO Obrigheim	DWR	357	1969–2005	Rückbau
17	KKW Rheinsberg	WWER	70	1966–1990	Rückbau
18	KKS Stade	DWR	672	1972–2003	Rückbau
19	KKW Würgassen	SWR	670	1971–1994	Rückbau
20	KKW Kalkar	SNR	327	1973–1991	beseitigt, anderweitig genutzt

6.1.1.3 Sonstige kerntechnische Anlagen

Um die eben beschriebenen kerntechnischen Anlagen (Leistungs- bzw. Forschungs-/ oder Schulungsreaktoren) mit Brennstoff zu versorgen bzw. auch die produzierten radioaktiven Stoffe zu konditionieren und für eine Weiterverarbeitung bzw. Endlagerung aufzubereiten, gab und gibt es in Deutschland Anlagen, die in Tabelle 6.7

und Tabelle 6.8 aufgelistet sind. Auch hier kann zwischen Anlagen, die sich noch in Betrieb befinden und solchen, die bereits stillgelegt sind, unterschieden werden.

Tabelle 6.6 gibt darüber Auskunft, für welche Forschungsreaktoren die Stilllegung beschlossen ist, bzw. welche bereits stillgelegt sind.

Tabelle 6.5 Überblick der in Deutschland in Betrieb befindlichen Forschungs- und Schulungsreaktoren (Stand 2007, [6.3])

Nr.	Name/Kurzbezeichnung/ Standort	Reaktortyp	Leistung (thermisch)	Inbetriebnahme	Anmerkungen
1	Berliner-Experimentier-Reaktor BER-II	Schwimmbad	10 MW	1973	
2	Forschungsreaktor Geesthacht FRG-1	Schwimmbad	5 MW	1958	
3	Forschungsreaktor Mainz FRMZ	Schwimmbad/ TRIGA Mark II	0,1 MW	1965	
4	Forschungsreaktor München II, FRM-II	Schwimmbad/ Kompaktkern mit D_2O-Moderator	20 MW	2004	
5	Ausbildungskernreaktor Dresden AKR-2	SUR-100	2 W	1978	2004 Umbau des AKR zu AKR-2; in Betrieb seit 2005
6	SUR Furtwangen, SUR-FW	SUR-100	0,1 W	1973	
7	SUR Stuttgart, SUR-S	SUR-100	0,1 W	1964	
8	SUR Ulm, SUR-U	SUR-100	0,1 W	1965	
9	SUR Berlin, SUR-B	SUR-100	0,1 W	1963	Antrag auf Stilllegung gestellt; seit 2000 nicht in Betrieb
10	SUR Hannover, SUR-H	SUR-100	0,1 W	1971	
11	SUR Aachen, SUR-AA	SUR-100	0,1 W	1965	
12	SUR Kiel, SUR-KI	SUR-100	0,1 W	1966	Antrag auf Stilllegung gestellt

Tabelle 6.6 Deutsche Forschungs- und Schulungsreaktoren, die stillgelegt sind, bzw. deren Stilllegung bereits beendet ist (Stand 2007, [6.3])

Nr.	Name/Kurzbezeichnung/Standort	Reaktortyp	Leistung (thermisch)	Betriebsdauer
1	Karlsruher Forschungsreaktor 2, FR-2	Tank/D_2O	44 MW	1961–1981
2	TRIGA Hannover, FRH	Schwimmbad / TRIGA Mark I	0,25 MW	1973–1996
3	Forschungsreaktor Merlin, FRJ-1	Schwimmbad	10 MW	1962–1985
4	Forschungsreaktor DIDO, FRJ-2	Tank/D_2O	23 MW	1962–2006
5	Forschungsreaktor München, FRM («Atomei»)	Schwimmbad	4 MW	1957–2000
6	Forschungs- und Messreaktor Braunschweig, FMRB	Schwimmbad	1 MW	1967–1995
7	Forschungskreaktor Neuherberg, FRN	Schwimmbad/ TRIGA Mark III	1 MW	1972–1982
8	Forschungsreaktor Rossendorf, RFR	Tank/WWR-S (M)	10 MW	1957–1991
9	TRIGA Heidelberg I	Schwimmbad/ TRIGA Mark I	0,25 MW	1966–1977
10	TRIGA Heidelberg II	Schwimmbad/ TRIGA Mark I	0,25 MW	1978–1999
11	Forschungsreaktor Frankfurt 2, FRF-2	Schwimmbad/ TRIGA	1 MW	Ohne Betrieb
12	Zittauer Lehr- und Forschungsreaktor, ZLFR	Tank/WWR-M	10 W / 2 W	1979–2005
13	Forschungsreaktor Geesthacht 2, FRG-2	Schwimmbad	15 MW	1963–1993
14	Schnelle Nullenergieanordnung Karlsruhe, SNEAK	homogen (S)	1 kW	1966–1985
15	Schnelle unterkritische Anordnung Karlsruhe, SUAK	schnelle unterkritische Anordnung	0 W	1964–1978
16	Schnell-Thermischer Argonaut-Reaktor Karlsruhe, STARK	Argonaut	10 W	1963–1976
17	AEG-Nullenergiereaktor, Thermisch-Kritische Anordnung, TKA	Tank/thermisch kritische Anordnung	100 W	1967–1973
18	AEG-Prüfreaktor, PR-10	Argonaut	180 W	1961–1971
19	Siemens Argonaut Reaktor, SAR	Argonaut	1 kW	1959–1968
20	Berliner Experimentalreaktor 1, BER-I	homogen (L)	50 kW	1958–1972
21	SUR Karlsruhe, SUR-K	homogen (S)	0,1 W	1966–1996
22	SUR München, SUR-M	homogen (S)	0,1 W	1962–1981
23	SUR Bremen, SUR-HB	homogen (S)	0,1 W	1967–1993
24	SUR Hamburg, SUR-HH	homogen (S)	0,1 W	1965–1997
25	SUR Darmstadt, SUR-DA	homogen (S)	0,1 W	1963–1985
26	Forschungsreaktor Frankfurt 1, FRF-1	homogen (L)	50 kW	1958–1968
27	Abbrandmessung differentieller Brennelemente mit kritischer Anordnung FZJ, ADIBKA	homogen (L)	10 W	1967–1972
28	Kritische Anordnung für Hochtemperaturreaktoren FZJ, KATHER	kritische Anordnung	100 W	1973–1984
29	Kritisches Experiment zum Incore-Thermionik-Raktor FZJ, KEITER	kritische Anordnung	1 W	1971–1982
30	Rossendorfer Anordnung für kritische Experimente, Rossendorf, RAKE	Tank/kritische Anordnung	10 W	1961–1991
31	Rossendorfer Ringzonenreaktor, RRR	Argonaut	1 kW	1962–1991
32	Anlage für Nullleistungsexperimente Geesthacht, ANEX	kritische Anordnung	100 W	1964–1975
33	Nuklearschiff «Otto Hahn» Geesthacht	DWR/ Schiffsreaktor	38 MW	1968–1979

Tabelle 6.7 Deutsche, in Betrieb befindliche Anlagen der Kernbrennstoffver- und -entsorgung (Stand 2007, [6.3])

Nr.	Name/Kurzbezeichnung/Standort	Anlagentyp	Inbetriebnahme
1	Brennelement Fertigungsanlage Lingen, ANF	Herstellung von Brennelementen für LWR	1979
2	Pilotkonditionierungsanlage Gorleben, PKA	Konditionierung radioaktiver Reststoffe und Abfälle für Zwischen- und Endlagerung	2000
3	Urananreicherungsanlage Gronau, URENCO	Anreicherung von Uran nach dem Gaszentrifugenverfahren mit bis zu 6% Anreicherungsgrad	1985

Tabelle 6.8 Deutsche Anlagen der Kernbrennstoffver- und -entsorgung sowie der Radioisotopenproduktion in Stilllegung bzw. Stilllegung beendet (Stand 2007, [6.3])

Nr.	Name/Kurzbezeichnung/Standort	Anlagentyp	Betriebsdauer
1	Plutonium Testextraktion Karlsruhe, PUTE	Plutonium Testextraktionsanlage	1980–1991
2	Wiederaufarbeitungsanlage im Millitonnenmaßstab Karlsruhe, MILLI	Versuchsanlage zur Wiederaufarbeitung von Kernbrennstoffen	1970–1991
3	Wiederaufarbeitungsanlage Karlsruhe, WAK	Pilotanlage zur Wiederaufarbeitung von Kernbrennstoffen	1971–1990
4	Siemens Brennelementwerk Hanau mit Standorten in Hanau und Karlstein SBWK SBH-MOX SBH-Uran	Verschiedene Anlagen zur Fertigung von Brennelementen aus Uran bzw. MOX für Schnellbrüter- und LWR-Reaktoren	1966–1995
5	Siemens Power Generation Karlstein	Forschungsanlage mit heißen Zellen	1967–1989
6	Brennelementewerk NUKEM-A, Hanau	Herstellung von Materialtestreaktor- und HTR-Brennelementen	1962–1988
7	Hochtemperaturreaktorbrennelementfabrik Hanau, HOBEG	Fertigung von kugelförmigen Brennelementen für HTR auf Uran- und Thoriumbasis	1973–1988
8	Jülich Pilot Plant for Thorium Element Reprocessing, JUPITER	Pilotanlage zur Wiederaufarbeitung von abgebrannten Brennelementen des THTR	1978–1987
9	Anlage zur Gewinnung von Mo-99 Rossendorf, AMOR I-III	Herstellung von Mo-99-/ Tc-99-m-Generatoren	1981–1991

Tabelle 6.9 Übersicht aller Kernkraftwerke weltweit (12/2010, [6.4])

Land	**Anzahl**	**Kraftwerkstyp**								
		DWR	WWER	SWR	CANDU	GGR	AGR	LWGR (RBMK)	D_2O-DWR	SNR
Argentinien	**2 (1)**				1				1 (1)	
Armenien	**1**		1							
Belgien	**7**	7								
Brasilien	**2 (1)**	2 (1)								
Bulgarien	**2 (2)**		2 (2)							
China	**13 (27)**	9 (27)	2		2					
Deutschland	**17**	11		6						
Finnland	**4 (1)**	(1)	2	2						
Frankreich	**58 (1)**	58 (1)								1
Großbritannien	**19**	1				4	14			
Indien	**20 (5)**		(2)	2	18 (2)					(1)
Iran	**(1)**		(1)							
Japan	**55 (2)**	24		31 (2)						
Kanada	**18**				18					
Korea	**21 (5)**	17 (5)			4					
Mexiko	**2**			2						
Niederlande	**1**	1			1					
Pakistan	**2 (1)**	1 (1)			1					
Rumänien	**2**				2					
Russland	**32 (10)**	(2)	16 (7)	1				15		1 (1)
Schweden	**10**	3		7						
Schweiz	**5**	3		2						
Slovak. Rep.	**4 (2)**		4 (2)							
Slowenien	**1**	1								
Spanien	**8**	6		2						
Südafrika	**2**	2								
Taiwan	**6 (2)**	2		4 (2)						
Tschech. Rep.	**6**		6							
Ukraine	**15**		15							
Ungarn	**4**		4							
USA	104 (1)	69 (1)		35						
Summe	**443 (62)**	**217 (39)**	**51 (14)**	**94 (4)**	**46 (2)**	**4**	**14**	**15**	**1 (1)**	**1 (2)**

Geklammerte Zahlen entsprechen den in Bau befindlichen Anlagen

6.1.2 Überblick aller Kernkraftwerke weltweit

Anhand Tabelle 6.9 soll eine Übersicht der weltweiten Leistungsreaktoren und deren Bauart gegeben werden. Sie zeigt dabei nach Ländern sortiert die Anzahl der jeweiligen Kraftwerkstypen sowie die in Bau befindlichen Anlagen (in Klammer). Wie aus Tabelle 6.9 ersichtlich, waren Anfang 2008 weltweit 439 Kernkraftwerke in Betrieb. Die Bruttoleistung aller Blöcke betrug insgesamt rund 392 GW_e. Die Kernkraftwerke decken mit ihrer erzeugten Energie von jährlich ca. 2700 TWh 16% des weltweiten Strombedarfs. Ende 2007 befanden sich 32 Kernkraftwerke in Bau, 2 davon in Westeuropa.

Tabelle 6.10 Rangliste deutscher Kernkraftwerke (graue Felder) im weltweiten Vergleich der Stromproduktion [6.2]

Jahr	Rang									
	1	2	3	4	5	6	7	8	9	10
1980										
1981										
1982										
1983										
1984										
1985										
1986										
1987										
1988										
1989										
1990										
1991										
1992										
1993										
1994										
1995										
1996										
1997										
1998										
1999										
2000										
2001										
2002										
2003										
2004										
2005										
2006										
2007										

Anmerkung

Prognosen sagen voraus, dass im Jahr 2030 die installierte Kraftwerksleistung der weltweiten Kernkraftwerke auf 509 GW_e im schwächsten bzw. 663 GW_e im stärksten Szenario anwächst. Demnach ergibt sich ein Bedarf an Uran als Kernbrennstoff von ca. 94 000...120 000 t/Jahr [6.5] (vgl. auch Abschnitt 4.1.1).

6.1.3 Deutsche Kernkraftwerke im internationalen Vergleich

Obwohl viele ausländische Reaktoren baugleich mit deutschen Anlagen oder zumindest von vergleichbarem Bautyp und Größe sind, sind die Ergebnisse, wenn man die Menge der jährlichen Stromproduktion pro Anlage betrachtet, recht unterschiedlich. Die Unterschiede in der produzierten Strommenge erklären sich vor allem durch die Auslastung, d.h. die jährliche Verfügbarkeit der Anlage. Dies kann u.a. auf die beim jeweiligen Betreiber oder durch gesetzliche Regelungen zugrunde gelegte Sicherheits- und Betriebsphilosophie zurückgeführt werden. Deutsche Kernkraftwerke belegen in der weltweiten Rangliste regelmäßig die ersten Plätze und konnten in den letzten 27 Jahren nur 2-mal den ersten Platz nicht erreichen. Tabelle 6.10, Tabelle 6.11 und Tabelle 6.12 geben hierüber Auskunft.

Tabelle 6.11
Kernkraftwerke mit der meisten Stromproduktion 2007 im weltweiten Vergleich [6.2]

Platz	**Kernkraftwerk**	**Land**	**Bruttoleistung** [MWe]	**Bruttostromerzeugung** [Mrd. kWh]
1	South Texas 1	USA	1413	12,36
2	Brokdorf	Deutschland	1440	12,01
3	Isar 2	Deutschland	1475	12,01
4	Philippsburg 2	Deutschland	1458	11,78
5	Emsland	Deutschland	1400	11,59
6	Palo Verde 2	USA	1428	11,54
7	Grohnde	Deutschland	1430	11,46
8	Chooz B2h	Frankreich	1560	11,43
9	Nogent 1	Frankreich	1363	11,27
10	Neckar 2	Deutschland	1400	11,11

6.2 Aufbau eines Kernkraftwerks

In diesem Abschnitt werden der prinzipielle Aufbau eines Kernkraftwerks und die für ein Kernkraftwerk typischen Gebäudeteile erläutert. Dabei sind Gemeinsamkeiten mit anderen, z.B. fossil befeuerten Kraftwerken gleicher Baugröße, aber auch durchaus kernkrafttypische Anlagenteile zu finden. In den Abschnitten 6.5

Tabelle 6.12
Liste der Kernkraftwerke mit der höchsten Stromproduktion in den Jahren 1980–2007 [6.2]

Jahr	Kernkraftwerk	Bruttostrom-erzeugung [Mrd. kWh]
1980	Unterweser	9,81
1981	Unterweser	9,54
1982	Biblis B	9,74
1983	Grafenrheinfeld	9,96
1984	Grafenrheinfeld	10,15
1985	Grohnde	11,48
1986	Grohnde	10,79
1987	Grohnde	10,21
1988	Palo Verde 3 (USA)	10,86
1989	Grohnde	10,86
1990	Grohnde	10,69
1991	Emsland	10,83
1992	Brokdorf	11,33
1993	Unterweser	11,40

Jahr	Kernkraftwerk	Bruttostrom-erzeugung [Mrd. kWh]
1994	Isar 2	11,13
1995	Grohnde	11,36
1996	Philippsburg 2	11,47
1997	Grohnde	12,53
1998	Grohnde	11,76
1999	Isar 2	12,27
2000	Isar 2	11,94
2001	Isar 2	12,40
2002	Isar 2	12,17
2003	Isar 2	12,32
2004	Isar 2	12,24
2005	Brokdorf	11,98
2006	Isar 2	12,40
2007	South Texas 1 (USA)	12,36

bis 6.8 zu Druck-, Siedewasser-, Hochtemperatur- und Kernfusionsreaktor wird auf Details der Systemkomponenten dieser Baureihen eingegangen.

Bild 6.1 zeigt die Gebäude eines Kernkraftwerks mit Druckwasserreaktor am Beispiel des in Europa zzt. in Finnland und Frankreich in Bau befindlichen EPR. Die Gebäude dieses Reaktors unterscheiden sich zwar von der äußeren Form zum Teil von den in Deutschland in Betrieb befindlichen Anlagen, die Funktion der Gebäude und die enthaltenen Systeme, die die folgende Auflistung anführt, sind jedoch im Wesentlichen gleich.

A: Reaktorgebäude

Typisch für ein Kernkraftwerk ist das Reaktorgebäude, das häufig, jedoch nicht zwingend, kuppelförmig ausgeführt ist. In ihm befinden sich der Reaktor und alle Teile des Primärkreises. Beim Kernkraftwerk mit Siedewasserreaktor (Abschnitt 6.6) ist das Reaktorgebäude baulich mit dem Maschinenhaus verbunden, da der vom Reaktor erzeugte radioaktive Dampf direkt in die Turbine geleitet wird und somit das Maschinenhaus zum Kontrollbereich zählt.

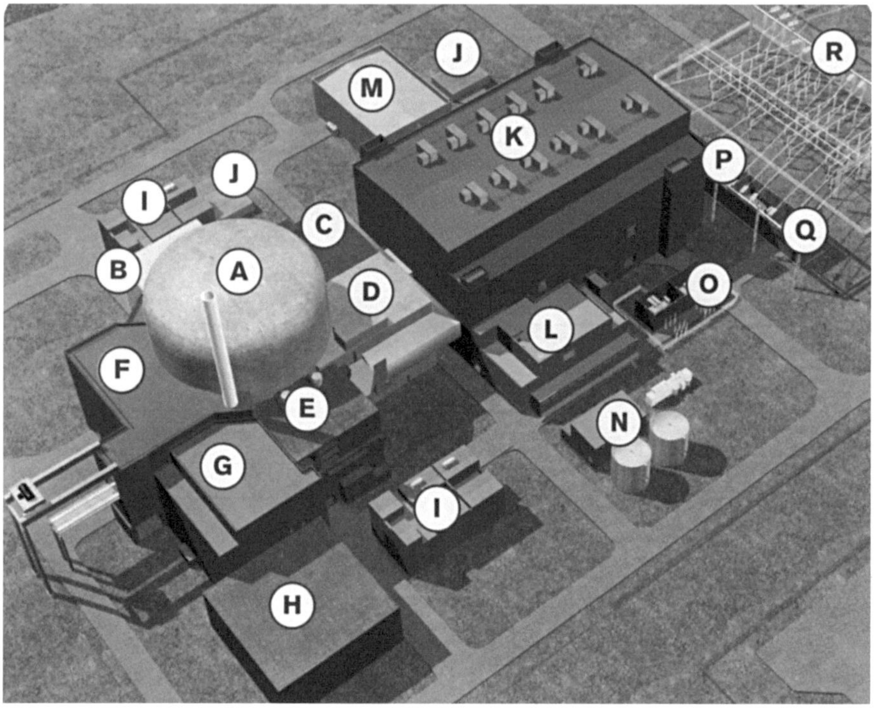

Bild 6. Gebäudeübersicht eines Kernkraftwerks mit Druckwasserreaktor [6.6]

B, C, D, E: Sicherheitsgebäude (Notspeisegebäude)
In diesen Gebäuden sind für die Versorgung des Primärkreises nötige Anlagenteile, z.B. Not- und Nachkühlpumpen und zugehörige Systeme (Abschnitt 6.5.7), sowie die Schaltwarte untergebracht. Ferner enthalten diese Gebäude Systeme aus verschiedenen Redundanzen, die im Notfall die Dampferzeuger mit Speisewasser versorgen und die im Reaktor erzeugte (Nachzerfalls-)Wärme abführen können (Notspeisesystem – Abschnitt 6.5.7.1).

G, H: Hilfsanlagengebäude
In unmittelbarer Nähe zum Reaktorgebäude findet man auch das bzw. die Hilfsanlagengebäude. Hier sind u.a. verschiedene Lager-, Vorrats- und Abwasserbehälter oder Fasslager untergebracht. Ferner befinden sich hier Werkstätten, die besonders in Zeiten der Revision genutzt werden, oder Abstell- und Lagerräume sowie Filter-, Lüftungs- und Reinigungsanlagen.

F: Brennelementlagergebäude
Im Brennelementlagergebäude werden sowohl neue Brennelemente als auch verbrauchte Brennelemente im Brennelementlagerbecken aufbewahrt. Bei anderen

Bild 6.2
Reaktor- und Hilfsanlagengebäude eines Kernkraftwerks mit Druckwasserreaktor [6.6]

Kraftwerken sind diese Systemteile meist innerhalb des Reaktorgebäudes platziert.

I: Notstromdieselgebäude
Im Notstromdieselgebäude (Notstromerzeugergebäude) befinden sich Notstrom-Dieselaggregate, die bei einem Stromausfall das Kraftwerk mit Strom versorgen und die Energie für wichtige Komponenten, z.B. die Nachkühlung des Reaktors, liefern (Abschnitt 6.5.8.3).

J, M, N: Wasserversorgung
Ein Kraftwerk bereitet das Wasser, das z.B. für die Kühlung der Anlagenteile benötigt wird, selbst auf. Zu den Bauwerken der Wasserversorgung gehören auch die hier nicht dargestellten Pumpeneinlaufbauwerke, wo das Wasser des Vorfluters (z.B. eines Flusses) in die Anlage einläuft und dort durch Siebe und Rechen mechanisch vorgereinigt wird, bevor es für entsprechende Anwendungen chemisch aufbereitet und ggf. zum Deionat (vollentsalztes Wasser) verarbeitet wird.

K: Maschinenhaus
Zu den größten Gebäuden in einem thermischen Kraftwerk gehört das Maschinenhaus. Hier sind die Komponenten des Wasser-Dampf-Kreislaufs bzw. des Sekundärkreises (Kapitel 7) untergebracht. Dazu zählt z.B. der gesamte Turbosatz

mit der Dampfturbine (bestehend aus Hochdruckteil und mehrflutigem Niederdruckteil der Sattdampfturbine), die mit dem Generator gekoppelt ist und die Energie des Dampfes in mechanische Rotationsenergie und letztlich im Generator in elektrische Energie umwandelt. Im Maschinenhaus befinden sich auch der Speisewasserbehälter, die Speisewasserpumpen, Wasserabscheider, Zwischenüberhitzer und Wärmetauscher (Abschnitt 7.2).

L: Schaltanlagengebäude

Dies ist das steuer- und leittechnische Herz eines Kraftwerks. Hier befinden sich alle Schalter und Baugruppen, die die jeweiligen Aggregate mit Strom versorgen. Diese können von hier aus, z.B. für Instandhaltungsarbeiten, freigeschaltet werden. Außerdem sind in diesem Gebäude bei manchen Kraftwerken die Leitwarte sowie die Rechner zur Kraftwerkssteuerung untergebracht.

O, P, Q: Transformatoren

Da der Generator aufgrund seiner kompakten Bauweise nur eine relativ niedrige Betriebsspannung zulässt (Abschnitt 7.3), müssen Maschinentransformatoren das Kernkraftwerk mit dem Höchstspannungsnetz verbinden. Daneben existieren auch viele weitere Transformatoren und Umformer, die die Stromversorgung des Kraftwerks sicherstellen (Abschnitt 6.5.8.3).

R: Freiluft-Schaltanlage

Ein Kraftwerk, das eine große Leistung besitzt, speist seine elektrische Energie i. Allg. in das Höchstspannungsnetz (Verbundnetz) ein – in Westeuropa beträgt die höchste Spannungsebene des UCTE-Netzes 400 kV. Damit z.B. das Kraftwerk auch freigeschalten, also vom Netz getrennt werden kann, oder um die eingespeiste Energie auf unterschiedliche Trassen zu verteilen, ist eine große Schaltanlage (Kraftwerksschaltanlage) erforderlich. Diese ermöglicht entsprechende Schalthandlungen und stellt mit der dazugehörigen Messtechnik dem Betreiber Informationen über Spannung, Strom und Energiefluss zur Verfügung. Aufgrund der hohen Spannungen und der dadurch nötigen Abstände für eine sichere Isolation, benötigt diese Schaltanlage eine große Fläche.

Kühlturm

Der auffälligste Teil eines thermischen Kraftwerks ist sicherlich, sofern vorhanden, der von Weitem sichtbare Kühlturm (in Bild 6.1 nicht dargestellt). Er wird (bzw. vergleichbare Anlagen werden) dazu benötigt, die beim thermodynamischen Kreisprozess anfallende Kondensationswärme abzuführen. Verschiedene Konzepte hierzu erläutert Abschnitt 7.2.2.

Abluftkamin

In Kraftwerken, insbesondere in Kernkraftwerken, fällt immer Abluft an. Sie kommt z.B. aus der Belüftung von Gebäuden oder Systemen (Abschnitt 6.5.8) und muss kontrolliert abgegeben (im Falle eines Kernkraftwerks auch auf radioaktive Inhaltsstoffe hin untersucht) werden. Dazu ist der Abluftkamin ein Bestandteil des Kraftwerks, der die Abluft in einer großen Höhe kontrolliert abgibt (in Bild 6.1 unterhalb des Buchstabens A zu erkennen).

Betrachtet man den Schnitt durch das Reaktorgebäude eines Kernkraftwerks (Bild 6.2 am Beispiel vom Typ Druckwasserreaktor – vgl. auch Bild 6.1), so fällt zunächst die kuppelförmige Bauweise auf. Sie beruht darauf, dass sich unterhalb der ca. 2 m dicken Stahlbetonmauer der Sicherheitsbehälter (Containment) befindet. Dieser besteht bei bisherigen Bauformen des Druckwasserreaktors aus einer ca. 30 mm dicken, kugelförmigen Stahlhülle, die so ausgelegt ist, dass sie einem inneren Überdruck von ca. 5 bar standhalten kann. Beim in den Bildern 6.1 und 6.2 dargestellten Reaktor ist der Sicherheitsbehälter in die Betonwand integriert und nicht als freitragende Kugel ausgeführt. Im Innern des Sicherheitsbehälters befinden sich alle Hauptkomponenten des Primärkreises.

6.3 Kraftwerk-Kennzeichnungs-System

In einem Großkraftwerk gibt es eine Vielzahl verschiedener Aggregate, Baugruppen, Schalter usw. Damit all diese Bauteile exakt gekennzeichnet und zugeordnet werden können, wurde das Kraftwerk-Kennzeichnungs-System (KKS) eingeführt. Früher wurde das sog. Anlagen-Kennzeichnungs-System AKZ verwendet, das zwar dem Aufbau des KKS ähnelt, sich aber in der Bezifferung unterscheidet. Das Kraftwerk-Kennzeichnungs-System gliedert sich in 17 Ziffern unterschiedlicher Blöcke gemäß Tabelle 6.13.

Tabelle 6.13 Kennzeichnungsschema des Kraftwerk-Kennzeichnungs-Systems

Gesamtanlage	Funktion					Aggregat						Betriebsmittel		
N	N	A	A	A	NN	A	A	N	N	N	(A)	AA	N	N

A = Schlüssel aus Buchstaben laut Tabelle
N = nummerische Datenstelle

Die Datenstellen mit einem numerischen Datum können vom Anwender frei belegt oder auch weggelassen werden. Die mit A gekennzeichneten Datenstellen sind nach dem Kraftwerk-Kennzeichnungs-System genau festgelegt. Dabei wird zunächst nicht zwischen den verschiedenen Kraftwerkstypen (z.B. fossil befeuertes Kraftwerk, Wasser- oder Kernkraftwerk) unterschieden. Jedoch ergeben sich aus den Obergruppen kraftwerkstypische Bereiche, die in anderen Kraftwerken, in denen solche Anlagenteile nicht vorhanden sind, frei bleiben.

Tabelle 6.14
Gliederung im Kraftwerk-Kennzeichnungs-System – Untergruppen beispielhaft [6.7]

Funktions-schlüssel	A	Netz- und Verteilungsanlagen
	B	Energieableitung und Eigenbedarfsversorgung
		BC Wärmeübertrager
	C	Anlagen der Leittechnik
	D	gesperrt
	E	konventionelle Brennstoffversorgung und Brennstoffrückstandsentsorgung
	F	Handhabung nukleartechnischer Teile
	G	Wasserversorgung und Wasserentsorgung
	H	konventionelle Wärmeerzeugung
	J	nukleare Wärmeerzeugung
		JE Reaktorkühlsystem
		JEA Dampferzeuger
		JEB Hauptkühlmittelpumpenanlage
	K	nukleartechnische Hilfsanlagen
	L	Dampf-, Wasser-, Gaskreisläufe
		LB Dampfsystem
		LBA Frischdampf-Leitungssystem
		LBQ Hochdruckanzapfdampfsystem
	M	Hauptmaschinensatz
	N	Prozessenergie-, Medienbereitstellung für kraftwerksfremde Verbraucher
	P	Kühlwasseranlagen
	Q	Hilfsanlagen
	S	Nebenanlagen
	T	gesperrt
	U	Bauwerke
		UJ Bauwerke für nukleare Wärmeerzeugung
		UJA Reaktorgebäude, Innenraum
		UJB Reaktorgebäude, Ringraum
	V	gesperrt
	W	Solaranlagen
	X	Großmaschinen
	Y	gesperrt
	Z	Betriebs- und Geschäftsausstattung
Aggregate-schlüssel	A	Aggregate
		AA Armatur
		AG Generatoraggregate
		AP Pumpenaggregate
	B	Apparate
		BB Behälter
		BR Rohrleitungen
	C	direkte Messkreise
	D	Regelkreise
	E	Messwert-, Signalverarbeitungen
	F	indirekte Messkreise
	G	elektrotechnische Einrichtungen
	H	Baugruppen der Haupt- und Großmaschinen
	J	nukleartechnische Elemente
Betriebsmittel-schlüssel	K, M	maschinentechnische Betriebsmittel
	Q	leittechnische Betriebsmittel
	X	Kennzeichnung, Signale
	Y	Signalverwendung
	Z	verknüpfte Signale

Tabelle 6.14 gibt einen exemplarischen (nicht vollständigen) Überblick der Funktionsschlüssel mit ihren Haupt- und Untergruppen sowie dem Aggregateschlüssel.

Beispiel
Aufgrund der Komplexität des Kraftwerk-Kennzeichnungs-Systems werden einige Beispiele aufgeführt und in vereinfachter Schreibweise angegeben, wie sie z.B. in Anlagenschaltplänen oder im mündlichen Sprachgebrauch verwendet wird:

JAB10 BB001	Reaktordruckbehälter
JEA40 BC001	Dampferzeuger im Loop 4
JEF30 AP001	Hauptkühlmittelpumpe im Loop 3
KBA31 AP001	Hochdruckförderpumpe des Volumenregelsystems

Neben diesem besonderen Kennzeichnungssystem für Anlagenteile und Komponenten, ist es in Kraftwerken üblich, die einzelnen Ebenen in Gebäuden nicht als Stockwerke zu bezeichnen, sondern deren Höhe bezüglich der Erdoberfläche (0 m) anzugeben. Dementspechend befinden sich Gebäudeteile mit negativen Höhenangaben unter der Erdoberfläche.

6.4 Sicherheitskonzepte

Prinzipiell sind bei allen technischen Anlagen ausreichende Vorkehrungen zu treffen, um Schäden, vor allem an Personen und der Umwelt, aber auch an Anlagenteilen zu verhindern. Gerade bei kerntechnischen Anlagen sind besondere Maßnahmen für einen sicheren Betrieb nötig, da die radioaktiven Stoffe zuverlässig eingeschlossen bleiben müssen (Schutzziel: Wahrung der Integrität). Hierzu ist insbesondere vonnöten, dass die Brennelemente im Reaktorkern unter allen Betriebszuständen ausreichend gekühlt werden, um eine unzulässige Temperaturerhöhung und eine damit eventuell verbundene Kernschädigung unbedingt zu vermeiden.

Anmerkung
Für die Sicherstellung einer ausreichenden Kernkühlung ist bei bisherigen Kernkraftwerken die Funktionalität bestimmter Systeme (vgl. z.B. Abschnitt 6.5.7) unabdingbar. Neben passiven Systemen, wie z.B. den Druckspeichern beim Druckwasserreaktor (Abschnitt 6.5.7.5), bestehen die Sicherheitssysteme aus aktiven Komponenten (z.B. Pumpen und Stellantrieben), deren sichere Funktion durch entsprechende Maßnahmen gewährleistet werden muss. Moderne Reaktoren lassen sich aber auch so konstruieren, dass eine Kernkühlung auch ohne aktive Komponenten, also rein passiv, möglich ist (z.B. im Naturumlauf – vgl. Bild 6.13).

Alle Anlagenteile und Komponenten sind dementsprechend ausgelegt. Damit sowohl bei auslegungsgemäßen (Störfall), als auch bei auslegungsüberschreitenden Vorkommnissen (Notfall) die Anlage sicher beherrscht werden kann, haben sich verschiedene Konzepte und Bedingungen bewährt, auf die im Folgenden näher eingegangen wird.

Die meisten der folgenden Ausführungen betreffen nicht nur kerntechnische Anlagen, sondern finden im gesamten technischen Bereich Anwendung. Auch muss nicht jeder der genannten Aspekte bei einem technischen System angewandt werden. Es werden jedoch die prinzipiellen Möglichkeiten aufgezeigt, die zur Verhinderung von Fehlern bzw. zur Begrenzung einer Fehlerwirkung geeignet sind.

Anmerkung

Das Betriebshandbuch eines Kernkraftwerks (BHB) regelt alle betriebs- und sicherheitstechnischen Belange, die für den bestimmungsgemäßen Anlagenbetrieb und zur Beherrschung von Störfällen erforderlich sind. Das BHB ist für das Wartungs- und Schichtpersonal (die Operateure) als verbindlich anzusehen und kann nur durch ein spezielles Anweisungssystem ergänzt oder eingeschränkt werden. Das Handeln nach dem BHB wird als ereignisorientiertes Vorgehen bezeichnet, weil bestimmte Anlagenzustände und Fahrweisen bereits vorgedacht sind und vom Operateur nachgeschlagen werden können (vgl. auch Bild 6.7). Sollte es dennoch zu unklaren bzw. unübersichtlichen oder sogar auslegungsüberschreitenden Ereignissen kommen (Notfällen), die nicht explizit im BHB erfasst sind, wird nach dem Schutzzielkonzept agiert. Das bedeutet, dass durch die Eingriffe des Reaktorschutzes bzw. der Operateure versucht wird, bestimmte Schutzziele einzuhalten und regelmäßig zu kontrollieren. Dazu gehören die Unterkritikalität (Schutzzielparameter: fallender Neutronenfluss), die Kernkühlung (dabei sind Parameter wie Reaktorfüllstand und Primärkreisdruck entscheidend), die Nachwärmeabfuhr (über Haupt- oder Notwärmesenke), die Aktivitätsrückhaltung (Integrität der Sicherheitsbarrieren) und die Energieversorgung (auch im Notstromfall).

6.4.1 Sicherheitsphilosophien

Kontrollen durch aufsichtsführende Behörden (atomrechtliche Aufsicht) und Technische Überwachungsvereine als Gutachter gewährleisten bereits während der Planungs- und Bauphase einen hohen Sicherheitsstandard der Anlage, der auch nach Fertigstellung und während des Betriebs durch regelmäßige Überprüfungen und Gutachten ständig verbessert und optimiert wird (s. auch Abschnitt 6.4.1.8). Grundlegende Sicherheitskonzepte lassen sich in Tabelle 6.15 zusammenfassen.

In den folgenden Abschnitten werden diese Sicherheitsphilosophien näher beleuchtet.

Tabelle 6.15 Auslegungsgrundsätze für Sicherheitssysteme (nach [6.8])

Prinzip	Auslegung gegen	Bedeutung/Beispiel
Redundanz	Einzelfehler (A)	Bereithalten von Reservesystemen (z.B. n + 2)
Diversität	Fehler mit gemeinsamer Ursache (B)	verschiedene Wirkmechanismen bzw. Geräteausführungen
räumliche Trennung	übergreifende Fehler (C)	redundante Systeme werden räumlich getrennt
baulicher Schutz		Sicherung wichtiger Gebäude gegen Einwirkung von Außen (EVA)
Fail-Safe	A, B, C und Ausfall der Hilfsenergie	Fehler im System wirken immer sicherheitsgerichtet
Automatisierung	menschliches Versagen	Reaktorschutzsystem

6.4.1.1 Redundanz

Es gibt keine technische Anlage, die zu 100% ausfallsicher ist. Deshalb müssen entsprechende Maßnahmen ergriffen werden, die das verbleibende Restrisiko auf einen sehr kleinen und tolerierbaren Wert minimieren.
Statistisch betrachtet potenzieren sich die Fehlerwahrscheinlichkeiten durch eine redundante Ausführung technischer Systeme. Beträgt beispielsweise die Wahrscheinlichkeit des Versagens eines Systems den Wert von Gl. 6.1, dann reduziert sich die Gesamtwahrscheinlichkeit für den Ausfall von 3 parallelen (redundanten) Systemen auf den Wert von Gl. 6.2.

$$p_{\text{einzel}} = \frac{1}{1000} \qquad \text{(Gl. 6.1)}$$

$$p_{\text{ges}} = (p_{\text{einzel}})^3 = \frac{1}{1 \cdot 10^9} \qquad \text{(Gl. 6.2)}$$

Die Redundanz ist eines der wichtigsten Kriterien für eine technische Anlage, die sehr ausfallsicher ausgelegt werden muss. Unter Redundanz versteht man, dass wichtige Anlagenteile nicht nur einmal, sondern mehrfach vorhanden sind, damit bei einem möglichen Defekt einer Baugruppe, andere, gleichartige Bauteile deren Funktion übernehmen können. Dadurch kann die Wahrscheinlichkeit des Versagens des Gesamtsystems verringert werden.

Bild 6.3 zeigt das Prinzip der redundanten Ausführung am Beispiel einer Rohrleitung. Soll, wie in der oberen Darstellung, ein sicheres Schließen einer Rohrleitung gewährleistet sein, so sind die Ventile hintereinanderzuschalten (Reihenschaltung), so dass beim Versagen des einen Ventils, ein anderes die Schließfunktion übernehmen kann. Äquivalent dazu ist im unteren Bild das sichere Öffnen einer Rohrleitung durch 3 parallele Ventile (Parallelschaltung) gegeben.

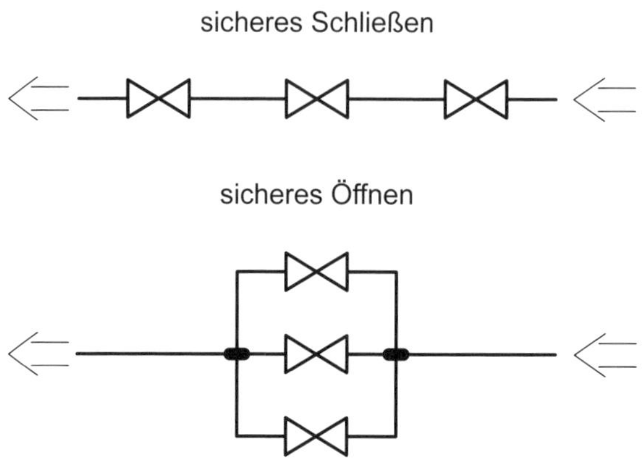

Bild 6.3
Prinzip der Redundanz

Beispiel
Für das sichere Schließen einer Rohrleitung im Kernkraftwerk kann die Ausführung der Gebäudeabschlussarmaturen (Durchdringungsabschlussarmaturen) des Reaktorgebäudes als Beispiel herangezogen werden. Alle Rohrleitungen, die den Sicherheitsbehälter durchdringen, können sowohl innerhalb als auch außerhalb des Sicherheitsbehälters abgeschlossen werden.
Eine sichere Öffnung einer Rohrleitung lässt sich am Beispiel der Druckhalterabsprühung darstellen, wo 2 parallele Leitungen die gleiche Funktion erfüllen können (s. Bild 6.9).

Neben sicherheitstechnisch wichtigen Redundanzen gibt es auch betriebliche Redundanzen. Der Betreiber eines Kernkraftwerks ist bestrebt, die Anlage so gut wie möglich auszulasten (er strebt eine hohe «Verfügbarkeit» an). Deshalb muss auch bei Ausfall einzelner, nicht sicherheitstechnisch wichtiger Komponenten, der Anlagenbetrieb, soweit zulässig, aufrechterhalten werden. Auch aus diesem Grund ist es deshalb sinnvoll, betriebstechnisch wichtige Anlagenteile redundant auszuführen. Während das ausgefallene Bauteil zur Reparatur außer Betrieb genommen wird, kann die Anlage mit der Ersatzkomponente und evtl. unter einer kurzzeitigen Leistungsreduzierung weitergefahren werden. So sind z.B. in den meisten Kernkraftwerken 3 Speisewasserpumpen (Abschnitt 7.2.5) vorhanden, obwohl für einen Volllastbetrieb nur 2 benötigt werden. Sollte eine Speisewasserpumpe ausfallen, muss evtl. kurzfristig die Kraftwerksleistung auf 50% der Nennleistung gesenkt werden. Sobald jedoch die Umschaltung auf die Ersatzpumpe erfolgt ist, kann wieder mit Volllast weiter gefahren werden, und es bleibt Zeit für die Reparatur der defekten Pumpe. Stets gilt jedoch der Grundsatz «Sicherheit vor Verfügbarkeit».

6.4.1.2 Diversität

Eine als Ausfallschutz redundante Ausführung technischer Systeme alleine ist allerdings oftmals nicht ausreichend, weil dadurch nicht gewährleistet ist, dass nicht alle Baugruppen gleichen Typs ähnliche Fehler aufweisen und aufgrund einer Störquelle alle gleichzeitig ausfallen – «Fehler gemeinsamer Ursache». Für sicherheitstechnisch wichtige Systeme ist es deshalb sinnvoll, die einzelnen Komponenten diversitär auszuführen. Das bedeutet, dass für die Redundanz Systeme mit unterschiedlichen physikalischen Wirkprinzipien verwendet werden, um die Wahrscheinlichkeit für ein gleichzeitiges Ausfallen aller Systeme zu verringern.

Beispiel

Als Beispiel hierfür kann die in Bild 6.27 dargestellte Eigenbedarfsversorgung des Kraftwerks angeführt werden. Zum einen ist hier die Aufteilung in 4 getrennte Redundanzen («Scheiben») zu erkennen. In manchen Fällen gibt es für die Speisung der Verteilerschienen aber auch diversitäre (vielfältige) Energiequellen – z.B. neben den herkömmlichen Transformator-Ankopplungen an höhere Spannungsebenen auch Batterie- oder Umrichterstützung der einzelnen Schienen.

Damit eine redundante bzw. diversitäre Ausführung auch erwartungsgemäß funktioniert, muss ein gegenseitiges Beeinflussen der verschiedenen Redundanzen ausgeschlossen werden. Die jeweiligen Baugruppen sind demnach räumlich voneinander getrennt, damit ein Fehler (z.B. ein Feuer) in der einen Redundanz nicht auch auf andere Systeme übergreift (s. Abschnitt 6.4.1.4).

Redundante, bzw. diversitäre Systeme sind häufig nach dem «n + 2»-Kriterium ausgeführt. Das heißt, dass die für die sichere Beherrschung nötigen Systeme der Anzahl n um 2 weitere Systeme zur Redundanz ergänzt werden. Eine redundante Auslegung lässt sich auch durch die Kennzeichnung der Anzahl der vorhandenen Systeme klassifizieren. Eine 4 · 50%-Auslegung bedeutet z.B., dass für die sichere Funktionalität des Gesamtsystems 2 der redundanten Systeme (2 · 50% = 100%) benötigt werden und die anderen beiden Systeme zur wirklichen Redundanz dienen.

Bei der hierbei zugrunde gelegten Sicherheitsphilosophie geht man davon aus, dass 2 Systeme benötigt werden, eines z.B. durch Wartungsarbeiten nicht zur Verfügung steht und ein weiteres im Bedarfsfall ausfällt.

Anmerkung

Diese Philosophie ermöglicht es, den Betreibern von Kernkraftwerken die sog. VIB (Vorbeugende Instandsetzung während Betrieb) durchzuführen. Das bedeutet, dass einzelne Komponenten verschiedener Redundanzen auch während des Anlagenbetriebs gewartet werden können. Somit konnte die Dauer der Hauptrevision der Kernkraftwerke im Laufe der Jahre reduziert und die Anlagenausnutzung (Verfügbarkeit) deutlich verbessert werden.

6.4.1.3 «2-aus-3»-Prinzip, Drahtbruchsicherung

Sind technische Systeme redundant ausgeführt, nimmt das Versagensrisiko der Gesamtfunktion ab. Gleichzeitig erhöht sich aber auch die Wahrscheinlichkeit für auftretende Fehler in den Baugruppen. Wenn beispielsweise jedes System pro Jahr eine Fehlmeldung bringt, ergeben sich bei 3 Systemen pro Jahr 3 Fehlmeldungen.

Aus diesem Grund verlässt man sich prinzipiell bei sicherheitstechnisch wichtigen Entscheidungsfindungen nie auf einzelne Signale aus der Anlage, sondern kombiniert vielmehr die Signale von redundanten bzw. diversitären Systemen zu einer logischen Verschaltung: z.B. nach dem «2-aus-3»-Prinzip. Dies bedeutet, dass bei wichtigen Entscheidungen von 3 redundanten Signalgebern 2 das gleiche Signal auslösen müssen, damit auf die Meldung reagiert wird und entsprechende Maßnahmen ergriffen werden.

Mit diesem Prinzip geht die Forderung einher, dass bei Baugruppen- oder Signalversagen ein Signal nicht einfach unbemerkt ausfallen darf. Dieses Prinzip ist in der Technik allgemein unter dem Begriff der Drahtbruchsicherung bekannt.

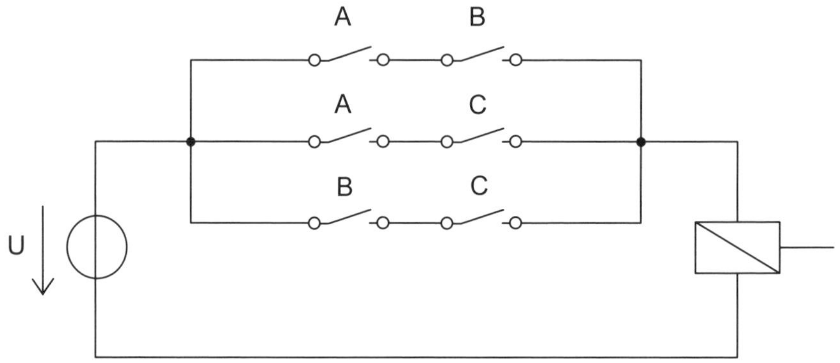

Bild 6.4 Prinzip einer «2 aus 3»-Auswahl in einer Interlock-Schleife

Beispiel

Als ein einfaches Beispiel für eine «2-aus-3»-Auswahl, inklusive Drahtbruchsicherung, wird die Relais-Logik von Bild 6.4 betrachtet. Ein Strompfad, der im normalen Betriebszustand geschlossen ist, soll im Falle einer Anforderung (z.B. durch eine der redundanten Messwertbaugruppen A, B und C) geöffnet werden, so dass dadurch weitere Reaktionen ausgelöst werden können (z.B. Abschaltung eines Aggregats).

Diese einfache Schaltung verwirklicht die Logikgleichung «(A und B) oder (A und C) oder (B und C)» mit Hilfe von Arbeitskontakten an Ausgängen von 3 Messwert-Baugruppen A, B und C. Im Falle eines korrekten Ansprechens der Baugruppen öffnet sich der Signalpfad, und das Relais K1 fällt ab. Einzig aber das Ansprechen von mindestens 2 der 3 Baugruppen führt zu einer Abschaltung. Die Schaltung könnte leicht auch durch einen oder mehrere Not-AUS-Schalter, die ebenfalls als Öffner verschaltet sind, erweitert werden.

Durch eine solche Schaltung ist auch die Drahtbruchsicherung gewährleistet. Auch in den Fällen des Leitungsbruchs, des Versagens der Spannungsquelle U oder der Spannungsversorgung der Messwertkarten fällt das Relais K1 ab und reagiert fehlersicher.

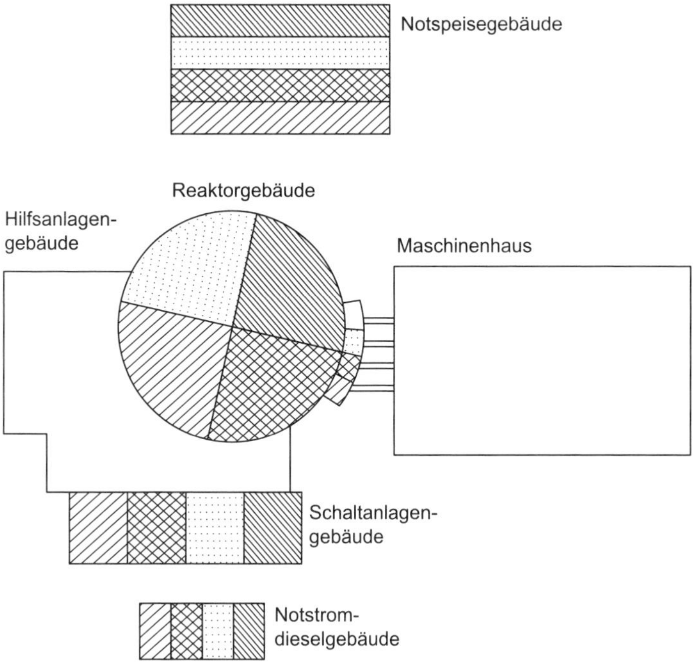

Bild 6.5
Trennung der Redundanzen im Kernkraftwerk

6.4.1.4 Gebäude- und Geländekonzeptionierung

Damit die Funktionalität der einzelnen Redundanzen (Scheiben) gewährleistet bleibt, ist auch die der Sicherheitstechnik zugrunde liegende Gebäudekonzeptionierung äußerst wichtig. Die unterschiedlichen Redundanzen (Scheiben) werden üblicherweise in voneinander getrennten Räumen oder Gebäuden untergebracht. Es muss sichergestellt bleiben, dass ein Ausfall in einem System nicht auch einen Fehler in einem redundanten System verursacht. Diese räumliche Trennung zieht sich durch alle wichtigen Gebäude eines Kernkraftwerks (z.B. Reaktorgebäude, Notspeisegebäude, Schaltanlagengebäude, Nostromdieselgebäude u.ä.) hindurch (vgl. Bild 6.5).

Für einen sicheren Anlagenbetrieb spielt neben der Innenaufteilung auch die Auslegung der Gebäude eine wichtige Rolle. In Kernkraftwerken sind manche Gebäude EVA-geschützt (Einwirkung von außen) ausgeführt (vgl. Bild 6.6). Die Gebäudewände sind dann so ausgelegt, dass sie den unterstellten Ereignissen, wie Flugzeugabsturz, Brand, Erdbeben oder einer Explosionsdruckwelle, standhalten würden. Nicht alle Gebäude sind jedoch derart geschützt. Nur die für den Störfall wichtigen Gebäude sind entsprechend ausgelegt und gesichert.

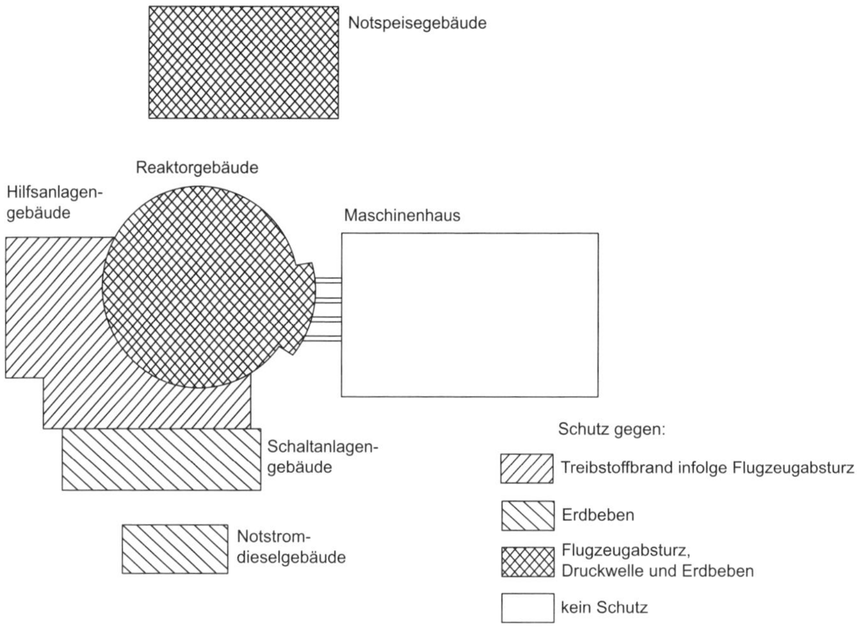

Bild 6.6 Übersicht der Sicherungszustände wichtiger Gebäude in einem Kernkraftwerk (hier mit Druckwasserreaktor) nach [6.8]

Anmerkung

Gebäude wie z.B. das Notstromdieselgebäude oder das Maschinenhaus sind nicht gegen einen Flugzeugabsturz gesichert. Wie in Abschnitt 6.5.9.3 dargestellt, sind diese Gebäude nicht für die sichere Beherrschung eines Störfalls nötig. Die Anlage kann alleine mit dem Notspeisegebäude bzw. den entsprechenden Anlagen autark und sicher abgefahren, in einen unterkritischen Zustand versetzt und über lange Zeit sicher gekühlt (Nachwärmeabfuhr – vgl. Abschnitt 5.2.5) werden.

Generell müssen großtechnische Anlagen, wie eben auch Kernkraftwerke, gegen verschiedene (regionale) Umwelteinflüsse wie Erdbeben, Sturm, Hochwasser usw.

geschützt sein. Dementsprechend muss der Standort geeignet gewählt werden. Bei der Gebäudeplanung und -aufteilung spielen daneben noch weitere Überlegungen und Randbedingungen eine Rolle:

- Notwendigkeit von Zutrittsbeschränkungen, Videoüberwachungen o.ä,
- Funktions- und systemorientierte Anordnung der Komponenten (Übersichtlichkeit, kurze Rohrleitungen usw.),
- Betriebstechnische Aspekte, wie Montage- und Instandhaltungsarbeiten (z.B. auch Anbringung von Kränen oder Hebebühnen),
- Brandschutzkonzept und Flucht- und Rettungswegplan,
- Strahlenschutzbarrieren und -absperrungen,
- Gebäudeentwässerungen und Lüftungstechnik.

Das Gelände eines Kernkraftwerks ist in verschiedene Schutzzonen aufgeteilt. Eine äußere Umzäunung und Eingangskontrollen schützen vor unbefugtem Zutritt zum Kraftwerksgelände. Dieser Bereich eines Kernkraftwerks wird als äußerer Sicherungsbereich bezeichnet.

Auch innerhalb der Anlage werden verschiedene Gebäude oder Räume mittels Zugangskontrollen gesichert, z.B. per Videoüberwachung. Im sog. inneren Sicherungsbereich befinden sich u.a. die Warte, das Schaltanlagengebäude und der Kontrollbereich, zu dem das Innere des Reaktor- und Hilfsanlagengebäudes gehört (beim Kernkraftwerk mit Siedewasserreaktor auch das Maschinenhaus). Der Zugang zum inneren Sicherungsbereich berechtigt nicht automatisch zum Eintritt in den Kontrollbereich. Hierzu braucht es die Genehmigung des Strahlenschutzpersonals (vorausgesetzt die gesundheitliche Eignung ist gegeben) sowie der Anlagensicherung. Ferner muss in Kontrollbereichen spezielle (Über-)Kleidung getragen und ein Dosimeter mitgeführt werden (Abschnitt 3.5.3.2).

Für die Sicherheit in Kernkraftwerken ist das Sicherheitspersonal zuständig. Dieses hat eine eigene Warte im inneren Sicherungsbereich, die Sicherheitszentrale, von der aus die Anlage videotechnisch überwacht und z.B. Zugänge zu Gebäuden und Anlagenteilen auf Anforderung berechtigter Personen freigegeben werden.

Sollten sich trotz strengster Sicherheitsmaßnahmen (u.a. Zutrittsgenehmigung mit Identitätsüberprüfung, oder Videoüberwachung) Unbefugte Zugang zum inneren Sicherungsbereich verschafft haben, kann der Eingang zum Kontroll- und Wartebereich durch schwere Türen von der Sicherheitszentrale aus geschlossen werden.

6.4.1.5 Fail-safe-Prinzip

Ein System, das fehlerverzeihend ausgeführt ist und auf Fehler nur «hin zu einem sicheren Zustand» reagiert, wird als «fail-safe» (fehlersicher bzw. folgeschadensicher) bezeichnet.

Beispielhaft können hier die Antriebe der Steuerstäbe (Abschnitt 5.4.2) erwähnt werden. Sollte die Spannungsversorgung im Kraftwerk ausfallen, werden die Steuerstäbe automatisch aufgrund der Schwerkraft (Druckwasserreaktor) bzw. durch Druckspeicher (Siedewasserreaktor) in den Reaktor eingefahren, da die jeweiligen Systeme elektromechanisch verriegelt sind und bei Spannungsausfall automatisch freigegeben werden.

6.4.1.6 Sicherheitsabschließungen

Sicherheitstechnisch wichtige Systeme werden auf verschiedene Redundanzen und getrennte Räumlichkeiten aufgeteilt, was eine hohe Sicherheit bezüglich gegenseitiger Beeinflussung mit sich bringt. Damit auch eine gezielte Sabotage unterbunden wird, werden wichtige Anlagenteile bzw. -bereiche zudem abgeschlossen und gegebenenfalls zugangs- oder videoüberwacht.

Die technischen Systeme eines Kernkraftwerks müssen in regelmäßigen Abständen kontrolliert und überprüft werden (Abschnitt 6.4.1.8). Dazu sind meist Begehungen der entsprechenden Räumlichkeiten durch das Personal nötig. Damit ein Mitarbeiter eines Kernkraftwerks nicht durch gezielte Manipulation Schäden in den unterschiedlichen Redundanzen hervorrufen kann, besteht eine strenge Limitierung der Zugänglichkeit zu den einzelnen Sicherheitssystemen.

Die in den Abschnitten 6.4.1.1 und 6.4.1.2 beschriebene Philosophie hinter der redundanten Auslegung der sicherheitstechnisch wichtigen Systeme im Kernkraftwerk (z.B. «4 · 50%» bzw. «n + 2») erlaubt prinzipiell das Versagen von 2 der meist 4-fach vorhandenen Anlagen. Aus diesem Grund wird einem einzelnen Mitarbeiter pro Tag nur Zutritt zu 2 der 4 Redundanzen (Scheiben) gewährt, um dort z.B. Wartungen oder Kontrollen durchzuführen. So könnte dieser böswillig nur diese beiden redundanten Systeme manipulieren.

Anmerkung
Eingriffe in sicherheitstechnisch wichtige Systeme würden durch entsprechende Fehlermeldungen (z.B. Meldungen über Fehlstellungen von Armaturen) auf der Warte angezeigt und nicht unbemerkt bleiben.

Wichtige Armaturen (z.B. Ventile) lassen darüber hinaus nur mit speziellen Schlüsseln verstellen. Diese Schlüssel können nur dann wieder aus dem Schloss entfernt werden, wenn die Armatur wieder in ihrer betriebsmäßigen Stellung steht. Alle derartigen Schlüssel der jeweiligen Redundanzen befinden sich in der Obhut der Schichtleiter auf der Warte und werden von ihnen kontrolliert ausgegeben. Die Schichtleiter notieren sich u.a. den Grund der Schlüsselausleihe (z.B. eine wiederkehrende Prüfung – Abschnitt 6.4.1.8), um den Überblick über eventuell falsch stehende Armaturen zu behalten und entsprechende Fehlermeldungen des Reaktorschutzes interpretieren zu können.

Anmerkung
Diese Schlüssel werden oft auch als TMI-Schlüssel bezeichnet, weil eine Ursache des Reaktorunfalls auf Three-Mile-Island (Harrisburg, USA, 1979) eine Fehlstellung wichtiger Armaturen war. Es wurde nach einer wiederkehrenden Prüfung versäumt, die Leitung zwischen Notspeisesystem (Abschnitt 6.5.7.1) und Dampferzeuger wieder zu öffnen. Um solche Fehler zu vermeiden, wurden in vielen Anlagen diese Schlüssel nachgerüstet bzw. bei neuen Anlagen von vornherein vorgesehen.

6.4.1.7 Fachkunde des Personals

Neben allen technischen Vorkehrungen hat sich in der Vergangenheit immer wieder gezeigt, dass auch der «Faktor Mensch» nicht unterschätzt werden darf, wenn es um die Interpretation und Reaktion auf technische Vorgänge in komplexen Anlagen geht.

Deshalb ist es von besonderer Bedeutung, dass das Personal eines Kernkraftwerks gut geschult ist. Ein verantwortlicher Mitarbeiter im Kernkraftwerk erhält seine mehrjährige Ausbildung auf meist nur einer Anlage, um mit den technischen Systemen für dieses Kraftwerk vertraut zu sein. Dadurch ist sichergestellt, dass das Schichtpersonal «seine» Anlage perfekt kennt. Zudem wird von den leitenden Schichtmitarbeitern ein gewisses Vorwissen (z.B. für Schichtleiter ein Ingenieurstudium oder ein vergleichbares Studium) verlangt.

Das in der Ausbildung erworbene Fachwissen müssen die Mitarbeiter in regelmäßigen Schulungen und Kursen auffrischen, vertiefen und immer wieder neu beweisen. Die Reaktorfahrer und Schichtleiter der Kernkraftwerke werden zweimal jährlich zur Aufrechterhaltung ihrer Lizenz am Simulator des jeweiligen Kraftwerkstyps geschult. Die Simulatoren geben dem Schichtpersonal die Möglichkeit, mit einer authentischen Anlage, die sich genau so verhält wie auch die reale Anlage, Stör- und Notfälle bzw. außergewöhnliche Betriebszustände zu simulieren, wie sie in der Praxis äußerst selten bzw. nie vorkommen. Dadurch vertiefen sie nicht nur das Anlagenverständnis, sondern üben sich auch in komplexen Situationen und unter entsprechenden Stress-Bedingungen richtig zu verhalten. So erhalten sie Routine und können im Ernstfall wohl überlegt handeln.

Anmerkung
Ein vom Kraftwerk ausgebildeter Schichtmitarbeiter muss nicht immer im Schichtbetrieb eingesetzt werden, sondern kann auch im Tagdienst Bürotätigkeiten durchführen, bei denen sein Fachwissen um die Anlage gefragt ist (z.B. bei der Planung von Revisionen). Um ihre Lizenz z.B. als Schichtleiter oder Reaktorfahrer nicht zu verlieren, müssen aber auch diese Mitarbeiter die halbjährliche

Simulatorschulung besuchen und pro Jahr eine gewisse Zeit im Schichtdienst auf der Warte eingesetzt werden.

6.4.1.8 Wiederkehrende Prüfungen

In einem Kernkraftwerk gibt es viele Systeme (z.B. das Notspeisesystem eines Druckwasserreaktors, Abschnitt 6.5.7.1), die der Reaktorschutz nur in schweren Störfällen anfordert und die somit über die gesamte Laufzeit des Kraftwerks u.U. nie in Betrieb genommen werden.

Gerade diese Systeme aber haben sicherheitstechnisch eine sehr hohe Bedeutung, und ihre zuverlässige Funktion ist äußerst wichtig. Da sie aber normalerweise nie wirklich in Betrieb sind, muss ihre Funktion in regelmäßigen Abständen überprüft werden. Diese Prüfungen werden allgemein als «Wiederkehrende Prüfungen (WKP)» bezeichnet.

Wiederkehrende Prüfungen müssen an den echten Komponenten und den entsprechenden Kreisläufen vorgenommen werden, dürfen aber, da sie oft während des Leistungsbetriebs stattfinden, den Anlagenbetrieb nicht behindern. Z.B. bedeutet dies, dass bei einer Prüfung des Zusatzboriersystems eines Druckwasserreaktors (Abschnitt 6.5.7.4) auf keinen Fall wirklich Wasser in den Primärkreis gefördert wird oder dass beim Test der Notspeisesysteme (Abschnitt 6.5.7.1) die Dampferzeuger nicht wirklich bespeist werden. Deshalb müssen für solche Tests die entsprechenden Anlagen so umgestellt werden, dass sie zwar unter betriebsrelevanten Bedingungen arbeiten, jedoch keinen Einfluss auf den Betrieb des Kraftwerks nehmen. D.h., dass z.B. Pumpen während des Tests die entsprechende Fördermenge unter einem betriebsrelevanten Druck aufweisen müssen, wobei sie über eine Mindestmengenleitung nur im Kreis fördern und als Last entsprechende Drosseln eingeschaltet haben.

Nach der erfolgreichen Prüfung müssen alle Ventile und Signale auf der Warte wieder ordnungsgemäß zurückgestellt und die Richtigkeit der Stellung überprüft werden, damit das System für einen Anforderungsfall in seiner Grundstellung bereitsteht.

6.4.1.9 Erfahrungsaustausch

Besonders in der Kerntechnik ist es wichtig, dass eventuelle Fehler möglichst nur einmal begangen werden und dass die Betreiber einer Anlage von Vorkommnissen in anderen in- und ausländischen Anlagen lernen. Deshalb gibt es gerade zwischen den Kernkraftwerksbetreibern und zwischen den kontrollierenden staatlichen Organisationen einen regen Erfahrungsaustausch.

Jedes Vorkommnis in einer kerntechnischen Anlage wird durch ein internationales Bewertungssystem für Vorfälle in kerntechnischen Anlagen klassifiziert – das sog. INES-System (International Nuclear Event Scale). Dieses System teilt die Ereignisse in kerntechnischen Anlagen in 7 Kategorien. Die Vorkommnisse werden dabei nach 3 übergeordneten Aspekten bewertet (Tabelle 6.16).

Tabelle 6.16 Übersicht der Kategorien der INES-Skala

Stufe	Kurz-beschreibung	radiologische Auswirkungen außerhalb der Anlage	radiologische Auswirkungen innerhalb der Anlage	Beeinträchtigung der Sicherheits-vorkehrungen
		1. Aspekt	**2. Aspekt**	**3. Aspekt**
7	katastrophaler Unfall	schwerste Freisetzung, Auswirkungen auf Gesundheit und Umwelt in einem weiten Umfeld		
6	schwerer Unfall	erhebliche Freisetzung, voller Einsatz der Katastrophenschutz-maßnamen		
5	ernster Unfall	begrenzte Freisetzung, Einsatz einzelner Katastrophenschutz-maßnamen	schwere Schäden am Reaktorkern und an radiologischen Barrieren	
4	Unfall	geringe Freisetzung, Strahlenbelastung der Bevölkerung ca. in Höhe der natürlichen Exposition	begrenzte Schäden am Reaktorkern und radiologischen Barrieren; Strahlenexposition beim Personal mit Todesfolge	
3	ernster Störfall	sehr geringe Freisetzung, Strahlenbelastung der Bevölkerung in Höhe eines Bruchteils der natürlichen Exposition	größere Kontaminationen, Strahlenexpositionen beim Personal mit akuten Gesundheitsschäden	weitgehender Ausfall der gestaffelten Sicherheitsvorkehrungen
2	Störfall		signifikante Kontamination, Unzulässig hohe Strahlenbelastung beim Personal	begrenzter Ausfall der gestaffelten Sicherheitsvorkehrungen
1	Störung			Abweichung von den zulässigen Bereichen für den sicheren Betrieb der Anlage
0	unterhalb der Skala			keine sicherheits-technische Bedeutung

Je nach Art des Vorkommnisses in der kerntechnischen Anlage muss der Betreiber entsprechende Meldungen an die aufsichtsführende Behörde geben. Auch hier lassen sich verschiedene Kategorien unterteilen:

- ❑ Kategorie V (Vor Beladung des Reaktors)
- ❑ Kategorie N (Normalmeldung)
  - Vorkommnisse, die nur wenig über den routinemäßigen Betrieb hinausgehen und in der Regel erfasst werden, um evtl. Schwachstellen an anderen Anlagen aufzudecken und zu prüfen.
  - Meldung an die Behörde binnen 5 Werktagen.
- ❑ Kategorie E (Eilmeldung)
  - Meldung innerhalb 24 Stunden per Telefon oder Fax, schriftliche Meldung innerhalb von 5 Werktagen.
  - Ereignisse, die in angemessener Frist Prüfungen oder Behebungsmaßnahmen erfordern (z.B. sicherheitstechnisch potentiell, aber nicht unmittelbar signifikant).
- ❑ Kategorie S (Sofortmeldung)
  - Unverzügliche Meldung an die Behörde, damit diese evtl. sofort Maßnahmen einleiten kann.
    Kurzfristige Prüfungen und Maßnahmen, z.B. bei Vorkommnissen, die zu einer Aktivitätsfreisetzung führen könnten.

Ein Vorkommnis in einer kerntechnischen Anlage wird demnach immer unter Angabe dieser beiden Klassifizierungen gemeldet.

Beispiel

Die folgenden Beispiele wurden aus den monatlichen Veröffentlichungen der Zeitschrift atw entnommen:

- ❑ Fehlerhafte Stellungsanzeige eines Frischdampfsicherheitsventils (INES Stufe 0, Meldekategorie «N»),
- ❑ Undichtigkeit an einem Steuerluftventil (INES Stufe 0, Meldekategorie «N»),
- ❑ Kleinstleckage an Messleitung (INES Stufe 0, Meldekategorie «N»).

6.4.2 Reaktorschutz

Die Komplexität eines Kernkraftwerks und die damit verbundene Vielzahl an Fehler- und Störmeldungen auch kleiner oder unbedeutender Fehler machen es für das Schichtpersonal manchmal unmöglich, beim Auftreten eines Fehlers sofort dessen Ursache zu erkennen und entsprechend richtig darauf zu reagieren.

Um eine größere Sicherheit zu erlangen, muss dem Personal die Verantwortung wichtiger Sofortentscheidungen abgenommen und damit menschliches Fehlverhalten und Fehlurteilen ausgeschlossen werden. Im Fehlerfall müssen schnelle Reaktionen von der Anlage selbst erfolgen. Für diese Aufgabe ist der Reaktorschutz bestimmt. Unter diesem Begriff ist die Rechner- bzw. Logikstruktur zusammengefasst, die auflaufende Meldungen und Signale bzw. Grenzwerte überwacht und sofort auf eine Verletzung oder Überschreitung von sicherheitstechnisch wichtigen Grenzwerten reagiert.

Bild 6.7
Prioritäten bei Sicherheitssystemen

Der Reaktorschutz hat in der Steuerung des Kernkraftwerks die höchste Priorität, wie Bild 6.6 veranschaulicht.

An unterster Stelle im Sicherheitssystem des Kernkraftwerks stehen die Handeingriffe durch das Schichtpersonal. Höhere Priorität haben die Eingriffe der Regelkreise, die automatisch für die Einhaltung eingestellter Parameter sorgen. Viele Handeingriffe der Operateure ändern die Parameter der Regelkreise (z.B. Sollwerte). Werden die Grenzwerte der Regelkreise überschritten, kommt die Begrenzung zum Eingriff und die nötigen Maßnahmen, um einer Gefahr auszuweichen, müssen automatisch ergriffen werden. Dadurch wird der Grenzwert wieder verlassen, auch wenn dies evtl. den Vorgaben der Regelungen widerspricht. Als oberste Instanz greift der Reaktorschutz in das System ein. Er hat absoluten Vorrang und blockiert zunächst alle weiteren Eingriffsmöglichkeiten. Die wichtigsten Aufgaben des Reaktorschutzes enthalten u.a.:

- Reaktorschnellabschaltung,
- Notstromversorgung,
- Dampferzeuger-Notbespeisung (Druckwasserreaktor),
- Kernkühlung,
- Gebäudeabschluss,
- Lüftungsabschluss.

Als Eingangssignale für die jeweiligen Reaktionen des Reaktorschutzes dienen Signale wie:

- Kühlmitteltemperatur und -druck,
- Reaktorfüllstand,
- Kondensationskammerfüllstand (Siedewasserreaktor)
- Druckhalterfüllstand (Druckwasserreaktor),
- Neutronenfluss,
- Flutbeckenniveau (Druckwasserreaktor),
- Druck in den Betriebsräumen,
- Aktivitätsmessstellen,
- Speisewasserbehälterniveau,
- Frischdampfmenge (Siedewasserreaktor).

Das oberste Schutzziel beim Betrieb eines Reaktors und somit auch des Reaktorschutzsystems ist der sichere Einschluss des radioaktiven Inventars (Aktivitätsrückhaltung). Dies muss unter allen Betriebszuständen und Störfällen gewährleistet bleiben. Weitere Schutzziele sind die Wahrung der Unterkritikalität, die Kernkühlung (Nachwärmeabfuhr), die Energieversorgung sowie der Schutz des Betriebspersonals und der Anlagenschutz.

Technisch bedeutet dies, dass zu jedem Zeitpunkt die radioaktiven Stoffe sicher eingeschlossen bleiben müssen und der Reaktorkern auch nach einer Schnellabschaltung noch adäquat gekühlt wird, um eine unzulässige Temperaturerhöhung aufgrund der Nachzerfallswärme (Abschnitt 5.2.5) zu vermeiden.

Damit der Reaktorschutz ordnungsgemäß und zuverlässig funktionieren kann, sind die vorher beschriebenen Sicherheitsphilosophien und die entsprechenden Wartungen, Kontrollen und Wiederkehrenden Prüfungen nötig. Auch beim Reaktorschutzsystem greift das Prinzip der Diversität und das «2-aus-3»-Prinzip. Alle Fehler können durch automatische Selbstkontrollen oder manuell durchführbare Prüfschritte aufgedeckt werden und bleiben nicht unerkannt, wenn eine Messung versagt. So kann z.B. ein unkontrolliertes Ausfahren der Steuerstäbe durch eine Steigerung der Reaktorleistung (erstes Kriterium, auslösender Grenzwert), aber auch durch eine Erhöhung der Kühlmitteltemperatur, des Kühlmitteldrucks oder des Druckhalterfüllstands (redundante Grenzwerte) erkannt werden.

6.4.3 Ereignisbaum, Fehlerbaum

Um die Auslegung einer technischen Anlage hinsichtlich des erreichten Sicherheitsstandards zu überprüfen, hat sich eine Darstellung der möglichen Ereignisse anhand eines Ereignisbaums bewährt (Bild 6.8). Für jedes System gibt es bei dieser Betrachtung 2 mögliche Zustände: Entweder das System funktioniert oder es versagt. Die Wahrscheinlichkeit des Zustands «versagt» (p_{versagt}) entspricht der Ausfallwahrscheinlichkeit der Komponente. Folglich ergibt sich für den Pfad «funktioniert» die Wahrscheinlichkeit $1 - p_{\text{versagt}}$, also ~1 (p_{versagt} ist sehr klein). Die ge-

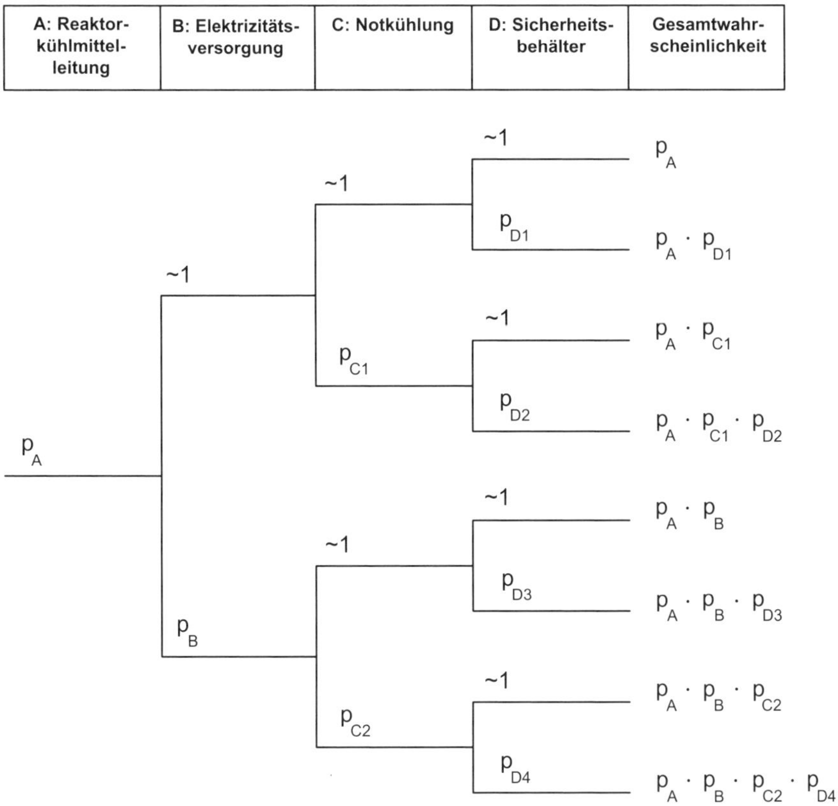

Bild 6.8 Ereignisbaum zur Beurteilung von Ausfallwahrscheinlichkeiten (nach [6.8])

samte Wahrscheinlichkeit eines der betrachteten Ereignispfade ergibt sich aus der Multiplikation der Einzelwahrscheinlichkeiten der Äste.

Die Wahrscheinlichkeiten p_{D1} respektive p_{D2} usw. stehen zwar für dasselbe Ereignis (Versagen des Sicherheitsbehälters), können sich jedoch vom Wert her unterscheiden – hier ist entscheidend, welche Vorgeschichte für dieses Ereignis in Betracht gezogen wird. Z.B. ist die Wahrscheinlichkeit für das Versagen des Sicherheitsbehälters sehr gering, wenn alle sonstigen Baugruppen intakt sind. Wurde jedoch schon unterstellt, dass z.B. ein gewisses Volumen an Kühlmittel verdampft ist und hat sich dadurch ein entsprechender Druck im Sicherheitsbehälter eingestellt, wächst diese Wahrscheinlichkeit.

Bei der Erstellung des Ereignisbaumes werden also ausgehend von einem auslösenden Ereignis (auch TOP-Ereignis genannt) die nachfolgende Kette des Sicherheitssystems betrachtet und eruiert, wie sich die Funktionalität eines (Teil-)Systems auf das Ereignis sicherheitstechnisch auswirkt und mit welcher Wahrscheinlichkeit bzw. welchen Folgen die jeweilige Kombination der Ausfallkette behaftet ist (induktives Verfahren).

Im Gegensatz hierzu wird beim deduktiven Verfahren der Fehlerbaumanalyse ein unerwünschtes Ereignis vorgegeben (z.B. Versagen der Reaktorschnellabschaltung) und sukzessive die verschiedenen Kombinationen (Pfade) ermittelt, die zu diesem Ereignis führen können. Diese Herangehensweise ist u.a. wesentlicher Bestandteil der probabilistischen Sicherheitsanalyse (PSA) im Rahmen der periodischen Sicherheitsüberprüfung (PSÜ), die die deutschen Kernkraftwerke nach dem Atomgesetz alle 10 Jahre vorlegen müssen.

Anmerkung

Die folgenden Zusammenfassungen über die PSÜ entstammen einer Pressemitteilung des Bundesministeriums für Umwelt, Naturschutz und Reaktorsicherheit:

... Die ständigen Überprüfungen im Rahmen der staatlichen Aufsicht über den Betrieb von Kernkraftwerken werden durch die periodische Sicherheitsüberprüfung (PSÜ) ergänzt. Auf der Grundlage des Ist-Zustandes der Anlage und des fortschreitenden Standes von Wissenschaft und Technik wird alle 10 Jahre eine ganzheitliche Sicherheitsbilanz gezogen. Die PSÜ umfasst neben der Analyse des Sicherheitsstatus und der Anlagensicherung (Schutz gegen kriminelle Anschläge) insbesondere eine probabilistische Sicherheitsanalyse. Dabei wird die Ausgewogenheit und Angemessenheit des Sicherheitskonzeptes der Gesamtanlage mit probabilistischen Methoden überprüft (Risikoanalyse). Als Folge dieser Prüfungen werden gegebenenfalls weitere Sicherheitsverbesserungen vorgenommen...
«Es geht darum, die Sicherheit der älter werdenden Kernkraftwerke ganzheitlich auf den Prüfstand zu stellen. Unabhängig von der ständigen staatlichen Aufsicht müssen die Betreiber der Kernkraftwerke in angemessenen Abständen immer wieder Rechenschaft darüber ablegen, wie es um das Sicherheitsniveau ihrer Kernkraftwerke bestellt ist. Ich halte es daher im Einklang mit der Mehrzahl der Länder für wichtig, die ständige Aufsicht um eine nach bundeseinheitlichen Regeln durchgeführte sog. periodische Sicherheitsüberprüfung zu ergänzen. Dies erlaubt nicht nur anlagenübergreifende Auswertungen in Deutschland, sondern dient auch der internationalen Überprüfung, wie sie in der Nuklearen Sicherheitskonvention gefordert wird.»

Dr. Angela Merkel, Bundesumweltministerin, 1997

6.4.4 Auslegungsstörfälle beim Druckwasserreaktor

Als Auslegungsstörfall wird ein Störfall bezeichnet, der bereits bei der Auslegung der Anlage zu Grunde gelegt wurde und durch die Anlage aufgrund entsprechender Sicherheitsvorkehrungen beherrscht werden kann.

Anmerkung
Der Auslegungsstörfall wurde früher als GAU (Größter Anzunehmender Unfall) bezeichnet. Heute findet dieser Begriff meist in der Umgangssprache Anwendung.

Als Beispiel wird im Folgenden ein Leck in einer Hauptkühlmittelleitung eines Druckwasserreaktors betrachtet. Aufgrund des hohen Primärkreisdrucks führt ein Leck zu einem Kühlmittelverlust. Je nach Größe des Lecks – es wird zwischen einem kleinen, mittleren und großen Leck unterschieden –, geht mehr oder weniger Kühlmittel verloren, woraus sich unterschiedliche Betriebszustände des Primärkreises ergeben.

Das durch ein Leck austretende Kühlmittel ist umgehend durch entsprechende Nach- bzw. Notkühlsysteme (vgl. Abschnitt 6.5.7) wieder zu ersetzen, so dass die zulässigen Hüllrohrtemperaturen der Brennelemente zu keiner Zeit überschritten werden und der Reaktorkern nicht gefährdet wird. Die sichere Wärmeabfuhr aus dem Kern muss gewährleistet bleiben.

Tabelle 6.17 gibt einen Überblick der zu unterscheidenden Leckgrößen und die verschiedenen Maßnahmen, die für eine sichere Beherrschung nötig sind. Dieser Störfall wird auch als LOCA (Loss Of Coolant Accident) bezeichnet.

Tabelle 6.17 Übersicht über die Beherrschung von Kühlmittelverlust-Störfällen (nach [6.8])

Bezeichnung	Leckgröße [mm]	Ersetzen des verlorenen Kühlmittels durch		Wärmeabfuhr
		betriebliche Komponenten	sicherheitstechnische Komponenten	
sehr kleines Leck	<15	Hochdruck-Förderpumpe des Volumenregel-systems		normales Abfahren über Dampferzeuger und Frischdampfum-leitung, anschließend über Nachkühlkette
kleines Leck	15...80		Sicherheitseinspeise-pumpen aus Flutbecken, Druckspeicher, Nach-kühlpumpen aus Sumpf	über Dampferzeuger durch Umleit- oder Abblasstation, anschließend über Nachkühlkette
mittleres Leck	80...350			
großes Leck	350...750		Druckspeicher, Nach-kühlpumpen aus Flut-becken, anschließend aus Sumpf	Nachkühlkette

Je nach Betriebszustand im Primärkreis laufen die entsprechenden Maßnahmen vom Reaktorschutz automatisch an. Z.B. findet bei einem Kühlmitteldruck von <132 bar automatisch eine Reaktorschnellabschaltung (RESA) statt. Bei einem Primärkreisdruck von <111 bar werden die Hauptkühlmittelpumpen (Abschnitt 6.5.3) abgeschaltet. Unterhalb von 109 bar beginnen die Sicherheitseinspeisepumpen (Abschnitt 6.5.7.3) automatisch boriertes Wasser aus den Flutbecken einzuspeisen. Sinkt der Druck weiter bis auf <25 bar, speisen die Druckspeicher in den

Reaktor ein. Ab 10 bar nehmen auch die Nachkühlpumpen ihren Betrieb auf und speisen aus den Flutbecken oder dem Gebäudesumpf (vgl. auch Abschnitt 6.5.7).

Im Falle eines Primärlecks tritt radioaktives Kühlmittel in das Containment. Die Steigerung der Aktivität im Sicherheitsbehälter wird durch entsprechende Messstellen angezeigt, und es wird im Reaktorgebäude Fluchtalarm ausgelöst.

6.4.4.1 Großes Primärleck

Folgende Punkte kennzeichnen ein großes Leck im Primärkreis:

- ❑ schnelle Druckentlastung,
- ❑ Austritt großer Wassermengen mit hohen Strömungsgeschwindigkeiten,
- ❑ wahrscheinliche Freilegung des Reaktorkerns.

Die Hauptaufgabe zur Beherrschung dieses Störfalls ist die sichere Kühlung des Kerns, um eine unzulässige Überhitzung der Brennelemente zu vermeiden. Exemplarisch wird ein kompletter Abriss einer Hauptkühlmittelleitung im heißen Strang des Primärkreises zwischen Reaktordruckbehälter und Dampferzeuger untersucht (sog. 2F-Bruch = vollständiger Bruch einer Rohrleitung mit freiem Querschnitt auf beiden Bruchseiten).

Der Vorgang bei einem großen Primärleck lässt sich in 6 Phasen einteilen (nach [6.8]). Die erwähnten sicherheitstechnischen Systeme eines Druckwasserreaktors werden in Abschnitt 6.5.7 näher behandelt:

Phase 1: «Druckentlastung bis zum Sättigungsdruck»
Aufgrund der Größe des Lecks kommt es im Primärkreis zu einer abrupten Druckentlastung. Durch den Austritt des Kühlmittels sinkt der Druck sehr schnell bis zum Sättigungsdruck (bei rund 300 °C beträgt dieser ca. 85 bar). Das Wasser im Primärkreis geht in die Dampfphase über. Durch den negativen Dampfblasenkoeffizient (Abschnitt 5.5.3) verringert sich die Reaktivität.

Phase 2: «Druckentlastung bis zur Druckspeichereinspeisung»
Ist der Druck auf weniger als 25 bar gesunken, beginnen die Druckspeicher (Abschnitt 6.5.7.5) automatisch mit dem Einspeisen von Kühlmittel. Da der Druck im gesamten Primärkreis fällt, speisen alle Druckspeicher ein, auch die der nicht betroffenen Loops. (Als Loop bezeichnet man einen Kühlkreis des Reaktors – vgl. Bild 6.10.)

Phase 3: «Druckentlastung bis zum Gleichgewichtsdruck»
Auch während die Druckspeicher einspeisen, sinkt der Druck im Primärkreis weiter ab, bis er sich dem Druck im Containment (Sicherheitsbehälter) angeglichen hat.

Phase 4: «Wiederauffüllen»
Die bisher außer Acht gelassenen, aktiven Not- und Nachkühlsysteme, sollen nun mit in die Betrachtung einbezogen werden. Bereits ab einem Kühlmitteldruck von <109 bar werden die Sicherheitseinspeisepumpen (Abschnitt 6.5.7.3) automatisch

gestartet und beginnen von den Flutbecken aus Kühlmittel einzuspeisen. Durch das in Bild 6.21 beschriebene Auswahlventil wird sichergestellt, dass die Pumpen nicht in einen defekten Teil des Loops, sondern gezielt in den Reaktordruckbehälter einspeisen. Ab einem Primärkreisdruck von <10 bar werden auch die Nachkühlpumpen (Abschnitt 6.5.7.2) automatisch in Betrieb genommen, die ebenfalls aus den Flutbecken einspeisen. Auch in diesem Fall speisen alle Loops gleichzeitig ein, sofern im Rahmen der redundanten Auslegung die jeweiligen Komponenten zur Verfügung stehen.

Phase 5: «Fluten»

Nachdem die Kernkühlung wieder eingesetzt hat, kann die Temperatur auf die Sättigungstemperatur von ca. 140 °C reduziert werden. Das bedeutet, dass sich der Reaktordruckbehälter wieder vollständig mit Wasser füllt und die Nachzerfallswärme effektiv abgeführt werden kann (eine Reaktorschnellabschaltung wurde bereits bei einem Druck von <131 bar ausgelöst).

Phase 6: «Langzeitnachkühlung»

Nach der Flutung des Kerns soll die Nachzerfallswärme langfristig abgeführt werden. Hierzu wird ein Kerndurchsatz von ca. 300 kg/s benötigt, der durch eine gleichzeitige Förderung von Sicherheitseinspeisepumpe und Nachkühlpumpe von nur 2 Strängen erbracht werden kann. Dabei wurde auch der Teil des eingespeisten Wassers berücksichtigt, der durch das Leck entweicht und über den Sumpf (vgl. Bild 6.20) wieder zurückgefördert werden muss.

6.4.4.2 Mittelgroßes Primärleck

Ein mittelgroßes Primärleck ist z.B. dann gegeben, wenn ein Anschlussstutzen an die Hauptkühlmittelleitung reißt. Der größte Stutzen ist der Anschluss der Nachwärmekühlung mit einem Durchmesser von ca. 220 mm.

Die Wärmeabfuhr wird durch das nachgespeiste Wasser übernommen. Damit frühzeitig ein Nachfüllen beginnen kann, sind die Sicherheitseinspeisepumpen mit einer Nullförderhöhe von 1100 m (110 bar) ausgestattet und beginnen bei einem Kühlmitteldruck von <109 bar automatisch mit der Einspeisung. Eine Verbindungsleitung zwischen der Nachkühlpumpe (Druckseite) und der Sicherheitseinspeisepumpe (Saugseite) ermöglicht es, auch bei einem Primärkreisdruck von >10 bar (Maximaldruck der Nachkühlpumpe) Wasser aus dem Containment-Sumpf über den Nachwärmekühler in den Reaktor einzuspeisen (s. auch Bild 6.21).

Sinkt der Druck im Primärkreis auf unter 25 bar, beginnen die Druckspeicher und ab 10 bar auch die Nachkühlpumpen mit der Einspeisung. Sind die Flutbecken entleert, wird mit den Nachkühlpumpen aus dem Sumpf angesaugt und der Kern dauerhaft gekühlt.

6.4.4.3 Kleines Primärleck

Bei einem Primärleck mit einem Durchmesser von weniger als 80 mm wird so wenig Wärme über das Leck abgeführt, dass ein normales Abfahren des Reaktors möglich ist. D.h., die Wärme wird auf dem üblichen Weg über die Dampferzeuger an den Sekundärkreis abgegeben.

Da der Druck im Primärkreis bei einem kleinen Leck nur sehr langsam fällt, müssen die Sicherheitseinspeisepumpen gegen einen hohen Druck fördern. U.U. reicht auch die Fördermenge der Hochdruck-Förderpumpen des Volumenregelsystems (Abschnitt 6.5.6) aus, um das austretende Kühlmittel zu ersetzen.

6.4.4.4 Dampferzeuger-Heizrohrleck

Beim Dampferzeuger-Heizrohrleck handelt es sich um ein Leck in einem Heizrohr eines Dampferzeugers (vgl. auch Bild 6.13) des Druckwasserreaktors. Aufgrund des Druckunterschiedes von ~90 bar zwischen Primär- und Sekundärkreis tritt an diesem Leck Hauptkühlmittel in den Sekundärkreis über. Da die Übertrittsraten sehr gering sind, würde man das Leck anhand des Kühlmittelverlusts im Primärkreis nicht bemerken.

Für die Detektion wird deshalb die Radioaktivität des Kühlmittels genutzt. Die Frischdampfleitungen besitzen an ihrer Durchtrittsstelle am Sicherheitsbehälter Aktivitätsmessstellen, die den Dampf auf Kontamination hin überwachen. Im Falle eines Dampferzeuger-Heizrohrlecks sprechen diese Messstellen an (vgl. auch Abschnitt 5.6.1). Dieser Störfall stellt für den Primärkreis keine Gefahr dar, weil eigentlich kein Kühlmittelverlust auftritt. Jedoch soll eine Kontamination des Sekundärkreises verhindert werden. Dazu wird der Dampferzeuger abgesperrt, so dass kein Frischdampf mehr nach außen gelangt. Gleichzeitig müssen jedoch entsprechende Maßnahmen (unter anderem Abfahren des Reaktors, Senken des Primärkreisdrucks, Isolation des betroffenen Dampferzeugers, Ändern der Sollwerte für Dampferzeugerfüllstand und Ansprechdruck des Abblaseventils) ergriffen werden, um mit dem Ziel der Aktivitätsrückhaltung ein Ansprechen der Abblasestation zu verhindern.

6.4.5 Kühlmittelverluststörfälle beim Siedewasserreaktor

Auch beim Siedewasserreaktor lassen sich die bereits in Tabelle 6.17 gemachten Unterscheidungen verschiedener Kühlmittelverluststörfälle (KMV) treffen. Die wichtigsten Schutzziele (vgl. Anmerkung in 6.4), die es bei der Beherrschung dieser Störfälle gibt, sind:

- ❑ Einhaltung der Unterkritikalität,
- ❑ sicherer Aktivitätseinschluss,
- ❑ hinreichende Kernkühlung, Abfuhr der Nachzerfallswärme.

Genauso wie auch beim Druckwasserreaktor, werden beim Siedewasserreaktor notwendige Maßnahmen zunächst vom Reaktorschutz (Abschnitt 6.4.2) eingeleitet. Handeingriffe der Operateure werden für die ersten Minuten nach dem Störfall gesperrt (vgl. Bild 6.7). Der Reaktorschutz verfügt über verschiedene Eingriffsmaßnahmen. Hierzu zählen u.a.:

- Reaktorschnellabschaltung,
- automatische Druckentlastung,
- Durchdringungsabschlüsse am Sicherheitsbehälter,
- Außerbetriebnahme der Reaktorspeisewasserpumen,
- Inbetriebnahme der Hoch- und Niederdruckeinspeisesysteme (Sicherheitssysteme),
- Start der Notstromdiesel (Vorsorgemaßnahme).

Der Reaktorschutz erkennt ein Leck des Primärkreises zum einen am sinkenden Füllstand im Reaktordruckbehälter, zum andern am steigenden Druck im Sicherheitsbehälter (diversitäre KMV-Kriterien). Ziel des Reaktorschutzes ist es, den Druck im Reaktorkreis schnellstmöglich zu senken, um über die Not- und Nachkühlsysteme die Nachwärme des Kerns sicher in die Kondensationskammer (Notwärmesenke) abzuführen (vgl. Abschnitt 6.6.3.1 und 6.6.3.2). Um dies zu erreichen wird der im Reaktordruckbehälter erzeugte Frischdampf über Sicherheits-/Entlastungsventile in die Wasservorlage der Kondensationskammer geleitet, wo der Dampf kondensiert. Das aus dem Leck ausströmende Kühlmittel, das sich im Sumpf des Sicherheitsbehälters sammelt, wird ebenfalls in die Kondensationskammer zurückgeführt.

Langfristiges Ziel zur Beherrschung eines Kühlmittelverluststörfalls ist die Überspeisung des Lecks bzw. der Frischdampfleitungen, um entweder über das Leck und den Sumpf oder über die an den Frischdampfleitungen angebrachten Sicherheits-/Entlastungsventile einen «geschlossenen» Kühlkreislauf zwischen Kern und Kondensationskammer zu fahren. Die dabei aus dem Kern in die Kondensationskammer abgeführte Wärme kann von außen über einen Zwischenkühlkreis (vgl. Bild 6.25) abgegeben werden. So ist es möglich, die Nachwärme auch ohne Austausch eines Mediums, über die Grenzen des Sicherheitsbehälters hinweg (Durchdringungsabschluss ist wirksam), abzuführen.

6.5 Druckwasserreaktor

Beim Druckwasserreaktor steht der gesamte Primärkreis im Betrieb unter einem hohen Druck von ca. 160 bar. So wird trotz der hohen Temperatur von im Mittel ca. 310 °C vermieden, dass das Kühlmittel im Primärkreis (Wasser) seinen Siedepunkt erreicht und Dampf entsteht.

Das wesentliche Merkmal des Druckwasserreaktors ist die Aufteilung der Wärmeabfuhr in 2 getrennte Kreise, wie in Bild 6.9 dargestellt. Der Primärkreis ist für

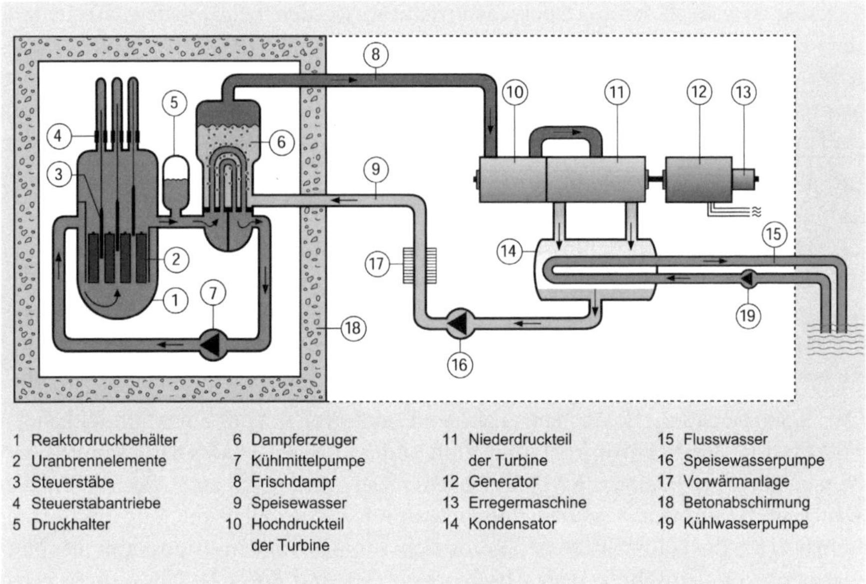

Bild 6.9 Aufbau eines Kernkraftwerks mit Druckwasserreaktor [6.9]

die Reaktorkühlung und somit für den Abtransport der durch die Kernspaltung freigesetzten Wärme zuständig. In Wärmetauschern (den Dampferzeugern) gibt das Hauptkühlmittel (so wird das im Primärkreis eingesetzte Wasser samt seiner additiven Zusatzstoffe bezeichnet) die Wärme an den Sekundärkreis, dessen Betriebsmedium ebenfalls Wasser ist, ab. Das sekundärseitige Wasser besitzt einen niedrigeren Druck von ca. 70 bar und verdampft in den Dampferzeugern. Der Dampf wird über Rohrleitungen aus dem Reaktorgebäude in das Maschinenhaus geführt, wo er über die Dampfturbine seine Energie an den Generator zur Stromerzeugung abgibt (Kapitel 7).

6.5.1 Aufbau des Druckwasserreaktors

Bild 6.10 zeigt den vereinfachten Schaltplan des Primärkreises eines Druckwasserreaktors. Die einzelnen Anlagenteile und Systeme werden in den nächsten Abschnitten erläutert. Zur Vereinfachung wurden in Bild 6.10 von den meist 4 vorhandenen Loops nur 2 dargestellt und die anderen beiden nur durch ihre Anbindung an den Reaktor angedeutet.

Es sei bereits hier angemerkt, dass sich die dargestellten Systeme bei unterschiedlichen Baureihen in manchen Einzelheiten unterscheiden können. Es wurden bei der Beschreibung beispielhaft die Details aus einzelnen Anlagen herangezogen.

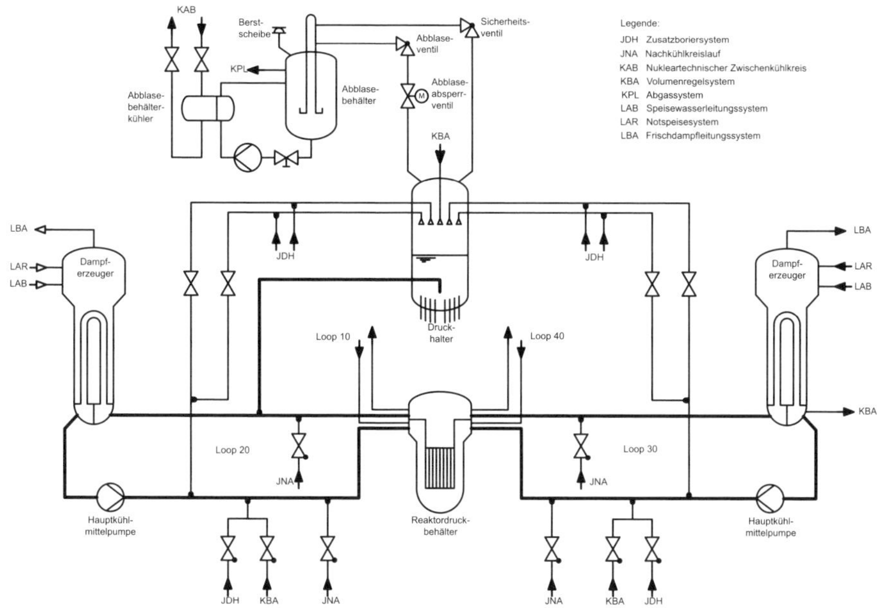

Bild 6.10
Vereinfachter Schaltplan des Reaktorkühl- und Druckhaltesystems eines Druckwasserreaktors

Die Brennelemente (s. Abschnitt 4.4.2) befinden sich im Reaktordruckbehälter (s. Abschnitt 6.5.2) und bilden den Reaktorkern. Der Kern wird vom Hauptkühlmittel von unten nach oben durchströmt. Der Reaktordruckbehälter verfügt in seinem Kopfbereich über entsprechende Anschlüsse der Hauptkühlmittelleitungen – die Hin- und Rückläufe der 4 Loops (vgl. auch Bild 5.19). Die Hauptkühlmittelpumpen (s. Abschnitt 6.5.3) sorgen dafür, dass das Wasser in den Loops umgewälzt wird und pumpen es von den Dampferzeugern zurück zum Reaktordruckbehälter. In den Dampferzeugern gibt das Kühlmittel seine Wärme an einen zweiten Kreislauf, den Sekundärkreis (Kapitel 7), ab und bringt dort Wasser mit einem niedrigeren Druck (ca. 70 bar) zum Sieden, so dass Dampf entsteht, der im anschließenden Turbosatz des Sekundärkreises seine Energie in Rotationsarbeit und letztlich in elektrische Energie umsetzt.

Der Primärkreis wird bei einem Druck von ca. 160 bar (Kühlmitteldruck, KMD) betrieben, damit das Kühlmittel (Wasser) mit einer Temperatur von 310 °C (mittlere Kühlmitteltemperatur, KMT) nicht siedet. Der Druck des Primärkreises wird vom sog. Druckhalter (Abschnitt 6.5.5), der über eine Rohrleitung mit dem Primärkreis verbunden ist, geregelt.

Das Aufwärmen des Kühlmittels reicht bei Volllastbetrieb von ca. 296...327 °C und beträgt somit rund 31 °C.

6.5.2 Reaktordruckbehälter

Der Reaktordruckbehälter (RDB, Bild 6.11) bildet «das Herz» eines Kernkraftwerks. In ihm befinden sich die Brennelemente, in denen der Brennstoff untergebracht ist, wo durch die Kernspaltung in einer Kettenreaktion Energie freigesetzt wird. In einem Kernkraftwerk mit einem Druckwasserreaktor von rund 1500 MW elektrischer Brutto-Leistung – das entspricht bei einem Wirkungsgrad von ca. 35% einer thermischen Reaktorleistung von 4500 MW – sind ca. 200 Brennelemente im Reaktor untergebracht. Die darin enthaltene Brennstoffmenge beträgt rund 200 t Uran (vgl. Abschnitt 4.4).

Der Reaktordruckbehälter muss dabei so ausgelegt sein, dass er dem im Primärkreis herrschenden Druck von 160 bar standhält. Dafür besitzt er eine Wandstärke von bis zu 250 mm und besteht aus nahtlos geschmiedeten, zylindrischen Ringen.

Damit das Kühlmittel den Kern von unten nach oben durchströmt, ist innerhalb des Reaktordruckbehälters eine zweite Wand, der sog. Kernbehälter angeordnet (vgl. auch Bild 5.19). An dessen Außenseite wird das an den Eintrittsstutzen oberhalb des Kerns einströmende Kühlmittel zunächst nach unten geleitet. Von dort wird es von einer mechanischen Struktur, dem Strömungsverteiler, in den Kern gelenkt, gelangt durch die Austrittsstutzen oberhalb des Kerns wieder nach außen und über die Hauptkühlmittelleitungen zu den Dampferzeugern. Der ca. 80 mm starke Kernbehälter wirkt auch als thermischer Schild und reduziert die Strahlen- und Wärmebelastung des Reaktordruckbehälters durch die auftretende Neutronen- und γ-Strahlung.

Die Brennelemente (s. auch Abschnitt 4.4.2) stehen auf der unteren Tragplatte und werden vom oberen Kerngerüst durch gefederte Bolzen im Kopf nach unten gedrückt und durch Zentrierstifte oben und unten in Position gehalten, so dass sie auch beim Betrieb stets korrekt ausgerichtet bleiben und durch die Strömung des Kühlmittels nicht beeinträchtig werden. Seitlich wird der Reaktorkern durch die Kernumfassung abgeschlossen. Dies ist eine Struktur, die den Zwischenraum zwischen dem runden Kernbehälter und der Außenseite des Kerns, der aus quadratischen Brennelementen gebildet wird, abschließt (ersichtlich in Bild 5.19).

Damit der Reaktordruckbehälter zum Wechsel der Brennelemente geöffnet werden kann, hat er oben einen aufgeflanschten Deckel. Auf der Außenseite des Deckels befinden sich neben den in Abschnitt 5.4.2 erläuterten Antrieben für die Steuerstäbe auch Durchführungen für die Kerninstrumentierungen (s. Abschnitt 5.4.5). Der Deckel ist durch 2 Dichtungen gegen den Reaktordruckbehälter abgedichtet und durch vorgespannte Bolzen verschraubt. Die Vorspannkraft übersteigt die Kraft des Primärkreisdrucks im Nennbetrieb, so dass sich die Kraft in den Bolzen zwischen Normal- und Betriebsdruck nicht umkehrt.

Die Temperatur des Kühlmittels am Austritt des Reaktors beträgt bei Volllast ca. 327 °C. Die Eintrittstemperatur ist mit 296 °C nur wenig geringer. Die mittlere Kühlmitteltemperatur beträgt im Volllastbetrieb ca. 310 °C. Bei niedrigerer Leis-

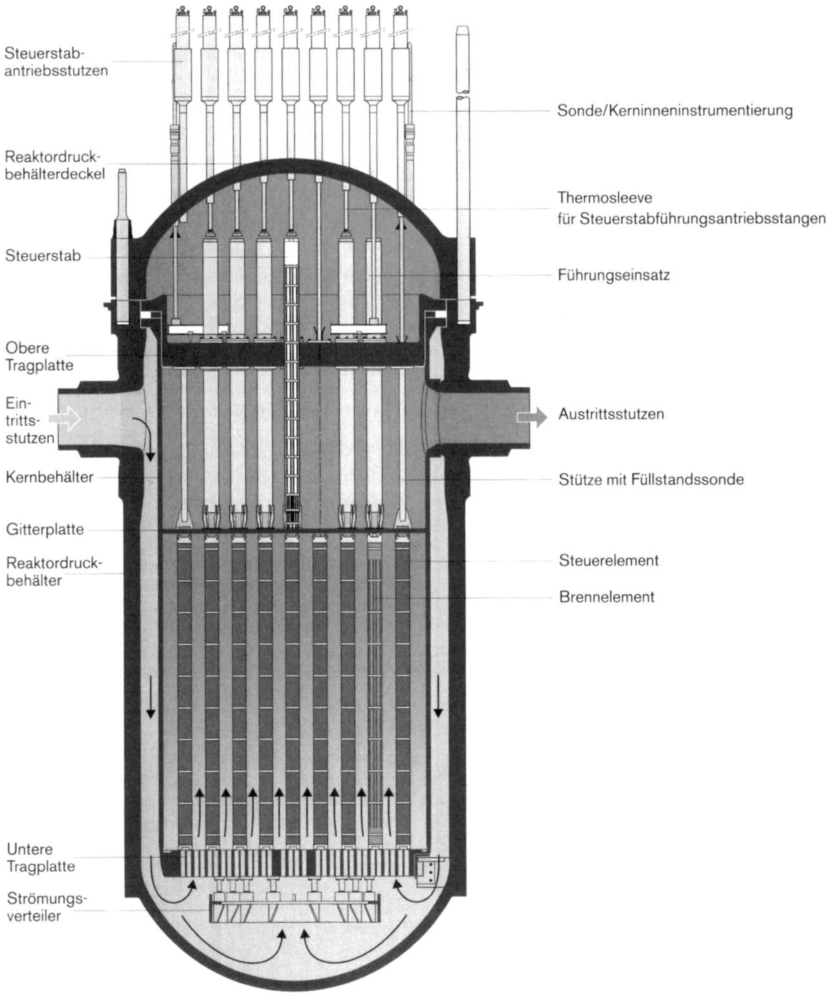

Bild 6.11 Reaktordruckbehälter mit seinen Einbauten im Längsschnitt [6.6]

tung verringert sich die Aufwärmspanne, also die Differenz zwischen der Ein- und Austrittstemperatur am Reaktor.

Der Reaktordruckbehälter ist im Primärkreis auf dem tiefsten Niveau angebracht, damit bei einem Ausfall der Hauptkühlmittelpumpen (z.B. Notstromfall) das Kühlmittel auch durch Naturumlauf zirkulieren kann (vgl. Abschnitt 6.4.3). Der Boden des Reaktordruckbehälters liegt auf einem Niveau von ca. 0 m.

Die Daten des Reaktordruckbehälters des EPR aus Bild 6.11 lassen sich wie folgt darstellen (aus [6.10]):

- ❑ Höhe 12,7 m
- ❑ Gewicht 526 t
- ❑ Innendurchmesser 4,9 m
- ❑ Wandstärke bis zu 250 mm
- ❑ Anzahl der Brennelemente 241
- ❑ aktive Länge der Brennelemente 4,2 m
- ❑ thermische Reaktorleistung 4500 MW
- ❑ Betriebsdruck 155 bar
- ❑ Kühlmitteleintrittstemperatur 295,9 °C
- ❑ Kühlmittelaustrittstemperatur 327,2 °C
- ❑ Kühlmitteldurchsatz im Kern 31,5 m^3/s

In den Deckel des Reaktordruckbehälters sind die Antriebe für die Steuerelemente integriert. Die Steuerstäbe selbst sind innerhalb des Reaktors oberhalb des Kerns angebracht und je nach Betriebszustand mehr oder weniger tief in den Kern eingefahren. Im Falle einer Schnellabschaltung fallen die Steuerstäbe automatisch in ihre jeweiligen Positionen zwischen den Brennstäben, unterbinden den Neutronenfluss und stoppen so die Kettenreaktion (Abschnitt 5.4.2).

6.5.3 Hauptkühlmittelpumpen

Die Hauptkühlmittelpumpen haben die Aufgabe, das Hauptkühlmittel im Primärkreis umzuwälzen. Dafür ist in jedem Loop eine Hauptkühlmittelpumpe vorgesehen. Sie sitzt auf der kalten Seite des Loops zwischen Dampferzeuger und Reaktordruckbehälter. Die Hauptkühlmittelpumpen müssen dabei den Druck um ca. 6 bar erhöhen – gerade so viel, dass die Druckabfälle im Dampferzeuger und im Reaktor ausgeglichen werden. Sie sollen mit 28 000 m^3/h eine große Menge Kühlmittel umwälzen und haben dafür eine Leistung von ca. 9 MW.

Anmerkung
Da die Leistung der Hauptkühlmittelpumpen an das Kühlmittel abgegeben wird, lässt man vor dem Anfahren des Reaktors die Hauptkühlmittelpumpen laufen und erwärmt dadurch den Primärkreis bis fast auf Betriebstemperatur. Gleichzeitig wird mit Hilfe des Druckregelsystems (Abschnitt 6.5.5) der Druck im Primärkreis erhöht. Erst dann wird der Reaktor durch Ziehen der Steuerstäbe kritisch gefahren und die Leistung über die KMT-Regelung (Kühlmitteltemperatur) geregelt.

Die Hauptkühlmittelpumpen sind nach dem Prinzip einer Kreiselpumpe aufgebaut (Bild 6.12). Das Laufrad saugt das Kühlmittel von unten aus dem Saugraum an und fördert es durch das Leitrad in den Druckraum der Pumpe, den es dort seitlich verlässt.

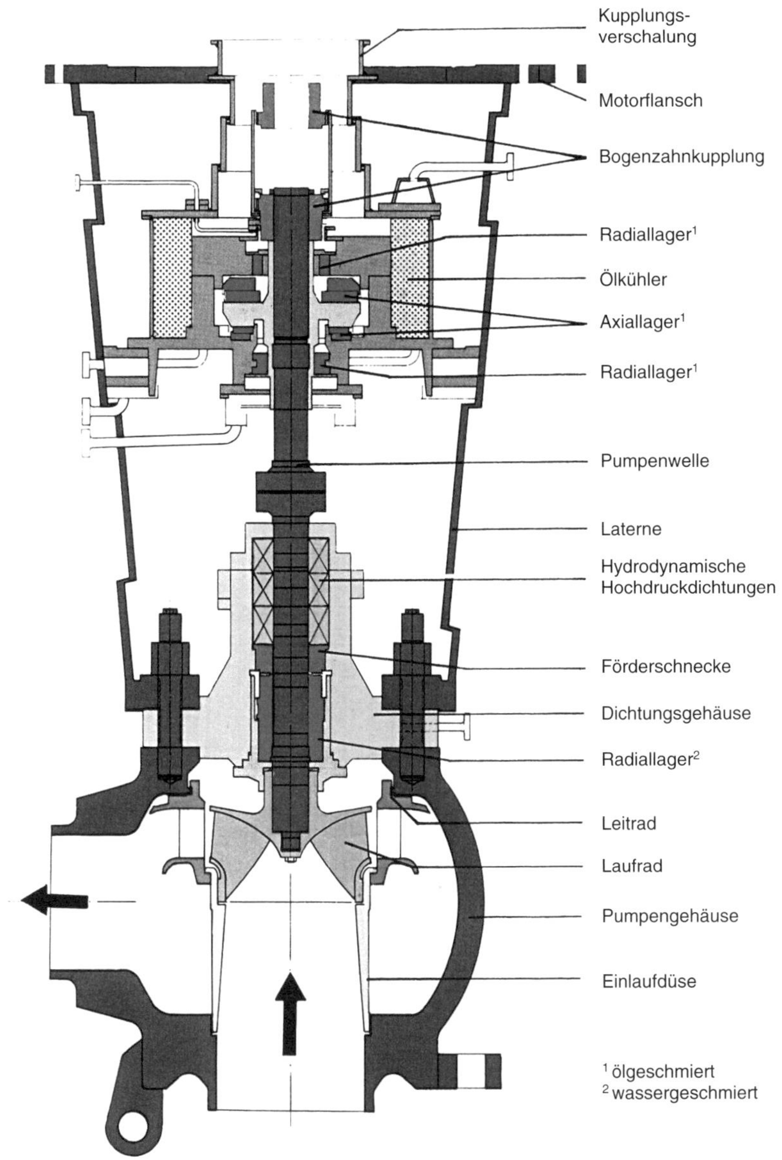

Bild 6.12 Schema einer Hauptkühlmittelpumpe – Darstellung ohne Motor [6.13]

Die Hauptkühlmittelpumpen sind stehend angeordnet, d.h. mit einer senkrechten Welle. Angetrieben werden sie von einem Elektromotor, der sich oberhalb der Pumpe befindet. Die Abdichtung des Primärkreises gegenüber dem Umgebungsbereich erfolgt oberhalb des Laufrades. Die Dichtungen der Wellen sind so ausgeführt, dass sie den primärseitigen Betriebsdruck von 160 bar gegen die Umgebung abdichten. Dazu wird ein aktives Dichtsystem verwendet, das mit Sperrwasser unter einem hohen Druck versorgt wird (vgl. Bild 6.34). Dieses Sperrwasser wird vom Volumenregelsystem und den dort vorhandenen Hochdruckpumpen bereit gestellt (vgl. Abschnitt 6.5.6).

Kräfte, die in axialer Richtung auf die Lager der Pumpenwelle wirken, kehren sich in verschiedenen Betriebszuständen um. So wirkt beispielsweise bei Stillstand der Pumpe im drucklosen Zustand des Primärkreises (z.B. während der Revision) die Gewichtskraft der Pumpe auf die Lager. Erhöht man den Druck im Primärkreis (z.B. beim Anfahren des Systems) kehrt sich diese Kraft ab einem Primärkreisdruck von ca. 60 bar um und die Gewichtskraft wird durch den primärseitigen Druck kompensiert. Nun müssen die Axiallager der Pumpenwelle nach oben hin stützen. Deshalb ist das Axiallager oben massiver ausgeführt als unten. Während des Pumpenbetriebs muss ein Ölfilm zwischen die Lagerhälften gepresst werden, der zum einen für eine ausreichende Schmierung und zum andern für die tragende Kraft sorgt, damit eine zu hohe Reibkraft vermieden wird.

Neben der axialen Lagerung müssen auch Radiallager für eine seitliche Stabilisierung der Welle vorgesehen werden. Erschwerend kommt die Wärmeausdehnung des Materials während des Aufwärmens um ca. 300 °C hinzu.

Der Motor der Hauptkühlmittelpumpe ist eine Asynchronmaschine, die bei einer Drehzahl von 1480 min^{-1} läuft. Oberhalb des Motors befindet sich ein Schwungrad mit einer Masse von ca. 6,5 t, das dazu dient, die Drehzahl zu stabilisieren und bei einem evtl. Stromausfall den Nachlauf der Pumpe auf ca. 1 min zu verlängern. Diese Zeit wird benötigt, um den Reaktor bei einem Ausfall der Stromversorgung abzuschalten bzw. bei einem Ausfall einer Pumpe die Reaktorleistung anzupassen.

Für den Betrieb von solch großen Komponenten wie einer Hauptkühlmittelpumpe braucht es neben den Hauptteilen der Pumpe (Motor, Lager, Dichtungen oder Pumpenrad) noch eine Vielzahl von Hilfssystemen, die z.B. für eine ausreichende Schmierung der Lager, eine Versorgung mit Sperrwasser für die hydrodynamischen Dichtungen oder eine adäquate Kühlung der Schmiermittel sorgen. Teilweise müssen derartige Hilfssysteme auch redundant und für einen Betrieb am Notstromnetz (Abschnitt 6.5.8.3) vorgesehen sein.

Unter bestimmten Betriebsbedingungen des Primärkreises kann es nötig sein, die Hauptkühlmittelpumpen außer Betrieb zu nehmen – z.B. in einem Notstromfall, wenn der Eigenbedarf des Kraftwerks durch die Notstromdiesel gedeckt wird, die jedoch nicht in der Lage sind, Großverbraucher wie die Hauptkühlmittelpumpen zu speisen. In diesem Fall wird das Kühlmittel im Primärkreis durch Naturumlauf umgewälzt und vom Reaktorkern (Wärmequelle) zu den Dampferzeugern (Wärmesenken) geleitet.

Der Naturumlauf kann erfolgen, wenn die Wärmequelle an einer tiefen Stelle im System und die Wärmesenke an einer möglichst hohen Stelle liegen (Bild 6.13).

Durch das Aufheizen am tiefen Punkt verliert das flüssige Medium an Dichte und steigt nach oben. Die Abkühlung in der Wärmesenke reduziert die Dichte wieder, so dass das Medium nach unten sinkt. Der Gradient in der Dichte des flüssigen Mediums sorgt also dafür, dass es aufgrund der geodätischen Höhendifferenz zwischen Wärmequelle und Wärmesenke zu einem Druckunterschied und somit zum Umlauf kommt. Die Rohrleitungen sollten dabei möglichst geringe Strömungswiderstände aufweisen und dementsprechend einen großen Durchmesser haben.

Bild 6.13
Prinzip des Naturumlaufs

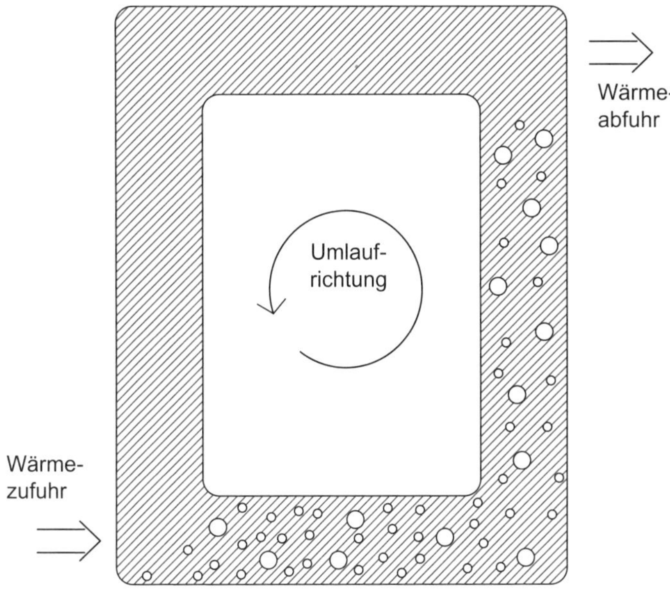

6.5.4 Dampferzeuger

Bild 6.14 zeigt einen schematischen Schnitt durch einen Dampferzeuger. Der Dampferzeuger ist ein großer Wärmetauscher, der die thermische Energie des Hauptkühlmittels an ein sekundäres Medium überträgt. Bei Druckwasserreaktoren sind die beiden Medien Wasser. Die Dampferzeuger stellen somit das Bindeglied zwischen Primär- und Sekundärkreislauf dar.

Das Kühlmittel des Reaktors im Primärkreis strömt im Dampferzeuger von unten kommend durch U-Rohre (Heizrohre) und überträgt seine Wärme an das Wasser auf der Sekundärseite. Die gesamte Oberfläche aller Heizrohre eines Dampferzeugers beträgt rund 8000 m^2. Über diese Fläche wird eine thermische Leistung von rund 1100 MW übertragen.

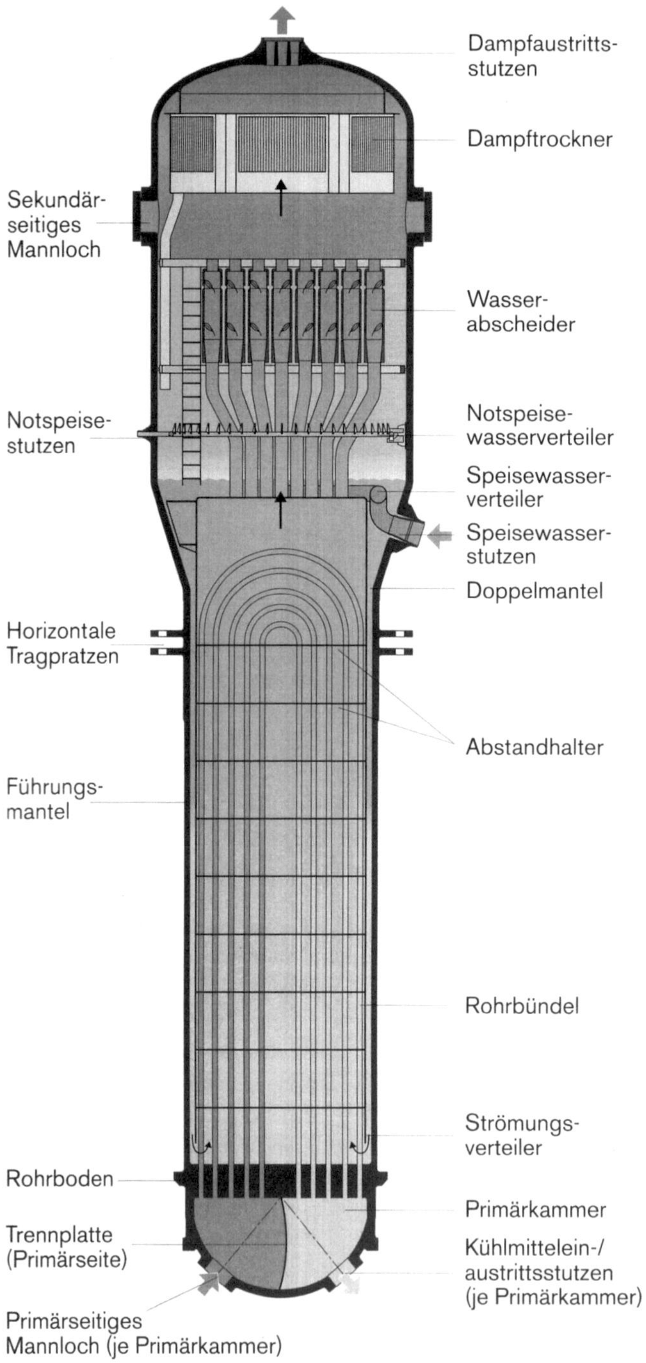

Bild 6.14
Schnitt durch einen Dampferzeuger [6.6]

Anmerkung

Neben den hier beschriebenen U-Rohr-Dampferzeugern gibt es auch Geradrohr-Dampferzeuger, bei denen der Ein- und Auslass des primären Kühlmittels jeweils an den beiden Enden des Dampferzeugers liegt. Der Dampferzeuger selbst kann dabei stehend oder liegend ausgeführt sein.

Im Gegensatz zum primärseitigen Kühlmittel, das unter einem Druck von 160 bar gehalten wird, um ein Sieden zu vermeiden, beträgt der Druck im Sekundärkreis des Dampferzeugers bei Volllast nur knapp 70 bar. Bei diesem Druck und der Temperatur von rund 300 °C verdampft das Wasser im Dampferzeuger. Der entstehende Sattdampf enthält aber noch eine gewisse Restfeuchte in Form von kleinen Tröpfchen. Damit kein nasser Dampf in die Turbinen gelangt, muss der Dampf getrocknet werden. Dies geschieht in einem Wasserabscheider und Dampftrockner im oberen Teil des Dampferzeugers.

Zur sekundärseitigen Bespeisung der Dampferzeuger mit Wasser (dem Speisewasser) hat der Dampferzeuger Speisewasserstutzen, die das Wasser unterhalb des Dampferzeugerfüllstands einspeisen. Von dort aus wird das Wasser entlang der Wand nach unten geleitet und durchströmt den Wärmetauscherbereich von unten nach oben, wobei es verdampft. Am oberen Ende des Dampferzeugers befindet sich der Austrittsstutzen für den Dampf, an den die Frischdampfleitung anschließt. Die Speisewasser- und die Frischdampfleitungen führen durch die Wand des Reaktorgebäudes ins Maschinenhaus, wo sich die restlichen Komponenten des Sekundärkreises anschließen (s. Kapitel 7).

Die technischen Daten eines Dampferzeugers sind (aus [6.10]):

❑ Höhe	23 m
❑ Heizrohrfläche	7960 m^2
❑ primärseitiger Druck	160 bar
❑ sekundärseitiger Druck	66 bar
❑ KMT-Eintrittstemperatur	326 °C
❑ KMT-Austrittstemperatur	295 °C
❑ Dampfmenge	2200 kg/s
❑ Frischdampftemperatur	282 °C

6.5.5 Druckregelsystem

Für die Druckregelung im Primärkreis eines Druckwasserreaktors ist ein spezielles System vorgesehen, dessen Hauptkomponente der Druckhalter ist.

Im Druckhalter befindet sich ebenfalls das Kühlmittel des Primärkreises, jedoch herrscht hier eine etwas höhere Temperatur, als im restlichen Primärkreis. Dadurch ist das Wasser im Druckhalter am Siedepunkt und die ausgebildete Dampfphase im Sättigungszustand. Der Druck im Druckhalter ist derselbe wie im Primärkreis,

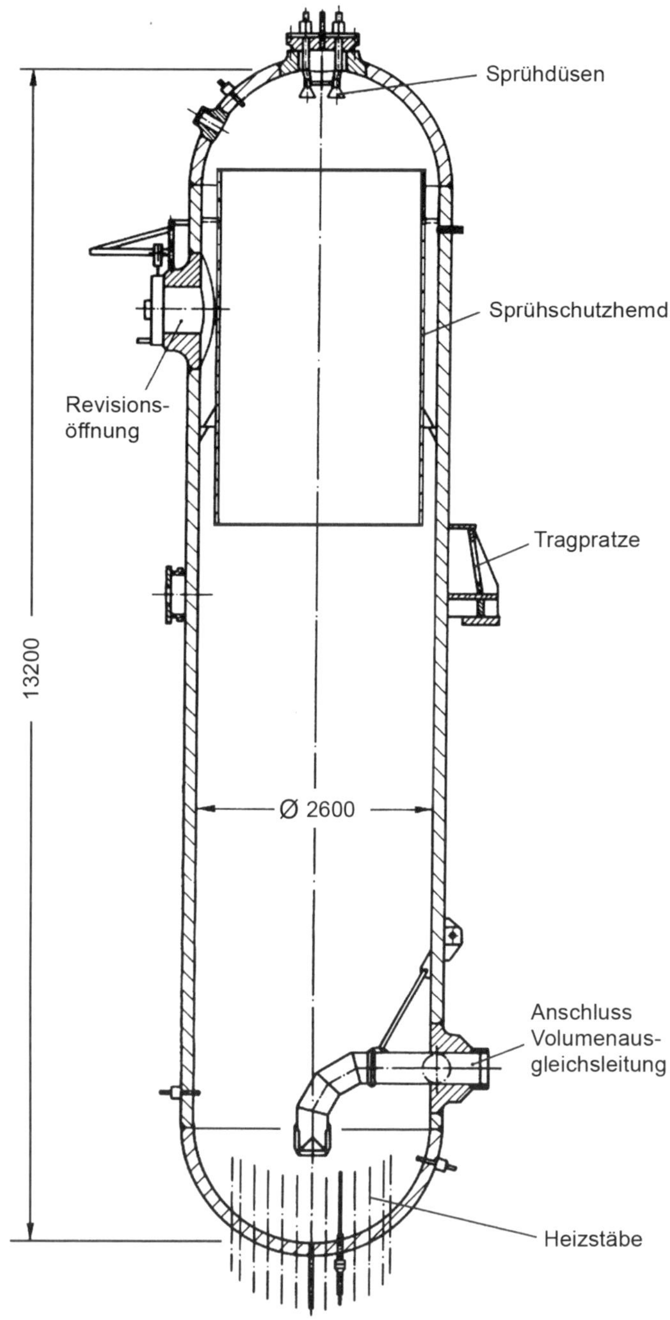

Bild 6.15
Schematische
Darstellung
des Druckhalters
[6.11]

da der Druckhalter direkt mit einem der Loops über eine Leitung (der sog. Surgeline) verbunden ist. Die Surgeline ist so ausgeführt, dass über sie die Temperaturdifferenz von rund 20 K zwischen dem Primärkreis (der bei einer Temperatur von 326 °C steht) und dem Wasser im Druckhalter (ca. 347 °C) gehalten wird.

Der Druckhalter ist ca. 14 m hoch und hat einen Aufbau, wie in Bild 6.15 abgebildet. Die Verbindungsleitung zum Primärkreis mündet in die flüssige Phase des Wassers im Druckhalter. Im Boden sind Heizstäbe mit einer Heizleistung von jeweils 8 kW eingebracht, die bei Bedarf das Wasser heizen. Dadurch wird der Dampfdruck im Druckhalter und somit auch der gesamte Primärkreisdruck erhöht. Soll der Druck im Primärkreis reduziert werden, besteht die Möglichkeit über Sprühdüsen, die sich im oberen Bereich des Druckhalters befinden, «kaltes» Wasser in die Dampfphase einzusprühen, um Dampf zu kondensieren. Dadurch verringert sich das Volumen des Dampfes im Druckhalter und der Druck im Primärkreis sinkt.

Die Sprühdüsen beziehen ihr Wasser im normalen Betrieb vom Primärkreis. Die betriebsmäßige Druckhalterabsprühung ist ohne zusätzliche Pumpen möglich, weil die nötigen Anzapfungen am Primärkreis auf der Druckseite der Hauptkühlmittelpumpe (Stelle höchsten Systemdrucks) angeordnet sind, während die Verbindungsleitung von Druckhalter und Primärkreis zwischen Reaktordruckbehälter und Dampferzeuger angebracht ist (vgl. Bild 6.10).

Zusätzliche Möglichkeiten der Sprühung in den Druckhalter bestehen über das Zusatzboriersystem (Abschnitt 6.5.7.4) und über das Volumenregelsystem (Abschnitt 6.5.6).

Bild 6.16 vermittelt einen Eindruck der Druckskala des Druckregelsystems. In Bild 6.16 ist auch die Druckdifferenz zwischen dem Druckhalter-Dampfraum (linke Skala) und dem Anschlussstutzen der Druckmessung am Reaktordruckbehälter-Austritt (mittlere Skala) zu erkennen. Diese Differenz beträgt ca. 0,5...0,8 bar und ergibt sich aus dem hydrostatischen Druck der Wassersäule zwischen den beiden Messpunkten (ca. 5...8 m). Die Differenz zwischen der mittleren und der rechten Skala vermittelt einen Eindruck des Druckverlustes im Reaktor. Er beträgt ca. 3,8 bar.

Der Druckhalter dient auch der Druckbegrenzung als Sicherheit gegenüber einer unzulässigen Drucküberhöhung. Steigt der Druck im Primärkreis beispielsweise aufgrund einer unzureichenden Wärmeabfuhr an (z.B. wegen des Ausfalls einer Speisewasserpumpe) und überschreitet der Druck gewisse Werte, werden zunächst die verschiedenen Sprühventile geöffnet und die Druckhalter-Heizungen abgestellt. Übersteigt der Druck 169 bar, öffnet sich das Abblaseventil, das über eine Leitung mit dem Deckel des Druckhalters verbunden ist und lässt Dampf in den Abblasebehälter strömen, wo dieser in kaltes Wasser gelangt und kondensiert (vgl. Bild 6.10). Der Abblasebehälter kann bei Bedarf durch einen Kühler, der mit dem nukleartechnischen Zwischenkühlkreislauf (vgl. Abschnitt 6.5.8.2) verbunden ist, gekühlt werden.

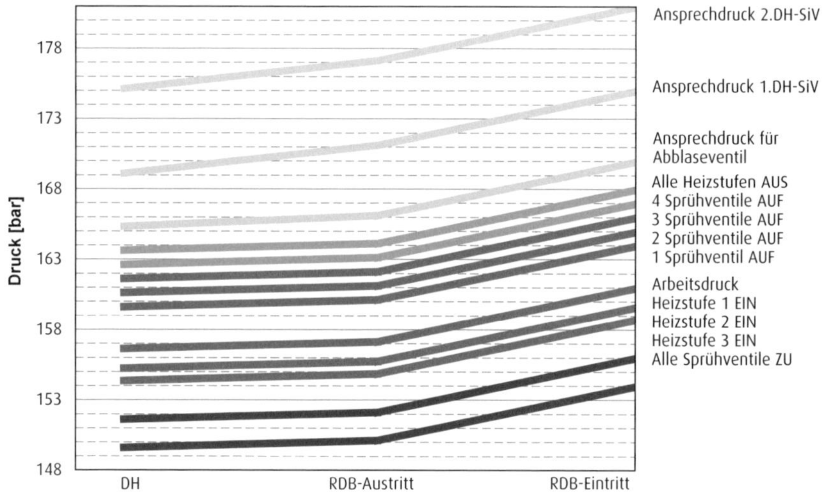

Bild 6.16 Kühlmitteldruck, aufgetragen über verschiedenen Messstellen und Maßnahmen des Druckhaltesystems bei Erreichen der unterschiedlichen Druckstufen (DH-SiV = Druckhalter-Sicherheitsventil)

Wurde der Druck im System erfolgreich reduziert, muss sichergestellt werden, dass das Abblaseventil wieder schließt. Andernfalls würde Kühlmittel in den Abblasebehälter verloren gehen. Damit ein Schließen dieses Pfades auch bei Versagen des Abblaseventils gewährleistet ist, sitzt in dieser Leitung noch ein weiteres Ventil (das Abblase-Absperrventil), das bei Bedarf geschlossen werden kann. Sollte das Abblaseventil trotz überhöhten Drucks im Druckhalter nicht öffnen und der Druck weiter ansteigen, dann öffnet eines der beiden Sicherheitsventile, die ebenfalls den Druckhalter mit dem Abblasebehälter verbinden.

Anmerkung

Wenn im Abblasebehälter der Druck aufgrund übermäßiger Einleitung von Kühlmittel gestiegen ist, muss auch der Druck im Abblasebehälter reduziert werden, bevor der Behälter einen Schaden nimmt. Dafür sind Berstscheiben vorgesehen, die im Notfall das Kühlmittel in das Reaktorgebäude freisetzen. In diesem Fall müsste im Reaktorgebäude Fluchtalarm ausgelöst werden, da radioaktives Kühlmittel in die Gebäudeluft gelangen würde. Damit verbunden wäre auch ein sofortiger Gebäudeabschluss, damit keine Radioaktivität nach außen oder in andere Gebäude gelangen kann.

Um den Druck nach unten hin zu regeln, gelten entsprechende Regelgrenzen, bei deren Unterschreitung druckerhöhende Maßnahmen ergriffen werden. Dazu zählen das Einschalten der Heizungen im Druckhalter und ein Abstellen der Sprühungen.

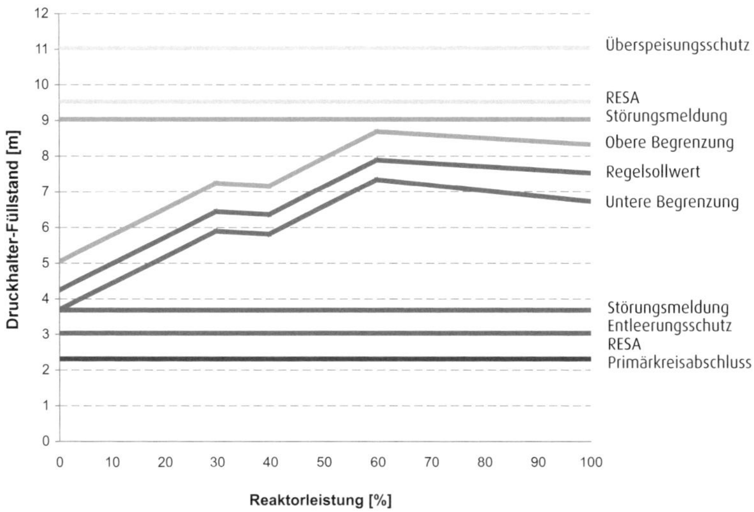

Bild 6.17
Füllstand des Druckhalters als Regelsollwert für das Volumenregelsystem (beispielhaft)

Kann der Druck durch die beschriebenen Maßnahmen nicht innerhalb seiner Regelgrenzen gehalten werden, wird bei Kühlmitteldruck <131 bar bzw. bei >166 bar eine Reaktorschnellabschaltung (RESA) ausgelöst.

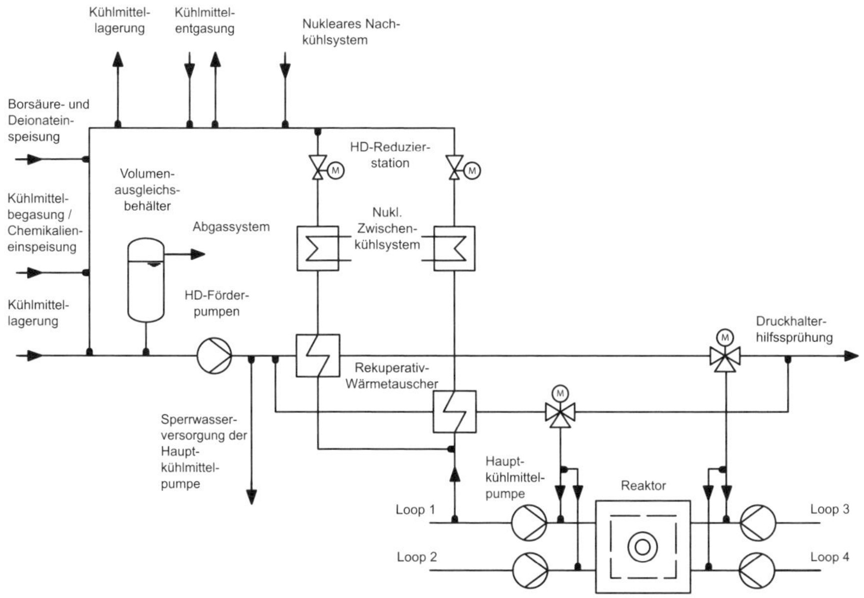

Bild 6.18 Vereinfachte Darstellung des Volumenregelsystems (nach [6.1])

6.5.6 Volumenregelsystem

Die Hauptaufgabe des Volumenregelsystems (KBA) ist, das Kühlmittelvolumen im Primärkreis zu regeln. Das meist verwendete Kühlmedium für Kernreaktoren ist Wasser. Wasser dehnt sich beim Aufwärmen des Primärkreises aus. Diese Ausdehnung wird durch das Volumenregelsystem ausgeglichen, das als Regelgröße den Füllstand im Druckhalter (Abschnitt 6.5.5) verwendet. Eine mögliche Regelkurve über der Reaktorleistung zeigt Bild 6.17.

Das Volumenregelsystem verfügt über die unten beschriebenen Möglichkeiten der Kühlmittelentnahme und -zugabe. Neben der Druckhalter-Füllstandsregelung hat das Volumenregelsystem noch weitere Aufgaben (nach [6.1]):

- Versorgung der Hauptkühlmittelpumpen mit Sperrwasser für die Dichtungen, Rückführen der Dichtungsleckage,
- Regelung des Borgehalts im Kühlmittel,
- Kühlmittelentgasung und -reinigung,
- Hilfssprühung des Druckhalters.

Im Folgenden wird die prinzipielle Funktionsweise des Volumenregelsystems kurz beschrieben. Dazu wird der vereinfachte Schaltplan aus Bild 6.18 herangezogen. Damit das Volumenregelsystem seine Funktionen übernehmen kann, verfügt es über die entsprechenden Abgriffe am Primärkreis (vgl. auch Bild 6.10). Die Entnahme von Kühlmittel erfolgt permanent mit einer Rate von ca. 8 kg/s aus der Saugseite der Hauptkühlmittelpumpe eines Loops. Da das entnommene Kühlmittel unter den Bedingungen des Primärkreises steht (ca. 156 bar, 296 °C), müssen Druck und Temperatur vor der weiteren Verarbeitung reduziert werden. Es erfolgt zunächst die Abkühlung in sog. Rekuperativwärmetauschern.

Anmerkung
Rekuperativwärmetauscher sind Wärmetauscher, die bei hydraulischer Trennung der Ströme die Wärme des zu kühlenden Mediums an das gleiche Medium abgeben, das das System in die andere Richtung durchläuft und erwärmt werden soll (Wärmerückgewinnung).

Nachdem die Temperatur des entnommenen Kühlmittelstroms von 296 °C auf ca. 115 °C reduziert wurde, schließen sich Hochdruckkühler an, die das entnommene Kühlmittel bis auf 50 °C abkühlen. Diese Kühler sind in den nukleartechnischen Zwischenkühlkreis eingebunden. Der Druck im Volumenregelsystem beträgt an dieser Stelle weiterhin 156 bar. Erst jetzt durchläuft das entnommene Kühlmittel die Hochdruckreduzierstationen, die den Druck bis auf ca. 5 bar abbauen. Anschließend kann das Kühlmittel mit den entsprechenden Anlagen gereinigt, begast, entgast, boriert oder anderweitig entsprechend behandelt und der Lagerung oder erneut dem Primärkreis zugeführt werden.

Um Kühlmittel aus dem Volumenregelsystem zurück in den Primärkreis zu speisen, muss zunächst der Druck wieder erhöht werden. Dafür stehen im Volumenregelsystem Hochdruckförderpumpen zur Verfügung, die eine Nullförderhöhe von 2050 m (205 bar) besitzen. Ein kleiner Teilstrom des Kühlmittels wird nach den Hochdruckförderpumpen abgezweigt und als Sperrwasser für die Dichtungen der Hauptkühlmittelpumpen verwendet. Der Hauptstrom des aufbereiteten und rückzuspeisenden Kühlmittels wird über die Rekuperativwärmetauscher in die kalte Seite aller Loops gefördert. Das Volumenregelsystem verfügt auch über die Möglichkeit, in den Druckhalter einzusprühen (vgl. Abschnitt 6.5.5), wenn z.B. die Hauptkühlmittelpumpen außer Betrieb sind und dadurch eine betriebsmäßige Sprühung nicht möglich ist. Für die Hilfssprühung aus dem Volumenregelsystem wird bei Bedarf Kühlmittel nach den Rekuperativwärmetauschern abgezweigt.
Damit die Funktion des Volumenregelsystems auch im Störfall gesichert ist, sind wichtige Komponenten an die Notstromversorgung angebunden (vgl. Abschnitt 6.5.8.3).

Anmerkung
Wenn der Primärkreis z.B. in Zeiten der Revision drucklos ist, strömt über den normalen Pfad kein Kühlmittel in das Volumenregelsystem, da der Kühlmittelstrom normalerweise durch den hohen Druck des Primärkreises in das System gefördert wird. Deshalb gibt es auch eine Verbindung zum Nachkühlsystem der verschiedenen Redundanzen, über die dann Kühlmittel in das Volumenregelsystem gefahren werden kann, um es entsprechend aufzubereiten.

6.5.7 Nach- und Notkühlsysteme

Dieser Abschnitt soll die Sicherheitssysteme des Druckwasserreaktors und deren Funktion aufzeigen. Zum einen wird das Notspeisesystem betrachtet, das die Wärmeabfuhr über die Dampferzeuger übernimmt, sobald die herkömmliche Wärmesenke (der Turbosatz im Maschinenhaus) nicht mehr zur Verfügung steht. Zum andern wird das nukleare Nach- und Notkühlsystem besprochen, das den Primärkreis direkt kühlen kann, falls dieser, z.B. durch ein Leck, Kühlmittel verloren hat.

6.5.7.1 Notspeisesystem

Die Dampferzeuger stellen die einzige Möglichkeit dar, die Reaktorleistung im großen Stil abzuführen und den Primärkreis zu kühlen. Bei einer Störung (z.B. EVA – «Einwirkung Von Außen») ist es nicht ausgeschlossen, dass z.B. das Maschinenhaus und somit auch der Turbosatz samt Turbine und Generator sowie das Speisewassersystem (s. Kapitel 7) für eine Energieabfuhr ausfallen. Es muss deshalb eine Möglichkeit vorhanden sein, die Dampferzeuger auch dann zu bespeisen, wenn der übliche Weg über die Speisewasserpumpen nicht mehr existiert. Obwohl der Reaktor in solch einem Fall abgeschaltet wird, muss die Nachwärme des Reaktors zuverlässig abgeführt werden können (s. auch Bild 5.6).

Für diesen Fall existiert in einem Kernkraftwerk mit Druckwasserreaktor das Notspeisesystem. Dieses versorgt die Dampferzeuger sekundärseitig mit Wasser, speist also nicht in den Primärkreis, sondern in den Sekundärkreis. Das Notspeisesystem ist auf eine Funktion des Primärkreises Naturumlauf) angewiesen, so dass die Nachzerfallsleistung über die Dampferzeuger als Wärmesenken abgeführt werden kann.

Anmerkung
Hat der Primärkreis ein Leck, müssen andere Systeme die Abfuhr der Wärme übernehmen (vgl. Abschnitt 6.5.7.2 bis Abschnitt 6.5.7.5).

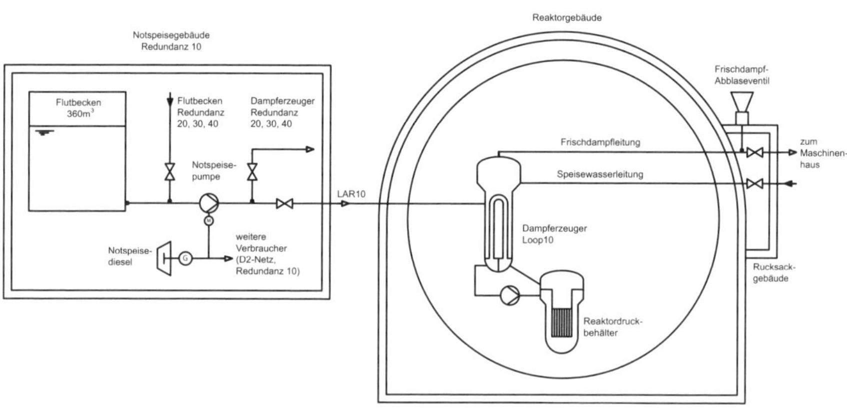

Bild 6.19 Vereinfachtes Schema des Notspeisesystems einer Redundanz

Das Notspeisesystem ist meist in einem separaten Gebäude untergebracht (dem Notspeisegebäude oder Notstandsgebäude) und gegen eine Einwirkung von außen gesichert (s. auch Bild 6.6). Auch das Notspeisegebäude ist, wie der gesamte Reaktorkühlkreislauf, in verschiedene Redundanzen unterteilt, so dass für jeden Loop des Primärkreises ein eigenes Notspeisesystem zur Verfügung steht.

Bild 6.19 zeigt den Aufbau des Notspeisesystems. Die einzelnen Redundanzen sind sowohl saug- als auch druckseitig untereinander verbunden. D.h., dass z.B. die Notspeisepumpe der Redundanz 10 auch aus dem Flutbecken der Redundanz 20 ansaugen und in den Dampferzeuger der Redundanz 30 einspeisen kann. Jeder Strang des Notspeisesystems hat ein separates Flutbecken mit einem Wasservorrat von 360 m³.

Bild 6.20 zeigt einen Schnitt durch das Notspeisegebäude, in dem die Komponenten des Notspeisesystems nach den einzelnen Redundanzen geordnet unterge-

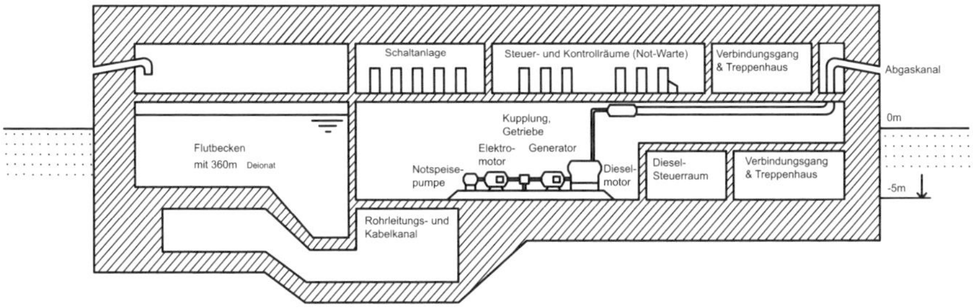

Bild 6.20
Schnitt durch eine Redundanz im Notspeisegebäude (vereinfacht und nicht maßstäblich)

bracht sind. An den dicken Mauern ist die gesicherte Auslegung des Gebäudes zu erkennen. Zudem ist die Notwarte dargestellt, von der aus das Notspeisesystem und die wichtigsten Funktionen des Reaktors gesteuert werden können.

Da das Notspeisesystem ein sicherheitstechnisch wichtiges System ist, wird es von der Reaktorsteuerung im Bedarfsfall automatisch in Betrieb genommen. Das entscheidende Kriterium hierfür ist der Dampferzeugerfüllstand. Sinkt dieser unter einen bestimmten Grenzwert, schaltet sich das Notspeisesystem automatisch ein. Bei einer Störung (beispielsweise einem Leck im Speisewasserbehälter), die erwarten lässt, dass die Dampferzeuger bald nicht mehr ordnungsgemäß bespeist werden können, kann das Notspeisesystem auch von Hand vom Schichtpersonal frühzeitig in Betrieb genommen werden.

Sollte durch einen Störfall die Dampferzeugerbespeisung nicht mehr ordnungsgemäß funktionieren und die Wärmeabfuhr ins Maschinenhaus unterbunden sein, schließen sich automatisch die Frischdampfleitungen zum Maschinenhaus. Über das Abblaseventil am sog. Rucksackgebäude wird der Druck in den Dampferzeugern selbsttätig auf 74 bar geregelt (vgl. Bild 6.19).
Die Notspeisepumpe wird über einen Elektromotor angetrieben. Für die Energieversorgung des Motors steht neben dem vielfach redundant ausgelegten kraftwerkseigenen Netz (vgl. Abschnitt 6.5.8.3) auch ein in jedem Strang vorhandener Generator mit 1 MW elektrischer Leistung zur Verfügung. Dieser wird vom Notspeise-Dieselaggregat angetrieben und kann wichtige Anlagenteile, wie z.B. die Kraftwerkssteuerung, mit Energie versorgen. Zudem besteht auch die Möglichkeit, die Notspeisepumpe direkt über den Dieselmotor zu betreiben. Ferner können die Dampferzeuger auch über die An- und Abfahrpumpen des Sekundärkreises, die ihr Wasser direkt aus den Vorwärmstraßen beziehen, bespeist werden. Dies ist wichtig, wenn z.B. Lecks im Sekundärkreis auftreten oder die Speisewasserpumpen ausgefallen sind.

Als zusätzliche Möglichkeit, die Dampferzeuger im Notfall zu bespeisen, können auch konventionelle Feuerwehrpumpen verwendet werden, die Wasser aus den Flutbecken oder aus dem externen Fernwassernetz beziehen. Hierfür sind entsprechende Anschlüsse an den Speiseleitungen zu den Dampferzeugern im Notspeisegebäude vorgesehen. Für den Anschluss der Feuerwehrpumpen muss allerdings der Druck auf der Sekundärseite der Dampferzeuger auf unter 10 bar abgefallen sein (dieser Druck entspricht ungefähr dem Maximaldruck einer konventionellen Feuerlöschpumpe). Entsprechende motorbetriebene Pumpen sind in den Redundanzen im Notspeisegebäude vorhanden.

6.5.7.2 Nachkühlsystem

Während das Notspeisesystem (vgl. Abschnitt 6.5.10) eingesetzt wird, um die Wärme des Primärkreises über die Sekundärseite der Dampferzeuger abzuführen, gibt es in einem Kernkraftwerk auch Kühlsysteme, die den Primärkreis kühlen, falls die sekundären Kühlkreise aufgrund des Betriebszustandes (zu geringe Temperaturdifferenz o.ä.) nicht mehr eingesetzt werden können, oder es im Primärkreis zu einem Kühlmittelverlust kommt (z.B. aufgrund eines Lecks, Kühlmittelverluststörfall, KMV).

Das Nachkühlsystem ist ein sicherheitstechnisches System, das aber auch betriebstechnische Aufgaben übernimmt (Bild 6.20). Zu diesen betriebstechnischen Aufgaben gehören:

- Abfuhr der Nachwärme (vgl. Bild 5.6) im Reaktor und Kaltfahren des Primärkreises bis auf ca. 50 °C, wenn ab einer gewissen Grenze die Wärmeabfuhr über die Dampferzeuger nicht mehr sinnvoll bzw. möglich ist,
- Nachkühlung des Reaktors während der Stillstandsphasen, z.B. während der jährlichen Revision, wenn der Reaktor zum Wechsel von Brennelementen geöffnet ist,
- Fluten und Entleeren der Reaktorgrube zum und nach dem Brennelementwechsel (vgl. Abschnitt 8.1).

Zu den sicherheitstechnischen Aufgaben gehört die Beherrschung von Störfällen, bei denen Kühlmittel aus dem Primärkreis verloren geht (Abschnitt 6.4.4).

Die Hauptaufgabe dieses in jedem Loop vorhandenen Nachkühlsystems ist die Abfuhr der Nachwärme des Reaktors (z.B. während der Revision oder sonstigen Stillstandszeiten). Dazu verfügt es über entsprechende Ansaug- bzw. Einspeisestutzen in jedem Loop am Primärkreis (vgl. auch Bild 6.10). Das Nachkühlsystem saugt auf der heißen Loop-Seite an und speist in die kalte Seite ein, so dass der Kern wie im normalen Betrieb durchströmt wird. Die Nachwärme gibt das System an die Nachwärmekühler ab, die sekundärseitig an das nukleare Zwischenkühlsystem (Abschnitt 6.5.8.2) angeschlossen sind. Da das Nachkühlsystem vor allem betriebstechnische Aufgaben übernimmt, ist es nicht möglich, dass es im Störfall gegen einen hohen Druck in den Primärkreis einspeist. Die Pumpen des Nachkühlsystems verfügen über einen Förderdruck von 12 bar und können somit nur dann einspeisen, wenn der Kühlmitteldruck unter diesen Wert gesunken ist (vgl. Abschnitt 6.4.4.1). Die Nachkühlpumpen haben eine Fördermenge von ca. 370 kg/s und sind pro Loop einmal vorhanden.

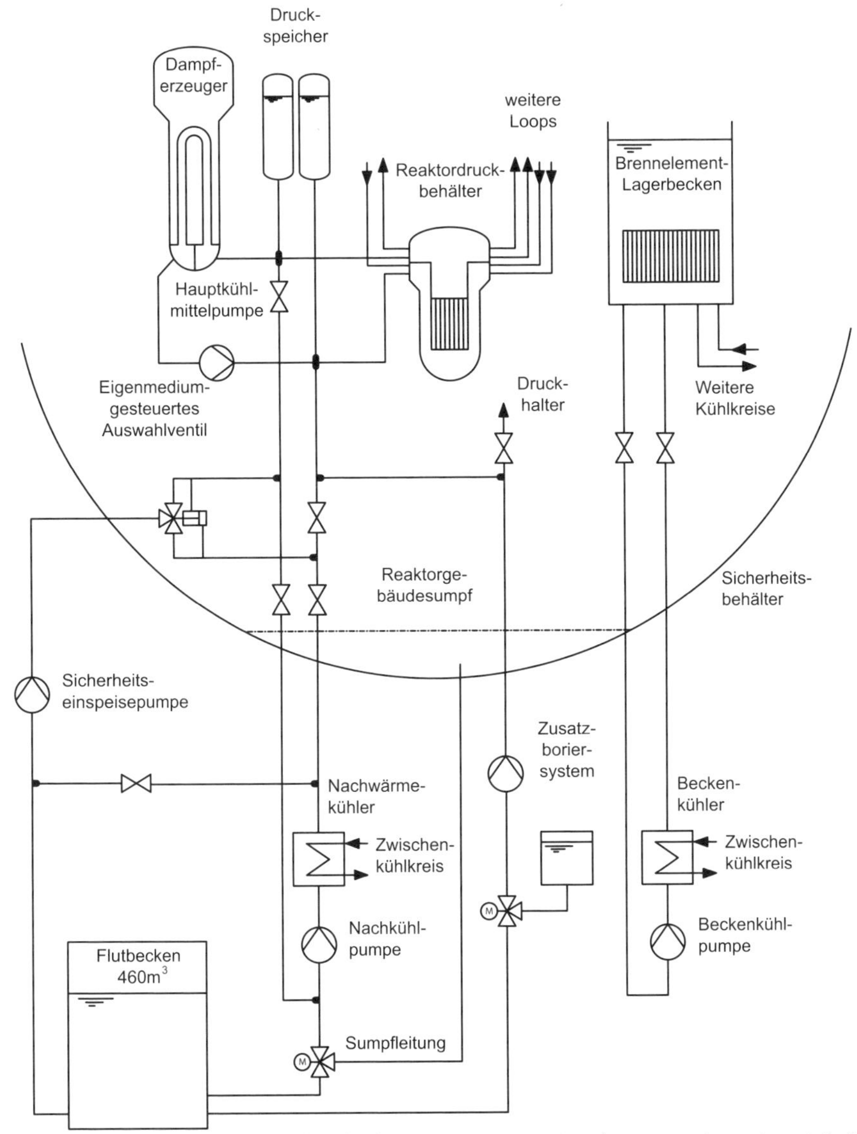

Bild 6.21 Nachkühlsystem und Sicherheitssysteme eines Druckwasserreaktors (vereinfacht und nur ein Strang)

Das Nachkühlsystem verfügt für die Einspeisung von Wasser im Fall eines Kühlmittelverlust-Störfalls oder auch zum Fluten des Reaktorraums in jedem Strang über ein großes Flutbecken, das mit boriertem Deionat (Bor-Konzentration 2200 ppm) gefüllt ist. Diese Flutbecken haben ein Speichervolumen von jeweils 460 m^3

und befinden sich innerhalb des Reaktorgebäudes, außerhalb des Sicherheitsbehälters.

Zudem kann das Nachkühlsystem auch aus dem Reaktorsumpf ansaugen. Dies wäre notwendig, wenn es im Primärkreis zu einem Leck kommt, da sich das ausgetretene Wasser dann unterhalb des Reaktors im Sicherheitsbehälter sammelt. Würde in einem solchen Fall Wasser aus den Flutbecken in den Primärkreis gepumpt, tritt es am Leck aus. Während die Vorräte in den Flutbecken mit der Zeit zur Neige gehen, sammelt sich im Reaktorsumpf das Wasser. Von dort aus kann es durch die Nachkühlpumpen angesaugt und über die Nachwärmekühler in den Reaktor zur Kühlung zurückgepumpt werden.

6.5.7.3 Sicherheitseinspeisesystem

Das Sicherheitseinspeisesystem ist im Gegensatz zum Nachkühlsystem ein reines Sicherheitssystem und übernimmt keine betrieblichen Aufgaben. Die beiden Systeme sind jedoch miteinander gekoppelt und in Bild 6.21 schematisch dargestellt. Die Sicherheitseinspeisepumpen sind, wie auch die Nachkühlpumpen, in jedem Strang vorhanden und können sowohl auf der heißen als auch auf der kalten Loop-Seite einspeisen. Die Sicherheitseinspeisepumpen sind auch im Stande, gegen einen Druck im Primärkreis von bis zu 110 bar mit einer Fördermenge von 60 kg/s einzuspeisen. Saugseitig sind sie ebenfalls mit den Flutbecken verbunden, aus denen sie boriertes Deionat ansaugen.

Da die Sicherheitseinspeisepumpen über keinen Sauganschluss aus dem Gebäudesumpf verfügen, können sie saugseitig mit der Druckseite der Nachkühlpumpen verbunden werden, so dass im Notfall auch Wasser aus dem Gebäudesumpf mit Hilfe der Sicherheitseinspeisepumpen gegen einen hohen Druck im Primärkreis in den Reaktor eingespeist werden kann. Weil die Sicherheitseinspeisepumpen keinen eigenen Kühler besitzen und damit das aus dem Sumpf angesaugte Wasser nicht ungekühlt zurück in den Reaktor gespeist wird, ist die Verbindung zwischen Nachkühl- und Sicherheitspumpen erst nach dem Kühler des Nachkühlsystems hergestellt. Die Sicherheitseinspeisepumpen werden vom Reaktorschutz angesteuert und nehmen ihren Betrieb automatisch auf, sobald der Primärkreisdruck unter 109 bar fällt.

Wie in Bild 6.21 dargestellt, speisen die Sicherheitseinspeisepumpen über ein Auswahlventil automatisch in die Seite des Loops, auf der kein Leck herrscht. Die Funktionsweise dieses Ventils lässt sich in vereinfachter Darstellung an Bild 6.22 erläutern.

Normalerweise ist in diesem Ventil der Weg von der Pumpe in den heißen Strang durchgeschaltet (Vorzugsrichtung). Sollte sich aber genau auf dieser Seite des Loops das Leck befinden, muss der andere Pfad (in Richtung kalte Seite) durchgestellt werden, damit die Sicherheitseinspeisepumpe ihr Wasser nicht direkt in das Leck speist. Diese Umschaltung erfolgt automatisch im Ventil: Befindet sich das Leck auf der Seite des heißen Strangs, so ist dort der Druck im Primärkreis niedrig.

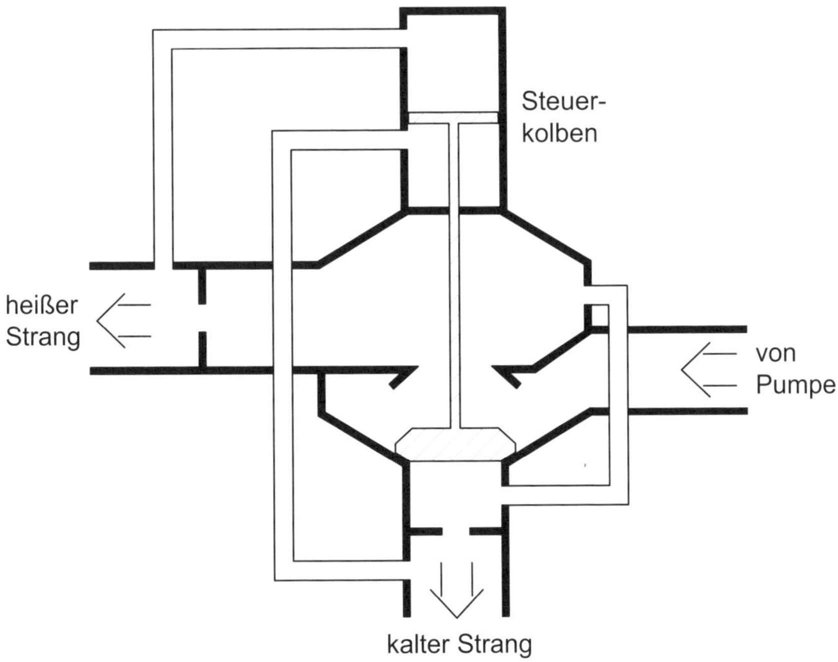

Bild 6.22 Eigenmediumgesteuertes Auswahlventil (schematische Darstellung)

Über der Drossel auf der Ausgangsseite fällt dann aufgrund der Fördermenge der Pumpe ein Druck von ca. 25 bar ab. Die Ausgangsseite des Ventils Richtung heißen Strangs ist mit der Oberseite des Steuerkolbens verbunden. Dies bewirkt, dass auf dessen Oberseite ebenfalls ein niedriger Druck herrscht. Der sich vor der linken Drossel aufbauende Druck überträgt sich durch die rechte Ausgleichsleitung auch auf die Unterseite des Ventiltellers und unterstützt somit die Ventilbewegung nach oben. Ebenso wirkt die linke Ausgleichsleitung vom kalten Strang zur Unterseite des Steuerkolbens. Kommt es also im heißen Strang zu einem Leck, so gibt dieses Ventil automatisch den Weg von der Sicherheitseinspeisepumpe zum kalten Strang hin frei, weil sich der Ventilteller nach oben bewegt.

6.5.7.4 Zusatzboriersystem

Das Zusatzboriersystem ist wie das Sicherheitseinspeisesystem ein rein sicherheitstechnisches System, das über sehr starke Pumpen verfügt, die auch gegen den hohen Betriebsdruck im Primärkreis Wasser in den Reaktor einspeisen können. Dies ist z.B. dann nötig, wenn es zu einem Kühlmittelverlust-Störfall mit kleiner Leckrate kommt und Wasser aus dem Primärkreis entweicht.

Das Zusatzboriersystem ist in jedem Strang (Loop) vorhanden. Jede Redundanz verfügt über einen Vorrat von 4 m^3 boriertem Deionat. Das Wasser in den Speichern des Zusatzboriersystems ist mit einer Borkonzentration von ca. 7000 ppm sehr hoch boriert. Deshalb ist auch die sichere Abschaltung des Reaktors, falls es zu einer Störung des Steuerstabeinwurfs kommt und die Reaktivität im Reaktor sofort gesenkt werden muss, eine wichtige Funktion des Zusatzboriersystems. Neben den eigenen Wasservorräten kann das Zusatzboriersystem auch aus den großen Flutbecken des Sicherheitseinspeise- und Nachkühlsystems ansaugen und in den Reaktor einspeisen.

Die Pumpen des Zusatzboriersystems sind als Kolbenpumpen ausgeführt. Sie haben eine Fördermenge von ca. 2 kg/s und können gegen einen Druck von bis zu 205 bar arbeiten. Die Druckseite ist an den Anschlussstutzen des Volumenregelsystems an den Primärkreis angeschlossen (vgl. Bild 6.9). Da die Kolbenpumpen eine unregelmäßige Förderung haben und die Kolbenbewegung starke Druckspitzen in den Leitungen erzeugt, sind vor und hinter den Pumpen Pulsationsdämpfer angebracht.

6.5.7.5 Druckspeicher

Die Druckspeicher sind ein rein passives Sicherheitssystem und erfüllen ihre Funktion als Redundanz für einen Kühlmittelverluststörfall ohne auf andere Komponenten (z.B. elektrische Pumpen oder Ventile) angewiesen zu sein. In den Druckspeichern ist hoch boriertes Wasser gelagert, das von einem Stickstoffdruckpolster auf einem Druck von 25 bar gehalten wird. Sie sind mit dem Primärkreis über Rückschlagklappen verbunden (vgl. Bild 6.21), so dass sie ihren Wasservorrat selbsttätig in den Primärkreis einspeisen, wenn der Druck im Primärkreis auf weniger als 25 bar sinken sollte. Dadurch wird der Reaktor gekühlt und aufboriert. Jeder Loop verfügt über 2 Druckspeicher (jeweils einen auf der heißen und auf der kalten Seite) mit je 34 m^3 Fassungsvermögen.

6.5.7.6 Beckenkühlsystem

Ein weiteres, wichtiges System ist das Beckenkühlsystem, das das Brennelementlagerbecken (Abklingbecken) kühlt. Im Brennelementlagerbecken lagern verbrauchte Brennelemente aus dem Reaktor (Abschnitt 8.1). Sie haben auch nach einer gewissen Lagerzeit noch eine erhebliche Nachzerfallsleistung (vgl. Bild 5.6) und werden deshalb vor ihrem Abtransport für mindestens 5 Jahre im Brennelementlagerbecken aufbewahrt. Damit diese Wärme entsprechend abgeführt werden kann, müssen für das Brennelementlagerbecken entsprechende Kühlkreisläufe vorhanden sein. In Bild 6.20 ist einer der redundant vorhandenen Kühlkreisläufe mit seiner Pumpe und dem dazugehörigen Kühler dargestellt.

Während des Kraftwerkbetriebs ist es nicht nötig, dass die Beckenkühlsysteme ständig laufen, da das Brennelementlagerbecken im Verhältnis zur darin lagernden Leistung einen großen Wasservorrat hat. Die Kühlsysteme können vielmehr zeit-

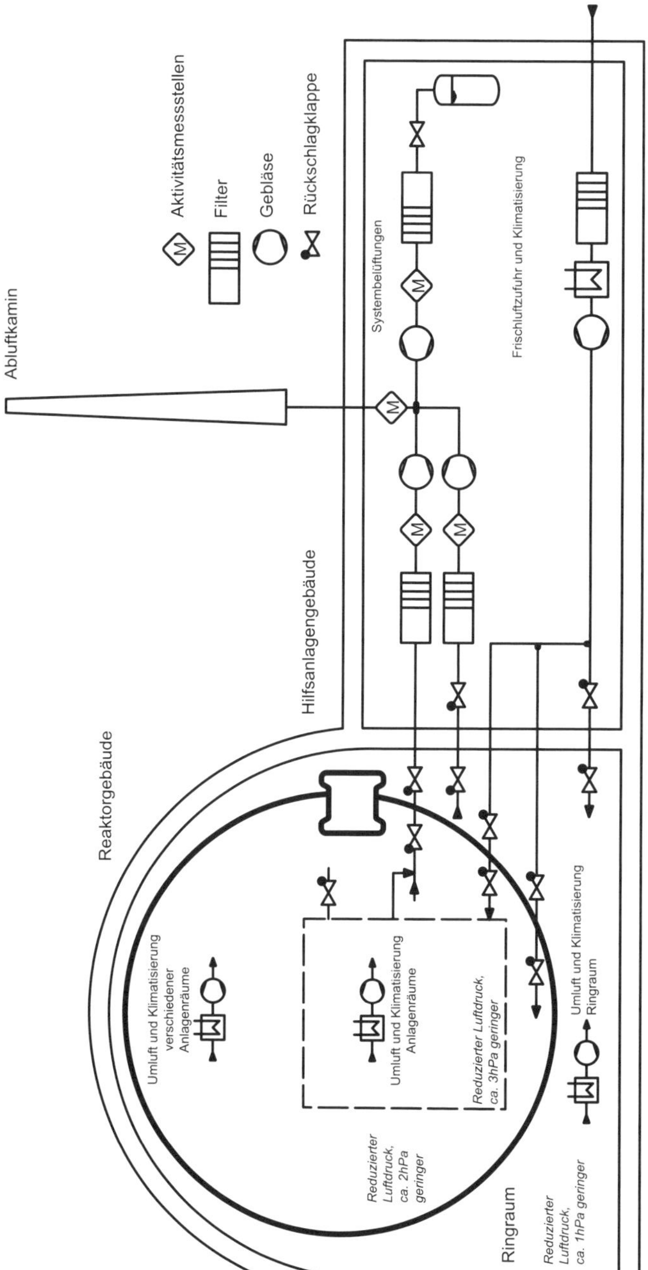

Bild 6.23
Lüftungsanlagen und Unterdruckhaltung im Reaktor- und Hilfsanlagengebäude (vereinfacht)

weise manuell zugeschaltet und nach einer gewissen Kühldauer wieder abgeschaltet werden. Ab einer bestimmten Beckentemperatur schaltet sich die Kühlung auch automatisch ein.

Das Brennelementlagerbecken ist zum Reaktorgebäude nach oben hin offen. Deshalb verdunstet aufgrund der eingetragenen Wärme auch ständig Wasser, das ab und zu nachgespeist werden muss.

6.5.8 Hilfssysteme

Im Folgenden werden mit dem Lüftungssystem, dem Kühlwassersystem sowie der Elektrizitätsversorgung einige Hilfssysteme eines Kernkraftwerks beschrieben. Diese Systeme gleichen im Wesentlichen denen eines Kernkraftwerks mit anderen Reaktortypen (z.B. Siedewasserreaktor – Abschnitt 6.6). Weitere Systeme, auf die hier jedoch nicht näher eingegangen wird, sind z.B. Systeme der Deionatversorgung und Wasseraufbereitung, Feuerlöschsysteme, Gas- und Druckluftversorgungen sowie Kältemittelversorgung.

6.5.8.1 Lüftungssysteme

Zu den wichtigsten Aufgaben der Lüftungssysteme zählt die Aufrechterhaltung einer gerichteten Luftströmung im Reaktorgebäude. Darunter versteht man eine definierte Druckstaffelung innerhalb des Reaktorgebäudes, die für eine kontrollierte, nach innen gerichtete Luftströmung sorgt (Bild 6.22). Bevor die Abluft nach außen abgegeben wird, muss sie auf Aktivität und die Einhaltung der Grenzwerte hin überprüft werden (vgl. auch Abschnitt 3.5.3.3).

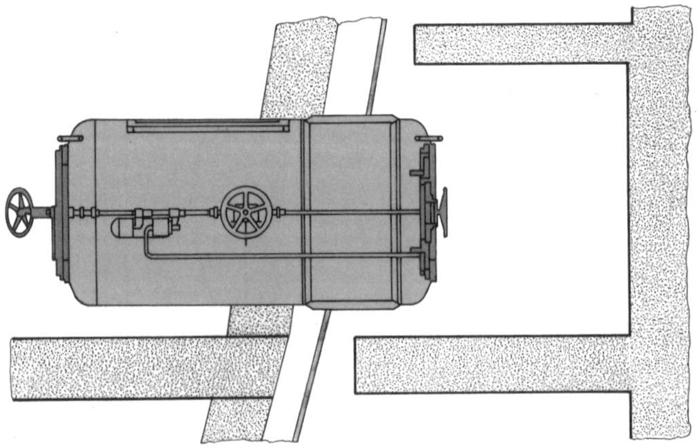

Bild 6.24 Darstellung einer Personenschleuse an der Durchdringung des Sicherheitsbehälters [6.12]

Damit am Durchtritt des Sicherheitsbehälters die Druckstaffelung auch beim Öffnen der Türen aufrecht erhalten wird, sind Personen- und Materialschleusen doppeltürig ausgeführt (Bild 6.24). Beim Betreten des Sicherheitsbehälters öffnet sich die innere Tür erst nach Schließen der äußeren Tür und einem erfolgten Druckausgleich in der Schleuse.

Aufgabe der Lüftungssysteme ist auch die Frischluftzufuhr und Klimatisierung der Betriebsräume (z.B. im Reaktor-, Hilfs-, und Schaltanlagengebäude und in der Warte). Zu diesem Zweck sind entsprechende Möglichkeiten der Frischluftzufuhr inklusive einer Filterung vorhanden. Zur Klimatisierung der Betriebsräume wird ein Teilstrom der Luft ständig umgewälzt und klimatisiert (u.a. gekühlt).

Da die Frischluftzufuhr und Klimatisierung bei manchen Gebäudeteilen sicher gewährleistet sein muss, sind die Lüftungsanlagen an bestimmten Stellen redundant ausgeführt und notstromgesichert. Die für die Lüftung eingesetzten Pumpen und die zugehörigen Aktivitätsmessstellen und Filter befinden sich im Hilfsanlagengebäude des Kernkraftwerks.

6.5.8.2 Kühlkreisläufe

Neben den sicherheitstechnisch wichtigen Kühlstellen, wie den Kühlern des Nachkühl- oder Sicherheitseinspeisesystems, gibt es betriebliche Kühlstellen, die z.B. die Verlustwärme von Pumpen abführen. Damit auch bei einem Leck eines Wärmetau-

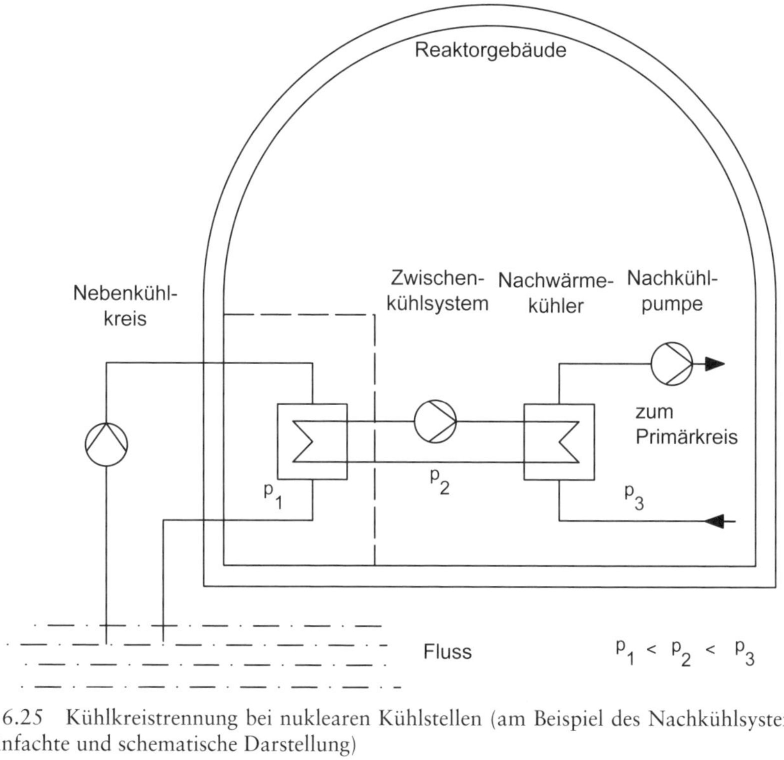

Bild 6.25 Kühlkreistrennung bei nuklearen Kühlstellen (am Beispiel des Nachkühlsystems – vereinfachte und schematische Darstellung)

schers kein Aktivität führendes Wasser nach außen (z.B. in die Flusskühlung) gelangen kann, sind nukleare Kühlstellen über einen Zwischenkreis von der Flusskühlung entkoppelt.

Bild 6.25 verdeutlicht dies am Beispiel des Nachwärmekühlers aus dem Nachkühlsystem (Abschnitt 6.5.7.2).

Die vom Flusswasser primärseitig gekühlten Zwischenkühler befinden sich dabei innerhalb des Reaktorgebäudes im Ringraum und somit im geschützten Bereich. Um zu vermeiden, dass im Falle eines Lecks Flusswasser, also relativ schmutziges Wasser, in den Kontrollbereich gelangt, befinden sich diese Kühler in einem separaten Raum mit geschlossenen Schotten.

Es ist wichtig, dass die Kühlung vieler Anlagenteile (z.B. Nachkühlsystem oder zugehörige Pumpen) auch im Störfall sichergestellt ist. Deshalb sind die benötigten Systeme in jeder Redundanz vorhanden und die entsprechenden Pumpen sind an das Notstromsystem (Abschnitt 6.5.10) angeschlossen.

Der Zwischenkühlkreislauf ist mit Deionat gefüllt. Um zu verhindern, dass im Fall von Leckagen Flusswasser in die primären Kühlkreise übertreten kann, sind die Drücke in den Systemen definiert abgestuft – der Druck im Primärkreis ist höher als der im Zwischenkühlkreis, der wiederum höher ist, als im Nebenkühlkreis. Damit aber ausgeschlossen ist, dass bei einem Leck Aktivität in den Fluss gelangt, müssen die Kühlkreisläufe ständig auf Aktivität hin überwacht und bei Bedarf abgeriegelt werden.

6.5.8.3 Elektrizitätsversorgung im Kernkraftwerk

Ein Kernkraftwerk mit einer elektrischen Leistung von 1400 MW hat einen Eigenbedarf an Elektrizität von ca. 70...80 MW, also ca. 5% der Gesamtleistung. Die Gesamtleistung des Kraftwerks wird als Bruttoleistung bezeichnet. Mit Abzug des Eigenbedarfs ergibt sich die Nettoleistung, die das Kraftwerk ins Netz speist.

Die mit Strom zu versorgenden Anlagenteile im Kraftwerk sind fast alle im Schaltanlagengebäude mit den jeweiligen Stromschienen verbunden und können von dort aus, gesteuert über die Warte bzw. von örtlichen Nebenleitständen, bedient werden.

Systeme im Kernkraftwerk, die mit Strom versorgt werden müssen, sind z.B.:

- Pumpen und Ventile,
  - im Primärkreis und Hilfsanlagengebäude,
  - im Sekundärkreis,
  - in den Nach- und Notkühlkreisen,
  - in den Lüftungsanlagen,
- Leitwarte und Rechneranlagen der Reaktorsteuerung,
- Schaltanlagengebäude mit
  - Mittel- und Niederspannungsschaltern,
  - Wechselrichtern für Spannungsumformung,
- Messstellen und Messwertumformer.

Da auch im Notfall wichtige Systeme im Kernkraftwerk mit Strom versorgt werden müssen, ist die Elektrizitätsversorgung mehrfach redundant und diversitär (Abschnitt 6.4.1) ausgelegt. Die konkrete Ausführung bzw. Anwendung der beschriebenen Systeme kann sich im Einzelfall leicht unterscheiden. Deshalb ist die nachfolgende Beschreibung der einzelnen Komponenten, die auf Bild 6.27 basiert, nur exemplarisch zu betrachten.

Eigenbedarftransformatoren, 10-kV-Schiene

Als erste Energiequelle für Stromversorgung des Kraftwerks gilt das Höchstspannungsnetz, in das das Kraftwerk einspeist. Die Spannungsebene zwischen dem Generator und den großen Maschinentransformatoren, die ihn ans Netz koppeln, beträgt 27 kV. In einem Kraftwerk mit 1400 MW_e sind üblicherweise 2 Maschinentransformatoren vorhanden, da einer alleine die Gesamtleistung nicht dauerhaft übertragen kann. Die Generatorableitung teilt sich deshalb nach dem Generator in 2 Stränge auf. Zwischen Generator und Maschinentrafo zweigt auf beiden Ableitungen ein Eigenbedarfstransformator ab, der die Spannung von 27 kV auf 10 kV heruntersetzt. Jeder dieser beiden Eigenbedarfstransformatoren speist jeweils 2 der 4 Redundanzen im Kraftwerk auf der 10-kV-Schiene.

An diese 10-kV-Schiene knüpfen weitere Transformatoren an, die die 10 kV in kleinere Spannungen (380 V bzw. 660 V) transformieren. Diese Spannungen dienen für die Versorgung kleinerer Aggregate.

Die Eigenbedarfstransformatoren können von zwei Seiten bespeist werden – vom Generator und vom externen Netz. Ist z.B. das Kraftwerk in Zeiten der Revision außer Betrieb, kann das Kraftwerk über die Eigenbedarfstransformatoren vom externen Netz mit der nötigen Energie versorgt werden.

Fällt hingegen das externe Netz z.B. aufgrund einer Störung aus, kann der Generator über die Turbine den Eigenbedarf des Kraftwerks decken. Man spricht in diesem Fall vom Lastabwurf auf Eigenbedarf. Dabei handelt es sich um die Trennung vom externen Stromnetz. Der Generator selbst bleibt dabei aber in Betrieb und speist mit seinen 27 kV die Eigenbedarfstransformatoren, die die Versorgung des Kraftwerks übernehmen. Mit diesem Lastabwurf geht auch eine Absenkung der Turbinenleistung einher. Sie wird aufgrund der steigenden Drehzahl des Turbosatzes (verminderte Leistungsabnahme) automatisch angepasst. Evtl. muss auch die Frischdampfumleitung (FDU) in Betrieb genommen werden, so dass ein Großteil des Dampfes an den Turbinen vorbei über Drosseln in die Kondensatoren (Abschnitt 7.2.2) geleitet wird, um die Leistung am Turbosatz zu begrenzen und eine Überdrehzahl zu vermeiden. Auch die Reaktorleistung folgt der verminderten Leistung an der Turbine. Das Kraftwerk versorgt sich selbst und bleibt für ein Wiederaufschalten auf das externe Netz bereit.

Reservenetz

Für die direkte Speisung der 10-kV-Schienen steht neben den Eigenbedarfstransformatoren auch das Reservenetz zur Verfügung. Dies ist eine Netzanbindung an das 110-kV-Fernnetz. Sie erfolgt ebenfalls über einen Transformator, dem Reservenetztransformator, der die 110 kV über 2 Sekundärwicklungen auf jeweils 2 der 10-kV-Schienen verteilt. Das Reservenetz ist in der Lage rund 90 MVA Energie zu liefern und somit das gesamte Kraftwerk mit Energie zu versorgen. Das Reservenetz übernimmt die Versorgung des Kraftwerks, wenn z.B. während der Revision an den Eigenbedarfs- bzw. den Maschinentransformatoren oder deren Netzzuleitungen gearbeitet werden muss.

Anmerkung
Es ist prinzipiell möglich, auch über das Reservenetz bzw. andere Quellen das gesamte Kraftwerk mit Energie zu versorgen. In einem Notstromfall, wenn also Teile der herkömmlichen Energiepfade über die Eigenbedarfstransformatoren ausgefallen sind, ist es aber ratsam den Leistungsbetrieb des Kraftwerks nicht aufrechtzuerhalten.

Notstromdiesel
Die 10-kV-Schiene jeder Redundanz unterteilt sich auf 2 Ebenen. An der 1. Ebene, auf der die Eigenbedarfstransformatoren einspeisen, hängen jeweils 2 Transforma-

Bild 6.26 Notstromdieselaggregat mit ca. 5 MW elektrischer Leistung [6.6]

toren, die sekundärseitig 380 V respektive 660 V erzeugen und damit kleinere Verbraucher speisen. Auf die untere Ebene der 10-kV-Schiene, die von der oberen über Schalter getrennt werden kann, speisen die Notstromdiesel (Bild 6.26) ein. Diese Dieselaggregate haben eine Leistung von jeweils 5 MW und werden ständig betriebsbereit, also warm, gehalten, damit sie im Notstromfall sofort in Betrieb genommen werden können. Die Warmhaltung geschieht über den Schmierölkreislauf der Dieselmotoren. Die Diesel können auch per Hand gesteuert werden. Dafür verfügen sie über entsprechende Eingriffsmöglichkeit in der Warte und über einen in jeder Scheibe separat vorhandenen, örtlichen Leitstand.

Die Anforderung der Notstromdiesel geschieht unmittelbar 2 s nachdem auf den 10-kV-Schienen eine Unterspannung registriert wurde. Vorher wird noch 1,7 s lang gewartet, ob sich das Reservenetz aufschaltet und die Spannungsversorgung übernimmt.

Damit die Diesel hochlaufen können, dürfen sie nicht belastet werden. Deshalb werden zunächst alle Verbraucher der betroffenen Schiene abgeworfen und nach dem Hochlauf, der ca. 10 s dauert, sukzessive wieder aufgeschaltet.

Die großen Notstromdiesel sind in einem Gebäude untergebracht, das nicht gegen eine Einwirkung von Außen geschützt ist. Mit ihrer Verfügbarkeit darf also nicht unbedingt gerechnet werden.

3. Netzeinspeisung

Neben den Notstromdieseln und dem Reservenetz gibt es zusätzlich auch noch die sog. 3. Netzeinspeisung, die vom externen 20-kV-Netz auf die 10-kV-Schienen der Notstromdiesel einspeist. An der 3. Netzeinspeisung ist ein Transformator angeschlossen, der die 20 kV primär auf die 4 · 10 kV sekundär in alle Schienen einspeisen kann. Die 3. Netzeinspeisung kann z.B. angeschlossen werden, falls in einer Redundanz ein Notstromdiesel für Wartungs- oder Reparaturarbeiten außer Betrieb genommen wird. Dann wird im Falle einer Notstromanforderung in dieser Redundanz statt des Dieselaggregats die 3. Netzeinspeisung auf die 10-kV-Schiene aufgeschaltet.

Gleich-/Wechselrichter

Unterhalb der 10-kV-Notstromschienen befindet sich in jedem Strang ein Transformator, der die 10 kV wieder in 380 V und 660 V umwandelt und damit kleinere Verbraucher im Kraftwerk versorgt. Von dieser 380-V-Schiene geht es über Gleichrichter auf eine batteriegestützte Schiene mit 48 V_{DC} bzw. 24 V_{DC}, die für die Versorgung der Elektronikkomponenten im Kraftwerk zuständig ist (DC = direct current, Gleichstrom). Auch die 660-V-Schiene speist über einen Gleichrichter die batteriegestützte 220-V_{DC}-Schiene. An diesen DC-Schienen sind elektronische Komponenten der Steuerung, Regelung, Messung oder des Reaktorschutzes angeschlossen.

Rotierende Umformer

An dieser batteriegestützten 220-V_{DC}-Schiene hängen rotierende Umformer bzw. leistungselektronische USV-Anlagen, die auf eine 220/380-V_{AC}-Schiene einspeisen und aufgrund ihrer Schwungmasse für eine unterbrechungsfreie Stromversorgung (USV) dieses Strangs sorgen.

Notspeisediesel

Die 380-V-Schiene ist nach dem Notstromdiesel auch direkt mit der 380-V-Notspeiseschiene in jeder Redundanz verbunden. Dort ist als Hauptverbraucher die Notspeisepumpe angebracht, die bei einem Ausfall der sekundärseitigen Wärmesenke im Kraftwerk die Dampferzeuger mit Wasser versorgt und die Kühlung des Primärkreises aufrechterhält (Abschnitt 6.5.7.1). Auf die Notspeiseschiene speisen neben den Notstromdieseln (über die entsprechenden Transformatoren) auch die im gesicherten Notspeisegebäude untergebrachten Notspeisediesel ein. Diese Diesel haben eine Leistung von jeweils 1 MW und sind pro Redundanz einmal vorhanden.

Aufgrund der relativ kleinen Leistung der Notspeisediesel müssen im Fall des Betriebes viele Verbraucher abgeworfen werden. Nur absolut wichtige Komponenten können mit Energie versorgt werden. So werden beispielsweise im Notstromfall die Hauptkühlmittelpumpen nicht mehr betrieben, und die Kühlung des dann ohnehin schon abgeschalteten Reaktors geschieht über Naturumlauf des Kühlmittels (vgl. Bild 6.13).

Die Notstromschiene wird als Notstromnetz 2 bezeichnet und versorgt neben den Notspeisepumpen auch Pumpen des nuklearen Zwischenkühlkreises und der damit verbundenen primären Kühlkreise sowie die Elektroniken des Reaktorschutzes und der Notwarte im Notspeisegebäude.

Die Notspeisediesel werden nur angefordert, wenn die Spannung auf der Notspeiseschiene einen gewissen Wert unterschreitet. Sofern das Notstromnetz 1 noch zur Verfügung steht, wird die Notspeiseebene hierüber versorgt.

Neben den Notspeisedieseln und der Versorgung über die 380-V-Schiene der Notstromdiesel gibt es noch weitere Energiequellen für das Notstromnetz 2. Zum einen existiert auch hier die unterbrechungsfreie Stützung über Batterien, die über einen Wechselrichter angeschlossen werden. Zum anderen gibt es noch die Möglichkeit einer externen Einspeisung über einen Mittelspannungsanschluss (z.B. 20 kV). Dies kann z.B. eine direkte Verbindung zu einem örtlich nahe gelegenen Kraftwerk (z.B. einem anderen Kraftwerksblock oder einem Wasserkraftwerk) sein.

Bild 6.27 veranschaulicht die obigen Ausführungen und gibt einen Gesamtüberblick zur Elektrizitätsversorgung im Kernkraftwerk.

Bei der Verschaltung der Verbraucher mit den verschiedenen Spannungsebenen wird auf eine gleichmäßige Belastung der unterschiedlichen Stränge geachtet. Z.B. werden in dem Strang, wo sich eine Speisewasserpumpe befindet, nicht auch noch weitere Großverbraucher wie beispielsweise die Heizungen des Hilfskessels für die Heißwassererzeugung angeschlossen.

Die Auswahl der Spannungsebenen für die verschiedenen Verbraucher erfolgt dabei in etwa nach der folgenden Aufteilung (Tabelle 6.18).

Tabelle 6.18 Aufteilung der Verbraucher auf die Spannungsebene

Leistung [kW]	**Spannungsebene** [V]
<132	380
>132, <400	660
>400	10 000

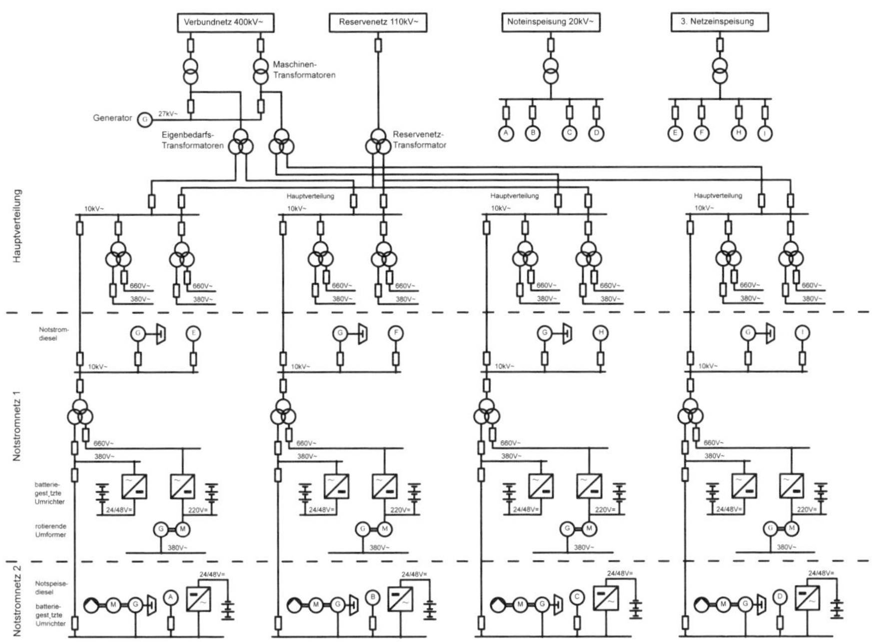

Bild 6.27
Energieversorgung im Kernkraftwerk (beispielhaft) (vergrößerte Darstellung auf InfoClick)

6.6 Siedewasserreaktor

Der Siedewasserreaktor (SWR) ist neben dem Druckwasserreaktor die häufigste Form des Kernreaktors (vgl. Tabelle 6.9). Er unterscheidet sich vom Druckwasserreaktor durch den Zustand des Kühlmittels im Primärkreis. Während sich das Wasser im Druckwasserreaktor unter hohem Druck und deshalb trotz hoher Temperatur noch unterhalb des Siedepunkts befindet, herrscht im Siedewasserreaktor Siedezustand und das Kühlmittel verdampft.

Bild 6.28 zeigt schematisch den Aufbau eines Kernkraftwerks mit Siedewasserreaktor. Der im Reaktor entstehende Dampf wird nach einer Trocknung oberhalb des Reaktorkerns (nicht dargestellt) direkt in die Turbine geleitet. Nach der Turbine wird der Dampf in den Kondensatoren (Abschnitt 7.2.2) kondensiert und zurück in den Reaktordruckbehälter gespeist.

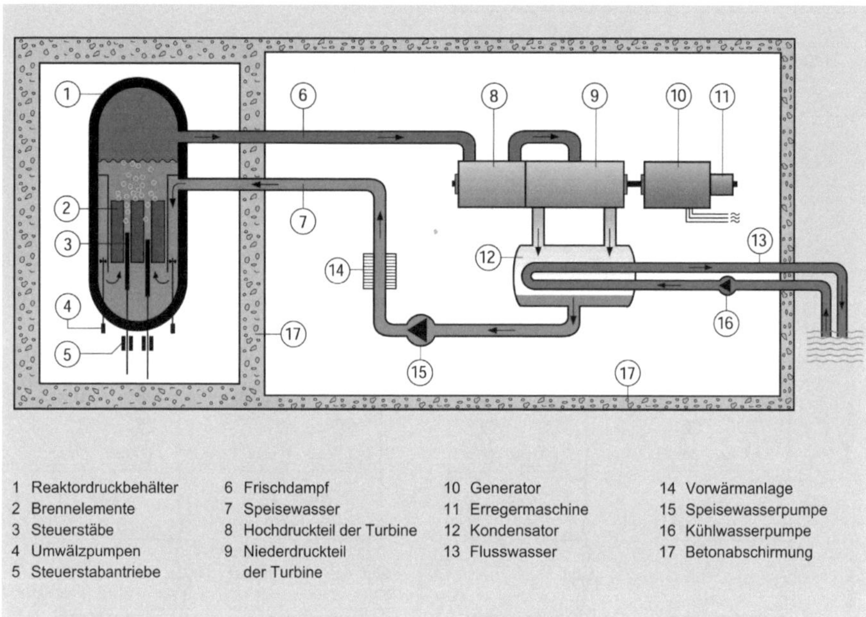

Bild 6.28 Aufbau eines Siedewasserreaktors [6.9]

Während Siedewasserreaktoren mit einer relativ kleinen Leistung keinen Zwangsumlauf im Reaktorkern benötigen, da die Umwälzung des Kühlmittels im Reaktor auf Naturumlauf (Abschnitt 6.5.3) basiert, werden größere Anlagen mit Kühlmittelumwälzpumpen (Zwangsumwälzpumpen) betrieben, die für eine Zirkulation des Kühlmittels im Reaktorkern sorgen (Abschnitt 6.6.1.2).

Anmerkung

Die Kühlmittelumwälzpumpen sind zwar für eine ausreichende Wärmeabfuhr nicht zwingend nötig, technisch allerdings bei größeren Leistungen wichtig, da es sonst zum sog. Kernschwingen kommen kann. Hierbei handelt es sich um ein Ungleichgewicht zwischen Wärmeerzeugung und Wärmeabfuhr, in dessen Folge es auch zu einer Schädigung des Kerns kommen kann. Wenn keine Umwälzpumpen vorhanden sind, werden die bei der Wärmeabfuhr entstehenden Dampfblasen langsamer aus dem Kern getrieben, wobei sich die Dichte des Kühlmittels (und Moderators) verringert, was einen Rückgang der lokalen Reaktorleistung zur

Folge hat (vgl. Abschnitt 5.5.3). Das wiederum verringert die Anzahl der Dampfblasen, steigert hierdurch die Moderation und führt somit zu einer Erhöhung der Leistung und vermehrt die Dampfblasen. Um dieses Schwingen zu verhindern, werden bei einem Ausfall der Kühlmittelumwälzpumpen die Steuerstäbe (Abschnitt 6.6.2.1) eingefahren.

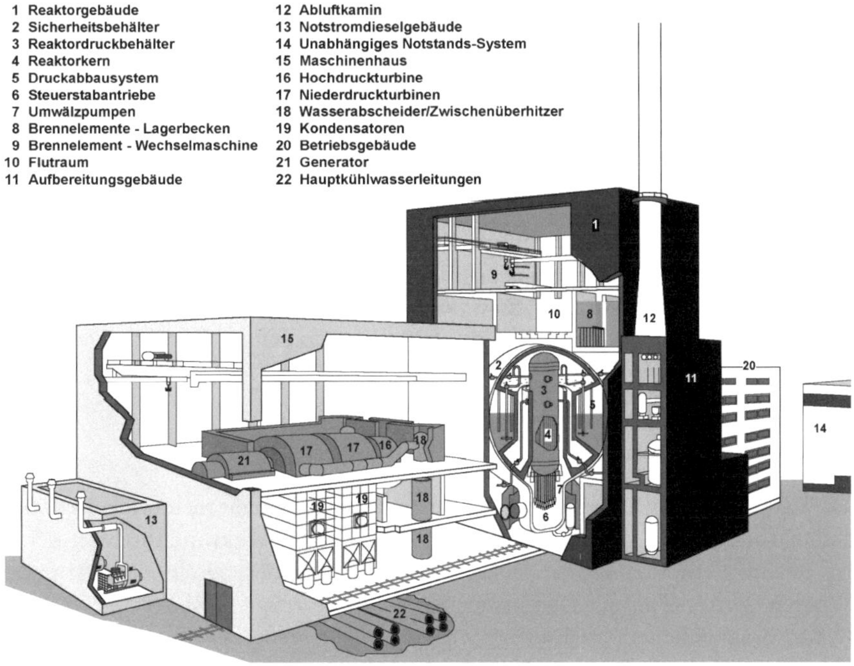

Bild 6.29
Übersicht über das Reaktorgebäude und Maschinenhaus eines Siedewasserreaktors [6.11]

In den Anfangszeiten der Siedewasserreaktor-Technologie wurden verschiedene Konzepte bzw. Bauformen verfolgt. Z.B. besaßen manche Siedewasserreaktoren einen Indirektkreislauf, bei dem der Dampf aus dem Reaktor nicht sofort zur Turbine geleitet wird, sondern seine Wärme in einem Wärmetauscher an einen sekundären Kreis abgibt – ähnlich dem Prinzip des Druckwasserreaktors. Aufgrund der mittlerweile gesammelten Erfahrung, kann beim Siedewasserreaktor auf den Wärmetauscher verzichtet und der Dampf vom Reaktor direkt zur Turbine geleitet werden.

Da beim Siedewasserreaktor die Turbinen vom Dampf des primären Kühlmittels durchströmt werden und dieser radioaktiv kontaminiert ist (vgl. auch Abschnitt 5.6.1), zählt das Maschinenhaus ebenfalls zum Kontrollbereich.

6.6.1 Komponenten des Siedewasserreaktors

Während ein Siedewasserreaktor im konventionellen Kraftwerksteil (Maschinenhaus) Anlagenteile besitzt, die denen des bereits besprochenen Druckwasserreaktors doch recht ähnlich sind (Kapitel 7, sowie Abschnitt 6.5.8), ergeben sich bedingt durch die Einkreislaufbauweise einige Unterschiede bei den nuklearen Anlagenteilen.

Bild 6.29 zeigt das Reaktorgebäude eines Siedewasserreaktors im Überblick. Die zugehörigen Komponenten werden im Folgenden näher beschrieben.

Anmerkung

In Deutschland sind zwei Baulinien von Siedewasserreaktoren in Betrieb: Zur Baulinie '69 (vgl. Bild 6.29) gehören die Anlagen KKB, KKK, KKI 1, KKP 1; KRB B und KRB C zählen zur Baulinie '72. Die wesentlichen Unterschiede sind in der Anordnung der Kondensationskammer, der Geometrie des Sicherheitsbehälters sowie die Anordnung und Betriebsweise der Not- und Nachkühlsysteme zu finden. Im Folgenden wird jedoch hierauf nicht näher eingegangen.

6.6.1.1 Reaktordruckbehälter

Der Reaktordruckbehälter eines Siedewasserreaktors vereint mehrere Funktionen. Zum einen befinden sich hier, analog zum Druckwasserreaktor (Abschnitt 6.5.2), der Reaktorkern und dessen Steuer- und Instrumentierungseinrichtungen. Des Weiteren wird in ihm der Dampf für die Turbine erzeugt, weshalb innerhalb des Reaktordruckbehälters auch entsprechende Anlagenteile zur Wasserabscheidung und Dampftrocknung vorgesehen werden müssen (vgl. auch Bild 6.14). Weil sich diese Komponenten oberhalb des Reaktorkerns befinden, ist dort kein Platz für die Steuerstäbe. Die Steuerstäbe werden beim Siedewasserreaktor deshalb von unten in den Reaktorkern eingefahren (vgl. auch Abschnitt 5.4.2.2).

Der Reaktordruckbehälter eines Siedewasserreaktors ist wegen der Einbauten für die Wasserabscheidung und Dampftrocknung höher als der eines Druckwasserreaktors. Seine technischen Daten lassen sich am Beispiel eines 1300-MW_e-Reaktors (KRB B, Baulinie '72 – aus [6.12], geklammerte Zahlen von KKB, Baulinie '69) wie folgt zusammenfassen:

- Innendurchmesser 6,6 m (5,6 m)
- Höhe 22,3 m (21,1 m)
- Wandstärke 160 mm (136 mm)
- Gewicht, leer 785 t (560 t)
- Auslegungsdruck 87 bar
- Auslegungstemperatur 310 °C

- Speisewassertemperatur 215 °C
- Frischdampftemperatur 286 °C

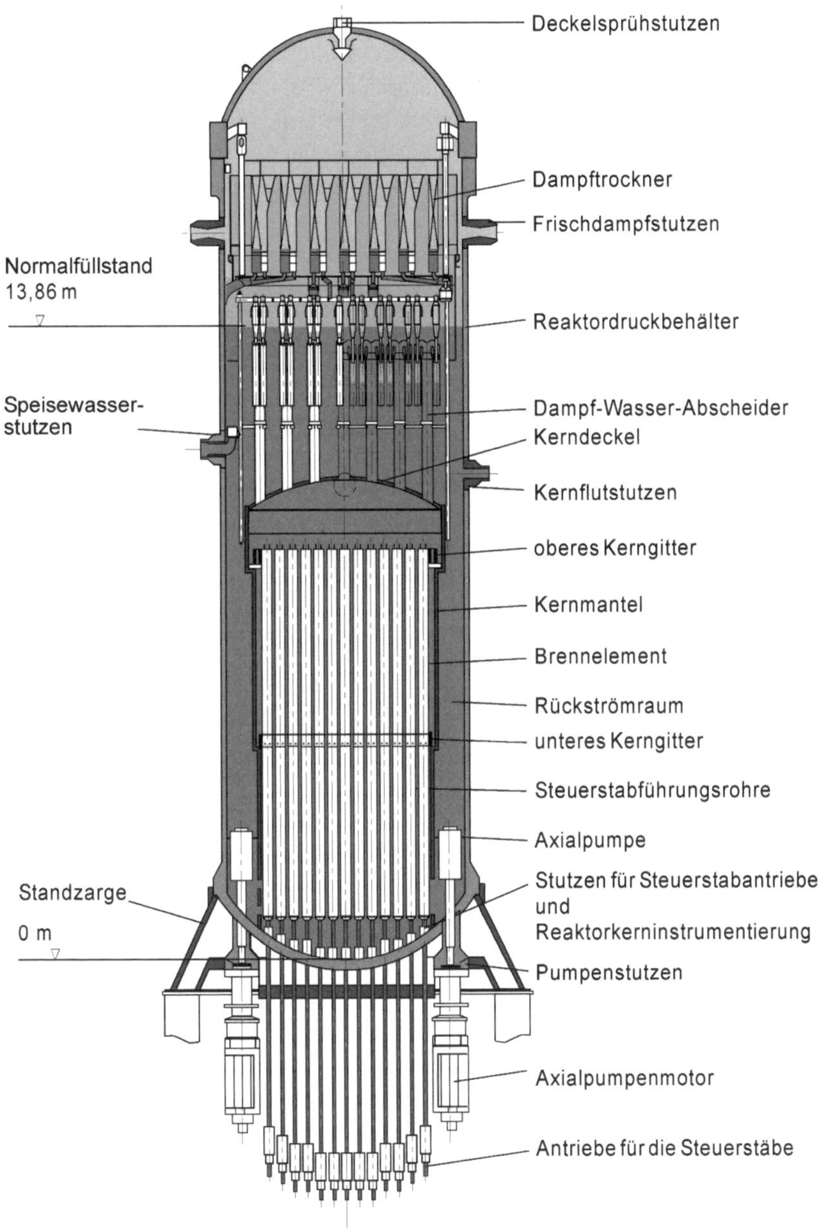

Bild 6.30 Schnitt des Reaktordruckbehälters eines Siedewasserreaktors [6.11]

Bild 6.30 zeigt den Schnitt durch den Reaktordruckbehälter eines Siedewasserreaktors. Das Speisewasser gelangt durch die Eintrittsstutzen in den Speisewasserverteilerring und wird dort, analog zum Druckwasserreaktor, zuerst entlang der Reaktordruckbehälter-Außenwand nach unten geleitet, um von unten den Kern zu durchströmen. Der im Kern entstehende Dampf gelangt nach oben über die Dampf-/Wasserseparation an den Dampfaustrittsstutzen. Der Dampf wird vom Reaktordruckbehälter über die Frischdampfleitungen direkt zur Turbine geführt. In seinen physikalischen Parametern entspricht der Dampf eines Siedewasserreaktors in etwa dem Dampf eines Druckwasserreaktors (ca. 70 bar Druck, 286 °C). Mit ca. 2000 kg/s wird in einem Siedewasserreaktor auch die gleiche Dampfmenge wie bei einem Druckwasserreaktor gleicher Leistung umgesetzt (vgl. Abschnitt 6.5.4).

Allerdings werden innerhalb des Siedewasserreaktors ca. 14 500 kg/s Kühlmittel durch die Kühlmittelumwälzpumpen im Kern umgewälzt. Da der entstehende Dampf allerdings sehr feucht ist, wird der Großteil der umgewälzten Menge vom Wasserabscheider und dem Dampftrockner abgeschieden. Dieses abgeschiedene Wasser (ca. 12 500 kg/s) wird zur Vorwärmung des durch den Verteilerring eingespeisten Wassers genutzt. Die Kühlmitteltemperatur am Kerneintritt beträgt ca. 276 °C.

6.6.1.2 Kühlmittelumwälzpumpen

Siedewasserreaktoren der 800- bzw. 1300-MW_e-Klasse verfügen über eine Zwangsumwälzung des Kühlmittels innerhalb des Reaktorkerns. Die Kühlmittelumwälzpumpen (auch Zwangsumwälzpumpen genannt) sind bei den deutschen Anlagen als Axialpumpen oder Halbaxialpumpen im Reaktordruckbehälter integriert.
Die Axialpumpen sind am Boden des Reaktordruckbehälters eingebaut und saugen das Kühlmittel im Rückstromraum zwischen Reaktordruckbehälter und Kernbehälter (Kernmantel – vgl. auch Bild 5.19) nach unten, wo es umgeleitet wird und den Kern von unten durchströmt.

Die Hilfssysteme einer Axialpumpe gleichen im Wesentlichen denen einer Hauptkühlmittelpumpe eines Druckwasserreaktors (Kühlung, Schmierung und Dichtung der Pumpenwelle), da es ähnliche Anforderungen hinsichtlich Druck- und Temperaturgradienten zu bewältigen gibt (Abschnitt 6.5.3).

Die technischen Daten einer Axialpumpe (Bild 6.31) lassen sich wie folgt auflisten (Beispiel KRB-II B, Baulinie '72, aus [6.12] – geklammerte Zahlen aus KKB, Baulinie '69):

- ❑ Anzahl der Pumpen 8
- ❑ Umwälzmenge 8731 m^3/h (5618 m^3/h)
- ❑ elektrische Leistung 1,03 MW (650 kW)

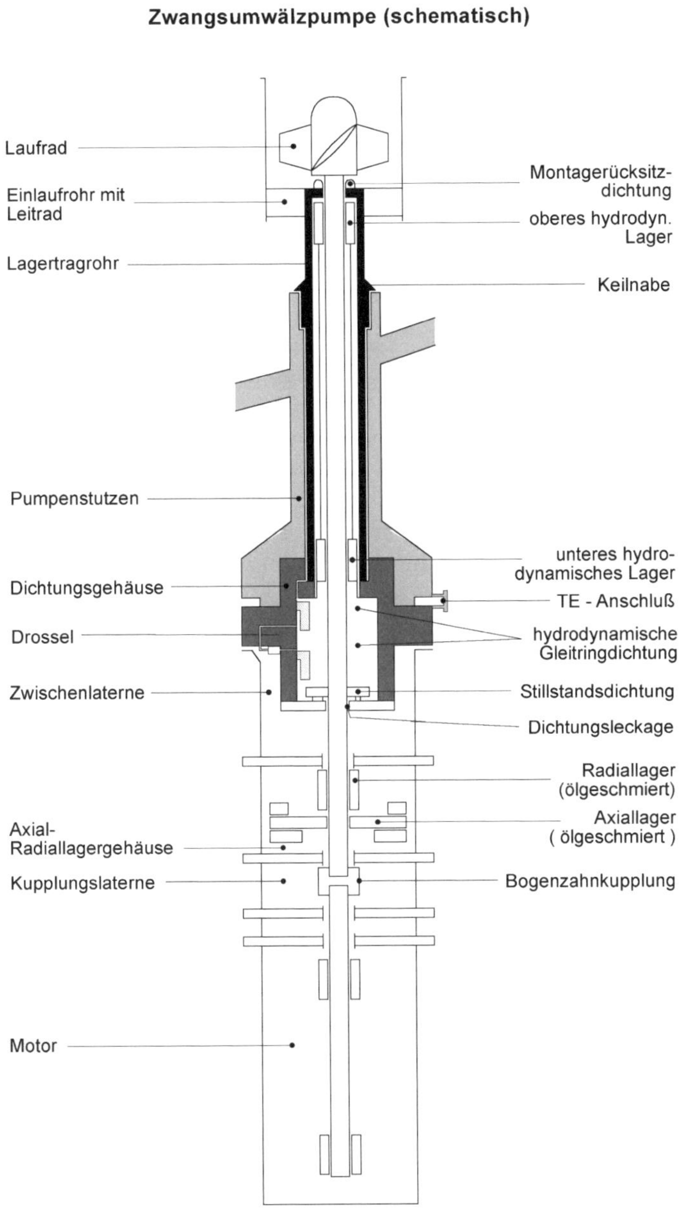

Bild 6.31 Schematischer Schnitt durch eine Axialpumpe [6.11]

Bei älteren Bauformen kommen auch Strahlpumpen, oder Jetpumpen genannt, zum Einsatz. Sie waren das zu den Axialpumpen alternative Konzept, werden heute jedoch bei neuen Anlagen nicht mehr eingesetzt. Sie funktionieren derart, dass über einen externen Kreislauf ca. $^1/_3$ des umzuwälzenden Kühlmittelstroms angesaugt wird. Dieser Teilstrom kommt von oben her über ein Strahlrohr in die Pumpe, die sich innerhalb des Reaktordruckbehälters befindet und bildet den Antriebsstrom. Dieser reißt durch die Strahlwirkung im Mischrohr Kühlmittel mit, so dass die umgewälzte Menge effektiv verdreifacht wird. Die externen Pumpen sind normale Radialpumpen, ähnlich den Hauptkühlmittelpumpen eines Druckwasserreaktors. Von diesen Strahlpumpen sind, sofern dieses Konzept angewandt wird, in einem Siedewasserreaktor ca. 24 Stück vorhanden, die von z.B. 2 externen Pumpen mit Treibwasser versorgt werden.

6.6.1.3 Wasserabscheidung und Dampftrocknung

Beim Siedewasserreaktor muss der Dampf, bevor er den Reaktor verlässt, entwässert und getrocknet werden. Dadurch wird vermieden, dass feuchter Dampf auf die schnell rotierende Turbine (Abschnitt 7.2.1) trifft. Beim Druckwasserreaktor sind in den Dampferzeugern (Abschnitt 6.5.4) ähnliche Maßnahmen notwendig.

Die Abscheidung des Wassers aus dem Dampf geschieht in 2 Stufen. Zunächst wird der Dampf in den Wasserabscheidern durch Drallschaufeln in Rotation versetzt und so das Wasser durch die Zentrifugalkraft bis zu einem Anteil von ca. 10% abgetrennt. Weil der entstandene Dampf immer noch zu feucht für die Turbine ist, schließt sich oberhalb des Wasserabscheiders der Dampftrockner an. Hier wird der Dampf an Prallblechen ständig umgelenkt. Das Wasser sammelt sich in Fangtaschen und gelangt von dort zurück zum Reaktorkern. Der Frischdampf verlässt den Trockner mit einer Restfeuchte von ca. 0,1...0,2%.

6.6.2 Reaktorsteuerung und Reaktorregelung

Die Leistungsregelung eines Kernreaktors unterteilt sich in die Lang- und die Kurzzeitregelung (vgl. Abschnitt 5.4). Für die Kurzzeitregelung und Reaktorschnellabschaltung stehen üblicherweise die Steuerstäbe zur Verfügung. Sie werden beim Siedewasserreaktor von unten in den Reaktor eingefahren, da sich oberhalb des Reaktors der Dampftrockner befindet und somit kein Platz für die Steuerstäbe und deren Antriebe ist. Der Aufbau der Steuerelemente und deren Antriebseinheiten wurde in Abschnitt 5.4.2.2 erläutert.

Während beim Druckwasserreaktor zur Langzeitregelung der Reaktivität der Borgehalt im Kühlmittel variiert wird (vgl. Abschnitt 5.4.5), verzichtet man beim Siedewasserreaktor auf die Verwendung von Bor als Neutronengift im Kühlmittel, da sich die Borsäure innerhalb des Reaktors aufkonzentrieren würde, weil sie nicht zusammen mit dem Kühlmittel verdampft. Die Aufborierung des Kühlmittels wird beim Siedewasserreaktor lediglich als diversitäres Sicherheitskonzept verwendet (Abschnitt 6.6.3.3), das im Falle eines Versagens des Steuerstabeinschusses Borsäure in den Reaktor einspeist und den Reaktor unterkritisch hält (vergleiche Bild 6.32 und Abschnitt 6.6.3.3).

Für die Langzeitregelung des Siedewasserreaktors gibt man bei einigen Brennstäben dem Brennstoff Gadolinium bei, das als Neutronenabsorber wirkt und die Reaktivität vermindert. Da Gadolinium mit der Zeit durch Neutroneneinfang abgebaut wird, wird über die Einsatzdauer kontinuierlich Reaktivität frei, und die Reaktorleistung bleibt konstant (Abschnitt 5.4.3). Man spricht von einem abbrennbaren Neutronenabsorber.

Beim Siedewasserreaktor bietet sich zusätzlich die Möglichkeit über die Drehzahlverstellung der Kühlmittelumwälzpumpen den Kühlmitteldurchsatz im Kern und somit über den Dampfblasenkoeffizienten bzw. über die Dichte des Kühlmittels (Abschnitt 5.5.3) die Reaktorleistung zu regeln. Über die Umwälzmenge im Kern (Drehzahl der Kühlmittelumwälzpumpen) wird die Leistung des Siedewasserreaktors im Bereich zwischen ca. 60% und 100% geregelt.

6.6.3 Hilfssysteme

Die bereits beim Druckwasserreaktor beschriebenen Nebenanlagen, wie z.B. die Belüftungsanlagen, Kühlkreisläufe und die Stromversorgung (Abschnitt 6.5.8), gleichen denen des Siedewasserreaktors im Wesentlichen und werden hier nicht mehr aufgeführt.

Aufgrund der unterschiedlichen Funktionsweise des Reaktors ergeben sich allerdings einige Unterschiede in den Hilfssystemen des Primärkreises. Z.B. entfallen beim Siedewasserreaktor das Volumen- und das Druckregelsystem. Diese Aufgaben werden vom Reaktorkühlkreis direkt übernommen. Die Füllstandsregelung (Volumenregelung) im Reaktordruckbehälter wird vom Speisewassersystem und die Druckregelung von den Stellventilen der Turbine durchgeführt bzw. bei Störungen von der Umleitstation.

Sonstige Systeme, die sich von denen des Druckwasserreaktors unterscheiden, werden im Folgenden besprochen.

6.6.3.1 Druckentlastungssystem

Eine sehr wichtige Funktion beim Betrieb eines Kernreaktors ist die sichere Abfuhr der anfallenden Nachzerfallswärme (Abschnitt 5.2.5) unter jedem Betriebszustand, damit eine unzulässige Erwärmung des Reaktorkerns (auch unter Störfallbedingungen) vermieden wird.

Beim Druckwasserreaktor dienen die Dampferzeuger als Hauptwärmesenke zur Abfuhr dieser Energie. Deshalb gibt es auch das sog. Notspeisesystem, das eine Bespeisung der Dampferzeuger auch bei einem Ausfall des Sekundärkreises gewährleistet. Der dann erzeugte Dampf kann auch über Sicherheits- und Druckregelventile an die Umgebung abgeblasen werden (Abschnitt 6.5.7.1).

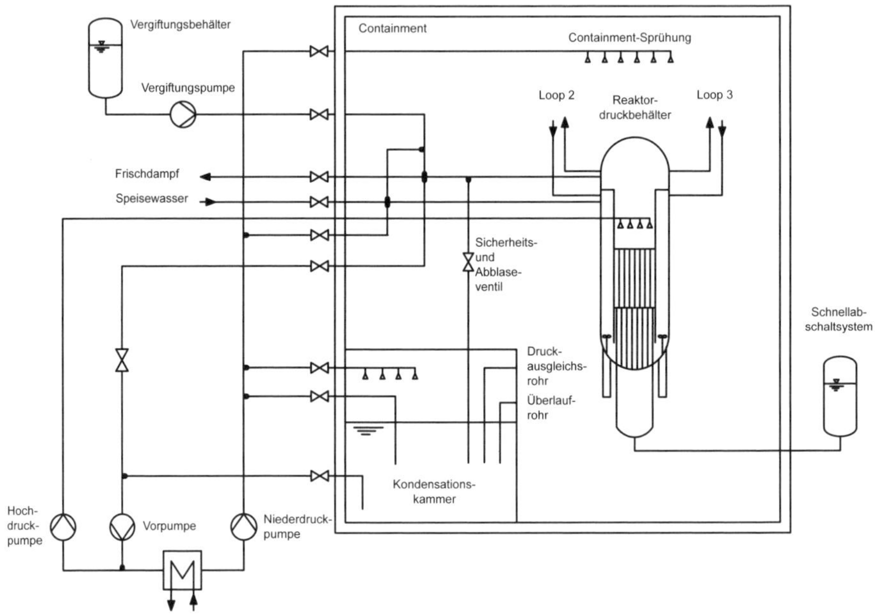

Bild 6.32 Aufbau der Sicherheitssysteme eines Siedewasserreaktors (nur 1 Loop abgebildet, vereinfacht, nach [6.13])

Das ist beim Siedewasserreaktor so nicht möglich, da hier der im Reaktordruckbehälter erzeugte Dampf radioaktiv ist. Es muss daher eine Möglichkeit vorgesehen werden, die Nachwärme innerhalb des Sicherheitsbehälters abzuführen. Aus diesem Grund gibt es innerhalb des Sicherheitsbehälters die sog. Notwärmesenke, die im Wesentlichen aus der Kondensationskammer (einem Wasserreservoir mit einem Fassungsvermögen von 2000...3000 m^3) besteht. Dieser Wasservorrat dient auch als Vorlage für die verschiedenen Sicherheitssysteme (s. Bild 6.32). Das Druckabbausystem besteht aus der Druckkammer (dem Reaktordruckbehälter und alle druckführenden Rohrleitungen innerhalb des Sicherheitsbehälters), dem Luftraum des Sicherheitsbehälters und der Kondensationskammer. Die Druckkammer ist über 60...90 Kondensationsrohre (je nach Anlage) mit der Wasservorlage der Kondensationskammer verbunden. Im Falle eines Kühlmittelverluststörfalls (vgl. auch Abschnitt 6.4.4) baut sich im Luftraum des Sicherheitsbehälters ein Wasserdampfdruck auf, der den Dampf über die Kondensationsrohre in die Wasservorlage der Kondensationskammer befördert und dort kondensiert.

Das Wasser in den Kondensationskammern dient auch als Wärmesenke für die Nachkühlkette und kann über den nuklearen Zwischenkühlkreis aktiv gekühlt werden.

Bild 6.32 und Bild 6.33 zeigen den Aufbau des Primärkreises eines Siedewasserreaktors, wobei in Bild 6.32 vereinfachend nur eines der redundant vorhandenen Sicherheitssysteme dargestellt ist.

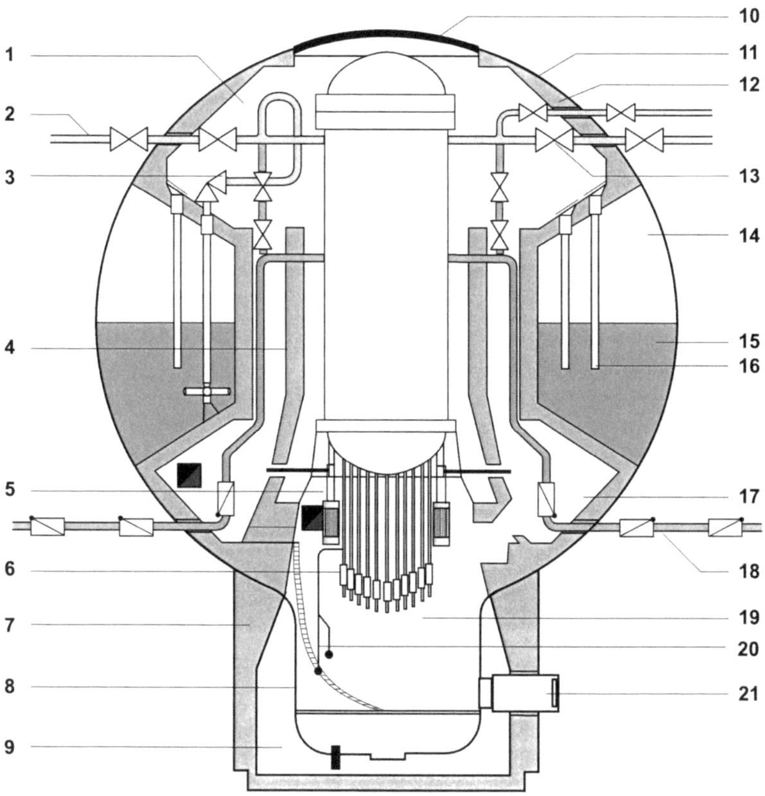

Bild 5.1: Sicherheitsbehälter Baulinie 69

1	Oberer Ringraum	8	Bodenwanne	15	Kondensationskammerwasser
2	Frischdampfleitung	9	Ringspaltraum	16	Kondensationsrohr
3	Sich.-Entlastungsventil	10	Beladedeckel	17	Unterer Ringraum
4	Biologisches Schild	11	Stahlhülle / Dichthaut	18	Speisewasserleitung
5	Zwangsumwälzpumpen	12	Splitterschutzbeton	19	Steuerstabantriebsraum
6	Steuerstabantriebe	13	Frischdampf-ISO-Ventil	20	Schnellabschaltleitung
7	Fundament	14	Kondensationskammer	21	Personenschleuse

Bild 6.33 Aufbau eines Siedewasserreaktors im Überblick [6.11]

6.6.3.2 Not- und Nachkühlsystem

Die Not- und Nachkühlung des Siedewasserreaktors erfolgt in erster Linie aus den Wasservorräten der Kondensationskammer (vgl. Bild 6.32). Von dort aus saugt die Vorpumpe Wasser an, um es je nach Druck im Primärkreis über die Hoch- oder Niederdruckpumpe in den Reaktor zu speisen. Zwischen der Vor- und der Niederdruckpumpe befindet sich ein Kühler, der das zurückgespeiste Wasser kühlt. Tritt bei einem Kühlmittelverluststörfall Kühlmittel aus dem Primärkreis aus und sammelt sich im unteren Teil des Sicherheitsbehälters, kann es durch Überlaufrohre zurück in die Kondensationskammer gelangen und von dort erneut durch die Vorpumpe angesaugt werden.

Da sich bei einem möglichen Kühlmittelaustritt im Reaktorgebäude ein Dampfdruck aufbauen kann, der reduziert werden muss, besteht die Möglichkeit, über die Niederdruckpumpe im Containment und in der Kondensationskammer Wasser einzusprühen.

Für den Nachkühlbetrieb während der Revision, wenn der Füllstand im Reaktordruckbehälter angehoben wurde, kann die Vorpumpe Kühlmittel aus der Frischdampfleitung des Reaktors ansaugen und über den Nachkühler sowie die Niederdruckpumpe zurück in den Reaktor fördern.

Wie beim Druckwasserreaktor sind beim Siedewasserreaktor die Nachkühlpumpen auch für die Flutung der Reaktorgrube zuständig, falls der Reaktor z.B. für den Brennelementwechsel geöffnet werden soll. Darüber hinaus können die Not- und Nachkühlsysteme genutzt werden, um den Füllstand sowie die Temperatur im Brennelementlagerbecken (Abschnitt 8.1) zu halten.

6.6.3.3 Vergiftungssystem

Das Vergiftungssystem ist vergleichbar mit dem Zusatzboriersystem eines Druckwasserreaktors (Abschnitt 6.5.7.4). Es verfügt über Vorratsspeicher mit hochkonzentrierter Borsäure, die über starke Pumpen (i.d.R. Kolbenpumpen) mit dem Primärkreis verbunden sind. Sollte es bei der Anforderung einer Schnellabschaltung zu einem Fehlverhalten des Steuerstabeinwurfs kommen (Abschnitt 6.6.2.1), kann über dieses System Borsäure in den Reaktor eingespeist werden, wodurch die Kettenreaktion gestoppt wird. Es stellt somit ein diversitäres Abschaltsystem dar, das den Reaktor abschalten kann, wenn z.B. der Steuerstabeinwurf (vgl. Abschnitt 5.4.2.2) versagen sollte.

6.6.3.4 Abdichtung der Turbinenwelle

Eine weitere Besonderheit des Siedewasserreaktors stellt die Abdichtung der Turbinenwelle gegenüber der Außenluft dar. Da sich in der Turbine der Dampf aus dem Reaktor befindet und dieser zu einem gewissen Teil radioaktiv ist, muss auf eine sichere Abdichtung besonderer Wert gelegt werden.

Bild 6.34 zeigt den schematischen Aufbau dieser Wellendichtung. Hierbei wird eine definierte Staffelung aus Druckdifferenzen verwendet, um einen Übertritt von radioaktivem Medium nach außen zu verhindern. Die Dichtung ist mehrstufig aufgebaut und verfügt über abwechselnde Druck- und Unterdruckzonen. Die Druckzonen werden von außen mit einem Sperrmedium (meist nicht radioaktiver Sperrdampf) versorgt. Die angrenzenden Unterdruckzonen werden ständig abgesaugt.

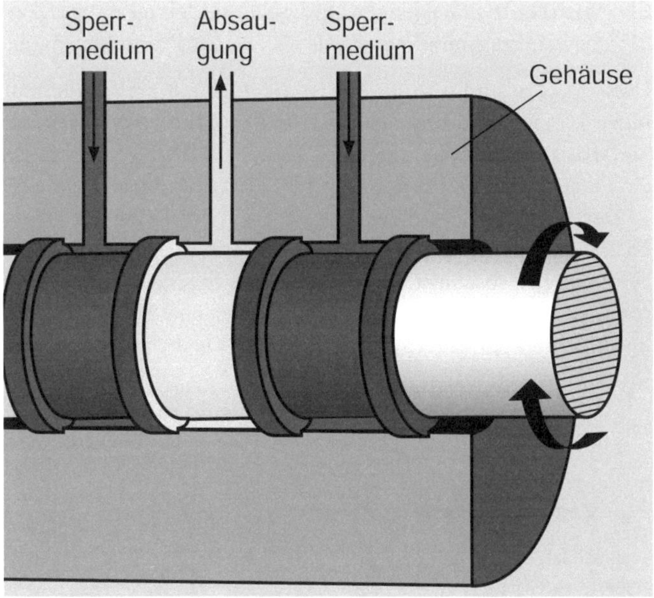

Bild 6.34
Aufbau der Wellendichtung an der Turbine eines Siedewasserreaktors [6.9]

Durch diese definierte Druckstaffelung und Absaugung wird verhindert, dass kontaminierter Dampf an der Welle austritt. Ein ähnlicher Aufbau ist z.B. bei der Wellendichtung der Hauptkühlmittelpumpen eines Druckwasserreaktors (Abschnitt 6.5.3) zu finden, weil auch hier eine rotierende Welle durch die Wand des Primärkreises geführt werden muss. Hierbei wird jedoch Sperrwasser eingesetzt, das vom Volumenregelsystem (Abschnitt 6.5.6) bereitgestellt wird.

Die Versorgung mit Sperrdampf erfolgt entweder durch elektrisch beheizte oder fossil befeuerte Kessel oder während des Anlagenbetriebs durch mit Frischdampf als Heizmedium betriebene Dampferzeuger (Sperrdampferzeuger). Daher ist der Sperrdampf nicht kontaminiert.

6.7 Hochtemperaturreaktor

Heutzutage sind mit ca. 85% aller Reaktoren weltweit die weitaus meisten Anlagen als Leichtwasserreaktoren ausgeführt (Tabelle 6.9). Es wurden aber auch andere Reaktortypen entwickelt, die in Zukunft an Bedeutung gewinnen dürften. Zu diesen Reaktoren zählt der Hochtemperaturreaktor, der durch seine eingesetzten Werkstoffe und dem gewählten Aufbau einige prinzipbedingte Vorteile bietet:

- Verbesserter Wirkungsgrad aufgrund höherer Prozesstemperaturen,
- Verbesserter Sicherheitsstandard durch geeignete Materialwahl und Konstruktion,

- ❑ Wirtschaftliche Anlagen sind auch in kleinen Baugrößen denkbar,
- ❑ Anwendungsmöglichkeit als Quelle für Prozesswärme bis ca. 1000 °C.

Diese Punkte sind u.a. dafür ausschlaggebend, dass zum heutigen Zeitpunkt in einigen Ländern die Entwicklung dieses Reaktortyps stark vorangetrieben wird. In Südafrika z.B. läuft unter dem Namen «PBMR» (Pebble-Bed Modular Reaktor) ein Projekt, das als Pilotprojekt für weitere Anlagen dienen soll.

Der Hochtemperaturreaktor ist ein thermischer Reaktor, der mit moderierten Neutronen arbeitet.

In diesem Abschnitt wird beispielhaft für die Technik des Hochtemperaturreaktors der Aufbau des in Deutschland zwischen 1985 und 1988 betriebenen Thorium-Hochtemperaturreaktors (THTR-300, im Folgenden kurz THTR genannt – [6.14]) dargestellt.

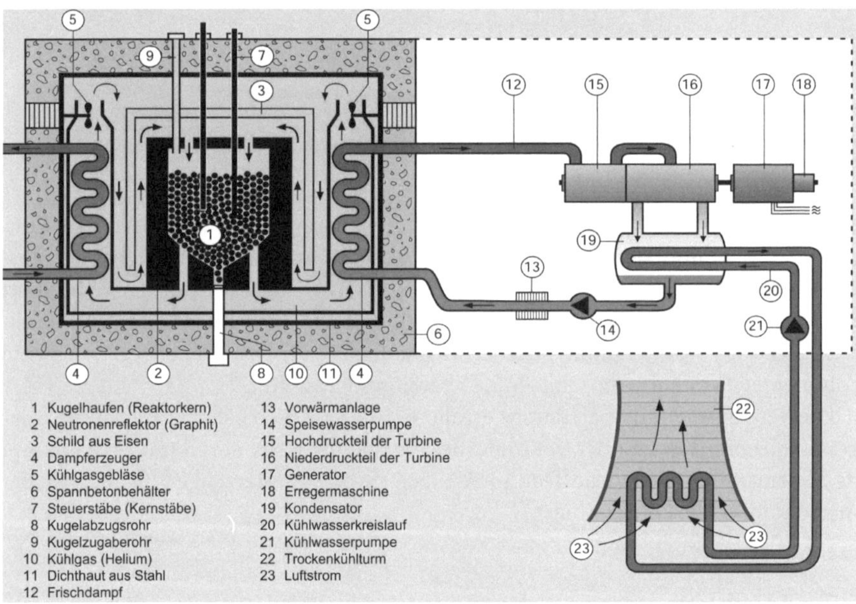

Bild 6.35 Schematische Darstellung des THTR-300 [6.9]

Typisch für den Hochtemperaturreaktor i.Allg. ist die Gaskühlung (Bild 6.35). Das Gas wird in einem geschlossenen Kreislauf umgewälzt und kann seine Wärme in Wärmetauschern an einen sekundären Wasserkreislauf abgeben (wie beim THTR), oder es kann alternativ direkt über eine Gasturbine geleitet werden (wie z.B. beim PBMR angedacht). Wie in Abschnitt 5.6 dargelegt, hat ein gasförmiges Kühlmedium besonders bei hohen Prozesstemperaturen wesentliche Vorteile gegenüber z.B. flüssigen Kühlmitteln, weil es keine Phasenumwandlung mehr erfahren kann.

6.7.1 Aufbau des THTR

Die Brennstoffpartikel werden zusammen mit Grafit zu stab- oder kugelförmigen Brennelementen verpresst. Beim THTR fanden kugelförmige Brennelemente Anwendung, von denen eine lose Schüttung den Kern des Reaktors bildete.

Anmerkung
Aufgrund dieser losen Schüttung der kugelförmigen Brennelemente wird dieser Reaktortyp häufig als Kugelhaufenreaktor bezeichnet.

Dieser Aufbau ermöglicht es, dem Reaktor ständig Brennelemente zu entnehmen, diese zu überprüfen, ggf. auszusondern und durch neue zu ersetzen oder sie wieder in den Kern zurückzugeben. Während der Einsatzdauer von ca. 3 Jahren durchlief ein Brennelement den Reaktor des THTR ungefähr 6 Mal.

Der Kugelhaufen ist im Reaktordruckbehälter von einem Neutronenreflektor aus Grafit umgeben. Das Kühlgas wird von Gebläsen umgewälzt und durchströmt den Reaktorkern von oben nach unten. Die Dampferzeuger, in denen das Kühlgas seine Wärme an einen sekundären Wasser-Dampf-Kreislauf (vgl. Kapitel 7) abgab, befanden sich ebenfalls innerhalb des Reaktordruckbehälters. Die Gebläse waren in die Wand des Reaktordruckbehälters integriert. Der Sekundärkreis ähnelt im Wesentlichen dem eines Druckwasserreaktors (Kapitel 7). Die einzelnen Komponenten des Primärkreises werden in den folgenden Abschnitten näher beschrieben.

6.7.2 Brennelemente

Der primäre Spalt- oder Brennstoff des Hochtemperaturreaktors ist das ^{235}U, das durch thermische Neutronen gespalten wird. In den Brennelementen des THTR befanden sich neben 1 g ^{235}U als primären Spaltstoff noch ca. 10 g ^{232}Th. Wie aus Tabelle 5.1 ersichtlich, ist ^{232}Th nicht für eine Spaltung mit thermischen Neutronen geeignet. Dieses Element wandelt sich allerdings durch die Zufuhr eines Neutrons in spaltbares Material um (Abschnitt 5.8.2):

$$ {}^{232}_{90}Th + {}^{1}_{0}n \rightarrow {}^{233}_{90}Th \xrightarrow[T_{1/2=22\,min}]{} {}^{233}_{91}Pa + {}^{0}_{-1}e \xrightarrow[T_{1/2}=27\,d]{} {}^{233}_{92}U + {}^{0}_{-1}e \qquad \text{(Gl. 5.31)} $$

Bild 6.36 zeigt den schematischen Aufbau eines Brennelements des THTR. Der Brennstoff war in Form keramischen Oxids (UO_2 und ThO_2) in kleinen Kügelchen mit knapp 1 mm Durchmesser eingeschlossen (sog. coated particles). Die ca. 0,4 mm starke Brennstoffzone ist von einer ca. 0,08 mm dicken, porösen, brennstofffreien Grafitschicht umgeben, die zur Aufgabe hatte, die bei der Kernspaltung entstehenden Spaltgase aufzunehmen. Als äußere Umhüllung wurde eine harte Schicht aus pyrolytischem Grafit mit ca. 0,1 mm Dicke aufgetragen (Daten aus [6.14]). Rund 30 000 solcher beschichteten Kügelchen (auch als BISO-Partikel bezeichnet) bildeten zusammen mit Grafit als Füllmaterial ein Brennelement. Das Brennelement war ebenfalls von einer ca. 5 mm dicken Zone reinen Grafits umgeben. Von diesen Brennelementen wurden im THTR rund 680 000 Stück eingesetzt. Durch das die Brennelemente umhüllende Grafit wird zum einen der Brennstoff eingeschlossen, zum andern werden darin auch die bei der Spaltung entstehenden Spaltstoffe festgehalten. Das Grafit dient als Moderator für die Neutronen (vgl. Abschnitt 5.5). Die technischen Daten eines Brennelements lassen sich wie folgt zusammenfassen [6.14]:

- Durchmesser des Brennelements 60 mm
- Anzahl der «coated particles» pro Brennelement 30 000
- Verweilzeit im Reaktor 3 Jahre
- Durchlaufdauer durch Reaktor 0,5 Jahre
- mittlere Brennelementleistung 1,1 kW
- mittlerer Abbrand 109 000 MWd/t
- max. Grafitoberflächentemperatur 1 000 °C
- max. Partikeltemperatur 1 150 °C

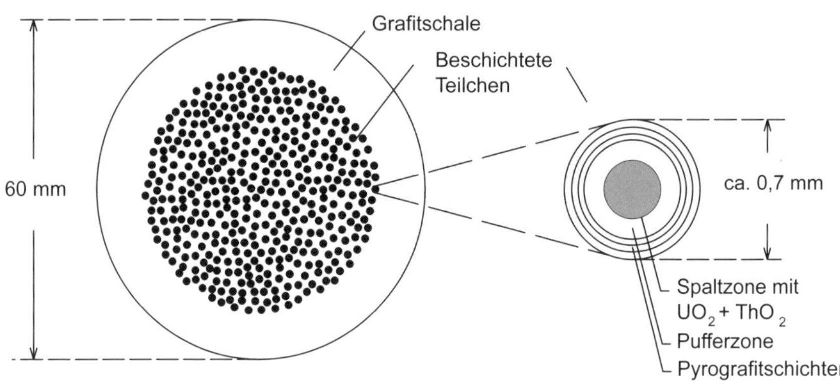

Bild 6.36 Schnitt durch ein Brennelement des THTR-300 (links) und durch ein beschichtetes Teilchen (rechts)

6.7.3 Reaktorkomponenten

Im Folgenden werden die wesentlichen Komponenten eines Hochtemperaturreaktors am Beispiel des THTR kurz beschrieben und deren Funktionsweise erläutert.

6.7.3.1 Reaktordruckbehälter und Einbauten

Der Reaktordruckbehälter des THTR war ein Spannbetonbehälter mit einer Wandstärke von ca. 5 m. Durch eine entsprechende Vorspannung befand sich der

Bild 6.37 Probeaufbau des THTR-300-Kernbodens mit Kugelabzugsrohr in der Mitte [6.13]

Beton ständig unter einer Druckspannung, die durch den Systemdruck des Primärkreises (beim THTR rund 40 bar) verringert, aber nicht umgekehrt wurde. Durch Vermeiden einer Zugspannung im Beton wird eine Rissbildung im Reaktordruckbehälter ausgeschlossen und dadurch die Sicherheit verbessert. Da Beton nicht gasdicht ist, musste auf der Innenseite eine Auskleidung (ein sog. Liner) aus Stahl vorgesehen werden, der die Dichtfunktion übernahm. Der Liner trug auf der Seite zum Reaktorkern eine Isolationsschicht und wurde auf der Seite, die dem Beton zugewandt ist, wassergekühlt, so dass der Beton nicht unzulässig hoch erwärmt und zusätzlich die Wärmeverluste des Reaktors minimiert wurden. Die technischen Daten des Reaktordruckbehälters des THTR können wie folgt dargestellt werden [6.9]:

❑ lichter Innendurchmesser	15,9 m
❑ lichte Innenhöhe	15,3 m
❑ Betonstärke Zylinderwand	4,5 m
❑ Betonstärke Boden und Deckel	5,1 m
❑ max. Betontemperatur	50 °C
❑ Betriebsdruck	40 bar

Im Innern des Reaktordruckbehälters des THTR befand sich der Reaktorkern, der durch einen Zylinder aus Grafit umgeben war. Dieser Zylinder diente als Neutronenreflektor (vgl. Abschnitt 5.3.2) und ließ sich in den Boden-, die Seiten- und den Deckenreflektor unterteilen.

Durch den Deckenreflektor wurden sowohl das Kühlgas als auch Steuerstäbe und Brennelemente geführt. Im Bodenreflektor war der Auslass für die Brennelementkugeln eingearbeitet. Dazu war der Bodenreflektor konisch geformt, mit einer Öffnung für die Entnahme der Kugeln in der Mitte (Bild 6.37). Damit das Kühlgas den Bodenreflektor durchdringen konnte, war dieser mit vielen Löchern versehen.

Bild 6.38 Reaktorkern des THTR-300 nach der Erstbeladung [6.13]

Die Daten des THTR-Kerns (Bild 6.38) lassen sich wie folgt zusammenstellen ([6.14]):

- Kerndurchmesser 5,6 m
- Kernhöhe 5,1 m
- Reflektordicke, radial 1 m
- Reflektordicke, Boden 2 m
- Reflektordicke, Decke 2 m
- Gewicht des Grafits 540 t

- thermische Leistung 760 MW
- elektrische Leistung 300 MW
- mittlere Kernleistungsdichte 6 MW_{th}/m^3
- Kühlmitteltemperatur Eintritt 250 °C
- Kühlmitteltemperatur Austritt 750 °C

Bild 6.38 zeigt den Kern des THTR-300 nach dessen Erstbeladung. Zu erkennen sind die eingefahrenen Core-Stäbe (Abschnitt 6.7.4) sowie der Seitenreflektor.

6.7.3.2 Gebläse

Die Gebläse haben die Aufgabe, das gasförmige Kühlmittel umzuwälzen und die dabei auftretenden Druckverluste auszugleichen. Die 6 Gebläse des THTR saugten das Kühlmittel von der Heißgassammelkammer unterhalb des Reaktorkerns durch die Dampferzeuger hindurch an und förderten das Gas in einen gemeinsamen Druckraum oberhalb des Reaktorkerns. Von dort aus strömte es von oben nach unten durch den Reaktorkern (den Kugelhaufen).

Der Gaskreislauf des THTR befand sich auf einem Druckniveau von ca. 38 bar. Der Druckabfall im Gaskreislauf, den die Gebläse ausgleichen mussten, betrug ca. 1 bar. Die Gebläse waren elektromotorisch angetrieben. Da sie relativ nahe am Reaktorkern untergebracht sind, muss für eine ausreichende Abschirmung der Neutronenstrahlung gesorgt werden. Hierfür befand sich im Gebläse ein Neutronenschirm.

Der Antriebsmotor lief in der Atmosphäre des Reaktordruckbehälters. Das bedeutet, dass auch für die Schmierung der Lager besondere Vorkehrungen getroffen werden mussten. Damit kein Schmieröl in das Kühlgas gelangen kann, sind neben den Wellenschmierstellen Sperrgasdichtungen angeordnet, die durch gestaffelte Druckdifferenzen einen Übertritt des Schmiermittels verhindern. Die prinzipielle Funktionsweise dieser Dichtung wurde bereits in Bild 6.34 schematisch dargestellt. Alternativ sind an dieser Stelle für künftige Anwendungen auch schmiermittelfreie Magnetlager angedacht.

Die Gebläse waren beim THTR ganz in die Spannbetonwand des Reaktordruckbehälters integriert. Aufgrund des Druckunterschiedes zwischen Reaktoratmosphäre und Außenluft (ca. 40 bar) muss die Motorwelle auch axial gegen die Wand des Reaktordruckbehälters gelagert bzw. abgestützt sein (vergleichbar mit einer Hauptkühlmittelpumpe des Druckwasserreaktors – vgl. Bild 6.11).

Für das gesteuerte An- und Abfahren der Gebläseeinheiten des THTR waren, ähnlich wie bei normalen Kreiselpumpen für Wasser, Bypass-Vorrichtungen vorgesehen, mit denen die Durchflussmenge des Gebläses sukzessive verstellt werden konnte.

Für die Leistungsregelung des THTR konnte die Motordrehzahl im Bereich zwischen 3000 min^{-1} und 5600 min^{-1} verstellt werden. Die Daten der Gebläse des THTR lassen sich wie folgt zusammenfassen (nach [6.14]):

- Heliumdurchsatz ca. 46 kg/s (insgesamt rund 300 kg/s)
- Druck Eingangsseite 38,1 bar
- Druck Ausgangsseite 39,2 bar
- Motorleistung 2,3 MW
- Nenndrehzahl 5600 min^{-1}
- Länge der Einheit 6,2 m
- Durchmesser 2,7 m

6.7.3.3 Dampferzeuger

Das heiße Gas des THTR hatte eine Temperatur von ca. 750 °C. Das Kühlmittel wurde von der Heißgas-Sammelkammer unterhalb des Reaktors aus über die Heißgaskanäle zu den Dampferzeugern geleitet, in denen es seine Wärme an das sekundärseitige Wasser abgab und dabei auf ca. 250 °C abkühlte.

Die Strömungsgeschwindigkeit des Gases betrug rund 7,8 m/s am Kerneintritt und 15,3 m/s am Austritt. Die unterschiedlichen Werte für die Geschwindigkeiten kommen dabei von der im Kern erzeugten Aufwärmspanne des Gases von rund 500 °C. Das heiße Gas am Austritt hat eine geringere Dichte und hat somit bei vergleichbarem Querschnitt und gleicher Durchsatzmenge eine höhere Geschwindigkeit.

Auf der Sekundärseite der Dampferzeuger des THTR wurde das Speisewasser von 180 °C auf 535 °C erwärmt und verdampft. Eine besondere Herausforderung bei der Herstellung der Dampferzeuger stellte die Kompensation der Wärmeausdehnung der Komponenten dar. Die Temperaturdifferenz zwischen Raum- und Betriebstemperatur betrug für einige Komponenten immerhin rund 700 °C. Für diese Aufgabe war beim THTR am oberen Ende der Heizrohre eine Dehnzone vorgesehen und der gesamte Einbau war flexibel gestaltet, so dass thermische Spannungen vermieden aber auch gleichzeitig Schwingungen verhindert werden konnten.

Die wichtigsten Daten eines der 6 THTR-Dampferzeuger sind:

- Frischdampfparameter 535 °C, 186 bar
- Speisewassertemperatur 180 °C
- Frischdampfmenge 43 kg/s
- He-Eintrittsparameter 750 °C, 38,5 bar
- He-Austrittsparameter 250 °C, 38,1 bar
- He-Durchsatz 43 kg/s
- Länge 19 m
- Durchmesser 2 m
- Gewicht 65 t

6.7.4 Steuer- und Abschalteinrichtungen

Die Steuerung des Hochtemperaturreaktors erfolgt, analog zu den Leichtwasserreaktoren, mittels Steuerstäben und Absorbermaterialien (vgl. Abschnitt 5.4). Beim THTR wurden 2 verschiedene Steuerstabanordnungen unterschieden: die Core- und die Reflektorstäbe. Erstere wurden von oben in den Reaktorkern eingefahren (s. Bild 6.38), während die Reflektorstäbe im seitlichen Grafitreflektor eingefahren wurden. Beim THTR wurden auch Absorbermaterialien für die Langzeitregelung der Reaktorleistung verwendet (vgl. Abschnitt 5.4.3). Das Absorbermaterial war als kontinuierlicher Neutronenfänger in einigen Kugeln konzentriert vorhanden. Durch die Umwälzung der Kugeln bot sich die Möglichkeit, die Anzahl der Absorberkugeln zu variieren und so die Reaktivität langfristig zu steuern. Besonders bei der Erstbeladung des THTR-Kerns war es wichtig, viele (ca. 6%) Absorberkugeln zu haben, da zu Beginn des Betriebs noch keine Neutronengifte in den Spaltprodukten sind, die die Reaktivität mindern. Nach ca. 100 Tagen Reaktorbetrieb hatte sich ein Gleichgewicht mit den Neutronengiften eingestellt, und die Absorberkugeln konnten aus dem Kern entfernt werden.

Die 36 Reflektorstäbe hatten die Aufgabe der Schnellabschaltung und der Leistungsregelung. Die Corestäbe dienten der Langzeitabschaltung und der Haltung der Unterkritikalität.

Die 42 Corestäbe des THTR hatten keine Führungsrohre, sondern wurden frei in den Kugelhaufen eingefahren. Dabei kam es zu einer hohen Belastung der kugelförmigen Brennelemente und der Steuerstäbe. Die auftretende Reibkraft zwischen den Steuerstäben und den Brennelementen konnte durch Einspeisen von Ammoniak (NH_3) beim Einfahren reduziert werden. Aus diesem Grund war ein NH_3-Einspeisesystem vorhanden, das immer dann aktiviert wurde, wenn die Corestäbe auf volle Tiefe eingefahren werden sollten. Der Antrieb der Corestäbe des THTR erfolgte über eine Pneumatik mit Helium als Arbeitsgas. Die maximale Antriebskraft für die Corestäbe betrug rund 100 kN.

Die Spitze der ca. 13 cm dicken Corestäbe war nach innen gewölbt (konkav), so dass beim Einfahren an der Oberfläche des Kugelhaufens ein Brennelement «eingefangen» wurde und während der Abwärtsbewegung die Spitze des Stabes bildete. Dadurch wurde erreicht, dass die Reibung nur zwischen Brennelementen erfolgte.

6.7.5 Nachwärmeabfuhr und Sicherheitsaspekte

Wie bei jedem anderen Kernspaltungsreaktor, fällt beim Hochtemperaturreaktor auch nach Beendigung der Kettenreaktion noch Leistung durch die Nachzerfallswärme an (Abschnitt 5.2.5). Diese muss sicher abgeführt werden, um eine unzulässige Erhöhung der Brennstofftemperatur zu vermeiden.

Die Nachwärmeabfuhr des THTR, der mit Wärmetauschern (Dampferzeugern) arbeitete, war prinzipiell analog der eines Druckwasserreaktors aufgebaut (Abschnitt 6.5.7.1). Die Dampferzeuger bildeten die Hauptwärmesenke für den Reaktor und dienten somit auch zur Abfuhr der Nachwärme. Wie auch beim Druckwasserreaktor war ein Notspeisesystem vorgesehen, das die Dampferzeuger im Bedarfsfall von separaten Notspeisewasserbehältern aus sekundärseitig bespeisen konnte. Der prinzipielle Aufbau dieses Systems lässt sich mit dem aus Bild 6.18 vergleichen. Der im Falle einer Notspeisung in den Dampferzeugern erzeugte Dampf konnte über Dach abgeblasen oder in einem separaten Behälter (Anfahrentspanner) kondensiert werden.

Da das Nachwärmeabfuhrsystem ein sicherheitstechnisch wichtiges System ist, genügten auch beim THTR seine Bau- und Aufstellungsbedingungen den in Abschnitt 6.4 behandelten Kriterien (u.a. Redundanz und räumliche Trennung).

Aufgrund der im Vergleich zum konventionellen Leichtwasserreaktor geringen Leistungsdichte im Hochtemperaturreaktor und wegen der großen thermischen Masse, reagiert der Hochtemperaturreaktor sehr träge auf Leistungsänderungen bzw. einen Ausfall der Kühlung. Beim THTR betrug die verfügbare Zeit für ein Wiedereinschalten einer ausgefallenen Kühlung ca. 5 Stunden [6.14] für den Fall, dass die Kühlung direkt nach dem Abschalten des Reaktors ausgefallen war. Bei einem Ausfall der Kühlung zu einem späteren Zeitpunkt verlängert sich diese Zeitspanne aufgrund der sinkenden Nachzerfallsleistung (vgl. auch Bild 5.6).

Moderne Konzepte des Hochtemperaturreaktors erfahren bei geeigneter Kernauslegung auch bei einem Totalausfall der Nachwärmeabfuhrsysteme keine unzulässige Überhitzung.

Von großem Vorteil ist zudem, dass das Kühlmittel Helium gasförmig ist. Somit kann es keine weitere Phasenumwandlung mehr vollziehen, und die physikalischen Eigenschaften des Kühlmittels bleiben von Temperaturerhöhungen unberührt. Das ist z.B. beim Druckwasserreaktor nicht der Fall, wo verdampfendes Kühlmittel andere Bedingungen im Reaktor hervorruft (vgl. Abschnitt 6.4.4).

Aus diesen Gründen stellt der Hochtemperaturreaktor ein sehr sicheres Reaktorkonzept dar. Weiterführende Details zu Hochtemperaturreaktoren i.Allg. und zur Betriebssicherheit im Speziellen sowie potentielle Störfälle und deren Beherrschung sind in [6.14] zu finden.

6.8 Kernfusionsreaktor

Wie in den Grundlagen über den Massendefekt (Abschnitt 2.2) aufgezeigt, lässt sich nukleare Energie auf prinzipiell zwei verschiedene Weisen nutzen. Bisher wurden die herkömmlichen Kernreaktoren behandelt, die zur Energieerzeugung die Spaltung schwerer Atomkerne nutzen. Im folgenden Abschnitt wird die Kernfusion besprochen, die Energie aus dem Fusionsprozess zweier leichter Kerne gewinnt.

6.8.1 Grundlagen der Kernfusion

Der Kernspaltungsprozess ist, technisch gesehen, leichter zu beherrschen als der Fusionsprozess, weil seine Anregung mit einem schweren Atomkern von einem Neutron verhältnismäßig einfach in Gang gesetzt und kontrolliert werden kann. Bei der Kernfusion dagegen müssen 2 leichte Atomkerne miteinander verschmelzen, was aufgrund der elektrostatischen Abstoßung zwischen den beiden Kernen eine Schwierigkeit darstellt.

Damit die Kernfusion stattfinden kann, müssen sich die beiden Atomkerne sehr nahe kommen – so nahe, dass sie sich fast berühren. Die abstoßende elektrostatische Kraft zwischen 2 Protonen beträgt rund 70 N (s. Abschnitt 2.2). Das ist eine sehr große Kraft, die es zu überwinden gilt, bevor der Kernfusionsprozess stattfinden kann.

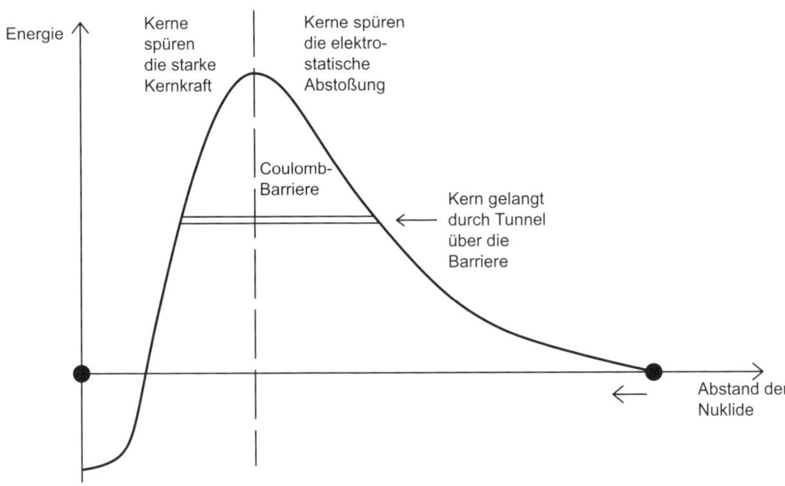

Bild 6.39 Coulomb-Barriere bei der Kernfusion

Wie für die Spaltung eines Atomkerns zunächst ein gewisser Potentialwall überwunden werden muss (vgl. Bild 5.1), gilt es auch bei der Kernfusion die Coulomb-Barriere zu erklimmen (Bild 6.39). Erst wenn die Teilchen sich fast berühren, spüren sie die starken Kernkräfte, die sie zusammenhalten und können die abstoßende elektrostatische Kraft überwinden (vgl. Bild 2.4).

Um diesen Potentialwall («über den Gipfel») zu überwinden, würden Temperaturen von ca. 2 Mrd. Grad notwendig sein, was technisch völlig unbeherrschbar wäre. Es ist dem quantenmechanischen Tunneleffekt (bzw. der Heisenbergschen Unschärferelation) zu verdanken, dass die Fusion dennoch möglich ist. Die Teilchen tunneln durch den Potentialwall hindurch und befinden sich plötzlich aufgrund der quantenmechanischen Ortsunschärfe «auf der anderen Seite», d.h., ohne den Potentialwall über den Gipfel überwinden zu müssen (s. auch Abschnitt 5.1.1). Die Wahrscheinlichkeit für dieses «Tunneln» steigt dabei mit zunehmender Geschwindigkeit des Teilchens, respektive mit abnehmender Höhe und Breite des Potentialwalls, so dass sich die für die technische Anwendung der Kernfusion aufzubringende notwendige Temperatur (Energie) auf ca. 100 Mio. Grad reduziert. Diese Temperaturen lassen sich technisch beherrschen (Abschnitt 6.8.3).

Sind die Kerne in den Wirkungsbereich der starken Kernkraft gelangt, so findet der Kernfusionsprozess statt, und die Kerne verschmelzen zu einem neuen Kern (Bild 6.40).

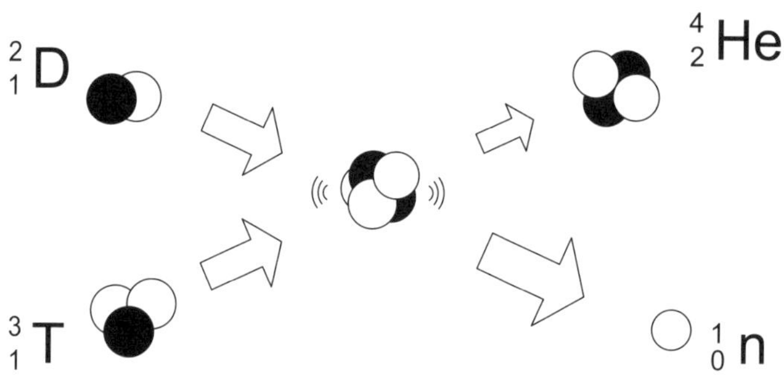

Bild 6.40
Prozess der Fusion eines Tritiumkerns und eines Deuteriumkerns

Prinzipiell können für die Kernfusion alle Atomkerne verwendet werden. Es ist jedoch eine Frage der Wirtschaftlichkeit und der Energieausbeute, welche Fusionsprozesse technisch Anwendung finden. Genauso, wie sich aus der Spaltung leichter Atomkerne keine Energie gewinnen lässt, ist auch die Fusion schwerer Kerne (ab ca. dem Element Eisen) energetisch negativ – für diesen Prozess muss Energie aufgewendet werden (Abschnitt 2.2).

Anmerkung

Das ist auch der Grund, weshalb der Fusionsprozess in Sternen zum Erliegen kommt, wenn alle leichte Materie im Innern des Sterns zum Element Eisen fusioniert ist. Der dann fehlende Strahlungsdruck von innen kann der Gravitationskraft nicht mehr entgegenwirken und der Stern fällt in sich zusammen. Dadurch kommt es wieder zu einer starken Verdichtung im Innern, und die Fusion geht durch die zugeführte Energie und ausgelöste Schockwellen weiter, wobei schwerere Kerne unter Energiezufuhr erzeugt werden. Bei diesem Vorgang (auch als Supernova bekannt) wird Materie in den Weltraum geschleudert, aus der sich neue Sterne und Planeten bilden können. Der Stern selbst endet dabei je nach Ausgangsmasse als weißer Zwerg, Neutronenstern oder schwarzes Loch. Die Sterne sind daher als Brutstätte aller Elemente anzusehen

– beim Urknall wurden lediglich die leichtesten Elemente Wasserstoff, Helium, Beryllium und Lithium gebildet.

Für die Fusion mit positiver Energiebilanz, also der Fusion mit leichten Atomkernen, kommen in der Praxis nur wenige Reaktionen in Frage. Hierbei kristallisieren sich aufgrund ihres guten Wirkungsquerschnitts (Abschnitt 5.1.5) und der (davon nicht unabhängigen) freigesetzten Energie besonders die Folgeprodukte von Tabelle 6.19 heraus:

Tabelle 6.19 Fusionsreaktionen, deren Folgeprodukte und die freigesetzte Energie

Ausgangsnuklide der Fusion		**Produkte der Fusion**	**maximal freigesetzte Energie [MeV]**
H	H	$^{2}H + e^{+}$	0,4
D	D	$^{3}He + n^{0}$	3,27
		$+ p^{+}$	4,03
D	T	$^{4}He + n^{0}$	17,63
D	^{3}He	$^{4}He + p^{+}$	18,4

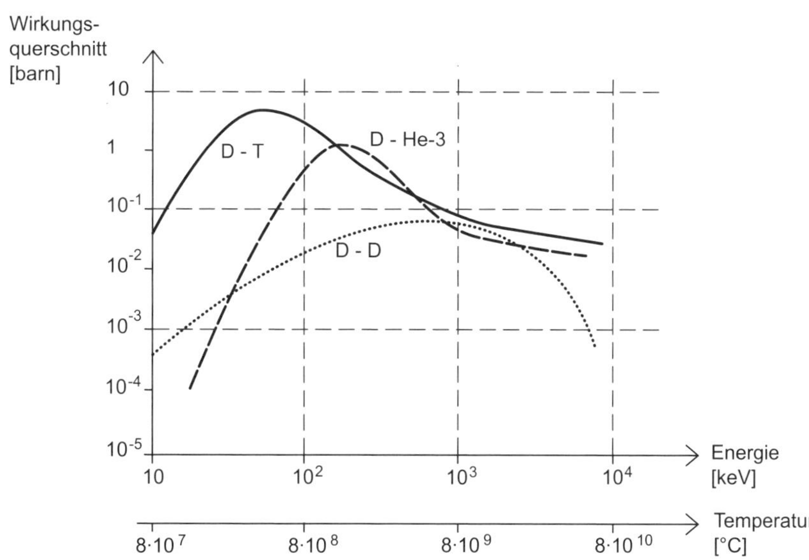

Bild 6.41 Wirkungsquerschnitte verschiedener Fusionsreaktionen als Funktion der Energie und der Plasmatemperatur (schematisch)

Die Reaktionen Deuterium-Tritium (D-T-Reaktion) und Deuterium-Helium-3 sind für die technische Anwendung der Kernfusion energetisch besonders interessant. Leider ist ^{3}He sehr selten und kommt somit für eine technische Anwendung nicht infrage. Aus Bild 6.41 ist ersichtlich, dass der Wirkungsquerschnitt der D-T-Reaktion am größten ist und sein Maximum bei einer verhältnismäßig niedrigen Temperatur (Energie) hat. Deshalb ist dies die favorisierte Fusionsreaktion für technische Anwendungen.

Bei der D-T-Reaktion wird ein Neutron freigesetzt, das ca. 80% der Fusionsenergie in Form von Bewegungsenergie mit sich trägt. Weil das Neutron einerseits elektrisch neutral und andererseits als einzelnes Teilchen sehr klein ist, wird es vom Magnetfeld (s. Abschnitt 6.8.3) nicht eingefangen und durchdringt nahezu unbeeinflusst die aus Metallen und Kohlenstoff bzw. grafitischen Werkstoffen bestehende erste Wand des Plasmagefäßes. Erst im Blanket kann es seine kinetische Energie abgeben. Hier (außerhalb des Plasmagefäßes) befinden sich lithiumhaltige Stoffe, die Neutronen effizient abbremsen und dessen Energie in Wärme umwandeln können (s. auch Abschnitt 6.8.6.3). Dadurch wird der Großteil der durch den Fusionsprozess frei werdenden Energie ausgekoppelt. Die verbleibenden 20% der Prozessgewinnenergie, die von den bei der Fusion entstehenden Heliumkernen weggeführt werden, bleiben im Plasma und können auch die erste Wand nicht passieren. Ihre Energie gelangt somit allein durch Wärmeleitung und direkten Kontakt an die erste Wand des Plasmagefäßes (s. auch Abschnitt 6.8.6.2). Durch die Kühlung von Blanket und erster Wand, respektive Divertor, wird die erzeugte Wärmeenergie dann an einen Kühlkreislauf abgegeben, der wie im konventionellen thermischen Kraftwerk über einen Wasser-Dampf-Kreislauf mit einer Turbine, von der aus die Energie an den Generator geführt wird, der sie in elektrische Energie wandelt (s. auch Kapitel 7).

Die bei der Kernfusion heute eingesetzten Brennstoffe sind Deuterium und Tritium. Beides sind Isotope des leichtesten Elements Wasserstoff. Deuterium kommt zu ca. 0,015% im natürlichen Wasser vor und kann z.B. durch spezielle Elektrolyseverfahren mit technisch vertretbarem Aufwand gewonnen werden (vgl. auch Abschnitt 5.5). Tritium hingegen ist in der Natur nicht vorhanden und muss künstlich hergestellt (erbrütet) werden. Hierfür wird als Ausgangsmaterial Lithium benötigt, das im natürlichen Gestein vorkommt. Dieses Material befindet sich im sog. Blanket des Fusionsreaktors (Abschnitt 6.8.6.3).

Somit sind die Ausgangsmaterialien für die Kernfusion natürliches Wasser und Gestein. Um den Bedarf an elektrischer Energie eines durchschnittlichen Haushalts für ein Jahr zu decken, benötigt ein zukünftiges Fusionskraftwerk ca. 75 mg Deuterium und 225 mg Lithium. Diese Mengen sind in ca. 2 l Wasser und 250 g Gestein enthalten und entsprechen einem Energieinhalt von ca. 1000 l Öl.

6.8.2 Fusionsprodukt

Für die Kernfusion ist eine hohe kinetische Energie der Fusionspartner erforderlich, damit diese sich auch trotz der elektrostatischen Abstoßung ausreichend nahe kommen können (Bild 6.39). Eine hohe kinetische Energie ist gleichbedeutend mit einer hohen Temperatur. Neben der Temperatur sind auch Dichte und Einschlussdauer maßgebliche Größen für den Erhalt bzw. die Effizienz einer Fusionsreaktion.

Ein Defizit eines dieser Kriterien kann durch eine Erhöhung des anderen in gewissem Maße ausgeglichen werden. Dies führt zur Definition einer für die Fusion typischen Größe, dem Fusionsprodukt, das sich aus 3 Anteilen zusammensetzt:

- **Temperatur T**
  Die Temperatur charakterisiert die kinetische Energie der Plasmateilchen. Sie muss einen gewissen Wert überschreiten, damit der Potentialwall überwunden werden kann, bzw. die Wahrscheinlichkeit für die Fusion steigt.
- **Dichte n**
  Die Dichte (Teilchen pro m^3) trägt statistisch dazu bei, dass viele Plasmateilchen sich möglichst nahe kommen, um die Wahrscheinlichkeit einer Fusion zu erhöhen.
- **Einschlussdauer t**
  Die Einschlussdauer ist ein Maß für die Wärmeisolation des Plasmas gegen die erste Wand. Sie gibt an, wie lange die Energie und die Materie im Mittel im Plasma verweilen.

Für die Aufrechterhaltung einer Fusionsreaktion ist ein Fusionsprodukt von ca. $T \cdot n \cdot t = 6 \cdot 10^{21}$ keVs / m^s nötig. Bild 6.42 zeigt das Fusionsprodukt, aufgetragen über der Temperatur und die verschiedenen Plasmaexperimente, die weltweit betrieben werden, um den Plasmaeinschluss zu erforschen. Dargestellt sind die Plasmaexperimente vom russischen Tokamak T3 (1965) bis hin zum europäischen

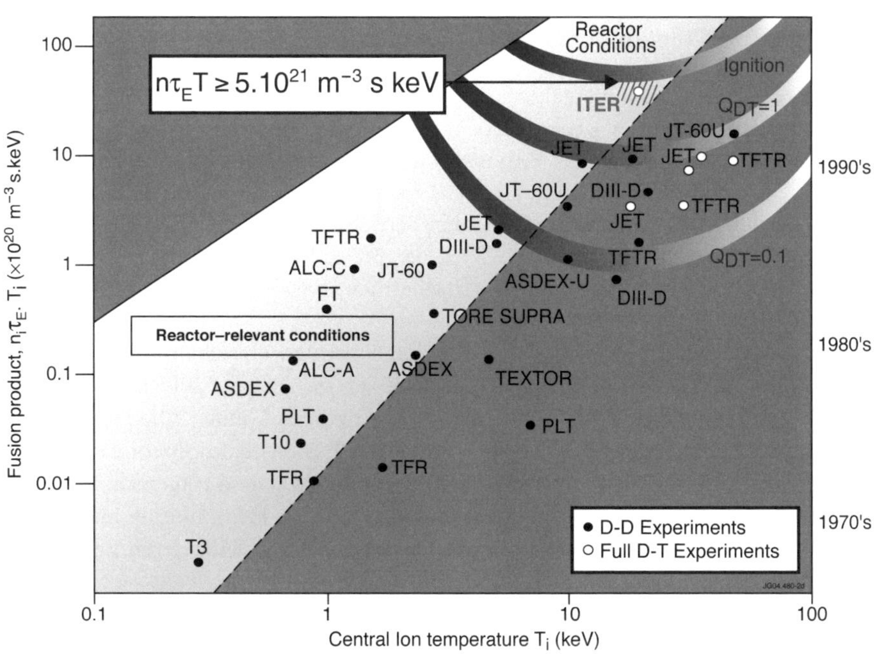

Bild 6.42 Fusionsprodukt und Überblick über Plasmaexperimente [6.15]

Experiment JET (2008). Auch ist der geplante Betriebspunkt des ITER eingetragen (vgl. Abschnitt 6.8.8.1).

Es ist zu erkennen, dass das Fusionsprodukt bei den Experimenten seit Beginn der Forschung zu Tokamaks (ca. 1965) um 4 Größenordnungen gesteigert werden konnte.

Die wohl bekanntesten Fusionsenergiequellen sind die Sterne. In ihrem Inneren findet die Fusionsreaktion unter einer sehr hohen Temperatur von rund 10 Mio. °C und unter einem sehr hohen Druck statt. Auf der Erde lassen sich diese beiden Kriterien nicht miteinander vereinen. Für die Aufrechterhaltung einer hohen Temperatur braucht es eine sehr gute Wärmeisolation. Hierfür ist ein Vakuum, das einen Wärmetransport durch Konvektion und Wärmeleitung verhindert, unumgänglich. Ein Vakuum und ein ausreichend hoher Druck sind aber ein Widerspruch. Damit die Fusion auf der Erde in technischen Anlagen dennoch realisiert werden kann, ist eine noch höhere Temperatur erforderlich – der fehlende Druck muss durch eine höhere Temperatur ausgeglichen werden. In den Fusionsreaktoren ist daher eine Temperatur von ca. 100 Mio. °C notwendig.

Anmerkung

Um diese hohe Temperatur zu isolieren, braucht es ein gutes Vakuum, damit eine Wärmeübertragung durch Wärmeleitung und Konvektion verhindert wird. Der Betriebsdruck im Inneren eines Fusionsreaktors beträgt daher den ca. 250 000. Teil des normalen Luftdrucks auf der Erde.

Beim Betrieb eines Fusionsreaktors lassen sich prinzipiell verschiedene Zustände unterscheiden. Wenn der Reaktor hochgefahren wird und die Fusion beginnt, erreicht man bei einem gewissen Fusionsprodukt den Break-Even-Point. Dies ist der Zustand, in dem das Plasma genau soviel Energie erzeugt, wie das Kraftwerk für seinen Betrieb, bzw. in erster Linie für den Betrieb der Magnetspulen und der Heizung (Abschnitt 6.8.6.1), benötigt. Wird der Break-Even-Punkt überschritten, ist der Betrieb des Kraftwerks schon wirtschaftlich, weil mehr Energie gewonnen wird, als zugeführt werden muss.

Kann das Fusionsprodukt weiter gesteigert werden, erreicht man den Zündpunkt. Dies ist der Betriebszustand, bei dem sich das Plasma selbstständig heizt und die externen Heizmechanismen abgeschaltet werden können. Die Heizung des Plasmas wird dabei ausschließlich von den bei der Fusionsreaktion von Deuterium und Tritium entstehenden Heliumkernen übernommen. Diese tragen ca. 20% der bei der Fusion freigesetzten Energie mit sich. Da diese Heliumkerne im magnetischen Käfig (s. Abschnitt 6.8.3) eingeschlossen sind, verbleibt deren Energie im Plasma und übernimmt im Zündpunkt vollständig die Heizung.

6.8.3 Plasmaeinschluss

Bei solch hohen Temperaturen, wie sie für die Kernfusion benötigt werden, befindet sich die Materie im Plasmazustand. Das bedeutet, dass die Elektronen von den Atomrümpfen (vgl. auch Bild 2.1) gelöst sind und sich beide frei bewegen können. Diese Tatsache ermöglicht es überhaupt erst, Materie im Plasmazustand bei hohen Temperaturen zu «zähmen». Da es sich bei Plasma durchweg um geladene Partikel handelt, lässt sich nämlich zum Plasmaeinschluss ein magnetischer Käfig verwenden, der die geladenen Teilchen aufgrund der LORENTZkraft in seinem Innern einschließt. Elektrisch neutrale Teilchen (z.B. ein Gas bei Raumtemperatur) erfahren dagegen keine Kraftwirkung im magnetischen Feld.

Auf ein geladenes Teilchen, das sich in einem magnetischen Feld befindet, wirkt die LORENTZkraft nach Gl. 6.3.

$$F = q \cdot v \cdot B \qquad \text{(Gl. 6.3)}$$

mit:

q Ladung

v Geschwindigkeit (vektoriell)

B magnetische Feldstärke (vektoriell)

Diese Kraft wirkt beschleunigend auf geladene Teilchen, so dass sich eine Änderung der Geschwindigkeit nach Gl. 6.4 ergibt.

$$F = m \cdot a = m \cdot \frac{dv}{dt} \qquad \text{(Gl. 6.4)}$$

mit:

m Masse des Teilchens

a Beschleunigung (zeitliche Änderung der vektoriellen Geschwindigkeit v)

Hat der Geschwindigkeitsvektor v keine Komponente in Richtung des magnetischen Feldes, so wird das Teilchen nur auf eine Kreisbahn gezwungen, auf der es sich aufgrund des Gleichgewichts zwischen Zentrifugal- und LORENTZkraft mit dem Gyrationsradius von Gl. 6.5 und konstanter Umfangsgeschwindigkeit bewegt.

$$r_G = \frac{m \cdot v}{q \cdot B} \qquad \text{(Gl. 6.5)}$$

Kommt nun noch eine Komponente der Geschwindigkeit in Richtung des B-Feldes hinzu, bleibt diese vom magnetischen Feld unverändert (das B-Feld wirkt nur senkrecht auf die Bewegungsrichtung geladener Teilchen). Daraus ergibt sich, dass das Teilchen sich entlang einer Feldlinie bewegt, dabei aber eine schraubenförmige Bewegung ausführt (gyriert – Bild 6.43). Die Gyrationsbewegungen der Elektronen und der Ionen verlaufen gemäß den unterschiedlichen Vorzeichen ihrer elektrischen Ladungen in unterschiedliche Richtungen:

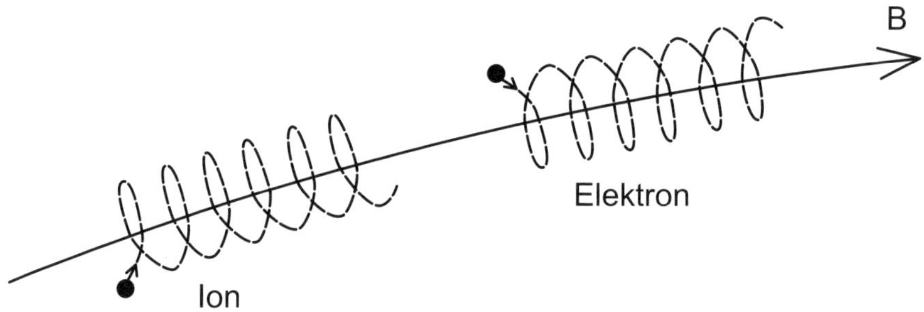

Bild 6.43
Schematische Darstellung der Gyrationsbewegung geladener Teilchen im Magnetfeld

Die Bahnen der Teilchen sind also an die magnetischen Feldlinien gebunden, was es prinzipiell ermöglicht, das Plasma in einem geschlossenen Magnetfeld von geeigneter Struktur einzuschließen.

Eine ringförmige Anordnung von Magnetspulen, wie z.B. die Toroidalfeldspulen eines Tokamak (vgl. auch Bild 6.46), ist für sich allein jedoch nicht in der Lage, ein Plasma einzuschließen. Es muss berücksichtigt werden, dass das Magnetfeld der Spule reziprok zum Abstand abnimmt. Hieraus ergibt sich ein inhomogenes Feld im Innern des Torus. Die Feldlinien verlaufen zur inneren Gefäßwand hin dichter als außen, weil die Spulen innen enger zusammenstehen.

Da elektrisch geladene Teilchen entlang der magnetischen Feldlinien gyrieren, durchlaufen sie auf ihrem Weg Regionen mit stärkerem und mit schwächerem Feld und werden dabei unterschiedlich stark durch die Lorentzkraft abgelenkt. Infolgedessen verlassen sie schnell ihre ursprüngliche Bahn und bewegen sich vertikal hin zur oberen bzw. unteren Wand des Plasmagefäßes. Elektronen und Ionen driften dabei jeweils in entgegengesetzte Richtungen, was zu einer Ladungsseparation und einer unerwünschten Instabilität führen würde. Eine Konfiguration, die allein aus Toroidalfeldspulen besteht, ist in einer Ring- bzw. Torusanordnung zum Einschluss des Plasmas deshalb nicht geeignet. Für den Plasmaeinschluss in einer ringförmigen Geometrie braucht es vielmehr ein in sich verdrilltes «helikales» Magnetfeld, wie es Bild 6.44 zeigt.

In dieser Konfiguration gelangen Teilchen, die einer Magnetfeldlinie gyrierend folgen, abwechselnd in Regionen mit stärkerem oder schwächerem Feld. In Summe heben sich aber die Einflüsse auf, und die Einschlussdauer bzw. die Wärmeisolation des Plasmas (s. Abschnitt 6.8.2) kann hinreichend groß werden.

Anmerkung
Es wurden auch andere Arten des Plasmaeinschlusses untersucht und getestet. Beispielhaft ist hier die Spiegelmaschine zu nennen, bei der das Plasma in einem linearen Magnetfeld eingeschlossen ist, wobei die axiale Länge der

Bild 6.44
Helikale Magnetfeld-konfiguration zum Plasmaeinschluss in einer Torusgeometrie

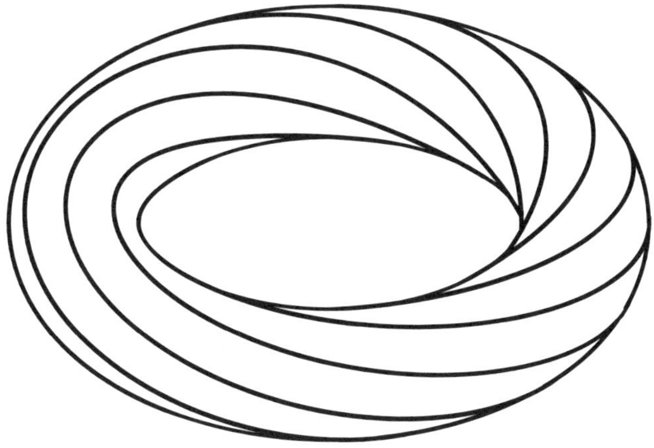

Anordnung durch eine spezielle Spulengeometrie (sog. Yin-Yang-Spulen oder auch Baseballspulen genannt) begrenzt wird. Bei der Trägheitsfusion findet die Reaktion im Innern kleiner Kügelchen statt, die von außen durch Laserbeschuss komprimiert werden. Diese Konzepte werden bzw. wurden aber nur vereinzelt untersucht und können nicht mit den klassischen Methoden, wie sie in den nächsten Abschnitten vorgestellt werden, konkurrieren.

Ein zu guter magnetischer Einschluss ist allerdings auch nicht wünschenswert: Damit in einem Reaktor ein Brennstoffkreislauf gefahren werden und die Reaktionsenergie der Heliumkerne abgeführt werden kann, ist ein rein helikales Magnetfeld zu vermeiden, da aus einem solchen komplett geschlossenen Magnetkäfig theoretisch weder Teilchen noch Energie abgeführt werden können. Das tatsächliche Magnetfeld, wie es für einen Fusionsreaktor infrage kommt, hat daher im Schnittbild eine Form, wie sie Bild 6.45 zeigt.

Nur im Zentrum des Magnetfeldes befinden sich geschlossene Flussflächen und folglich ein guter Plasmaeinschluss. Durch ein geeignetes Design zusätzlicher, externer Magnetspulen wird erreicht, dass sich die Flussflächen am Fuß des Reaktors (am sog. X-Punkt) überkreuzen und auf geeignet optimierten Oberflächen landen. Gelangen Plasmateilchen aus dem Inneren zu nahe an den Rand und überqueren die Separatrix (so wird die letzte, in sich geschlossene Flussfläche bezeichnet), folgen sie den äußeren Feldern und treffen auf den sich hinter dem X-Punkt befindlichen Divertor, der die Teilchen und Energie auskoppelt (in Abschnitt 6.8.6.2 näher behandelt).

Es gibt verschiedene Möglichkeiten, um das helikale Magnetfeld aus Bild 6.44 zu erzeugen. Sie werden in den nächsten Abschnitten besprochen.

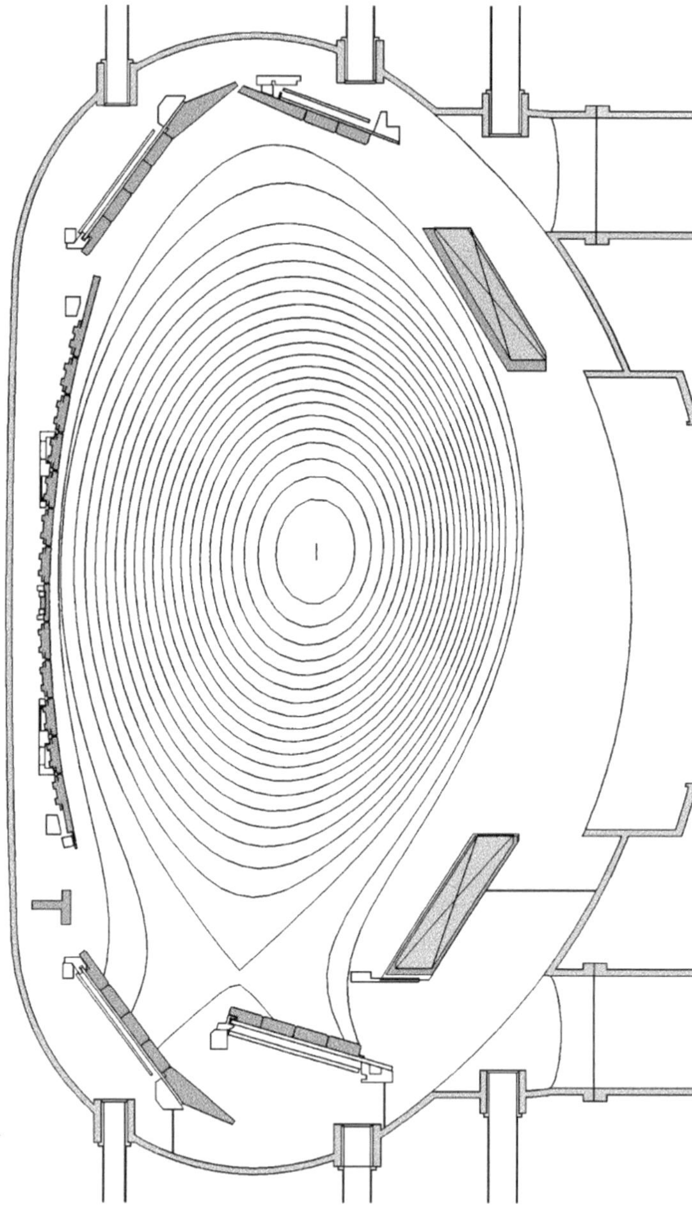

Bild 6.45 Magnetfeld (Flussflächen) eines Fusionsreaktors – hier am Beispiel des Plasmaexperiments ASDEX-Upgrade [6.16]

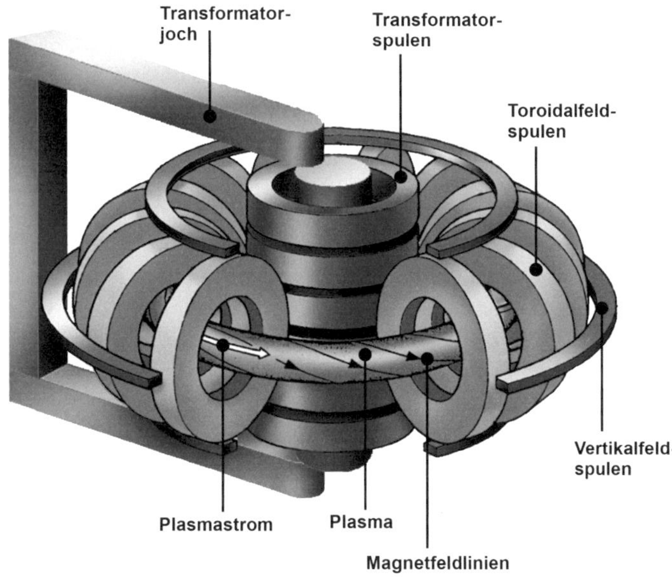

Bild 6.46 Tokamak-Prinzip zum Plasmaeinschluss [6.17]

6.8.4 Tokamak

Der Tokamak (Bild 6.46) ist das am weitesten entwickelte Prinzip, ein Plasma im magnetischen Käfig einzuschließen. Beim Tokamak werden 3 verschiedene Magnetfelder überlagert, so dass in vektorieller Summe das gewünschte helikale Magnetfeld (vgl. auch Bild 6.44) erzeugt wird. Die Magnetfelder des Tokamak werden von folgenden Quellen erzeugt:

- **Toroidalfeldspulen (TF-Spulen)**
  Dies sind elektrische Spulen, die zu einem Torus aufgestellt werden und das ringförmige Hauptfeld des Reaktors erzeugen.
- **Poloidalfeldspulen (Vertikalfeldspulen, PF-Spulen)**
  Diese Spulen schließen sich poloidal um den Reaktor und erzeugen ein sehr gleichförmiges Feld transversal zum Feld der Toroidalfeldspulen.
- **Plasmastrom**
  Die 3. Raumdimension des gewünschten magnetischen Feldes wird durch einen im Plasma getriebenen elektrischen Strom erzeugt. Er wird von einer Spule (Central Solenoid, CS-Spule), die sich in der Torusmitte befindet, im Plasma induziert. Diese Spule wirkt wie die Primärwicklung eines Transformators, die in der Sekundärwindung (dem Plasma selbst, bestehend aus geladenen Teilchen) einen Strom anwirft. Dieser wiederum erzeugt ein poloidales Magnetfeld.

Da beim Tokamak sich konstante Plasmaströme nur durch ein sich zeitlich linear änderndes Magnetfeld induzieren lassen, und weil aus Gründen der magnetischen

Sättigung im Transformatorjoch und des maximal zulässigen Stroms im Supraleiter (vgl. Abschnitt 6.8.6.5) das maximale Feld begrenzt ist, ist der Tokamak grundsätzlich eine gepulste Maschine mit endlicher Pulsdauer.

6.8.5 Stellarator

Das Stellarator-Prinzip (Bild 6.47) ist ein zum Tokamak alternatives Konzept, ein Fusionsplasma in einem toroidalen Magnetfeld einzuschließen. Hier wird das helikale Magnetfeld (vgl. Bild 6.44) ausschließlich durch Magnetspulen erzeugt – es ist also kein im Plasma fließender Strom nötig. Beim herkömmlichen Design des Stellarators sind um das Plasmagefäß im Innern der Toroidalfeldspulen spiralförmig weitere Wicklungen gelegt, die ein zusätzliches Feld erzeugen (Bild 6.47, z.B. Plasmaexperiment Wendelstein 7-A des IPP).

Aus dieser ursprünglichen Geometrie des Stellarators entstand das modulare Konzept mit dreidimensionalen Spulen (Bild 6.48), indem die Strompfade der in Bild 6.49 gezeigten Toroidal- und Helikalfeldmagnetspulen überlagert und zu einem Spulentyp zusammenfasst wurden. Eine Spule (Bild 6.49) bildet dabei entlang ihres Umfangs abwechselnd einen Beitrag gemäß den Toroidalfeldspulen und auf einem anderen (krummen) Abschnitt einen Teil der helischen Wicklung.

Weil der Stellarator im Vergleich zum Tokamak keinen Plasmastrom zur Aufrechterhaltung des Einschlusses benötigt, kann er prinzipiell im Dauerbetrieb gefahren werden. Dies ist der wesentliche Vorteil dieser Maschine.

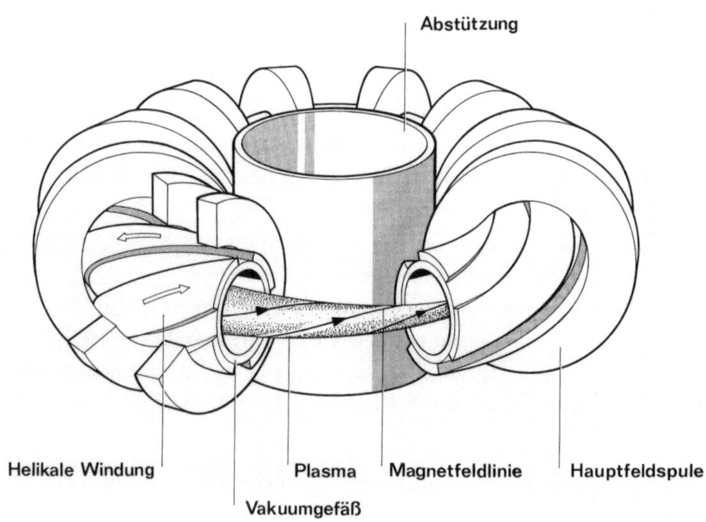

Bild 6.47
Prinzip des Stellarators mit planaren Spulen [6.16]

Bild 6.48
Stellarator-Prinzip (modular) zum Plasmaeinschluss [6.17]

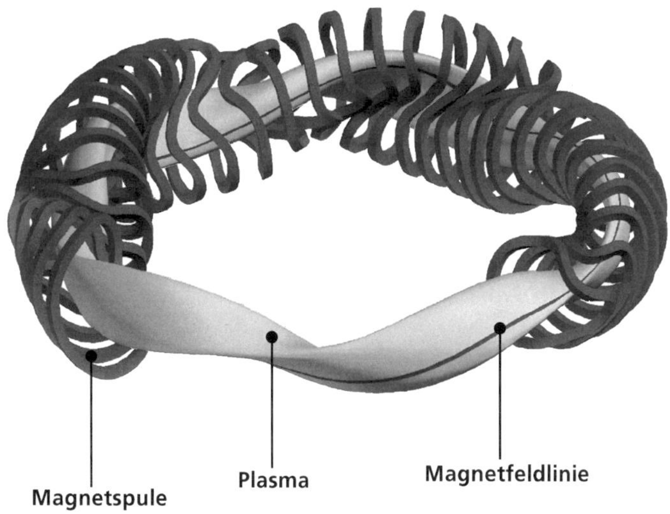

6.8.6 Hilfssysteme

Um ein Plasma aufrechtzuerhalten, werden eine Reihe von Hilfssystemen gebraucht, die die nötigen Randbedingungen schaffen. Im Folgenden werden die wichtigsten Komponenten eines Fusionskraftwerks besprochen.

Bild 6.49
Fertiggestellte nichtplanare Stellarator-Spule für Wendelstein 7-X [6.18]

6.8.6.1 Heizung

Damit sich die Materie im Plasmazustand befindet und die nötigen Temperaturen für die Fusion von ca. 100 Mio. °C aufweist, müssen geeignete Heizverfahren vorgesehen werden. Hierfür gibt es verschiedene Methoden, die im Folgenden beschrieben werden.

Mikrowellenheizung

Die erste Methode, die für eine Plasmaheizung infrage kommt, ist die Mikrowellenheizung. Sie funktioniert im Prinzip ähnlich wie der Mikrowellenherd im Haushalt. Durch elektromagnetische Wellen, die durch geeignete Antennen von der Reaktorwand aus eingekoppelt werden, können verschiedene Teilchenarten im Plasma durch Resonanzeffekte gezielt angeregt werden. Hierbei wird die Energie der eingestrahlten Welle auf die Plasmateilchen übertragen, wodurch das Plasma aufgeheizt wird.

Dabei wird zwischen der ECRH (Elektronen-Zyklotron-Resonanz-Heizung) und der ICRH (Ionen-Zyklotron-Resonanz-Heizung) unterschieden. Der Hauptunterschied liegt in der jeweiligen Frequenz der eingestrahlten Welle, die auf die zu heizenden Teilchen (entweder Elektronen bei 140...170 GHz oder Ionen bei 20...80 MHz) abgestimmt werden muss. Im Fall der Haushaltsmikrowelle ist die Frequenz auf die des Wassermoleküls (ca. 2,4 GHz) angepasst, so dass dieses in den Speisen durch dielektrische Absorption gezielt erwärmt wird.

Die Mikrowellen für die Plasmaheizung werden in einer Gyrotronröhre erzeugt, in der ein Elektronenstrahl in einem starken Magnetfeld gyriert (eine spiralförmige Bahn beschreibt, vgl. Bild 6.43) und dadurch elektromagnetische Strahlung abgibt. Für die ECR-Heizung der Kernfusion wurden eigens sehr starke Gyrotrone entwickelt, die es ermöglichen, im Dauerbetrieb eine Leistung von über 1 MW zu erzeugen.

Die Gyrotronröhre muss vom eigentlichen Plasmavolumen getrennt sein. Die Trennstelle besteht aus einem Fenster aus künstlichem Diamant, das die elektromagnetische Welle passieren lässt, aber nur einen äußerst geringen Bruchteil der Strahlungsleistung absorbiert. Zusammen mit der relativ hohen Wärmeleitfähigkeit von Diamant wird so eine unzulässig hohe Temperatur des Fensters vermieden. Die Hochfrequenzenergie der ICRH dagegen kann man mit handelsüblichen Senderöhren für den Kurzwellenbereich erzeugen.

Bei der Verwendung elektromagnetischer Wellen mit einer Frequenz von ca. 1...2 GHz besteht die Möglichkeit, mit der eingestrahlten Welle eine weitere Plasmaresonanz (Lower-Hybrid-Resonanz) zu nutzen. Die Plasmateilchen können mit ihrer Hilfe in einer Richtung mittels Impulsübertrag beschleunigt werden und so einen Strom im Plasma treiben (ECCD – Electron Cyclotron Current Drive). Ziel ist die Stabilisierung des Plasmas und vor allem ein vom Transformatorprinzip unabhängiger Stromtrieb im Tokamak, der längere Pulse ermöglicht.

Die Magnetfeldstärke im Innern des Plasmas ist bei der Hochfrequenzheizung von besonderer Bedeutung, weil die Frequenz der gyrierenden Ionen bzw. Elektronen durch sie bestimmt ist und der Sender auf diese Frequenz abgestimmt wird. Da das Magnetfeld im Innern des Reaktors nicht homogen ist (es fällt nach außen hin ab), kann durch die Wahl der Frequenz der eingestrahlten Welle derjenige räumliche Bereich, in dem das Plasma geheizt werden soll, sehr genau eingestellt werden. Diese Eigenschaft kann man zur Untersuchung der Energieausbreitung und Wärmeleitung im Fusionsplasma nutzen.

OHMsche Heizung

Auch der im Plasma eines Tokamaks fließende Strom von vielen Mio. Ampere trägt zur Heizung bei. Bis zu einer Temperatur von einigen Mio. °C hat das Plasma selbst einen OHMschen Widerstand, an dem der getriebene Strom eine Leistung umsetzt. Ab ca. 10...20 Mio. °C jedoch verliert die OHMsche Heizung ihre Funktion, weil sich der elektrische Widerstand des Plasmas verringert (Heißleiterverhalten). Die Temperatur kann dann nur durch die im nächsten Abschnitt beschriebene Neutralteilcheninjektion oder durch die Mikrowellenheizung gesteigert werden.

Neutralteilcheninjektion

Die 3. Möglichkeit, das Plasma zu heizen, besteht in der Neutralteilcheninjektion. Dabei werden elektrisch neutrale Teilchen mit sehr hoher kinetischer Energie bzw. Geschwindigkeit in das Plasma geschossen. Die Teilchen werden dazu zunächst ionisiert und in einem elektrischen Feld beschleunigt. Nachdem sie die erforderliche kinetische Energie erreicht haben, werden sie wieder neutralisiert, um den magnetischen Käfig des Fusionsreaktors (Abschnitt 6.8.3) ungehindert passieren zu können. Bevor der Strahl dann in das Plasma gelangt, werden die nicht neutralisierten Teilchen durch ein magnetisches Feld auf einen «Ionensumpf» gelenkt und abgepumpt. Die neutralisierten Teilchen treten in das Plasma ein und geben ihre kinetische Energie an dieses durch Stöße ab. Dadurch tragen sie sehr effektiv zur Heizung bei. Heutige Injektionsenergien liegen im Bereich von 50...130 keV – die Plasmatemperatur von ca. 100 Mio. °C entspricht im Vergleich dazu einer mittleren thermischen Energie von 10 keV.

Die Neutralteilcheninjektion kann auch zum Treiben eines Stroms im Plasma (gerichtete Teilchenbewegung) oder zur Plasmadiagnostik eingesetzt werden.

Alternativ zur normalen Gaszufuhr kann auch der Brennstoff des Fusionsreaktors auf eine ähnliche Weise zugeführt werden. Für den Einschuss in den Reaktor wird der Brennstoff zunächst zu kleinen Festkörperkügelchen gefroren. Für die Injektion werden diese Kügelchen mittels einer Zentrifuge (Pelletzentrifuge) auf Geschwindigkeiten von ca. 1200 m/s beschleunigt. Im Innern des Plasmas verdampfen bzw. ablatieren diese Brennstoffkügelchen sehr schnell. Durch die Wahl des Einschussortes sowie der Injektionsenergie lässt sich auch die Plasmadichte im Reaktor steuern und vorteilhaft beeinflussen [6.19].

6.8.6.2 Divertor-Vakuumsystem

Als Divertor wird der Teil eines Fusionskraftwerks bezeichnet, an dem die sich kreuzenden Magnetfeldflächen des magnetischen Käfigs außerhalb der Separatrix auf die Wand treffen (vgl. auch Bild 6.45). Dort wird dem Plasma zum einen seine «Asche», also Helium, und auch Brennstoff (Deuterium und Tritium), entzogen, zum andern wird durch das Auftreffen der energiereichen Plasmateilchen im Divertor ein großer Teil der im Plasma erzeugten Energie absorbiert. Die hohe Energiedichte von bis zu 20 MW/m^2 macht den Divertor zu einem hoch belasteten Bauteil, auf dessen Auslegung und Kühlung ein besonderes Augenmerk gelegt werden muss.

Zum Abpumpen des Plasmagefäßes werden sehr leistungsfähige Vakuumpumpen benötigt. Hierzu finden sog. Kryovakuumpumpen Anwendung. Diese werden den speziellen Einsatzbedingungen gerecht (wie dem Betrieb unter starkem Magnetfeld und der Belastung mit Tritium) und weisen hohe Zuverlässigkeiten und lange Betriebszeiten ohne Wartung auf, da sie keine beweglichen Teile besitzen und völlig ölfrei sind.

Sie bestehen aus einer tiefkalten Fläche (ca. 4 K Temperatur), an deren Beschichtung durch Kryosorbtion und Kryokondensation die freien Moleküle der abzupumpenden Umgebung gefangen werden. In regelmäßigen Abständen wird eine der redundant vorhandenen Pumpen vom Plasmaraum abgetrennt, außer Betrieb genommen und aufgewärmt. Dadurch gasen die ausgefrorenen bzw. gefangenen Moleküle wieder aus und werden von konventionellen Vakuumsystemen abgepumpt.

Das Design der Vakuumpumpen muss den allgemeinen Kryoanforderungen gerecht werden und besonders die thermische Isolation der kalten Fläche gewährleisten (vgl. Anmerkung in 6.8.6.5). Gleichzeitig muss jedoch ein direkter Weg vom Plasmagefäß zur Pumpe offen sein (also zur kalten Fläche hin).

Bild 6.50
Plasma und Divertorplatten des Wendelstein 7-X [6.16]

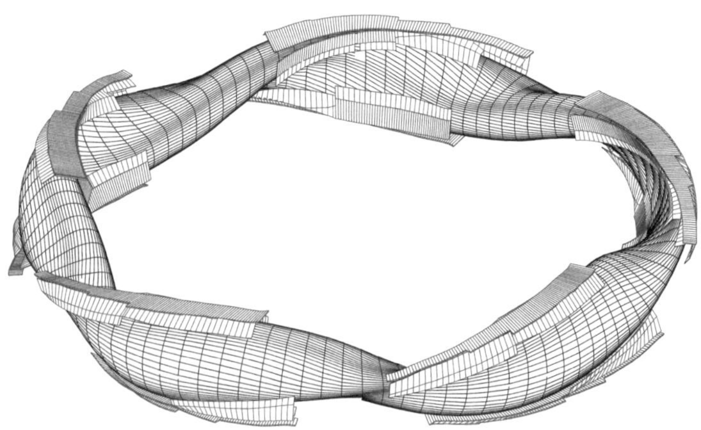

Während der Divertor beim Tokamak am Boden des Reaktors angebracht ist und sich rings um den Umfang schließt, ist der Divertor beim Stellarator in einzelne Segmente unterteilt und befindet sich am oberen und am unteren Rand des Plasmas (Bild 6.50).

Der Divertor des ITER (s. auch Abschnitt 6.8.8.1) besteht aus einzelnen Kassetten, um einen leichten Austausch zu ermöglichen. Die Kassetten sind wie ein Kuchenstück konisch geformt, damit sie zusammengesetzt einen Ring ergeben (Bild 6.51).

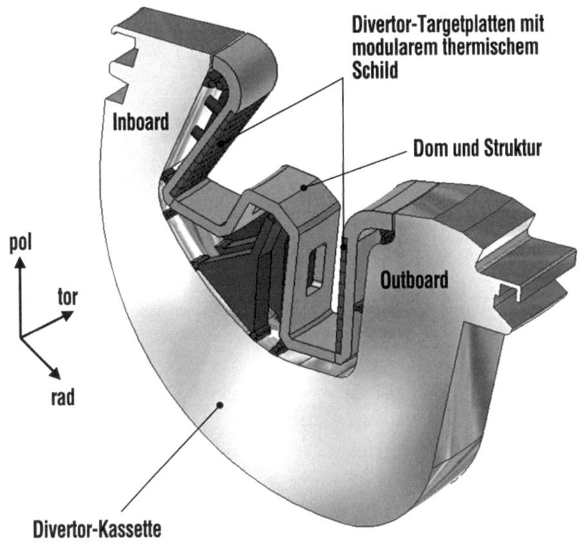

Bild 6.51
Divertorkassette eines Fusionskraftwerks nach dem Tokamak-Prinzip [6.20]

Für die Kühlung des Divertors bestehen mehrere Konzepte, die im Prinzip ähnlich aufgebaut sind. Die höchst belasteten Targetplatten, auf die der heiße Plasmastrom auftrifft, bestehen aus Grafit, da dieses Material eine sehr gute Wärmebeständigkeit und einen hohen Sublimationspunkt aufweist. Weniger stark belastete Oberflächenbereiche bestehen aus Wolfram. Dieses Material wird wegen seines sehr hohen Schmelzpunktes bzw. seiner extrem hohen Oberflächenbindungsenergie gewählt. Allerdings muss bei Wolfram vermieden werden, dass seine Atome durch Plasmaoberflächenkontakt mittels Zerstäubung in das Plasma gelangen. Die hohe Kernladungszahl des Wolframatoms würde ansonsten zu nachteiligen Energieverlusten (Brems- und Linienstrahlung) aus dem Plasma heraus führen, wodurch Instabilitäten oder Abrisse (Disruption) der Plasmaentladung hervorgerufen würden. Die Kühlung der Oberflächen im Divertor erfolgt über Kühlfinger, die die Targetplatten von hinten mit einem Helium-Gasstrom anblasen (am Beispiel des geplanten DEMO-Reaktors). Die Finger sind vor den Platten mit feinen Düsen versehen, die zum einen den Heliumstrom beschleunigen und zum andern für eine gute Verwirbelung des Gases und somit für eine effiziente Kühlung sorgen (Bild 6.52).

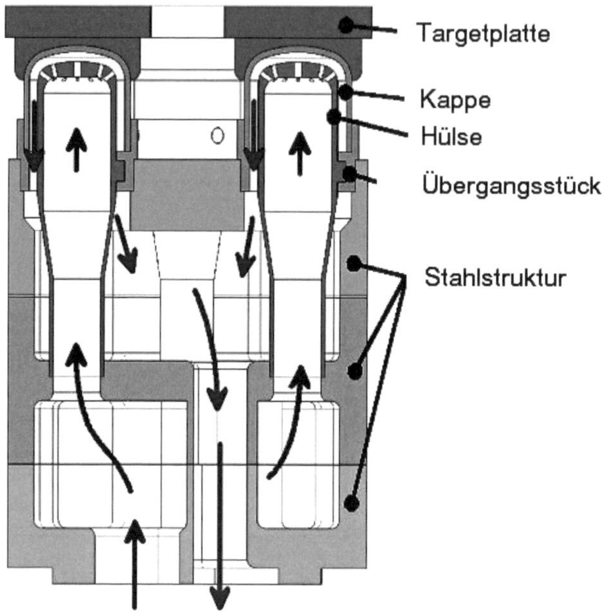

Bild 6.52 Prinzip der Divertorkühlung [6.20]

Alternativ zu diesem Konzept, das mit einem Divertor arbeitet, kann man auch sog. Limiter verwenden, um das Plasma im Reaktor einzugrenzen. Limiter sind mechanische Strukturen, die in den Plasmaraum hineinragen. Gelangen Plasmateilchen zu nahe an den Rand, treffen sie auf den Limiter und werden dort aufgefangen.

Bild 6.53 zeigt schematisch das Plasmagefäß der Anlage ASDEX des Max-Planck-Instituts für Plasmaphysik (IPP). Links ist der Betrieb mit Divertor, rechts mit Limiter dargestellt.

Das Konzept des Limiters erweist sich allerdings insofern nachteilig, weil Wandteilchen, die beim Kontakt mit dem heißen Plasma herausgelöst werden, in das Plasma gelangen können und es verunreinigen. Beim Divertor befindet sich die Kontaktstelle zwischen Plasma und Wand verhältnismäßig weit weg vom eigentlichen Plasma und wird durch die X-Punkt-Geometrie (vgl. Bild 6.45) abgeschirmt. Dadurch ist die Verunreinigung des Plasmas bei Verwendung eines Divertors geringer.

6.8.6.3 Blanket

Das für die Fusionsreaktion benötigte Tritium (vgl. Tabelle 6.19) ist in der Natur nur in geringen Spuren vorhanden, da es mit einer Halbwertszeit (vgl. Abschnitt 3.1.4) von nur 12,3 Jahren zerfällt und lediglich durch nukleare Reaktionen, z.B. in der Atmosphäre, gebildet wird. Deshalb muss das für die Kernfusion benötigte

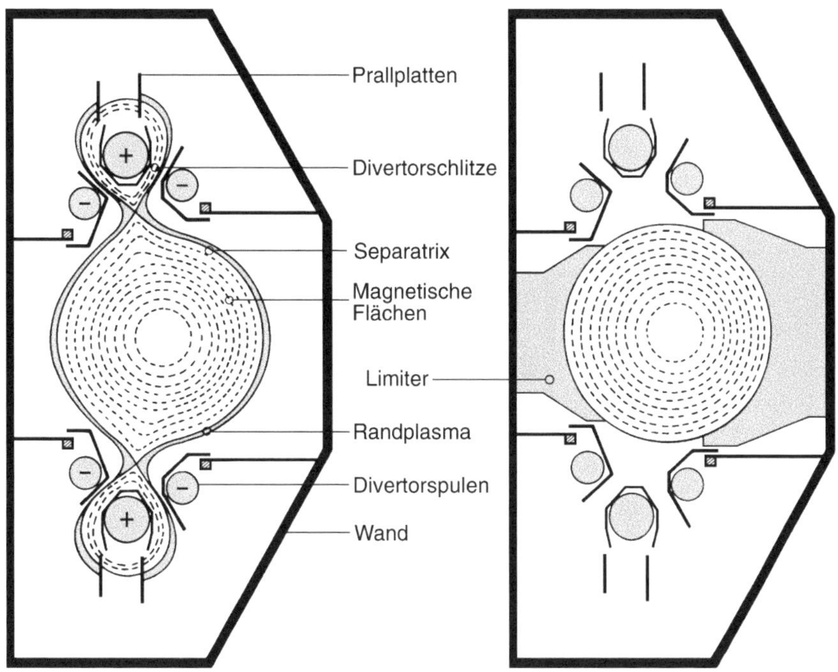

Bild 6.53 Querschnitt durch das Gefäß des ASDEX-Experiments, links: Betrieb mit Divertor, rechts: Betrieb mit Limiter (aus [6.19])

Tritium künstlich hergestellt (erbrütet) werden. Die Erbrütung des Tritiums erfolgt mit der Reaktion von Gl. 6.6.

$$ {}^{6}_{3}Li + {}^{1}_{0}n \longrightarrow {}^{4}_{2}He + {}^{3}_{1}T \qquad \text{(Gl. 6.6)} $$

Die bei der Fusion von Deuterium und Tritium entstehenden Neutronen treffen, da sie nicht vom magnetischen Käfig gefangen werden, auf die Wand und geben dort ihre Energie ab. In der Wand wird Lithium deponiert, das durch die beschriebene Reaktion in Tritium und Helium zerfällt. Dazu dient das sog. Blanket des Reaktors. Auch hierfür gibt es verschiedene Konzepte.

Zum einen wird das sog. HCPB (Helium Cooled Pebble Bed) untersucht. Bei diesem Konzept befindet sich das Lithium in einer Kugelschüttung innerhalb des Blankets, und das durch die Neutronenstrahlung entstehende Tritium wird über einen gasförmigen Heliumstrom unter einem Druck von ca. 3 bar ausgespült.

Alternativ zu diesem Konzept wird das HCLL (Helium Cooled Liquid Lead) entwickelt, bei dem im Blanket ein Strom aus flüssigem Blei-Lithium umgewälzt und auf seinem Weg auch durch die Neutronenstrahlung geführt wird. Außerhalb des Blankets wird das flüssige Metall gereinigt und das Tritium extrahiert.

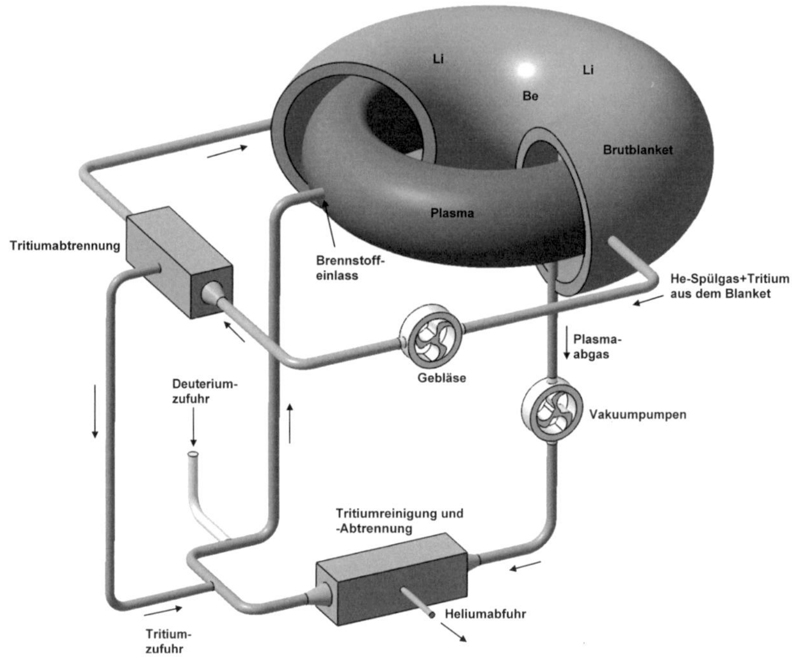

Bild 6.54 Prinzipdarstellung des Brennstoffkreislaufs im Fusionskraftwerk [6.20]

Eine weitere Aufgabe des Blankets ist die Aufnahme und Abfuhr der durch die Neutronenstrahlung aus der Fusionsreaktion ausgekoppelten Energie. Dazu wird das Blanket durch Helium unter einem Druck von ca. 100 bar gekühlt, das die Wärme anschließend in Dampferzeugern an einen Wasser-Dampf-Kreislauf abgibt.

6.8.6.4 Tritiumkreislauf

Der Brennstoff muss dem Reaktor laufend neu zugefügt werden, da sich innerhalb des Plasmavolumens nur wenige Gramm Brennstoff befinden – i.Allg. soll ein recht gutes Vakuum die hohe Temperatur des Plasmas isolieren (Abschnitt 6.8.3).

Am Divertor (Abschnitt 6.8.6.2) wird ständig Materie aus dem Plasma abgesaugt, die sowohl Asche (Helium) als auch nicht verbrannten Brennstoff enthält (nur ca. 5% des zugeführten Brennstoffs wird auch im Plasma verbrannt). Damit dieser Brennstoff wieder verwendet werden kann, wird der abgesaugte Gasstrom gereinigt und separiert. Bild 6.54 verdeutlicht dies.

Das aus dem Plasma extrahierte Helium kann nach der Reinigung und Freimessung an die Umwelt abgegeben oder anderweitig verwendet werden.

6.8.6.5 Supraleitende Magnetspulen

Für die Erzeugung des Magnetfelds, das für den Plasmaeinschluss bei toroidalen Anlagen nötig ist, sollen in Fusionskraftwerken ausschließlich supraleitende Magnetspulen verwendet werden. Der Hauptgrund besteht darin, dass es nur durch die Verwendung von Supraleitern möglich ist, die Spulen mit geringem Energieaufwand zu betreiben. Normalleitende Spulen würden im Dauerbetrieb aufgrund der OHMschen Verluste zu viel Leistung benötigen. Außerdem gelingt es auch nur mit Supraleitern, hinreichend hohe Stromdichten zu erzielen, damit der Platzaufwand vertretbar bleibt – immerhin brauchen z.B. die Toroidalfeldspulen eines Tokamak-Reaktors einen Strom von ca. 70 000 A im Dauerbetrieb für die Erzeugung einer magnetischen Feldstärke von ca. 5 T in der Plasmamitte.

Supraleiter haben im Gleichstrombetrieb keinen elektrischen Widerstand und können den Strom absolut verlustfrei transportieren. Lediglich OHMsche Verluste auf Zuleitungen oder an resistiven Verbindungen der Supraleiter müssen durch die Netzgeräte ausgeglichen werden. Damit die Supraleitung aber aufrecht erhalten wird, müssen einige Randbedingungen erfüllt sein:

- Die Temperatur des Supraleiters muss dessen sog. Sprungtemperatur unterschreiten. Bei den heute technisch üblichen Supraleitern, NbTi und Nb_3Sn, beträgt die Sprungtemperatur wenige Kelvin, also rund –265 °C.
- Das Magnetfeld am Leiter darf einen gewissen Betrag nicht übersteigen.
- Die Stromdichte im Leiter darf nicht zu groß werden.

Während die beiden letzten Kriterien durch eine geeignete Auswahl der Geometrie beherrscht werden können, ist für die Unterschreitung der Sprungtemperatur ein großer technischer Aufwand nötig. Die Kühlung der supraleitenden Spulen erfolgt mit flüssigem Helium bei einer Temperatur von rund 4,2 K (–269 °C). Deshalb muss bei den Spulen vor allem auf die Isolation der Tieftemperatur (Kryotemperatur) geachtet werden.

Anmerkung

Besonders bei sehr tiefen Temperaturen ist es wichtig, möglichst geringe Wärmeeinträge auf die sog. kalte Masse zu haben, weil bei Temperaturen nahe dem absoluten Nullpunkt die Wärmekapazitäten aller Materialien gegen Null gehen und bereits geringe Wärmeeinträge zu einer Erhöhung der Temperatur führen, bzw. den Kühlaufwand drastisch steigern (die Leistungszahl des CARNOT-Prozesses für eine Kältemaschine zur Erzeugung von Tieftemperaturen beträgt nur Bruchteile von 1%). Deshalb ist eine gute thermische Isolation unablässig. Das Erreichen der Tieftemperatur z.B. für den Betrieb supraleitender Spulen ist nur in einem Kryostat möglich. Die Funktion dieses Kryostats lässt sich mit der einer Thermoskanne vergleichen. Für eine gute thermische Isolation müssen alle Arten der Wärmeübertragung minimiert werden. Wärmeleitung und Konvektion *können verringert werden, wenn man den Druck in der Isolation reduziert (evakuiert). Typische Isolationsvakua für supraleitende Magnetspulen liegen bei ca. 10^{-4}...10^{-6} mbar. Um auch den Effekt der Wärmestrahlung zu reduzieren, wird zum einen ein thermischer Schild zwischen die Kryostatwand und die kalte Masse gelegt, der auf einer Zwischentemperatur von ca. 50 K (–220 °C) gehalten wird. Dadurch wird der größte Teil der einfallenden Wärmestrahlung auf diesem Schild absorbiert und auf einem Temperaturniveau abgeführt, wo die benötigte Kühlleistung noch mit einem akzeptablen Energieeinsatz aufgebracht werden kann. Um die einfallende Strahlungsleistung weiter zu reduzieren kann auch mit Superisolation gearbeitet werden. Dies ist eine vielschichtige, reflektierende Folie aus Aluminium bzw. mit Aluminium bedampftem Kunststoff mit isolierenden Zwischenlagen.*

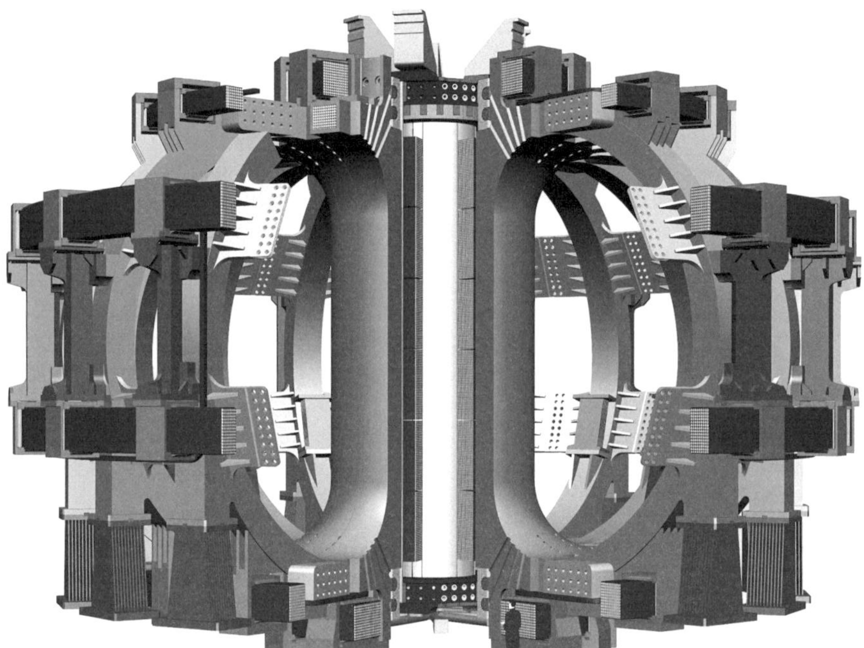

Bild 6.55 Magnetsystem eines Tokamak-Reaktors [6.21]

Bild 6.55 zeigt die Magnete eines Tokamak-Reaktors. Es sind die D-förmigen Toroidalfeldspulen zu erkennen, die von den ringförmigen Poloidalfeldspulen umgeben sind. In der Mitte befindet sich der Central-Solenoid, der die Transformator-Primärwicklung bildet. Alle diese Magnete sind sup raleitend ausgeführt und befinden sich innerhalb eines getrennten Vakuumbehälters (Kryostat) zusammen mit einer geeigneten Wärmeisolation auf ihrer Betriebstemperatur von wenigen Kelvin.

Neben diesen dargestellten Magneten gibt es noch einige weitere Regel- bzw. Korrekturmagnetsysteme zur Feinjustage des Magnetfeldes.

6.8.6.6 Ports und Peripherie

Damit auch ein Zugang zum Plasmavolumen bleibt, ist die Wand des Fusionsreaktors nicht vollständig geschlossen. Über sog. Ports ist es möglich, z.B. durch Fernhantierungsgeräte Manipulationen an den Komponenten innerhalb des Torus, beispielsweise an einzelnen Platten der Wand, vorzunehmen.

Da nach einem Reaktorbetrieb mit Tritium und einer stattgefundenen Fusionsreaktion der Reaktor aktiviert, bzw. kontaminiert ist (vgl. Abschnitt 3.4.2), ist es nicht mehr möglich, Eingriffe bzw. Reparaturen im Reaktor von Hand vorzunehmen. Dies muss dann fernhantiert über Manipulatoren geschehen.

Bild 6.56 zeigt einen solchen Fernhantierungsarm des Fusionsexperiments JET (Joint European Torus, Culham, England).

Bild 6.56 Fernhantierter Manipulator des Fusionsexperiments JET im Probeaufbau [6.15]

6.8.7 Sicherheitsaspekte

Die Kernfusion bringt bezüglich der Abschaltung bzw. der Sicherheit einige Vorteile mit sich. Da es sich bei der Fusion nicht um eine selbstständig ablaufende Kettenreaktion handelt, wie beim Kernspaltungsreaktor (Abschnitt 5.3.1), müssen sehr viele Randbedingungen geschaffen und technisch aufwendig erhalten werden, damit das Plasma eingeschlossen bleibt. Aufgrund des geringen Brennstoffinventars im Plasma von nur wenigen Gramm, braucht für eine Abschaltung des Reaktors lediglich die Zufuhr des Brennstoffs unterbunden werden. Die Fusionsreaktion kommt dann in wenigen Sekunden zum erliegen.

Bei der Kernfusion entsteht nach dem Abschalten der Reaktion keine weitere Wärme aufgrund radioaktiver Nachzerfälle (vgl. Abschnitt 5.2.5). Ein weiterer Vorteil besteht darin, dass in einem Fusionsreaktor eine sehr geringe Leistungsdichte vorliegt, die mit der einer 100-W-Glühbirne vergleichbar ist. Somit ist die mittlere Wärmelast der Wand gering, und auch ein Totalausfall der Kühlung würde zu keiner Gefahr führen. Der Fusionsreaktor kann demnach als inhärent sicher angesehen werden.

Im Fusionskraftwerk sind aber, wie auch im Kernspaltungsreaktor, radioaktive Stoffe vorhanden. Zum einen ist hier der hochradioaktive Brennstoff Tritium zu nennen. Da das Tritium aber im Kraftwerk selbst erbrütet wird, ist nur ein geringer Tritiumvorrat vorhanden, und die gesamte Menge im Kraftwerk beläuft sich auf

Bild 6.57 Abklingzeit der für die Fusion entwickelten Werkstoffe [6.20]

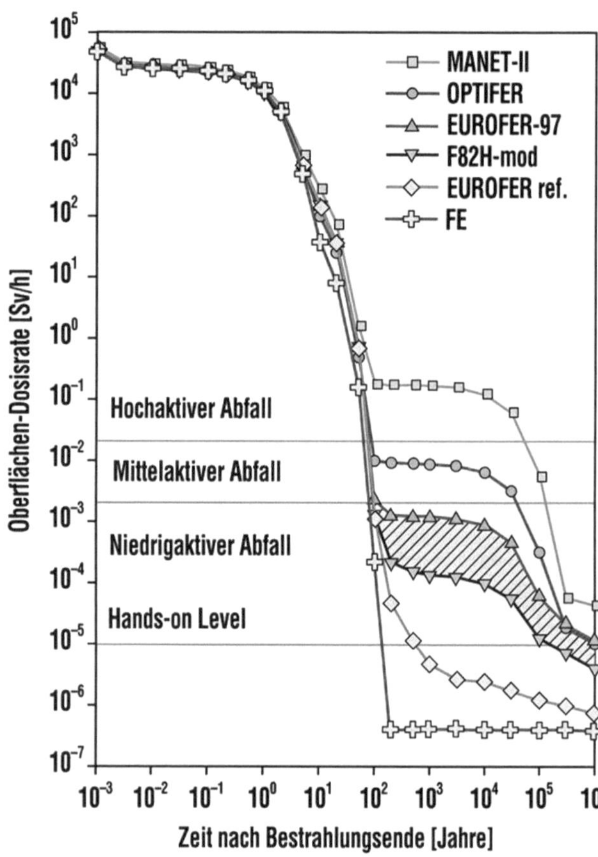

wenige kg. Bezüglich des Tritiuminventars werden besondere Vorsichtsmaßnahmen ergriffen. Als Auslegungskriterium gilt, dass auch im größten anzunehmenden technischen Unfall eine Evakuierung der Bevölkerung im Umkreis des Reaktors nicht erforderlich ist.

Neben dem Tritium sind auch andere radioaktive Stoffe vorhanden. Durch die hohe Neutronenstrahlung werden die Wand und das Blanket teilweise stark aktiviert. Wird ein Neutron von einem Atom in der Wand aufgenommen, so verwandelt sich dieses in ein u.U. radioaktives Isotop. Ziel der Materialforschung zur Kernfusion ist es, Materialien zu entwickeln, die sich zum einen nicht so leicht aktivieren lassen und zum andern, wenn sie aktiviert sind, schnell wieder abklingen.

Bild 6.57 zeigt die errechneten Abklingzeiten einiger untersuchter Materialien. Es ist zu erkennen, dass bereits nach wenigen 100 Jahren der Reststoff als schwach radioaktiv eingestuft werden kann, bzw. für den Werkstoff Eurofer sogar den Hands-on-Level unterschreitet, was es ermöglicht, dieses Material wieder dem Materialkreislauf zuzuführen.

6.8.8 Aktuelle Projekte zur Kernfusion

Die Kernfusion ist eine vielversprechende Option für die Zukunft, Energie in großer Menge und sehr sicher bereitzustellen. An der Kernfusion wird schon sehr lange geforscht und es konnten viele große Fortschritte erzielt werden. Dennoch ist die Forschung noch nicht am Ziel. Während die Kernfusion physikalisch schon weit verstanden ist, gilt es nun vor allem die technischen Randbedingungen zu entwickeln.

Schon seit längerer Zeit werden in verschiedenen Instituten Experimente zur Plasmaphysik betrieben. Tabelle 6.20 gibt einen Überblick der wichtigsten europäischen Anlagen.

Einige große und internationale Projekte sollen die Menschheit weiter in Richtung «DEMO» bringen, dem ersten, bereits in der Konzeption befindlichen Demonstrationskraftwerk, das auch auf einen Leistungsbetrieb hin ausgelegt sein soll und elektrische Energie ins Netz speisen wird. Damit DEMO aber realisiert werden kann, sind noch viele physikalische und technologische Entwicklungen notwendig. Im Folgenden werden die aktuellsten Forschungsprojekte ITER und Wendelstein 7-X kurz vorgestellt.

6.8.8.1 ITER – «Der Weg» zur Kernfusion

Das weltweit größte Projekt zur Erforschung der Kernfusion ist das in internationaler Kooperation geplante Projekt ITER (Internationaler Thermonuklearer Experimental-Reaktor, lat. «der Weg»). ITER ist eine Maschine vom Typ Tokamak (Ab-

Tabelle 6.20 Übersicht über Plasmaexperimente und Fusionsanlagen in Europa (nach [6.19])

Experiment	Typ	Institut	Aufgabe/ Untersuchungsgebiet	Betriebs-beginn
JET	Tokamak	Europäisches Gemeinschaftsunternehmen	Plasmaphysik nahe der Zündung	1983
TEXTOR	Tokamak	FZJ (D)	Plasma Wand-Wechselwirkung, Materialforschung für die erste Wand	1982
Tore Supra	Tokamak	CEA Cadarache (F)	Test supraleitender Magnetspulen, stationärer Betrieb	1988
FT-Upgrade	Tokamak	ENEA Frascati (I)	Plasmaphysik bei hohen Dichten	1989
ASDEX-Upgrade	Tokamak	IPP Garching (D)	Plasmaphysik unter kraftwerksähnlichen Bedingungen, ITER-Vorbereitung	1991
Wendelstein 7-AS	Stellarator	IPP Garching (D)	Test der Prinzipien des «Advanced Stellarator»	1988
Wendelstein 7-X	Stellarator	IPP, Teilinstitut Greifswald (D)	Test der Kraftwerks-tauglichkeit des «Advanced Stellarator»	ca. 2014
ITER	Tokamak	Internationales Gemeinschaftsunternehmen, Cadarache (F)	Testreaktor, brennendes Plasma, Technologieerprobung	ca. 2018

schnitt 6.8.4) und wird seit dem Jahr 2007 im französischen Cadarache errichtet. Am Bau von ITER arbeitet eine Staatengemeinschaft aus Europa, Russland, China, USA, Japan, Indien und Südkorea zusammen. Seit Ende 2007 ist auch die Schweiz beteiligt.

Mit Bau- und Betriebskosten von rund 10 Mrd. € ist ITER das bisher größte internationale Projekt der Wissenschaft. Sein Bau soll bis ca. 2018 fertiggestellt werden. Anschließend wird ITER binnen ca. 10 Jahren Betriebszeit sehr viele Daten und Informationen liefern, so dass gegen 2025 der weitere Weg der Kernfusion und über den Bau von DEMO entschieden werden kann.

Bild 6.58 zeigt einen schematischen Überblick des ITER und veranschaulicht seinen komplexen Aufbau. Die technischen Daten lassen sich im Groben wie folgt zusammenfassen [6.21]:

- thermische Leistung 500 MW
- Energieverstärkung ca. 10 × (Eigenbedarf ca. 50 MW)
- Plasmatemperatur 100 Mio. °C
- Plasmaradius 6,2 m
- Plasmavolumen 840 m^3
- Brennstoffinventar 0,5 g
- Pulsdauer >400 s

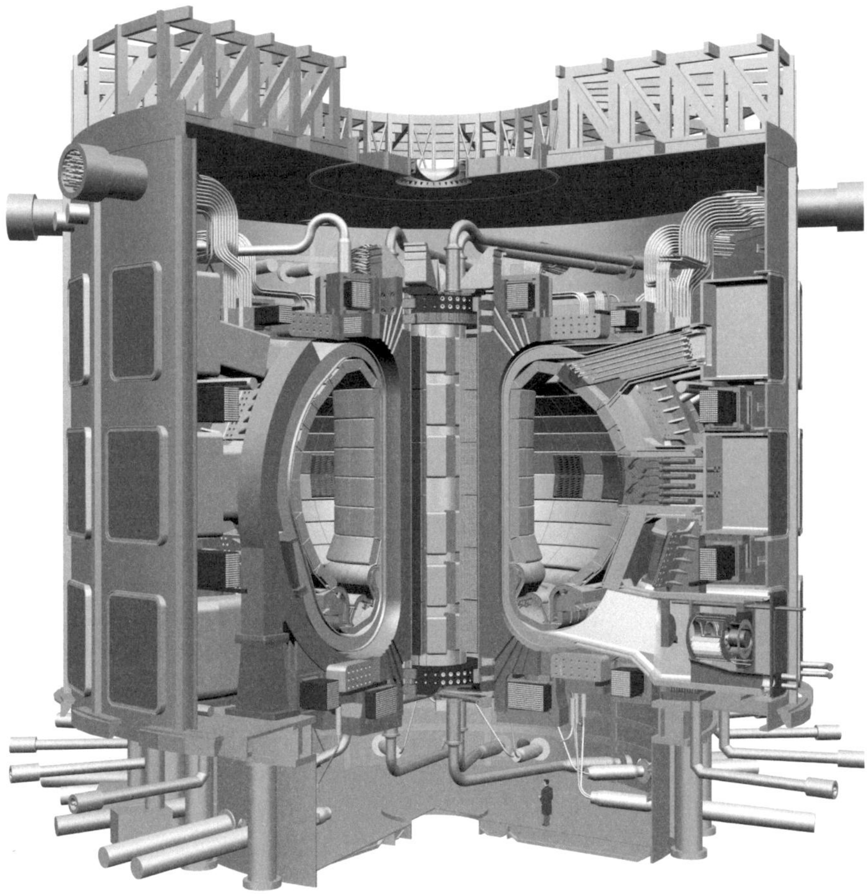

Bild 6.58 Schematische Darstellung des ITER [6.21]

❑	Plasmastrom	15 MA
❑	Anzahl der TF-Spulen	18
❑	Höhe der TF-Spulen ca.	18 m
❑	TF-Magnetfeld auf der Achse	5,3 T
❑	Strom in den TF-Spulen ca.	70 000 A
❑	Anzahl der PF-Spulen	6
❑	He-Temperatur am Eintritt	300 °C
❑	He-Temperatur am Austritt	500 °C
❑	thermische Last der Wand ca.	0,5 MW/m^2

Bild 6.59 vermittelt einen Eindruck vom Inneren eines Tokamak-Reaktors. Es zeigt das Experiment JET (Joint European Torus), wie es in Culham, England, betrieben wird. Zu erkennen sind die Kacheln der ersten Wand sowie am hinteren äußeren

Bild 6.59 Blick in das Innere des Tokamak JET – Joint European Torus [6.15]

Rand auch die Antennen für die Hochfrequenzheizung (Abschnitt 6.8.6.1 Mikrowellenheizung). Am Boden öffnet sich der Divertor (Abschnitt 6.8.6.2), in dem Asche und unverbrauchter Brennstoff abgesaugt wird (Abschnitt 6.8.6.4).

6.8.8.2 Wendelstein 7-X

Wendelstein 7-X ist ein Projekt, das den Reaktortyp des Stellarators (Abschnitt 6.8.5) erforschen wird. Es befindet sich zurzeit in Greifswald an der deutschen Ostseeküste im Aufbau. Der Betreiber ist das Max-Planck-Institut für Plasmaphysik (IPP) in Garching, das in der Kernfusionsforschung bereits viel Erfahrung durch den Betrieb der Anlagen Wendelstein 7-AS (Stellarator-Typ) und ASDEX-Upgrade (Tokamak-Typ) sammeln konnte (vgl. Tabelle 6.20).

Wendelstein 7-X wird der erste modulare Stellarator weltweit sein, der mit nichtplanaren supraleitenden Spulen betrieben wird, die es auch erlauben, einen Dauerbetrieb zu fahren.

Anmerkung

Bei den bisherigen Experimenten zur Plasmaphysik wurden häufig normalleitende Spulen verwendet. Die Pulsdauer war deshalb von vornherein be-

schränkt, da diese Spulen aufgrund der OHM*schen Verlustwärme und den hohen erforderlichen Strömen nicht im Dauerbetrieb gefahren werden können. Nach einer bestimmten Betriebsdauer müssen sie wieder rückgekühlt werden.*

Bild 6.60 gibt einen Eindruck vom komplexen Aufbau des Wendelstein 7-X. Es sind die dreidimensional geformten Spulen (vgl. auch Bild 6.49) und die zahlreichen Ports und Durchführungen für weitere Spulen im Innern sowie für Heizungen, Brennstoffeinschuss, Instrumentierungen und Vakuumanschlüsse (Divertor) zu erkennen.

Bild 6.60 Spulensystem des Wendelstein 7-X [6.16])

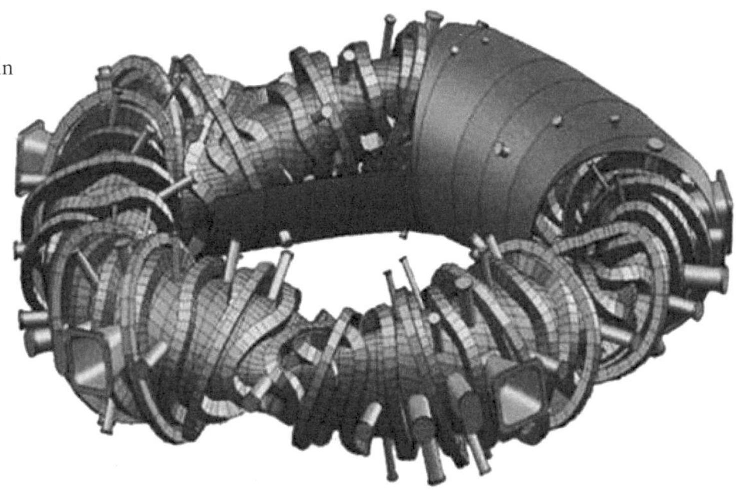

Die Daten des Wendelstein 7-X lassen sich wie folgt zusammenfassen:

- Plasmatemperatur ca. — 60 Mio. °C
- Plasmaradius ca. — 5,5 m
- Plasmavolumen — 30 m^3
- Plasmamasse — 5...30 mg
- Pulsdauer — theoretisch Dauerbetrieb (praktisch ca. 30 min)
- Anzahl der nichtplanaren Spulen — 50
- Anzahl der planaren Spulen — 20
- Magnetfeld — 3 T
- Strom in den nichtplanaren Spulen — 13 000 A

Das Spulensystem besteht aus 50 nichtplanaren, supraleitenden Spulen, die in sich verschachtelt zu einem Torus aufgestellt sind. Der Ring lässt sich in 5 Segmente unterteilen, die jeweils aus 10 Spulen bestehen. Diese Segmente sind wiederum aus fünf verschiedenen Spulentypen aufgebaut, die innerhalb eines Segments punktsymmetrisch angeordnet sind. Zudem besitzt jedes Segment noch vier supraleitende, planare Spulen. Es befinden sich demnach 5 verschiedene Spulentypen mit nichtplanarer Geometrie und zwei verschiedene planare Spulentypen im Einsatz. Daneben sind noch weitere normalleitende Regelspulen im Innern des Plasmaraums vorhanden.

Wendelstein 7-X soll im Jahr 2014 in Betrieb gehen und dann parallel zu ITER Daten und Betriebserfahrung sammeln. Es ist nicht ausgeschlossen, dass das erste Demonstrationskraftwerk DEMO auch ein Stellarator sein könnte, falls sich der Betrieb von Wendelstein 7-X als erfolgreich erweist.

7 Konventionelle Kraftwerkstechnik

Der unermesslich reichen, stets sich erneuernden Natur gegenüber wird der Mensch, soweit er auch in der wissenschaftlichen Erkenntnis fortgeschritten sein mag, immer das sich wundernde Kind bleiben und muss sich stets auf neue Überraschungen gefasst machen.

MAX PLANCK, deutscher Physiker und Nobelpreisträger, 1858–1947

In Kapitel 6 wurden verschiedenen Reaktorkonzepte behandelt, bei denen die Bindungsenergie der Atomkerne zur Erzeugung von Wärme (thermischer Energie) genutzt wird. Es wurde jedoch nur der nukleare Primärkreis vorgestellt, der den Reaktor und dessen Hilfssysteme enthält. Im folgenden Kapitel wird die Sekundärseite des Kernkraftwerks besprochen, die den Wasser-Dampf-Kreislauf birgt, der die im Reaktor freigesetzte Wärme nutzt, um sie in der Turbine in rotatorische Energie umzuwandeln, die dann der Generator in elektrische Energie umsetzt.

Die dargestellte Technik des Sekundärkreises ist dabei nicht nur auf Kernkraftwerke beschränkt. Sie ist vielmehr in jedem thermischen Kraftwerk zu finden, so z.B. auch in fossil befeuerten Kraftwerken. Lediglich aufgrund der bei Kernkraftwerken mit Leichtwasserreaktoren anderen Betriebs- bzw. Maximaltemperatur (Sattdampfparameter: ca. 70 bar, 286 °C) ergeben sich im Sekundärkreis etwas andere Bedingungen als bei fossil befeuerten Anlagen (hier kritische/überkritische Dampfzustände mit 200...260 bar und 500...600 °C). Z.B. haben fossil befeuerte Kraftwerke aufgrund der höheren Temperatur einen besseren Wirkungsgrad (ca. 45%). Aufgrund der höheren Temperaturen kann sich auch ein etwas anderer Aufbau der Vorwärmstraßen und der Turbine ergeben. Hierauf wird jedoch in diesem Kapitel nicht näher eingegangen.

7.1 Wasser-Dampf-Kreislauf

Der Wasser-Dampf-Kreislauf ist dem Themengebiet der Thermodynamik zuzuordnen, die sich mit der Wärme und deren Interaktionen mit anderen Energieformen befasst. Deshalb sind z.B. Wärmekraftmaschinen (Motoren) und Dampfturbinen hier einzuordnen. Eine der ältesten großtechnischen Anlagen aus dem Gebiet der Thermodynamik ist die Dampfmaschine, deren Erfindung durch THOMAS NEWCOMEN 1712 und deren Weiterentwicklung durch JAMES WATT Ende des 18. Jahrhunderts das Zeitalter der Industrialisierung einleitete.

Anmerkung
Bereits Heron von Alexandria experimentierte ca. 100 n. Chr. mit hydraulischem Druck und Dampf. Er konstruierte u.a. eine Drehkugel (Aeolipile, Heronsball),

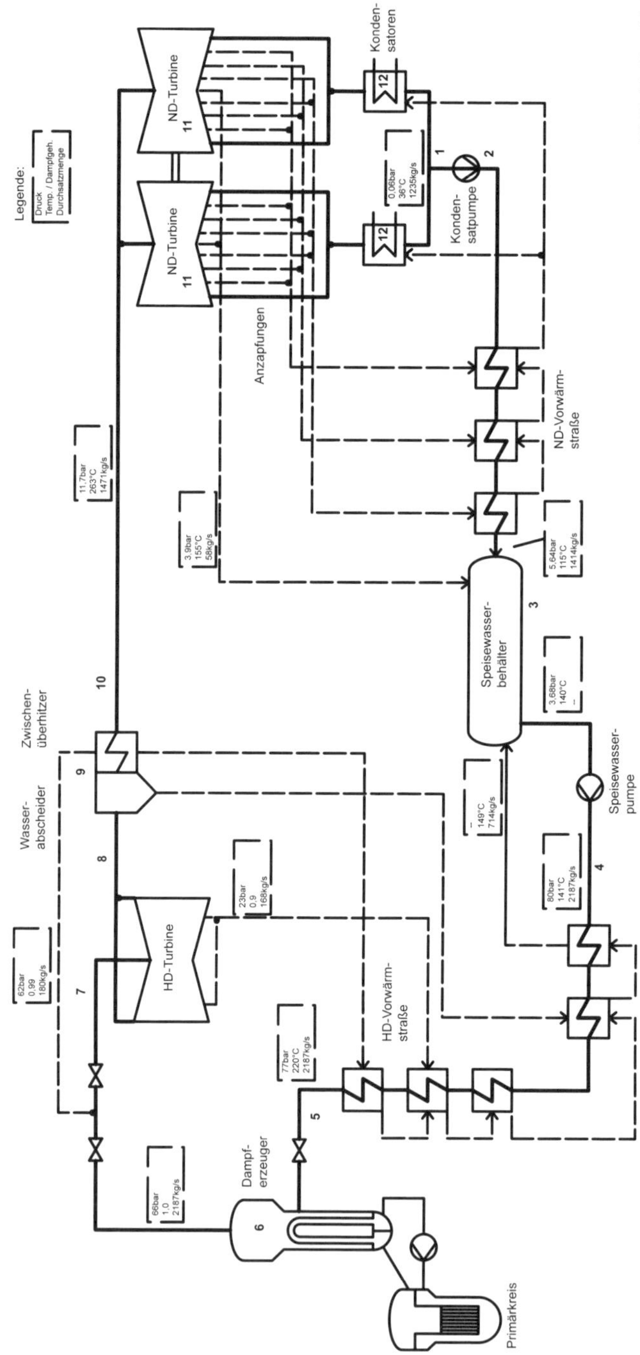

Bild 7.1
Wasser-Dampf-Kreislauf eines Kernkraftwerks mit Druckwasserreaktor (vereinfacht) – Zahlen in Bezug auf Bild 7.2

die sich aufgrund der Rückstoßkraft ausströmenden Dampfes in Drehung versetzt. Zur damaligen Zeit wurde jedoch noch nicht das Potential erkannt, dass mit der Kraft des Dampfes auch «sinnvolle» Arbeit verrichtet werden kann.

Auch die Turbine in einem thermischen Kraftwerk ähnelt in ihrer Funktion der Dampfmaschine. In beiden wird die im Dampf in Form von hohem Druck und hoher Temperatur gespeicherte Energie genutzt, um daraus Bewegungsenergie zu erzeugen. Im Fall der Dampfmaschine ist dies eine lineare, bei der Dampfturbine eine rotatorische Bewegung.

Dem Wasser-Dampf-Kreislauf eines thermischen Kraftwerks liegt der nach RUDOLF JULIUS EMANUEL CLAUSIUS und WILLIAM JOHN MACQUORN RANKINE benannte CLAUSIUS-RANKINE-Kreisprozess zu Grunde. Als Kreisprozess wird ein Prozess bezeichnet, der eine Folge von Zustandsänderungen eines Arbeitsmediums (mit oder ohne Phasenübergänge) beschreibt, wobei sich End- und Ausgangspunkt thermodynamisch (u.a. in den Parametern Druck, Temperatur und Dichte) gleichen. Während des Kreisprozesses wird entweder Wärmeenergie in mechanische Arbeit oder mechanische Arbeit in Wärmeenergie (dann meist zu Zwecken der Kühlung, z.B. Wärmepumpe) umgewandelt.

Bild 7.1 zeigt den Funktionsschaltplan des Wasser-Dampf-Kreislaufs eines Kernkraftwerks mit Druckwasserreaktor. Es sind auch die Dampf- bzw. Kondensatzustände an den bedeutenden Punkten des Kreises eingetragen und verschaffen so einen Überblick über die im System herrschenden Zustände. Die Anzapfungen aus den Turbinen sind strichliniert dargestellt, während der Hauptkreislauf mit durchgezogenen Linien gezeichnet ist. Die mit Nummern eingetragenen Systempunkte beziehen sich auf Bild 7.2, das den Sekundärkreis im *T*-*s*-Diagramm (Temperatur-Entropie-Diagramm) darstellt. Im *T*-*s*-Diagramm sind die markanten Stellen des Sekundärkreises zu erkennen, die in den nächsten Abschnitten besprochen werden bzw. bereits behandelt wurden:

- ❑ Von 1 nach 6 — Vorwärmstraßen (Abschnitt 7.2.6)
- ❑ zwischen 6 und 7 — Dampferzeuger (Abschnitt 6.5.4)
- ❑ zwischen 7 und 8 — HD-Turbine (Abschnitt 7.2.1)
- ❑ zwischen 8 und 9 — Wasserabscheider (Abschnitt 7.2.3)
- ❑ zwischen 9 und 10 — Zwischenüberhitzer (Abschnitt 7.2.3)
- ❑ zwischen 10 und 12 — ND-Turbine (Abschnitt 7.2.1)
- ❑ zwischen 12 und 1 — Kondensatoren (Abschnitt 7.2.2)

Beim Siedewasserreaktor ergibt sich ein ähnliches Bild des Wasser-Dampf-Kreislaufs, jedoch fehlen hier die beim Druckwasserreaktor zwischen den Primär- und den Sekundärkreis geschalteten Dampferzeuger. Der im Siedewasserreaktor erzeugte Dampf wird direkt in die Turbine geleitet. Dabei durchläuft er im Prinzip dieselben Komponenten, wie der Dampf des Druckwasserreaktors, die im Folgenden beschrieben werden.

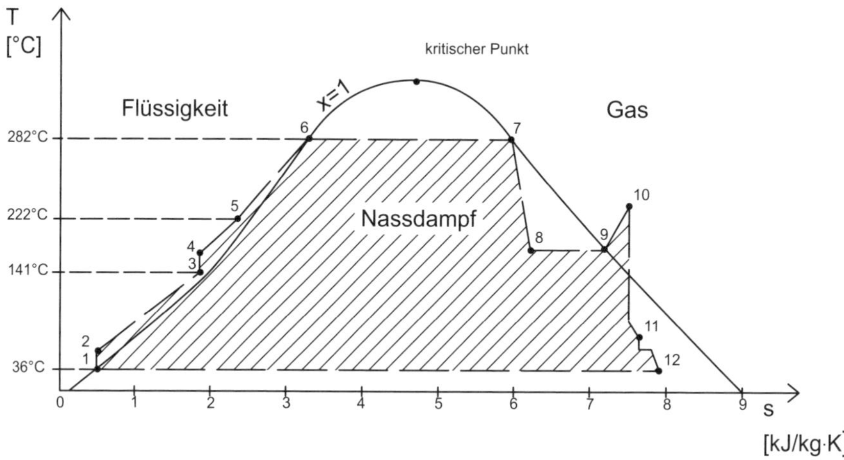

Bild 7.2
Sekundärkreis im *T*-*s*-Diagramm (schematisch, nicht maßstäblich; Sattdampflinie bei $x = 1$)

Die in den folgenden Abschnitten dargestellten Komponenten und Dampfparameter dürfen allerdings nur als exemplarisch betrachtet werden, weil sie sich im Einzelfall bei Kraftwerken unterscheiden können.

7.2 Komponenten des Sekundärkreises

Bei Großkraftwerken werden die über die Turbinenwelle miteinander gekoppelte Turbine, der Generator, dessen Erreger- und Hilfserregermaschine sowie die zugehörigen Hilfssysteme, wie z.B. Hydraulikpumpen, als Turbosatz bezeichnet. Er befindet sich im Maschinenhaus auf einer Höhe von etwa 14...20 m.

Bild 7.3 zeigt den Turbosatz des Kernkraftwerks Mühlheim-Kärlich. In den vorderen Ecken sind die Wasserabscheider und Zwischenüberhitzer zu erkennen. Neben der Hochdruckturbine (vorne Mitte) sind die Tubinenschnellschlussventile der Frischdampfumleitung zu finden. Hinter der Hochdruckturbine schließen sich die beiden Teile der Niederdruckturbine und der Generator an.

Damit mechanische Schwingungen des Turbosatzes nicht auf das Gebäude übertragen werden, ist der Turbosatz auf dem Maschinenfundament (auch Tischfundament, Turbinentisch oder Maschinentisch genannt) gelagert. Dieser Tisch ist mit den Tragstrukturen am Gebäude über eine Vielzahl von Federelementen verbunden, die die Vibrationen dämpfen. Herzstück des Turbosatzes ist die Dampfturbine, die im folgenden Abschnitt beschrieben wird.

Bild 7.3 Turbosatz eines Kernkraftwerks mit Druckwasserreaktor [7.1]

7.2.1 Turbine

Die Turbine setzt die Energie des Dampfes in mechanische Energie um, genauer gesagt in eine Rotation. Dies geschieht, indem die statische Energie des Dampfes, der unter hohem Druck steht und eine hohe Temperatur aufweist, durch eine Entspannung umgewandelt wird. Dabei kühlt sich der Dampf ab. Die dadurch frei werdende Energie ist direkt proportional zum Temperaturgefälle über der Turbine.

Anmerkung

Der Wirkungsgrad vom CLAUSIUS-RANKINE-Kreisprozess kann den Wirkungsgrad des CARNOT-Prozesses nicht übersteigen. Den CARNOT-Wirkungsgrad berechnet man mit Gl. 7.1

$$\eta_C = 1 - \frac{T_U}{T_O} \qquad \text{(Gl. 7.1)}$$

mit:

T_u *untere Prozesstemperatur*

T_o *obere Prozesstemperatur*

Thermische Kraftwerke haben im Winter bei tieferen Kühl- bzw. Außentemperaturen einen höheren Wirkungsgrad, weil die untere Prozesstemperatur geringer ist, wobei die obere Prozesstemperatur annähernd konstant bleibt.

Die Drehzahl des Turbosatzes eines großen Kraftwerks beträgt oft 1500 Umdrehungen pro Minute (min^{-1}). Diese Drehzahl entspricht einer Umfangsgeschwindigkeit der Niederdruckturbine von ca. 230 m/s – die Schaufellänge beträgt bei modernen Niederdruckturbinen rund 1,5...2 m an der letzten Schaufelreihe.

Anmerkung

Bei vielen Kraftwerken rotiert der Turbosatz auch mit einer Drehzahl von 3000 min^{-1}. Man stößt dabei jedoch an die Grenze der übertragbaren Leistung. Damit die Energie im Dampf gut ausgenutzt werden kann, ist eine große Schaufelfläche erwünscht, d.h. eine größere Länge der Schaufeln am Rand der Turbine. Bei einer höheren Drehzahl ist aber die Länge der Turbinenschaufeln aufgrund der auftretenden Fliehkräfte begrenzt. Deshalb wird die Drehzahl meist bei Großkraftwerken auf die Hälfte reduziert und man betreibt eine 4-polige Maschine als Generator, so dass auch bei 1500 min^{-1} eine Frequenz der elektrischen Spannung von 50 Hz erzeugt wird.

Damit bei der hohen Umlaufgeschwindigkeit keine Schäden an den Schaufeln auftreten, muss gewährleistet sein, dass der Dampf kein Wasser enthält. Unter normalem Luftdruck aber kondensiert Wasserdampf unterhalb von 100 °C. Das würde bedeuten, dass die Temperatur nach der Turbine größer als 100 °C sein müsste, damit der Wassergehalt im Dampf gering bleibt.

Um das erreichbare Temperaturgefälle und damit die abgegebene Leistung des Prozesses bzw. den Wirkungsgrad zu vergrößern, wird am Austritt der Turbine (in den Kondensatoren – s. Abschnitt 7.2.2) ein Unterdruck von ca. 60 mbar (absolut) erzeugt, damit der Dampf auch bis zu einer Temperatur von ca. 36 °C gasförmig bleibt. Der Wassergehalt des Dampfes beträgt dann am Ausgang der Turbine nur wenige Prozent.

In der Turbine wechseln sich in axialer Richtung jeweils ein Kranz feststehender Leitschaufeln und eine Reihe auf der Welle befestigter Laufschaufeln ab. Der Dampf wird bei doppelflutigen Turbinen von der Mitte her zugeführt und durchströmt sie axial von der Mitte zum Rand in beide Richtungen. Dadurch wird die Turbine gleichmäßig belastet, und es ergibt sich kein axialer Schub auf die Turbinenwelle durch den Dampf. Da der Dampf in der Turbine entspannt wird, vergrößert sich sein Volumen. Um dem Rechnung zu tragen, müssen die Schaufeln der Turbine zum Rand hin größer werden.

Weil der Dampf im Hochdruckturbinenteil (HD-Teil) noch einen hohen Druck hat und wenig Volumen einnimmt, ist auch die Baugröße dieses Turbinenteils verhältnismäßig klein. Nach dem Hochdruckteil schließt sich im Dampfkreislauf zunächst der Wasserabscheider und Zwischenüberhitzer (vgl. Bild 7.11) an, bevor der Dampf parallel die beiden Niederdruckturbinenteile durchströmt (Bild 7.1). Manche Kraftwerke besitzen auch 3 parallele Niederdruckturbinenteile. Bild 7.4 zeigt den Läufer eines Niederdruckturbinenteils.

Bild 7.4
Läufer eines Niederdruckturbinenteils. [7.2]

Die Gehäuse der Turbinen sind axial geteilt, so dass die Oberteile für Wartungsarbeiten abgenommen werden können. Eine besondere Herausforderung bei Konstruktion und Betrieb der Turbine stellt die Wärmeausdehnung des Materials dar. Der gesamte Turbosatz befindet sich gekoppelt an einer Welle, die auf ihre gesamte Länge während des Aufwärmens auf Betriebstemperatur eine beachtliche Längenänderung erfährt. Um einen guten Wirkungsgrad zu erzielen, sollte kein Dampf an den Schaufeln vorbeiströmen. Deshalb ist kaum Platz zwischen den Leit- und den Laufschaufeln vorgesehen. Damit Kollisionen aufgrund der Wärmeausdehnung vermieden werden, befinden sich die Leitschaufeln in separaten Innengehäusen der Turbine, die so ausgeführt sind, dass sie dieselbe Längenänderung erfahren, wie die Läufer. Aus Sicherheitsgründen wird die Welle während des Betriebs permanent auf Schwingungen und auf ihre horizontale Lage hin überwacht. Bei einer Überschreitung der eingestellten Grenzwerte kommt es zu einer Turbinenschnellabschaltung (TUSA).

Anmerkung
Eine weitere Besonderheit ist, dass sich durch die bei der hohen Drehzahl entstehende Fliehkraft an den Schaufeln die Welle des Turbosatzes verkürzt,

wobei die Schaufeln länger werden. Auch dies ist bei der Auslegung und beim Betrieb zu berücksichtigen und entsprechendzu überwachen, damit sich keine Kollisionen ereignen.

Ein besonderes Augenmerk muss auch auf die Abdichtung der einzelnen Schaufelreihen in der Turbine gelegt werden. Es soll vermieden werden, dass Dampf am Ende der Schaufeln überströmt und somit verloren geht. Die Abdichtung zwischen den Laufschaufeln und dem Gehäuse sowie zwischen den Leitschaufeln und der Welle erfolgt durch messerförmige Dichtlippen, die versetzt an der Welle bzw. im Gehäuse angeordnet sind und dem Dampf nur sehr wenig Fläche zum Übertreten lassen (auch Labyrinthdichtung genannt). Diese Dichtbänder sind über Federn fixiert, die sie definiert anliegen lassen und genügend Spiel für die thermische Ausdehnung der Komponenten bieten.

Beim Siedewasserreaktor ist es besonders wichtig, den Dampfaustritt nach außen hin zu vermeiden, da der Dampf direkt aus dem Reaktor kommt und radioaktiv ist. Beim Siedewasserreaktor befindet sich deshalb eine Sperrdampfversorgung mit entsprechender Absaugung an der Welle, die den Austritt von Dampf verhindert (vgl. Bild 6.34).

Kommt es zu einer Turbinenschnellabschaltung (TUSA), werden Schnellschlussventile in den Frischdampfleitungen geschlossen, und der Frischdampf wird über Drosseln direkt in die Kondensatoren geleitet (Frischdampfumleitstation). TUSA wird beispielsweise bei Überdrehzahl, bei Schwingungen oder einem zu geringen Schmiermitteldruck ausgelöst.

Anmerkung

Bei Stillstand der Turbine (z.B. während Revisionszeiten) würde die Welle aufgrund des Eigengewichtes durchhängen und sich auf Dauer unerwünscht verformen. Deshalb muss die Welle mit einer Drehvorrichtung ständig langsam rotieren.

7.2.2 Kondensatoren, Kühlwasser

Kondensatoren (Bild 7.5) sind große Wärmeübertrager, die den Dampf nach den Turbinen wieder kondensieren und die dabei anfallende Kondensationswärme an das Hauptkühlwasser abgeben. Da es sich bei der Kondensationswärme um eine latente Wärme handelt, bleibt trotz der Energieabgabe die Temperatur des Mediums (Dampf und Wasser) konstant. Das Hauptkühlwasser durchströmt die Rohrbündel in den Kondensatoren, auf deren Außenseite der Dampf der Turbine kondensiert. Das Kondensat sammelt sich im sog. Hotwell (Verweilbehälter) am Boden des Kondensators.

In den Kondensatoren ist ein Unterdruck von ca. 40...60 mbar nötig, damit der Dampf bis zu einer Temperatur von ca. 36 °C gasförmig bleibt. Beim Anfahren des

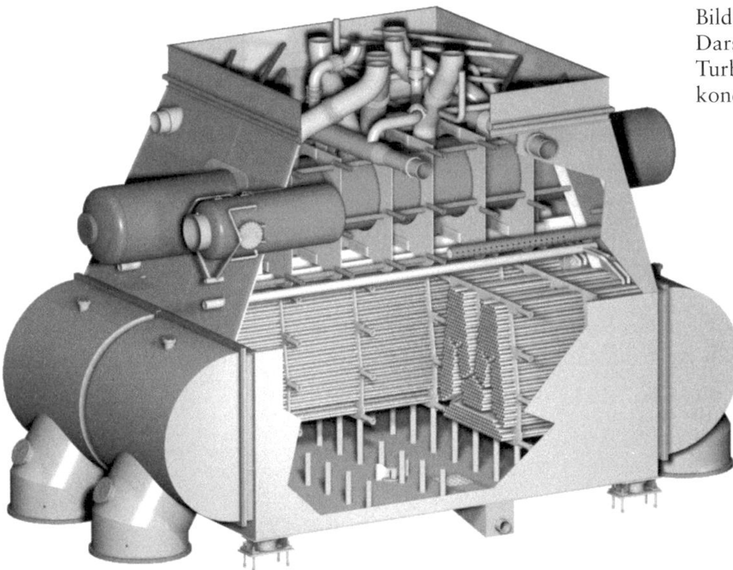

Bild 7.5
Darstellung eines Turbinenkondensators [7.3]

Kraftwerks wird dieser Unterdruck von Vakuumpumpen erzeugt. In Betrieb hält er sich von selbst durch die stattfindende Kondensation aufrecht, bei der sich das Volumen des Dampfes verringert (der Sättigungsdampfdruck für Wasser bei 36 °C beträgt ca. 60 mbar). Aus einem Volumen von 1,6 m^3 Wasserdampf entsteht bei der Kondensation 1 l Wasser.

Die in den Kondensatoren für den Phasenübergang Dampf–Wasser anfallende Kondensationswärme gilt es abzuführen. Im einfachsten Fall wird die Wärme direkt an Fluss- oder Meerwasser abgegeben (Bild 7.6).

Bei einer Flusswasserkühlung gibt es hinsichtlich der erlaubten Erwärmung des Flusses strikte Grenzwerte. So darf i.d.R. eine gewisse Aufwärmspanne des Flusses (z.B. 3 °C) bzw. auch eine maximale Flusswassertemperatur (z.B. 28 °C) nicht überschritten werden.

Bild 7.6
Prinzip der Flusswasserkühlung (auch Direkt- oder Frischwasserkühlung)

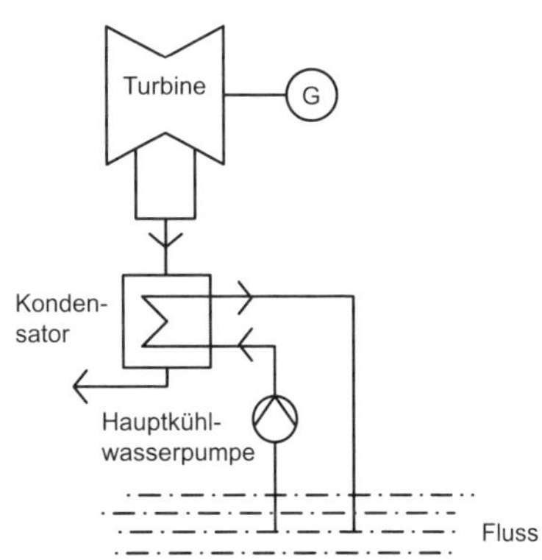

Anmerkung
Aufgrund von niedrigen Wasserständen bzw. Durchsatzmengen der Flüsse an heißen Sommertagen, ist die Leistung thermischer Kraftwerke zu reduzieren, damit die gesetzlich vorgeschriebenen Grenzwerte eingehalten werden. In Ausnahmefällen kann der Kraftwerksbetreiber vom zuständigen Umweltministerium des Landes auch eine Ausnahmegenehmigung für eine geringfügige Überschreitung dieser Grenzwerte bekommen, wenn eine größere Strommenge benötigt wird.

Um die Erwärmung des Vorfluters in Grenzen zu halten, lässt sich die Kondensationswärme auch ganz oder teilweise an die Luft abführen. Hierzu gibt es die Bauformen des Nass- und Trockenkühlturms, die Bild 7.7 zeigt.

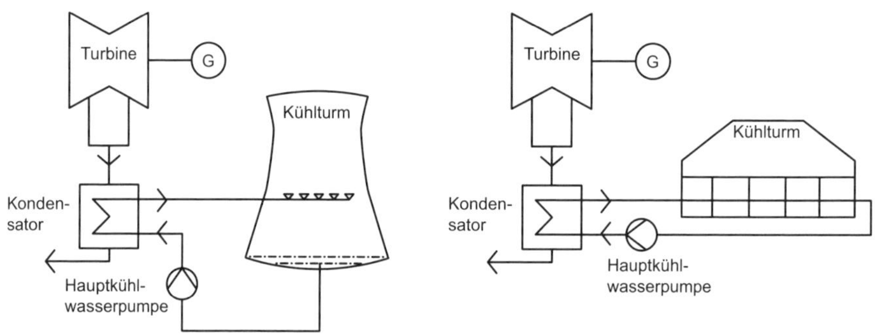

Bild 7.7 Prinzip des Nasskühlturms (links) und des Trockenkühlturms (rechts)

Bei Trockenkühltürmen ergibt sich ein schlechterer Kraftwerkswirkungsgrad, weil sich bei dieser Variante eine höhere Temperatur des Hauptkühlwassers einstellt, da für eine effektive Kühlung eine ausreichend hohe Temperaturdifferenz zur Umgebungsluft notwendig ist. Die Verwendung von Trockenkühltürmen macht den Standort des Kraftwerks allerdings weniger abhängig vom Vorhandensein eines großen Flusses, da kein ständiger «Wasserverbrauch» durch Verdunstung wie beim Nasskühlturm stattfindet.

Die Kühltürme lassen sich in solche mit Naturzug und Zwangsumwälzung unterteilen. Bei der Zwangsumwälzung sorgen große Gebläse für einen ausreichenden Luftdurchsatz und die Kühlung des Hauptkühlwassers. Während die Zwangsumwälzung häufig bei Trockenkühltürmen eingesetzt wird, ist sie bei Nasskühltürmen (Hybridkühlturm) nicht üblich. In Deutschland verfügt nur das Kernkraftwerk Neckarwestheim 2 (Druckwasserreaktor mit 1400 MW_e) über einen Hybridkühlturm.

Anmerkung

Hybridkühltürme besitzen den Vorteil, dass die feuchte Luft beim Verlassen des Kühlturms untersättigt ist und sich somit am Kühlturm keine Schwaden bilden. Wenn die warme, feuchte aber untersättigte Luft aufsteigt, kühlt sie ab und die Feuchtigkeit fällt in einer höheren Luftschicht aus, so dass sich Schwaden dann erst weit oberhalb des Kühlturms bilden. In manchen Regionen kann der Einsatz von Hybridkühltürmen in Bezug auf die örtlichen Gegebenheiten (z.B. Vermeidung von Schattenwurf der Schwaden) vorteilhaft sein. Zudem sind Hybridkühltürme wesentlich niedriger als beispielsweise Nasskühltürme und lassen sich ggf. leichter in ein Landschaftsbild integrieren.

Die verschiedenen Möglichkeiten der Wärmeabfuhr lassen sich auch kombinieren. Man spricht dann von einer Misch- oder Kombikühlung (Bild 7.8).

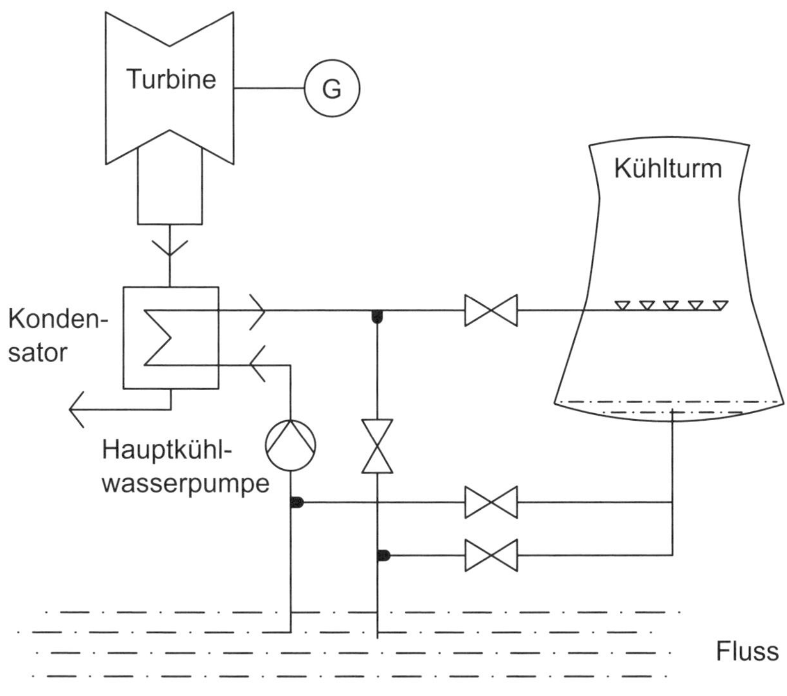

Bild 7.8 Prinzip der Mischkühlung

Bild 7.9 zeigt den Schnitt durch einen Nasskühlturm. Das Wasser wird von den Hauptkühlwasserpumpen durch Steigschächte auf eine Höhe von ca. 15 m über dem Boden gefördert. Dort befindet sich im Kühlturm ein Rohrleitungssystem, das das Wasser gleichmäßig über die Fläche verteilt und aus Düsen senkrecht nach oben spritzt (verrieselt). Das Wasser fällt nach unten und wird über Kühlturmeinbauten (auch Füllkörper genannt) verteilt. Die Kühlturmeinbauten bestehen z.B. aus Zementfaserplatten, die wellig ausgeführt sind, damit eine große Oberfläche aufgetan wird. An dieser Fläche rinnt das Wasser nach unten und verdunstet dabei teilweise. Der Wasserdampf steigt durch die Kaminwirkung im Turm auf und gelangt in die Luft. Durch die Verdunstung wird dem Kühlwasser Energie (also Wärme) entzogen.

Das nicht verdunstete Wasser sammelt sich in der Kühlturmtasse, wo es von den Hauptkühlwasserpumpen angesaugt und zurück in die Kondensatoren gepumpt

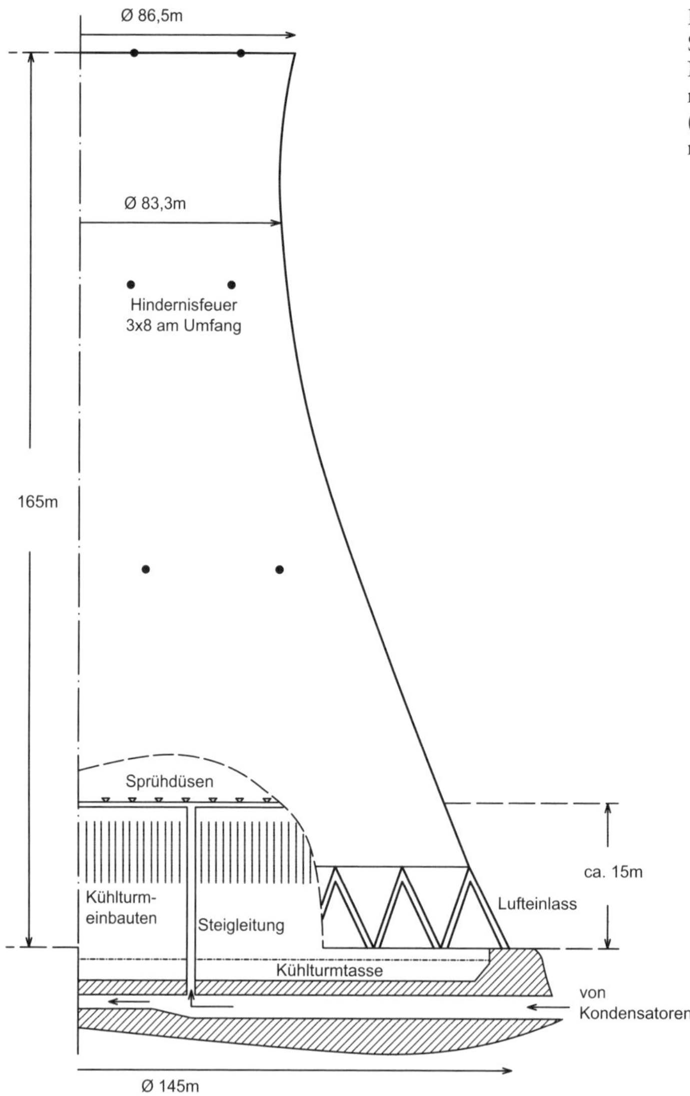

Bild 7.9
Schnitt durch einen Nasskühlturm mit Naturzug (schematisch, nicht maßstäblich)

wird. Die durch die Verdunstung entzogene Wassermenge ist permanent nachzuführen (sogenanntes Kühlturmzusatzwasser). Man benötigt bei einem Kraftwerk mit 1400 MW_e unter Volllast ca. 700 l/s.

Damit eine Verschlammung (Eindickung) des Hauptkühlwassers durch die Verdunstung unterbleibt (es verdunstet nur «reines» Wasser, evtl. Zusatzstoffe und Partikel bleiben in der Kühlturmtasse), wird ein Teil des Wassers aus der Kühlturmtasse auch abgeflutet und wieder dem Vorfluter zugeführt. Auch dieser Teil muss durch frisches Wasser ersetzt werden.

Beim Nasskühlturm ist im Winter darauf zu achten, dass der Kühlturm und vor allem die Einbauten, die nur aus einer filigranen Plattenkonstruktion bestehen, nicht vereisen, denn das Gewicht des Eises würde sie zerstören. Eine Vereisung wird verhindert, indem eine sog. Winterleitung in Betrieb gesetzt wird. Dies ist eine Leitung, die ringförmig um den Lufteinlass am Fuß des Kühlturms angebracht ist. Diese Leitung verteilt am Lufteinlass warmes Wasser wie eine Art Vorhang, wo-

Bild 7.10 Kühlturmeinlass Kernkraftwerk Isar 2 [7.4]

durch die angesaugte Luft angewärmt und zudem die Menge der eingesogenen Luft reduziert wird. Damit auch bei extremen Bedingungen gewährleistet bleibt, dass die Einbauten nicht vereisen, kann man die Kernzone des Kühlturms abschalten, so dass mehr Energie in den äußeren Bereichen umgesetzt wird, wodurch diese wärmer bleiben.

Die Daten des Hauptkühlmittelkreises eines 1400-MW_e-Kraftwerks lassen sich wie folgt zusammenfassen (Beispiel KKI2 – s. auch Bild 7.10):

- Höhe des Kühlturms ca. 165 m
- Durchmesser am Fuß ca. 145 m

- Durchmesser im Bauch ca. 83 m
- Wasserdurchsatz im Kühlturm 60 m^3/s
- Leistung einer Hauptkühlwasserpumpe 4 MW
- Förderleistung pro Pumpe 15 m^3/s (4 · 25%)
- Durchmesser der Rohrleitungen 2,2 m
- Temperatur des Wassers nach den Kondensatoren 36 °C
- Temperatur in der Kühlturmtasse 21 °C
- Menge des verdunsteten Wassers bei Volllast 0,7 m^3/s

7.2.3 Wasserabscheider und Zwischenüberhitzer

In den Dampferzeugern des Druckwasserreaktors bzw. im Siedewasserreaktor herrscht Sättigungszustand. Das bedeutet, dass der Dampf als Sattdampf in die Turbine gelangt. Prinzipiell lässt sich Dampf zwar über die Siedetemperatur hinaus erhitzen (überhitzter Dampf) und durch die höhere Temperatur ein besserer Wirkungsgrad erzielen, aber im Dampferzeuger bzw. im Siedewasserreaktor liegt eine siedende Flüssigkeit vor, und die Temperatur von Dampf und Wasser ist gleich (2-Phasen-System).

Nachdem der Dampf in der Hochdruckturbine bereits Arbeit verrichtet und sich entspannt hat, beträgt der Druck nur noch ca. 12 bar (vorher ~70 bar) und der Siedepunkt bei diesem Druck liegt deutlich unterhalb der Temperatur des Frischdampfes. Die Wasserabscheider und Zwischenüberhitzer (Bild 7.11) haben daher die Aufgabe, den Dampf nach dem Passieren der Hochdruckturbine zu trocknen und zu überhitzen. Hierfür wird angezapfter Frischdampf verwendet (vgl. Bild 7.1) und die Temperatur auf ca. 260 °C erhöht. Die Zwischenüberhitzer sind demnach Wärmetauscher, die primärseitig von Frischdampf durchströmt werden und sekundärseitig den Dampf zwischen Hoch- und Niederdruckturbinen führen.

Anmerkung
In Kohlekraftwerken beispielsweise lässt sich der Dampf aus den Dampferzeugern auch überhitzen, wenn er über Rohrleitungen noch einmal durch den Brennraum geführt wird.

Die Wasserabscheidung erfolgt wie bei den Dampferzeugern eines Druckwasserreaktors bzw. dem Dampftrockner eines Siedewasserreaktors (vgl. Abschnitt 6.6.1.3).

7.2.4 Speisewasserbehälter

Aus den Hotwells, den Sammelbecken der Kondensatoren, wird das Kondensat von den Hauptkondensatpumpen durch die Niederdruck-Vorwärmstraße und

Bild 7.11
Kombination aus Wasserabscheider und Zwischenüberhitzer [7.3]

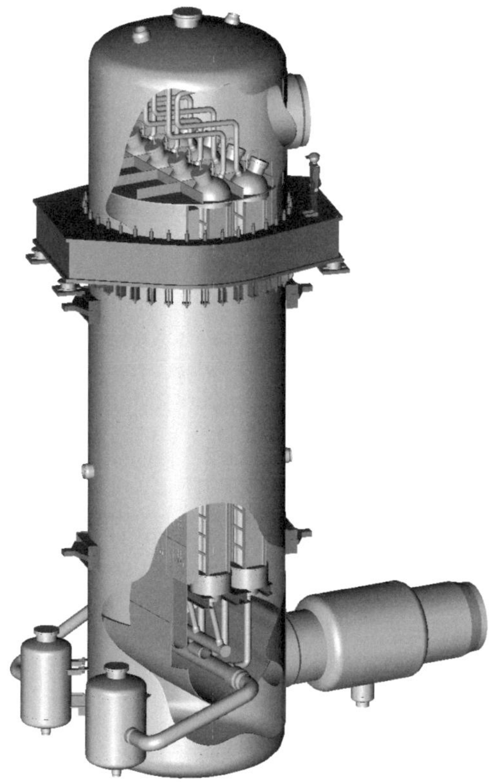

durch eine Filteranlage (Kondensatreinigungsanlage) zum Speisewasserbehälter gefördert, wo es mit einer Temperatur von ca. 140 °C und einem Druck von ca. 4 bar gespeichert wird (vgl. Bild 7.1).

Anmerkung

In den Kondensatoren befindet sich das Kondensat bei einer Temperatur von ca. 36 °C und einem Druck von 60 mbar im Siedezustand. Das bedeutet, dass sich in der flüssigen Phase Dampfblasen bilden. Würde man aus dieser siedenden Flüssigkeit mit den Hauptkondensatpumpen direkt ansaugen, bestünde die Gefahr, dass die Pumpen in Kavitation laufen. Kavitation entsteht durch örtliche Druckabsenkung an schnell bewegten Teilen in einer Flüssigkeit (Gesetz von BERNOULLI) – z.B. dem Laufrad einer Kreiselpumpe. Durch diese Druckminderung kann Dampf in der Flüssigkeit entstehen. Dieser Dampf kondensiert dann in Bereichen höheren Drucks wieder, wodurch es zu Druck- und Temperaturspitzen kommen kann, die die Bauteile stark beanspruchen oder schädigen können.

Um dies zu verhindern, sind die Hauptkondensatpumpen ca. 10 m unter den

Kondensatoren angeordnet, so dass sich aufgrund der geodätischen Höhe ein Vordruck von rund 1 bar ergibt. Die Siedetemperatur von Wasser beträgt bei einem Druck von 1 bar 100 °C, wodurch eine ausreichende Marge gegeben ist.

Im Speisewasserbehälter wird das Wasser beim Einbringen entgast, indem es durch feine Düsen eingesprüht wird. Auch wird dem Speisewasserbehälter Dampf aus einer Anzapfung der Turbine zugeführt, damit das Speisewasser zusätzlich erwärmt wird. Der Speisewasserbehälter ist im Maschinenhaus auf Höhe des Turbinenflures liegend angeordnet. Im Speisewasserbehälter befindet sich das Wasser im Siedezustand – im Behälter existiert neben der flüssigen auch eine gasförmige Phase. Der Speisewasserbehälter kann auch als eine Art Puffer- oder Ausgleichsbehälter angesehen werden, der geringfügige Schwankungen über Zu- und Ablauf des Dampferzeugers bzw. des Siedewasserreaktors ausgleichen kann.

7.2.5 Speisewasserpumpen

Die Speisewasserpumpen sind die leistungsstärksten Pumpen eines Kraftwerks. Sie haben die Aufgabe, das Speisewasser aus dem Speisewasserbehälter durch die Hochdruck-Vorwärmstraße in die Dampferzeuger zu speisen und müssen dabei den Druck um ca. 60 bar erhöhen und eine Menge von 2200 kg/s fördern (Zahlenbeispiele für ein Kraftwerk mit 1400 MW_e und Leichtwasserreaktor). Dafür benötigen die Pumpen eine Leistung von rund 20 MW. Da sie stark beansprucht sind, und zwar keine direkte sicherheitstechnische aber betrieblich sehr wichtige Aufgabe übernehmen, sind sie redundant (z.B. 3 · 50%) ausgeführt – vgl. auch Abschnitt 6.4.1.1. Sie bestehen aus einer Vor- und einer Hauptpumpe (beim Druckwasserreaktor). Beide Pumpen sind in Serie geschaltet und werden von einem Elektromotor angetrieben, der sich zwischen den Pumpen befindet. Die Vorpumpe besitzt einen Nenndruck von 18 bar, während der der Hauptpumpe 60 bar beträgt.

Damit in den Pumpen keine Kavitation auftritt (vgl. Anmerkung im vorigen Abschnitt), sind sie auf einer Höhe von ca. 0 m angeordnet, so dass aufgrund der geodätischen Höhendifferenz zum Speisewasserbehälter ein zusätzlicher Vordruck entsteht.

Neben den eigentlichen Speisewasserpumpen gibt es beim Kernkraftwerk mit Druckwasserreaktor auch notstromgesicherte An- und Abfahrpumpen, die hauptsächlich für An- und Abfahrvorgänge (im Leistungsbereich zwischen 0...3%) aber auch für eine Notbespeisung eingesetzt werden können. Die An- und Abfahrpumpen werden bei einem Dampferzeugerfüllstand von <9 m automatisch in Betrieb genommen (beim Kernkraftwerk mit Druckwasserreaktor). Falls ein Leck in einer Vorwärmstraße auftritt, können die An- und Abfahrpumpen auch die Vorwärmstraßen umfahren und direkt in die Dampferzeuger speisen.

Das Speisewassersystem hat die Aufgabe, den Füllstand in den Dampferzeugern eines Druckwasserreaktors bzw. im Reaktordruckbehälter eines Siedewasserreaktors zu regeln.

7.2.6 Vorwärmstraßen

Die bereits erwähnten Vorwärmstraßen dienen dazu, das Kondensat bzw. das Speisewasser vorzuwärmen, ehe es in die Dampferzeuger bzw. den Reaktor gespeist wird. Man spricht auch von regenerativer Speisewasservorwärmung, weil man demselben Medium Wärmeenergie entzieht, die an einer anderen Stelle des Kreislaufs wieder zugeführt wird – ähnlich den Rekuperativwärmetauschern, die im Volumenregelsystem des Druckwasserreaktors Anwendung finden (vgl. Abschnitt 6.5.6).

Die Vorwärmung teilt sich in einen Niederdruck- und einen Hochdruckteil auf. Die Niederdruck-Vorwärmstraße befindet sich zwischen den Kondensatoren bzw. den Hauptkondensatpumpen und dem Speisewasserbehälter. Die Hochdruck-Vorwärmstraße ist zwischen den Speisewasserpumpen und den Dampferzeugern angeordnet. Die Vorwärmstraßen bestehen aus mehreren Wärmetauschern, durch deren Sekundärseite das Kondensat bzw. Speisewasser strömt und deren Primärseite von Anzapfungen des Turbinendampfes durchflossen wird. Aufgrund der Wärmeabgabe kondensiert der angezapfte Dampf, und man führt ihn nach den Wärmetauschern wieder dem Speisewasser bzw. den Kondensatoren zu (sog. Nebenkondensat), so dass ein in sich geschlossener Kreislauf entsteht (vgl. Bild 7.1). Das Kondensat der Zwischenüberhitzer wird zunächst durch die Hochdruck-Vorwärmstraße geleitet, ehe es in den Speisewasserbehälter fließt.

7.3 Generator, Maschinentransformator

Zu den sekundärseitigen, d.h. zu den konventionellen Kraftwerksteilen gehört auch der Generator, der die in den Turbinen vom Dampf erzeugte Rotation in elektrische Energie umwandelt.

Bei Generatoren von Großkraftwerken (Kernkraftwerken oder großen Kohlekraftwerken) handelt es sich um Maschinen aus dem Grenzleistungsbereich. Man spricht deshalb von Grenzleistung, weil in der heutigen Bauweise leistungsstärkere Maschinen nicht wirtschaftlich gefertigt und betrieben werden können. Würde die Leistung einer Komponente nicht ausreichen, bliebe nur der Einsatz von mehreren parallelen Anlagen.

Der Generator erzeugt eine elektrische Spannung von 27 kV im 3-phasigen Drehstromsystem. Eine höhere Spannung wäre zwar wünschenswert, ist jedoch technisch aufgrund der kompakten Bauweise und den kleinen Abständen mit vertretbarem Aufwand nicht realisierbar. Bei dieser Spannung ist für die Ableitung von 1400 MW_e ein Strom von ~35 kA nötig.

Der Generator in einem Großkraftwerk (Bild 7.12) ist als elektrisch erregte, meist 4-polige Synchronmaschine ausgeführt. Die erhöhte Polzahl ergibt sich aus der Forderung nach einer geringeren Drehzahl. In großen Turbosätzen wird häufig eine Drehzahl von 1500 min^{-1} verwendet. Nur so ist es möglich, die hohen Fliehkräfte der Turbinenschaufeln abzufangen und eine große Leistung (große Dampfmenge) zu übertragen (vgl. Abschnitt 7.2.1).

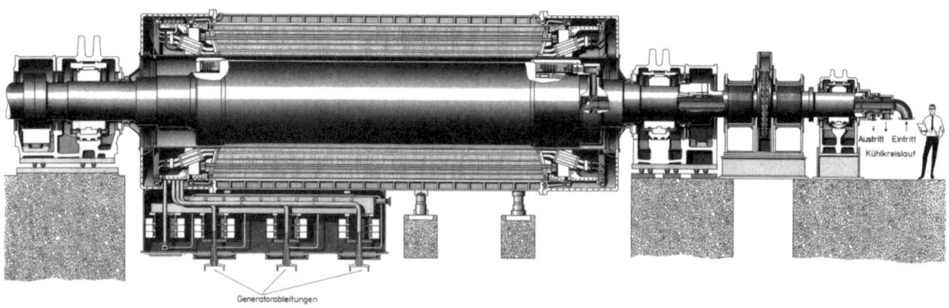

Bild 7.12 Schnitt durch einen Generator [7.1]

Die Generatorableitungen bestehen aus 3 gekapselten 1-phasigen Stromschienen. Vom Generator zweigen somit 3 Leitungen ab, die sich aufgrund der hohen Leistung auf meist 2 Maschinentransformatoren aufteilen. Vor den Maschinentransformatoren befinden sich in den gekapselten Generatorableitungen noch Lasttrennschalter, die den Generator abtrennen können. Zwischen diesen Lasttrennschaltern und den Maschinentransformatoren wird der Eigenbedarf für das Kraftwerk ausgekoppelt (vgl. Bild 6.27). Auch nach den Maschinentransformatoren befinden sich Lasttrenner, die es ermöglichen, das Kraftwerk vom externen Netz zu trennen.

Anmerkung

Die Lasttrennschalter in der Generatorableitung sind geöffnet, wenn das Kraftwerk stillsteht oder es z.B. zu einem Fehler im Turbosatz kommt. Der Eigenbedarf kann dann durch die Maschinentransformatoren aus dem Höchstspannungsnetz bezogen werden (vgl. Abschnitt 6.5.8.3).
Wird das Kraftwerk als Inselnetz betrieben (Lastabwurf auf Eigenbedarf), werden die Trenner nach den Transformatoren geöffnet und die Verbindung zum externen Netz gelöst, so dass sich das Kraftwerk über den Generator und die Eigenbedarfstransformatoren selbst versorgen kann.

8 Behandlung radioaktiver Reststoffe

Aber man verlangt vom Forscher, dass er Beweise liefert.
Wenn es sich zum Beispiel um die Entdeckung eines großen Berges handelt,
verlangt man, dass er große Steine mitbringt.

ANTOINE DE SAINT-EXUPÉRY, französischer Flieger und Schriftsteller, 1900–1944

In allen Sparten, die mit radioaktivem Material arbeiten, z.B. Medizin, Werkstoffkunde, Grundlagenforschung und auch die Kernenergie, entstehen radioaktive Reststoffe. Unbeachtet ihres Ursprungs müssen diese radioaktiven Reststoffe sicher von der Biosphäre getrennt und ggf. über lange Zeit endgelagert werden.

Früher wurde zwischen schwach-, mittel- und hochradioaktiven Stoffen unterschieden. Heute werden die Reststoffe nach der entstehenden Wärmeentwicklung in 2 Kategorien unterteilt: «vernachlässigbar wärmeentwickelnde» und «wärmeentwickelnde» Stoffe (Tabelle 8.1). Während bei vernachlässigbar wärmeentwickelnden Stoffen das umliegende Material eines Endlagers nicht erwärmt wird, kann es bei wärmeentwickelnden Abfällen zu einer Erwärmung kommen, was auch bei der Wahl einer geeigneten Lagerstätte beachtet werden muss.

Anmerkung
Neben den neuen Bezeichnungen «wärmeentwickelnd» und «vernachlässigbar wärmeentwickelnd» wird im Sprachgebrauch, wie auch in diesem Werk, die alte Klassifizierung «schwach-, mittel- und hochradioaktiv» oft weiterhin verwendet.

Tabelle 8.1 Klassifizierung der radioaktiven Reststoffe (schematisch)

<table>
<tr><th>Radioaktivität [Bq/m3]</th><th colspan="2">Abfallbezeichnung</th><th colspan="2">Anteil der Gesamt-Reststoffmenge</th><th>Beispiele</th></tr>
<tr><th></th><th>früher</th><th>heute</th><th>Volumen [%]</th><th>Radio-aktivität [%]</th><th></th></tr>
<tr><td>10^{16}</td><td>hoch radioaktiv</td><td rowspan="2">wärme-entwickelnde Abfälle</td><td rowspan="2">10</td><td rowspan="2">99</td><td rowspan="2">ausgediente Brennelemente, Reststoffe aus der Wiederaufarbeitung</td></tr>
<tr><td>10^{14}</td><td rowspan="2">mittel radioaktiv</td></tr>
<tr><td>10^{12}</td><td rowspan="3">vernachlässigbar wärmeentwickelnde Abfälle</td><td rowspan="3">90</td><td rowspan="3">1</td><td rowspan="3">Reststoffe aus dem Kraftwerksbetrieb, medizinische Reststoffe</td></tr>
<tr><td>10^{10}</td><td rowspan="2">schwach radioaktiv</td></tr>
<tr><td>10^{8}</td></tr>
</table>

Die größte Menge an hochradioaktiven Reststoffen kommt aus den Kernkraftwerken. Vor allem die durch die Spaltung des Urans entstehenden Spaltprodukte (Abschnitt 5.2.1) sind es, die über lange Zeit ionisierende Strahlung (Kapitel 3) abgeben und dabei auch Wärme freisetzen (Abschnitt 5.2.5). Ferner tragen die durch den Neutroneneinfang im Brennstoff entstehenden Transurane (vgl. Abschnitt 5.8) durch ihren radioaktiven Zerfall zu einer Strahlenbelastung bei.

Der überwiegende Teil der radioaktiven Reststoffe (~90%) sind jedoch schwach- oder mittelradioaktiv und haben eine vernachlässigbare Wärmeentwicklung.

Die in Deutschland befindliche Menge an radioaktiven Reststoffen zum 31.12.2004 gibt Tabelle 8.2 wieder.

Tabelle 8.2 Bestand an radioaktiven Reststoffen in der BRD zum 31.12.2004 [8.1]

	vernachlässigbar wärmeentwickelnde Reststoffe	wärmeentwickelnde Reststoffe
unkonditioniert	29 800 m³	60 m³
Zwischenprodukte	8 000 m³	
konditioniert	83 000 m³	1740 m³
unbehandelte Brennelemente aus Kernreaktoren	1579 t	

Die wärmeentwickelnden Abfälle aus Tabelle 8.2 bestehen dabei überwiegend aus den ausgedienten Brennelementen des THTR (Abschnitt 6.7), sowie den noch zu verglasenden Reststoffen (60 m³) aus der Wiederaufarbeitung (Abschnitt 8.4).

Der insgesamt zu erwartende Bestand an Reststoffen mit vernachlässigbarer Wärmeentwicklung beträgt ca. 270 000 m³, der an wärmeentwickelnden Abfällen ~24 000 m³ [8.2]. Generell lässt sich sagen, dass die wärmeentwickelnden Abfälle nur ~10% aller radioaktiven Reststoffe ausmachen, jedoch einen Großteil der Gesamtaktivität tragen. Die hochradioaktiven Abfälle stammen zu ca. 98% aus Kernkraftwerken, der Rest kommt aus Forschungseinrichtungen und aus dem Brennstoffkreislauf der Kernenergie. Von den Reststoffen mit vernachlässigbarer Wärmeentwicklung entstehen nur ~65% in Kernkraftwerken, 35% fallen in Industrie, Medizin und Forschung an.

Anmerkung

In Deutschland lagern derzeit ~²/₃ der radioaktiven Abfälle in Zwischenlagern der Forschungszentren Karlsruhe und Jülich [8.2]. Dabei handelt es sich um Reststoffe mit vernachlässigbarer Wärmeentwicklung. Wenn Schacht Konrad als Endlager für diese Stoffe bereitsteht (vgl. Abschnitt 8.6.2.1), können sie dauerhaft endgelagert werden.

Radioaktive Abfälle sind aber nicht die einzigen Stoffe, die sicher und dauerhaft *in ein Endlager verbracht werden müssen. Es fallen auch chemische und hochgiftige Abfälle aus Industrie und Forschung an, die es sicher zu entsorgen gilt. Ihre Masse ist um ein Vielfaches größer als die der radioaktiven Abfälle. Pro Jahr werden ~500 000 m^3 solcher chemisch-toxischen Abfälle in Untertagelagern entsorgt. Anders als bei radioaktiven Abfällen nimmt jedoch bei chemisch-toxischen Stoffen das Gefährdungspotential mit der Zeit nicht ab.*

Für die Bereitstellung eines adäquaten Endlagers für radioaktive Reststoffe ist der Bund zuständig. Die Verantwortung innerhalb der Bundesregierung liegt beim Bundesministerium für Umwelt, Naturschutz und Reaktorsicherheit (BMU) und im Speziellen bei dessen untergeordneter Behörde, dem Bundesamt für Strahlenschutz (BfS). Für das Genehmigungsverfahren von Endlagerstandorten ist letzen Endes das Land, in dem der Standort liegt, zuständig.

Durch entsprechende Gesetzgebung und Kontrolle der Auswahlverfahren können diese Gremien die Suche nach geeigneten Endlagerstandorten leiten und schließlich auch beenden. Für die Kosten der Entsorgung der radioaktiven Reststoffe müssen laut Gesetz die Verursacher aufkommen (Verursacherprinzip).

Zurzeit steht in der BRD noch kein Endlager für die dauerhafte Entsorgung schwach- und mittelaktiver Reststoffe zur Verfügung. Deshalb lagern diese Stoffe in Deutschland in speziellen Zwischenlagern an verschiedenen Standorten, bis der genehmigte Standort, Schacht Konrad (vgl. Abschnitt 8.6.2.1), betriebsbereit ist. Weltweit sind einige Lagerstätten für Reststoffe mit vernachlässigbarer Wärmeentwicklung in Betrieb (Tabelle 8.3). Ein Endlager für wärmeentwickelnde Reststoffe steht noch nicht zur Verfügung.

Für den Betrieb von Kernkraftwerken ist im Hinblick auf die radioaktiven Reststoffe vor allem die Handhabung und Entsorgung der ausgedienten Brennelemente relevant, die in den folgenden Abschnitten behandelt wird.

8.1 Entladen der Brennelemente aus dem Reaktor

Moderne Leistungsreaktoren werden i.d.R. einmal jährlich zum Brennelementwechsel und zur Revision abgeschaltet. Hauptziel hierbei ist es, den Reaktorkern neu zu beladen, d.h. ausgediente Brennelemente zu entfernen und durch neue zu ersetzen. Dabei können auch die im Kern verbleibenden Elemente umgesetzt werden – vgl. Abschnitt 5.4.4.

Da dies eine längere Zeit in Anspruch nimmt und das Kraftwerk dabei außer Betrieb ist, werden zeitgleich auch im restlichen Kraftwerk Komponenten geprüft, getauscht oder repariert (Revision).

Bevor der Reaktor geöffnet werden kann, um die Brennelemente zu erreichen, muss er in den Zustand «drucklos und kalt» gefahren werden. Durch das Einfahren der Steuerstäbe (Abschnitt 5.4.2) wird die Unterkritikalität erreicht (die Kettenreaktion wird beendet). Anschließend wird der Kühlmitteldruck und die Kühlmitteltemperatur mit Hilfe des Druckregel- und Nachkühlsystems der Umgebung angepasst (s. Abschnitt 6.5.5 und Abschnitt 6.5.7.2). Daraufhin kann der Füllstand im Primärkreis gesenkt und der Reaktordruckbehälterdeckel geöffnet und entfernt werden. Nun wird durch die Nachkühlpumpen (Abschnitt 6.5.7.2) aus

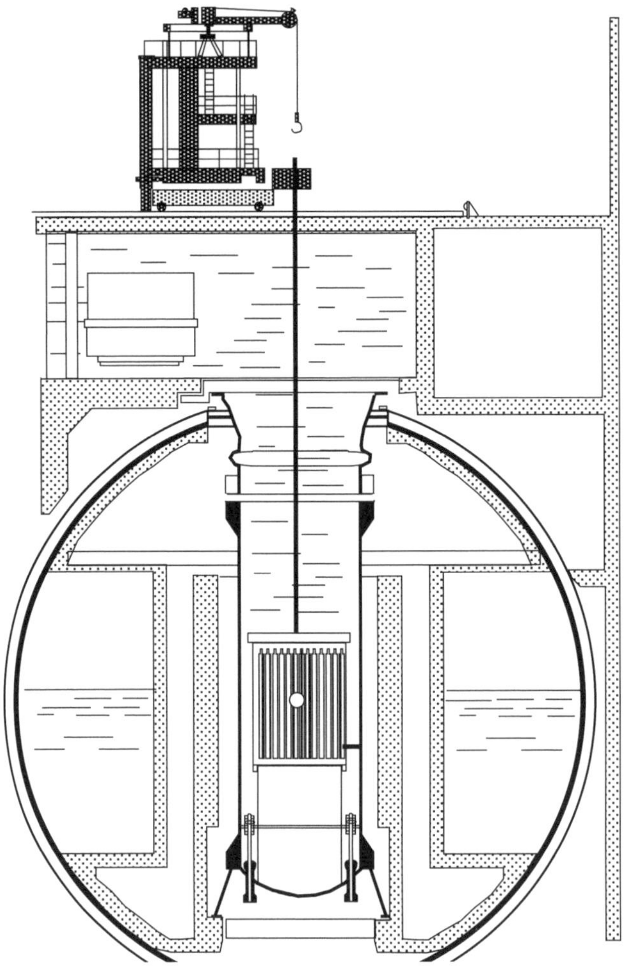

Bild 8.1 Brennelementhandhabung beim Siedewasserreaktor [8.3]

den Flutbecken Deionat in den Reaktorkühlkreis gespeist, woraufhin sich der Füllstand in der Reaktorgrube oberhalb des geöffneten Reaktordruckbehälters hebt (vgl. Bild 8.1).

Ist der Füllstand in der Reaktorgrube genauso hoch, wie im Brennelementlagerbecken, das an die Reaktorgrube anschließt, so kann das die beiden Becken trennende Schott entfernt werden, und die beiden Becken sind durch einen senkrechten Kanal miteinander verbunden. Dies ermöglicht es, die Brennelemente dem Reaktor von oben zu entnehmen und unter Wasser in das Brennelementlagerbecken zu transportieren, was die ionisierende Strahlung ausreichend abschirmt und die Nachwärme (vgl. Abschnitt 5.2.5) abführt.

Für den Transport der Brennelemente gibt es im Reaktorgebäude die Brennelement-Lademaschine (Brennelementwechselmaschine), die auf Laufrollen oberhalb der Reaktorgrube bzw. des Brennelementlagerbeckens verfährt und über einen Greifer verfügt, der die Brennelemente fassen kann (Bild 8.2).

Bild 8.2
Brennelementlademaschine über dem Brennelementlagerbecken (Druckwasserreaktor, [8.3])

Anmerkung

Bei manchen Kernkraftwerken befindet sich das Brennelementlagerbecken auch außerhalb des Containments in einem speziellen Gebäudeteil. Die ausgedienten Brennelemente werden dorthin unter Wasser über einen Kanal, auf einem Wagen liegend, transportiert.

Im Brennelementlagerbecken werden die Brennelemente für mindestens 5 Jahre zwischengelagert, damit ihre Aktivität abklingen kann. Die dabei entstehende Nachzerfallswärme (Abschnitt 5.2.5) wird über das Beckenkühlsystem (vgl. Bild 6.21) abgeführt. Das Brennelementlagerbecken wird deshalb auch als Abklingbecken bezeichnet.

8.2 Transport- und Lagerbehälter für radioaktive Stoffe

Ist die Aktivität der Brennelemente im Brennelementlagerbecken abgeklungen, so können sie in speziellen Transportbehältern das Reaktorgebäude verlassen. Für die Bestückung dieser Transportbehälter gibt es neben dem Brennelementlagerbecken ein weiteres kleines Becken, in das ein solcher Transportbehälter (z.B. CASTOR) eingebracht werden kann. Wenn der Behälter im Behälterbecken bereit steht, wird auch der Füllstand in diesem Becken angehoben und das trennende Schütz zum Brennelementlagerbecken entfernt, so dass auch hier die Beladung unter Wasser mit Hilfe der Lademaschine stattfinden kann.

Anmerkung
Bei manchen Kernkraftwerken existiert für den Transportbehälter kein separates Becken. Er wird dann zum Beladen im Brennelementlagerbecken platziert.

Damit der Transportbehälter während des Beladens auf der Außenseite nicht durch das umgebende Wasser kontaminiert wird, kleidet man ihn von außen mit einer Schürze ein. Diese Schürze wird innen mit frischem Wasser gefüllt, so dass kein kontaminiertes Wasser von außen eindringen kann.

Der allgemein verwendete Begriff CASTOR-Behälter kommt vom «Akronym» für *Cask for Storage and Transport Of Radioactive material.* Der CASTOR ist ein geschütztes Warenzeichen der Firma GNS (Gesellschaft für Nuklear-Service mbH). Er wird jedoch häufig als generelle Bezeichnung für Transport- und Lagerbehälter radioaktiver Stoffe gebraucht. CASTOR bezeichnet allerdings nicht einen einzelnen Behälter, sondern eine Produktfamilie der GNS. Es lassen sich verschiedene Ausführungsformen unterscheiden. Z.B. gibt es V/19- oder V/52-CASTOR-Behälter, die zur Aufnahme von 19 Druckwasserreaktor- bzw. 52 Siedewasserreaktor-Brennelementen ausgelegt sind, die jeweils mindestens 5 (römisch V) Jahre abgeklungen waren.

In diesen Transport- und Lagerbehältern können die ausgedienten Brennelemente bis zur Inbetriebnahme eines Endlagers zwischengelagert werden (Abschnitt 8.3). Während dessen klingt die Aktivität weiter ab, und die Wärmeentwicklung geht zurück. Transport- und Lagerbehälter für radioaktive Stoffe müssen folgende Sicherheiten aufweisen:

- sichere Umschließung des radioaktiven Materials,
- ausreichende Abschirmung der ionisierenden Strahlung,
- Abfuhr der in den Reststoffen durch radioaktiven Zerfall produzierten Nachwärme,
- Gewährleistung der Unterkritikalität.

Damit diese Ansprüche auch unter allen Umständen erfüllt werden und ein Transportbehälter vom Bundesamt für Strahlenschutz (BfS) genehmigt und zugelassen wird, muss er durch Prüfungen und Tests qualifiziert werden. In den Empfehlungen der IAEA (International Atomic Energy Association) sind dafür folgende Tests genannt:

- Fall aus 9 m Höhe auf ein unnachgiebiges, stahlbeplanktes Betonfundament mit mehr als 2000 t Masse,
- Fall aus 1 m Höhe auf einen 15 cm dicken Stahldorn,
- Hitzetest bei 800 °C für 30 min,
- Drucktest in 15 m Wassertiefe für 8 h,
- Drucktest in 200 m Wassertiefe für 1 h.

Um zu gewährleisten, dass der Behälter seinen Inhalt sicher umschließt, wird auch die Dichtheit der von einem Doppeldeckelsystem verschlossenen Behälter überprüft und kontrolliert (Bild 8.3). Die Dichtheit von Primär- und Sekundärdeckel wird durch einen Helium-Lecktest nach dem Beladen geprüft.

Der Innenraum des Behälters wird mit einem leichten Unterdruck von ca. 0,8 bar (absolut) versehen und vom Primärdeckel abgeschlossen. Zwischen dem Primär- und dem Sekundärdeckel befindet sich ein Sperrraum, der mit Helium gefüllt und unter einem Überdruck von etwa 7 bar (absolut) gehalten wird. Dadurch ist sichergestellt, dass auch im Falle einer Leckage des Primärdeckels keine radioaktiven Substanzen nach außen dringen können.

Bild 8.3 Deckelsystem eines CASTOR-Behälters [8.4]

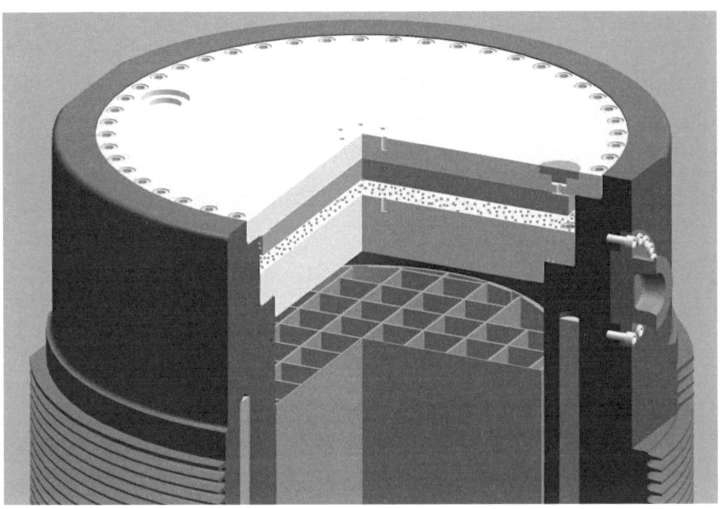

Um die von den Brennelementen ausgehende Neutronenstrahlung zu reduzieren, sind in der Behälterwand eines Transportbehälters Moderatorstäbe als Neutronenfänger untergebracht.

Bild 8.3 zeigt eine Darstellung des Deckelsystems des CASTOR-Behälters. Zu erkennen sind hier auch die Absorberstäbe in der Behälterwand. Bild 8.4 gibt den Aufbau eines CASTOR-Behälters wieder.

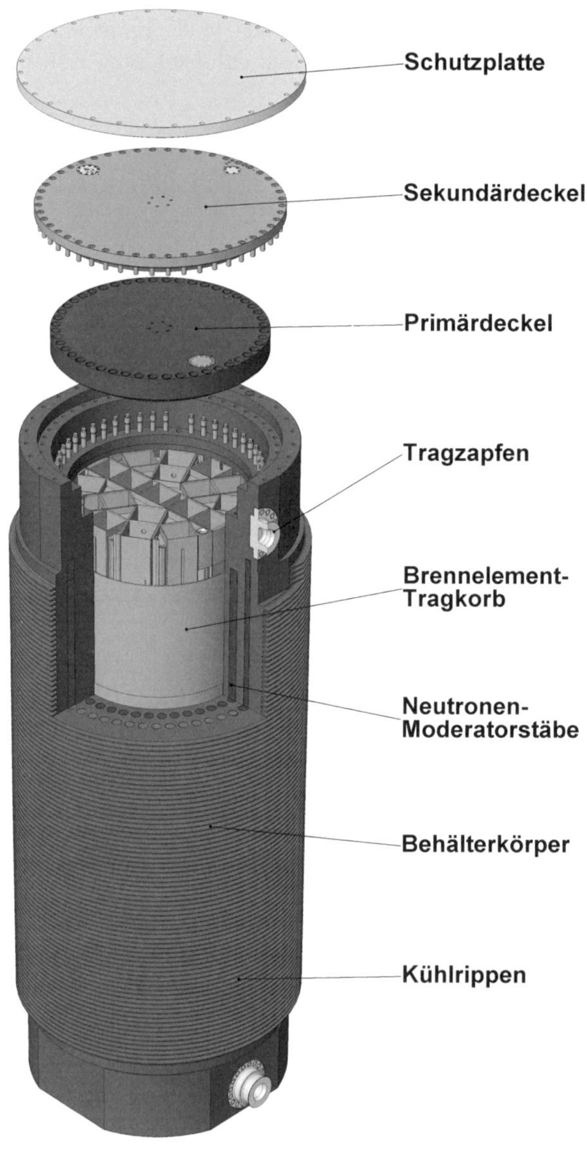

Bild 8.4
Schnitt eines CASTOR-V/19-Transportbehälters [8.4]

Bild 8.5 Eingangsmessung an einem Behälter nach dem Transport [8.5]

Die CASTOR-Behälter sind ca. 6 m lang und haben einen Durchmesser von ~2,5 m. Die Wandstärke beträgt ca. 40 cm und sie haben ein Leergewicht von ca. 100 t. An der Außenseite des Behälters sind Kühlrippen zur Oberflächenvergrößerung angebracht, damit eine ausreichende Wärmeabfuhr gewährleistet ist. Vor dem Abtransport werden die Behälter nochmals auf ihre Kontaminationsfreiheit hin ausgemessen und für den Transport freigegeben.

Bild 8.5 illustriert die Eingangskontrolle im Zwischenlager, wo diese Messungen nach dem Transport vor dem Abladen (Bild 8.6) wiederholt werden.

Bei den besprochenen CASTOR-Behältern handelt es sich nicht um Behälter für die Endlagerung der radioaktiven Stoffe, sondern um reine Transport- und (Zwischen-)Lagerbehälter. Sie sind speziell für Transport und Lagerung von ausgedienten Brennelementen aus den Kernkraftwerken ausgelegt.

Um die Brennelemente weiter zu verarbeiten, können sie entweder wiederaufgearbeitet (Abschnitt 8.4 – in Deutschland nicht mehr verfolgt) oder für eine Endlagerung konditioniert werden (Abschnitt 8.5). Nach der Wiederaufarbeitung liegt der radioaktive Abfall in Glaskokillen vor, die z.B. mit einem CASTOR-HAW-Behälter (High Active Waste) transportiert und zwischengelagert werden können.

8.3 Zwischenlager, Standortzwischenlager

Nach der Entnahme aus dem Reaktor und dem Abklingen können die verbrauchten Brennelemente weiterverarbeitet werden. Dafür wurden die Brennelemente bis zum 01.07.2005 zu Wiederaufarbeitungsanlagen in Frankreich und England transportiert. Der bei der Wiederaufarbeitung abgetrennte, hochradioaktive Abfall

Bild 8.6
Abladen eines Transportbehälters im Zwischenlager [8.5]

wurde und wird zurück nach Deutschland in das Zwischenlager Gorleben (Bild 8.7 und vgl. Bild 8.11 Mitte) gebracht, das über eine Lagerkapazität von 420 Großbehältern verfügt. Weitere Zwischenlager befinden sich an den Standorten Ahaus und Lubmin. Dort lagern vor allem Behälter mit ausgedienten Brennelementen aus dem stillgelegten Hochtemperaturreaktor THTR-300 (Abschnitt 6.7) und aus deutschen Leichtwasserreaktoren.

Deutschland wird künftig auf die Wiederaufarbeitung des ausgedienten Kernbrennstoffs verzichten und den Weg der direkten Endlagerung einschlagen, wie er in Abschnitt 8.5 beschrieben ist.

Damit in der nächsten Zeit keine Transporte von ausgedienten Brennelementen aus den Kernkraftwerken mehr stattfinden und Zeit für Entscheidungen um die nukleare Entsorgung bleibt, wurde beschlossen, an den Kernkraftwerksstandorten Lager für die Zwischenlagerung der Brennelemente zu errichten. Bild 8.7 zeigt ein Foto des zentralen Zwischenlagers Gorleben, nach dessen Vorbild auch die Zwischenlager an den Kraftwerksstandorten errichtet wurden.

Folgende Auflistung enthält Informationen über den Aufbau eines solchen dezentralen Zwischenlagers (am Beispiel Kernkraftwerk Gundremmingen, Pressemitteilung vom 25.08.2006):

- Gesamtkosten 30 Mio. €
- Betriebsgenehmigung 40 Jahre ab Einlagerungsbeginn
- Fassungsvermögen 192 CASTOR-V/52-Behälter
- Gebäudelänge 104 m
- Gebäudebreite 38 m
- Gebäudehöhe 18 m
- Dicke des Daches 0,55 m

- Dicke der Außenwände 0,85 m
- Dicke der Bodenplatte 1,5 m
- Verarbeiteter Beton 52 000 t
- Verarbeiteter Armierungsstahl 2 850 t

Bild 8.7 Foto des Lagerbereichs im Zwischenlager Gorleben [8.5]

8.4 Wiederaufarbeitung von ausgedienten Kernbrennstoffen

Gemäß Bild 5.25 besteht ein ausgedientes Brennelement nicht ausschließlich aus Abfall, sondern es enthält noch einen großen Teil an Wertstoff, der erneut verwendet werden kann. Zum einen ist dies der noch unverbrauchte Anteil an ^{235}U, der mit ca. 0,8% noch höher ist, als im natürlichen Uran. Zum anderen ist auch das aus dem ^{238}U erbrütete Plutonium (Abschnitt 5.8.1) ein Brennstoff, der in Mischoxid-Brennelementen (MOX) eingesetzt werden kann. Das ebenfalls abtrennbare ^{238}U (ca. 95%) kann wieder als Trägermaterial für neue Brennstoffpellets verwendet werden.

Die durch die Spaltung des ^{235}U bzw. anderer Elemente entstandenen Spaltprodukte sowie die durch den Neutroneneinfang des Urans entstandenen Transurane (mit Ausnahme des Plutoniums) sind zur erneuten Energieerzeugung nicht mehr nutzbar und müssen abgetrennt werden.

Die Wiederaufarbeitung ist ein chemischer Prozess, in dem der ausgediente Brennstoff aus den Kernkraftwerken in der Art aufgearbeitet wird, dass die noch nutzbaren Spaltstoffe von den endzulagernden Stoffen getrennt werden.

Durch die Wiederaufarbeitung lässt sich auch der Anteil der langlebigen, radioaktiven Stoffe im endzulagernden Abfall reduzieren. Besonders die Abtrennung des Plutoniums verringert die Endlagerzeit des radioaktiven Reststoffs.

In Deutschland wurde die Wiederaufarbeitung zu Entwicklungszwecken betrieben. Hierfür war am Forschungszentrum Karlsruhe die Anlage WAK (**W**iederaufarbeitungsanlage Karlsruhe) installiert. Sie war eine Pilotanlage zur zunächst im Entsorgungszentrum Gorleben und dann in Wackersdorf (Bayern) geplanten Wiederaufarbeitungsanlage und sollte den Prozess der Wiederaufarbeitung und die damit verbundenen Medien- und Fernhantierungstechniken erproben. Die Anlage war zwischen 1971 und 1990 in Betrieb. Die Wiederaufarbeitung wurde jedoch dann in Deutschland nicht weiter verfolgt. Dafür wurden mit Frankreich (La Hague) und England (Sellafield) Verträge für die Wiederaufarbeitung geschlossen, die bis 2005 erfüllt wurden.

8.4.1 Verfahren zur Wiederaufarbeitung

Das chemische Verfahren zur Extraktion der Brennstoffe Uran und Plutonium aus dem Brennelement wird auch als PUREX-Verfahren (**P**lutonium **U**ranium **R**ecovery by **Ex**traction) bezeichnet und ist in Bild 8.8 dargestellt.

Bei diesem Verfahren muss das Brennelement (s. Abschnitt 4.4) zunächst zerlegt werden. Nach der Abtrennung der Fuß- und Kopfstücke werden die Brennstäbe mittels einer Brennstabschere fernhantiert in ca. 5 cm lange Stücke zerschnitten. Diese werden in heißer Salpetersäure (HNO_3) aufgelöst, wobei sich aus dem Uran und dem Plutonium sowie den Spaltprodukten die jeweiligen Nitrate bilden. Die Strukturmaterialien des Brennelements werden nicht aufgelöst, sondern verbleiben im Korb des Auflösers und bedürfen einer gesonderten Behandlung (vgl. Bild 8.16).

Dieser Lösung mit geringen Feststoffanteilen, den sog. Löserückständen oder dem Feedklärschlamm, wird nach einer Filtration Tri-n-Butyl-Phosphat (TBP) als Extraktionsmittel beigemischt, das mit 70% Kerosin verdünnt ist und daher auch TBP-30 genannt wird. Dieses TBP-30 löst durch eine intensive Durchmischung mit der Salpetersäure die Nitrate des Urans und Plutoniums aus der wässrigen Lösung. Die Spaltproduktlösung bildet den bei der Wiederaufarbeitung anfallenden High Active Waste (HAW), der gesondert behandelt werden muss (Abschnitt 8.4.2). Dieser in Bild 8.8 dargestellte Prozess kann mehrfach wiederholt werden, um eine möglichst hohe Ausbeute zu erlangen. Moderne Anlagen erreichen Abtrennraten von bis zu 99,9% des Urans und Plutoniums.

Anmerkung
Bei diesen Prozessen muss streng darauf geachtet werden, dass bei allen Flüssigkeiten die kritischen Massen (vgl. Tabelle 5.5) der Stoffe, vor allem der Pu-

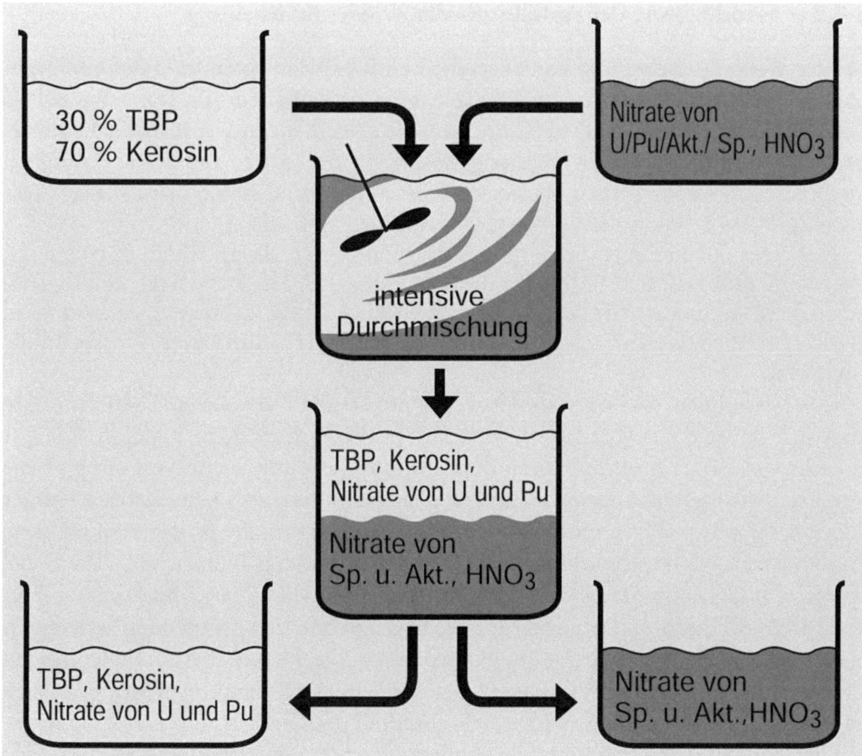

Bild 8.8 Schematische Darstellung der chemischen Trennung im PUREX-Verfahren [8.6]

haltigen Flüssigkeiten, nicht überschritten werden, so dass es nicht zu einer ungewollten Kettenreaktion kommt.
Deshalb werden die Flüssigkeiten auch nur in speziellen Behältern verarbeitet, deren Bauart für eine Kettenreaktion ungünstig ist (d.h. hohe Neutronenverluste nach außen auftreten), und ggf. werden auch Neutronengifte beigemischt.

Diese Prozesse müssen aufgrund der hohen Strahlung der gehandhabten Stoffe in sog. «Heißen Zellen» durchgeführt werden. Das sind Bereiche, die die Strahlung nach außen hin ausreichend abschirmen. Das Innere kann nur durch dicke Strahlenschutzfenster aus Bleiglas oder durch spezielle Videokamerasysteme beobachtet werden. Handhabungen können fernhantiert über verschiedenartige Manipulatoren und Hebezeuge erfolgen. Bild 8.13 und Bild 8.14 zeigen die Heißen Zellen der Pilotkonditionierungsanlage (PKA) Gorleben, die denen in der Wiederaufarbeitungsanlage Karlsruhe (WAK) ähneln.

Das bei der Wiederaufarbeitung gewonnene spaltbare Plutonium und Uran kann in Kernreaktoren erneut als Brennstoff (z.B. MOX-Brennelemente) eingesetzt werden (vgl. Abschnitt 4.3).

8.4.2 Handhabung der Abfälle aus der Wiederaufarbeitung

Bei der Wiederaufarbeitung von ausgedienten Brennelementen wird der hochradioaktive Abfall extrahiert und liegt zunächst in flüssiger Form vor. Dabei handelt es sich vor allem um das salpetersaure, wässrige Raffinat aus dem oben beschriebenen Extraktionsverfahren. In dieser Lösung ist der größte Teil der ursprünglich im Brennstoff vorhandenen Radioaktivität enthalten. Deshalb wird dieser Stoff auch als HAWC (High Active Waste Concentrate) bezeichnet.

Ziel eines nachhaltigen Entsorgungskonzeptes ist es, diesen Abfall in eine feste, transport- und lagerbeständige Form zu bringen. Bei der Suche nach einer geeigneten Verfestigungsmatrix wurde Glas frühzeitig in Betracht gezogen und wird zwischenzeitlich weltweit zur Immobilisierung hochradioaktiver Flüssigabfälle eingesetzt.

Das Verwenden von Glas als Strukturmaterial für radioaktive Abfallprodukte lässt sich durch die besonderen Eigenschaften dieses Werkstoffs erklären. Glas ist ein sehr vielseitiger Stoff und kann durch zahlreiche Zusätze und Verfahren an die jeweilige Anwendung angepasst werden. Zudem verhält sich Glas während seiner Aushärtung physikalisch sehr günstig. Der Übergang von der flüssigen in die feste Phase vollzieht sich nicht schlagartig bei einer bestimmten Temperatur wie z.B. bei Wasser am Gefrierpunkt, sondern verläuft kontinuierlich über einen weiten Temperaturbereich hinweg. Dabei werden die in der Schmelze vorliegenden Strukturen beibehalten und sprichwörtlich «eingefroren» – die HAWC-Bestandteile werden chemisch in die Struktur des Glases eingebunden. Die radioaktiven Stoffe werden dadurch integraler und untrennbarer Bestandteil des Glases.

Glas hat eine hohe chemische Beständigkeit, ist strahlungsbeständig und hat ein gutes Aufnahmevermögen für Fremdsubstanzen, die in die Glasstruktur fest eingebunden werden. Zur Verfestigung von HAWC werden heute üblicherweise Alkali-Borsilikatgläser verwendet.

Anmerkung
Für den sicheren Einschluss giftiger Elemente in Glas sei beispielhaft erwähnt, dass Bleikristallglas giftiges Bleioxid (PbO) enthält. Da PbO aber fest und auslaugsicher in die Glasmatrix eingebunden ist, ist es z.B. für die Anwendung als Trinkglas bedenkenlos.

Aus der Vielzahl der weltweit entwickelten Technologien zum Erschmelzen von Abfallgläsern haben sich nur wenige durchgesetzt. Im Forschungszentrum Karlsruhe wurde ein Verfahren entwickelt, bei dem der gesamte Prozess der Verglasung in einer einzigen Komponente, einem keramischen Schmelzofen, durchgeführt wird.

In der Wiederaufarbeitungsanlage Karlsruhe (WAK) lagern aus deren Betriebszeit noch ca. 60 m^3 HAW-Flüssigkeit, die vor Ort verfestigt werden. Zu diesem Zweck wurde die VEK (Verglasungseinrichtung Karlsruhe) errichtet, deren Schmelzofen-Prinzip in Bild 8.9 zu sehen ist. Die elektrisch leitfähige Schmelze wird durch Strom konduktiv (OHMsch) auf ca. 1200 °C geheizt. Hierfür ragen Elektroden in den Schmelzraum hinein, die mit Gleichstrom bespeist werden.

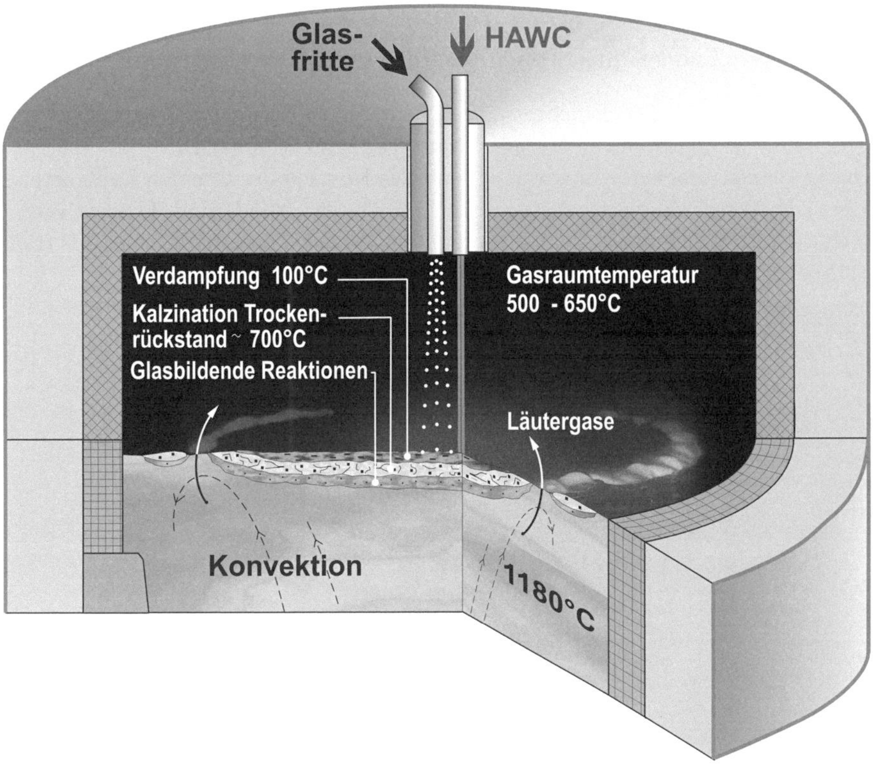

Bild 8.9 Schematische Darstellung des Schmelzofens der Verglasungsanlage VEK [8.7]

Dem Ofen wird von oben sowohl das perlenförmige Glasmaterial, die sog. Glasfritte, als auch die zu verglasende Flüssigkeit zugeführt. An der Oberfläche des Schmelzbads bildet sich eine kühle Prozesszone aus, in der die wässrigen Anteile verdampfen. Darunter befindet sich die Kalzinierungszone, in der Stickoxide freigesetzt werden. Die abdampfenden Gase werden in einer Abgasstrecke mehrfach gereinigt und dann kontrolliert an die Umgebung abgegeben.

Durch eine Verweilzeit von ca. 2 Tagen wird eine homogene Schmelze erzeugt. Das erschmolzene Gut wird diskontinuierlich in 4 Teilchargen zu je 100 kg in eine Edelstahlkokille (Bild 8.10) gefüllt. Dieser Glasabstich erfolgt über einen metallischen Glasentnahmekanal im Boden des Schmelzofens. Das hierin erstarrte Glas verhindert das Auslaufen der darüber befindlichen Glasschmelze. Wird dieser Metallkanal durch eine Induktionsheizung erhitzt, so wird der erstarrte Pfropfen aufgeschmolzen, und das Glas beginnt zu fließen. Die Glasflussrate lässt sich über die Heizleistung der Mittelfrequenz-Induktionsheizung exakt regeln.

Nach dem Verguss in Glas (s. Bild 8.10) ist keine weitere Behandlung der hochradioaktiven Stoffe mehr vorgesehen. In dieser Form können die Abfälle auch endgelagert werden (Abschnitt 8.6).

8.5 Direkte Endlagerung, Konditionierung radioaktiver Reststoffe

Die ausgedienten Brennelemente aus den deutschen Kernkraftwerken werden seit dem 01.07.2005 nicht mehr der Wiederaufarbeitung zugeführt. Die gesetzliche Regelung sieht seitdem eine Entsorgung über das Konzept der direkten Endlagerung vor. Dabei werden die Brennelemente nicht «recycelt», sondern als Ganzes, inklusive des noch enthaltenen, nicht verbrauchten und des erbrüteten Brennstoffs (Bild 5.25) endgelagert.

Bild 8.10
Kokille mit verglastem HAW [8.4]

Vor der direkten Endlagerung müssen die Brennelemente jedoch eine Zeit lang zwischengelagert werden, damit die Aktivität und damit auch die Wärmeentwicklung auf ein bestimmtes Niveau abklingt. Bevor die ausgedienten Brennelemente der Endlagerung zugeführt werden, müssen sie entsprechend konditioniert werden.

Für diese Aufgabe wurde in Deutschland von der Energiewirtschaft, die für die Bereitstellung der endlagerfähigen Gebinde zuständig ist, in Zusammenarbeit mit der GNS (Gesellschaft für Nuklearservice mbH) und der BLG (Brennelementlager Gorleben GmbH) eine Pilotkonditionierungsanlage (PKA) entwickelt und Ende 2000 fertiggestellt. Diese Anlage wurde bisher noch nicht betrieben, weil die Konditionierung der angefallenen Reststoffe erst beginnen soll, wenn ein Standort für eine Endlagerung fest steht (Abschnitt 8.6).

In der Pilotkonditionierungsanlage (Bild 8.11) soll das endlagergerechte Behandeln und Verpacken ausgedienter Brennelemente vorgenommen werden. Als Standort für die Pilotkonditionierungsanlage wurde das Gelände des Zwischenlagers Gorleben gewählt. Für die Standortwahl waren vor allem die bereits ausgebaute Infrastruktur des Zwischenlagers und die Nähe des geplanten Endlagerstandortes (Abschnitt 8.6.2.2) entscheidend.

Bild 8.12 zeigt schematisch den Aufbau der Pilotkonditionierungsanlage. Die Hantierungsmaßnahmen an den ausgedienten Brennelementen müssen innerhalb «Heißer Zellen» stattfinden (Bild 8.13). Die ausgedienten Brennelemente kommen

Bild 8.11 Foto des Zwischenlagers Gorleben mit Pilot-Konditionierungsanlage (oben links) und Zwischenlager (Bildmitte) [8.5]

im Behälterbereich in die Anlage. Sie befinden sich in den Transport- und Lagerbehältern (Abschnitt 8.2), z.B. vom Typ CASTOR. Diese werden an Andockstationen in die Heißen Zellen entladen, die sich in die Entlade-, die Zerlege- und die Beladezelle aufteilen. Die Brennelemente werden in der Zerlegezelle (Bild 8.13) in ihre Bestandteile zerlegt, d.h. die einzelnen Brennstäbe und die Strukturmaterialien. In Bild 8.13 sind auch die Strahlenschutzfenster zu erkennen, die den Operateuren Einblick gewähren, sie aber vor der ionisierenden Strahlung schützen. Die Operateure können über die von außen fernhantierten Manipulatoren (ebenfalls im Bild zu sehen) den Prozess im Innern steuern.

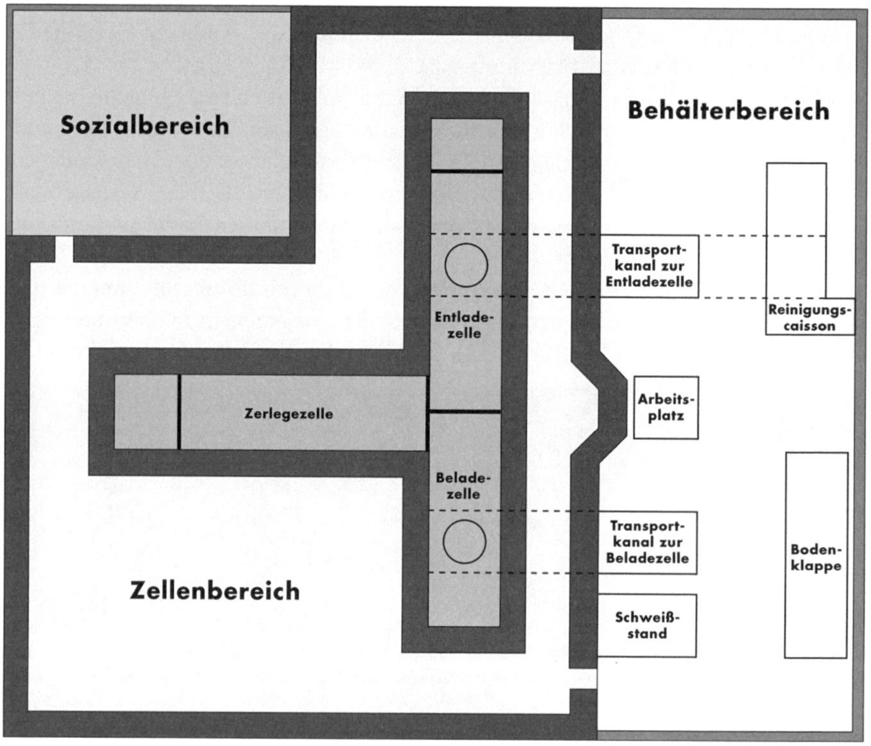

Bild 8.12 Übersicht der Pilotkonditionierungsanlage [8.5]

Bild 8.14 zeigt ein Bild der Bedienseite, von wo aus die Arbeitsarme in der Zelle bedient werden können.

Nach dem Entfernen von Kopf- und Fußstück der Brennelemente werden die Brennstäbe aus der Struktur gezogen (Bild 8.15) und als Ganzes in spezielle Büchsen verpackt, die in den Behälter für die Endlagerung kommen. Die Strukturmaterialien werden verpresst, also kompaktiert (Bild 8.16) und in separate kleine Behälter gepackt.

8.6 Endlagerkonzepte

Für die Endlagerung radioaktiver Materialien gibt es verschiedene Konzepte hinsichtlich der Bauweise und Unterbringung. Im Wesentlichen lassen sich 3 Varianten unterscheiden:

- Technisches Endlager an der Erdoberfläche,
- bergmännisch erstelltes, oberflächennahes Endlager (ca. 50...100 m Tiefe),
- tiefes geologisches Endlager (ca. 500...1000 m Tiefe).

Bild 8.13 Blick in die Zerlegezelle der Pilotkonditionierungsanlage [8.5]

Bild 8.14 Bedienseite der Heißen Zellen in der Pilotkonditionierungsanlage [8.5]

Bild 8.15
Ziehen der Brennstäbe in der Heißen Zelle der Pilotkonditionierungsanlage [8.5]

Bild 8.16
Verpresstes Brennelement-Strukturmaterial eines Druckwasserreaktor-Brennelements [8.5]

Dabei sind die ersten beiden vor allem für schwach- und mittelradioaktive Stoffe, also für Stoffe mit vernachlässigbarer Wärmeentwicklung geeignet. Für hochradioaktive Stoffe mit Wärmeentwicklung hat man sich international auf die 3. Variante festgelegt. Das technisch erstellte Endlager an der Erdoberfläche wird während der ca. 300 Jahre langen Betriebsdauer überwacht und kann anschließend wieder freigegeben werden.

An dieser Stelle soll kurz erwähnt werden, wie die Endlagerung radioaktiver Reststoffe weltweit gehandhabt wird. Viele Nationen betreiben bereits heute Endlager für Reststoffe mit vernachlässigbarer Wärmeentwicklung. Einige Länder deponieren diese Stoffe auch oberflächennah und sehen eine bestimmte Beobachtungszeit vor. Nach dieser Zeit ist die Aktivität dieser Stoffe so weit abgeklungen, dass keine Gefahr mehr von ihnen ausgeht. Tabelle 8.3 gibt über die weltweiten Projekte Auskunft.

8.6.1 Endlagerung in tiefen geologischen Formationen

Bezüglich der Endlagerung wärmeentwickelnder Abfälle ist man sich weitgehend einig, dass dies in tiefen geologischen Formationen geschehen soll. Heutzutage ist jedoch noch kein Endlager für wärmeentwickelnde Abfälle in Betrieb. In vielen Ländern laufen zz. Untersuchungen und Standortauswahlverfahren, die geeignete Lagerstätten aufzeigen und auf ihre Eignung hin untersuchen sollen.

Hinsichtlich des potentiellen Wirtsgesteins für ein Endlager gibt es verschiedene Möglichkeiten. Die gängigsten bzw. favorisierten Wirtsgesteine sind:

- Salzgestein,
- Tongestein,
- Hartgestein, z.B. Granit.

Für die Endlagerung hochradioaktiver Abfälle ist in Deutschland bislang Steinsalz das favorisierte Wirtsgestein. Die wichtigsten Vorteile des Steinsalzes sind:

- sichere Umschließung der eingelagerten Behälter aufgrund der plastischen Verformbarkeit;
- durch Konvergenz wird auch loses Steinsalz, das z.B. als Füllmaterial genutzt wird, wieder verfestigt;
- gute Abfuhr der erzeugten Nachwärme aufgrund einer hohen Wärmeleitfähigkeit.

Bei der Einlagerung der wärmeentwickelnden Reststoffe lässt sich zwischen der Strecken- und der Bohrlochlagerung unterscheiden. Bei der Streckenlagerung werden die Behälter für die Endlagerung in Kammern liegend angeordnet und nach der Einlagerung die verbleibenden Freiräume der Kammern verfüllt. Die Bohrlochlagerung sieht eine Einbringung der Endlagerbehälter in senkrechte Bohrlöcher vor (Bild 8.17). Auch hierbei wird der verbleibende Ringraum zwischen Bohrlochwand und Behälter nach der Einlagerung verfüllt.

Tabelle 8.3 Überblick der Endlagerstätten weltweit [8.8]

Land	Standort	Betriebsdauer	Endlagertyp	Abfallart
Argentinien	Ezeiza	seit 1971	1	B
Belgien	Mol	geplant	1	B
Bulgarien	Novi Han	seit 1964	1	B
Deutschland	Morsleben	1981–1998	3	B
	Konrad	genehmigt	3	B
Finnland	Olkiluoto	seit 1992	2	B
	Loviisa	seit 1998	2	B
Frankreich	Centre de la Manche	1969–1994	1	B
	Centre de`l Aube	seit 1992	1	B
	Morvilliers	seit 2003	1	A
Großbritannien	Drigg	seit 1959	1	B
Japan	Rokkasho	seit 1992	1	B
Kanada	Kincardine	geplant	3	B
Norwegen	Himdalen	seit 1999	2	C
Polen	Rozán	seit 1961	1	B
Rumänien	Baita-Bihor	seit 1985	2	B
	Saligny	geplant	1	B
Schweden	Forsmark	seit 1988	2	B
Slowakische Republik	Mochovce	seit 2001	1	B
Spanien	El Cabril	seit 1992	1	B
Südafrika	Thabana Hill	seit 1999	1	B
	Northern Cape	seit 1999	1	B
Tschechische Republik	Bratrstvi	seit 1972	2	B
	Dukovany	seit 1995	1	B
	Richard	seit 1964	2	B
Ungarn	Püspökszilágy	1976	1	B
	Bátaapáti	in Bau	2	B
USA	Beatty	1962–1992	1	B
	Barnwell	seit 1971	1	B
	Hanford	seit 1965	1	B
	Clive	seit 1998	1	B
	Richland	seit 1965	1	B
	Maxey Flats	1965–1978	1	B
	West Valley	1965–1978	1	B
	Sheffield	1965–1978	1	B
	WIPP	seit 1999	3	D

Endlagertyp:
1 technisch erstelltes Endlager an der Erdoberfläche
2 bergmännisch erstelltes, oberflächennahes Endlager
3 tiefes geologisches Endlager

Abfallart:
A sehr schwach radioaktiv
B schwach- und mittelaktiv
C schwach- und mittelaktiv, Pu-haltig
D α-Strahler, Pu-haltig

Die Streckenlagerung findet bei der Endlagerung konditionierter, aber nicht wiederaufgearbeiteter Brennelemente (direkte Endlagerung, Abschnitt 8.5), die z. B. in Pollux-Behältern verpackt sind, Anwendung. Die Bohrlochlagerung wird bei Behältern mit kleinerem Durchmesser gewählt, z.B. den Kokillen des verglasten High Active Waste (HAW) aus der Wiederaufarbeitung (Abschnitt 8.4.2).

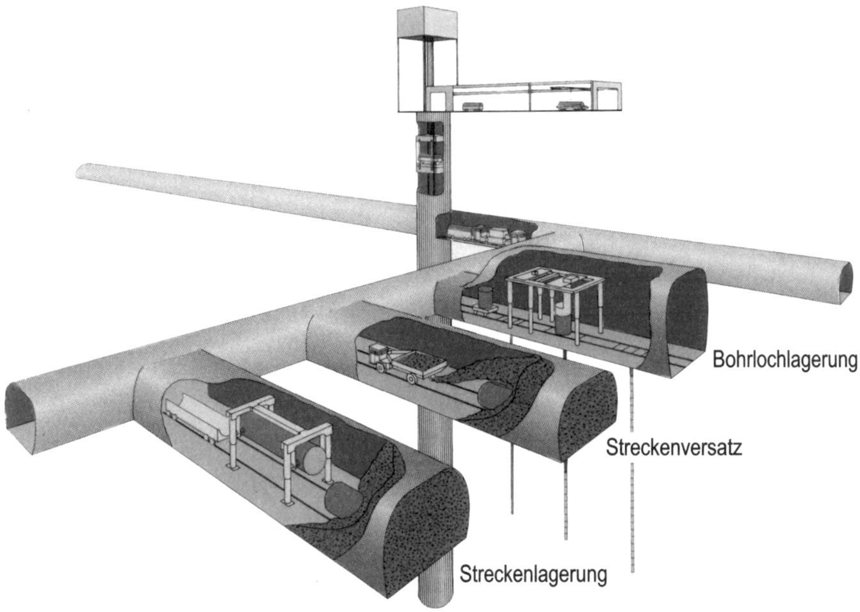

Bild 8.17 Einlagerungsverfahren hochradioaktiver Reststoffe [8.9]

8.6.2 2-Endlager-Konzept in Deutschland

Während in anderen Ländern auch oberflächennahe Endlager für mittel- und schwachradioaktive Abfälle in Betrieb sind (Tabelle 8.3), sollen in Deutschland auch diese vernachlässigbar wärmeentwickelnden Stoffe in tiefen Formationen deponiert werden.

Das in Deutschland bislang verfolgte 2-Endlager-Konzept baut auf den beiden Standorten «Schacht Konrad» für Reststoffe mit vernachlässigbarer Wärmeentwicklung und «Gorleben» für wärmeentwickelnde Reststoffe auf, die im Folgenden näher erläutert werden.

8.6.2.1 Schacht Konrad

Bei Schacht Konrad (Bild 8.18) handelt es sich um ein ehemaliges Eisenerzbergwerk in Salzgitter (Niedersachsen). Die Erzförderung wurde dort im Jahr 1976 aus wirtschaftlichen Gründen eingestellt.

Aufgrund seiner großen Tiefe von ca. 800...1300 m und der darüber liegenden bis zu 400 m mächtigen Ton- und Mergelgesteine, die das Lager vor Grundwassereintritt schützen, liegt Schacht Konrad für ein Endlager geologisch günstig. Das Planfeststellungsverfahren wurde am 05.06.2002 abgeschlossen. Nach der Zurückweisung der Beschwerde gegen die Nichtzulassung der Revision in den Urteilen des Oberverwaltungsgerichtes Lüneburg durch das Bundesverwaltungsgericht im März 2007, ist Schacht Konrad nunmehr als Endlager für Reststoffe mit vernachlässigbarer Wärmeentwicklung genehmigt. Nach einer notwendigen Umrüstphase kann Schacht Konrad als Endlager etwa im Jahr 2013 in Betrieb genommen werden und dann bis zu 303 000 m^3 Abfälle aufnehmen.

Für das Endlager Schacht Konrad sind insgesamt 11 Einlagerungsfelder in einer Tiefe zwischen 800...1300 m genehmigt worden. Mit Beginn der Einlagerung wird zunächst nur ein Feld in einer Tiefe von 800 m aufgefahren. Ein Einlagerungsfeld besteht aus mehreren Einlagerungskammern mit einer Breite von ca. 7 m und einer Höhe von $\sim$6 m. Die Länge einer Kammer kann, je nach den Gegebenheiten, zwischen 400...800 m betragen.

Für das Endlager im Schacht Konrad ist momentan eine Betriebszeit von ca. 40 Jahren vorgesehen. Anschließend wird das Endlager sicher und dauerhaft verschlossen.

Bild 8.18 Luftbildaufnahme Schacht Konrad [8.8]

8.6.2.2 Salzstock Gorleben

Das favorisierte Wirtsgestein für hochradioaktive Reststoffe ist das Steinsalz. Die bisher am besten untersuchte Salzstruktur in Deutschland ist der Salzstock Gorleben (Bild 8.19). Dort hat kein kommerzieller Abbau von Salz stattgefunden und die geologische Struktur ist somit unversehrt. Diese Unberührtheit macht den in einer Tiefe zwischen 250...3500 m liegenden, 14 km langen und 4 km breiten Salzstock daher für weitere Untersuchungen im Hinblick auf die Nutzung als Endlager für radioaktive Reststoffe besonders attraktiv.

Seit 1979 wurden im Raum Gorleben geowissenschaftliche Erkundungsarbeiten durchgeführt, in die bis heute ca. 1,4 Mrd. € investiert wurden. Vor dem Beginn der untertägigen Erkundungen wurde ein übertägiges Erkundungsprogramm ausgeführt, das den Aufbau und die Eigenschaften der über und neben der Salzstruktur liegenden Deckgebirgsschichten, den Übergang zwischen Deckgebirge und Salzstock (der sog. Salzspiegel und das Hutgestein) und die prinzipielle Beschaffenheit und interne Struktur des Steinsalzes dokumentiert hat. Nachdem die obertägigen Arbeiten erfolgreich abgeschlossen waren, wurden 2 Schächte (Gorleben 1 und 2) im Salzstock errichtet (abgeteuft), um eine untertägige Erkundung zu ermöglichen. Beide Schächte wurden 1996 in einer Tiefe von 840 m miteinander verbunden (Bild 8.20), um von dort weitere Erkundungsarbeiten voranzutreiben.

Bild 8.19 Luftbildaufnahme Gorleben [8.8]

Bisher wurde im sog. Erkundungsbereich 1 ein Streckennetz von insgesamt ~7 km Länge aufgefahren und Erkundungsbohrungen mit einer Gesamtlänge von ~11 km erstellt. In diesen Probebohrungen können Messungen, wie z.B. Temperaturmessungen, Deformationsmessungen oder seismische Messungen vorgenommen werden. Das beim Bau der Schächte und Auffahren der untertägigen Hohlräume geförderte Salz (ca. 600 000 t) lagert auf einer Salzhalde in der Nähe des Bergwerks und wird später z.B. zur Verfüllung genutzt.

...Das beim Bau der Schächte und beim Auffahren der untertägigen Hohlräume geförderte Salz (ca. 600 000 t) lagert auf einer Salzhalde in der Nähe des Bergwerks und kann später zur Verfüllung der Hohlräume um die Endlagergebinde verwendet werden. Das Erkundungsbergwerk befindet sich in einer Tiefe von 800...900 m. Das tatsächliche Endlager würde in einer Tiefe von etwa 880...1200 m errichtet werden.

Die Erkundungsarbeiten in Gorleben wurden am 01.10.2000 aufgrund eines Moratoriums (gesetzlich angeordneter oder vertraglich vereinbarter Aufschub) der Bundesregierung für mindestens 3 und höchstens 10 Jahre unterbrochen, weil das Bundesministerium für Umwelt, Naturschutz und Reaktorsicherheit (BMU) Fragestellungen zu konzeptionellen und sicherheitstechnischen Aspekten abarbeiten wollte und eine weitere Erkundung des Salzstockes Gorleben nicht zur Klärung dieser Fragen beitragen konnte. Ende 2005 wurde vom Bundesamt für Strahlenschutz (BfS) als Ergebnis der Abarbeitung der Fragestellungen der Synthesebericht „Konzeptionelle und sicherheitstechnische Fragen der Endlagerung radioaktiver Abfälle – Wirtsgesteine im Vergleich“ vorgelegt. Es hat sich gezeigt, dass es weder sicherheitstechnische, noch methodische bzw. konzeptionelle Gründe gibt, die Zweifel lassen an der Eignung des Standortes Gorleben für die Einrichtung eines Endlagers für radioaktive Stoffe ([8.10]). Das Moratorium lief am 01.10.2010 aus. Das BMU hat bereits im März 2010 veranlasst, die Planungen für die weiteren Erkundungsschritte ab Oktober wieder aufzunehmen.

Der Betreiber des Erkundungsbergwerkes Gorleben ist das BfS, das wiederum die Deutsche Gesellschaft zum Bau und Betrieb von Endlagern für Abfallstoffe (DBE) mit dem Betrieb und den Erkundungsarbeiten beauftragt hat. Zunächst soll der bereits angelegte Erkundungsbereich 1 (EB 1) weiteren geowissenschaftlichen Untersuchungen unterzogen werden. Im Anschluss soll EB 3 aufgefahren und erkundet werden. Auf Basis der im EB 1 gewonnenen Erkenntnisse wird eine vorläufige Sicherheitsanalyse durchgeführt, deren Grundlage die „Sicherheitsanforderungen an die Endlagerung wärmeentwickelnder radioaktiver Abfälle“ des BMU vom 30. September 2010 sind. Für die Durchführung dieser vorläufigen Sicherheitsanalyse hat das BMU die Gesellschaft für Anlagen- und Reaktorsicherheit (GRS) beauftragt. Die Ergebnisse sollen 2012 vorliegen. Diese vorläufige Sicherheitsanalyse wird dann maßgebend für die weiteren Erkundungsarbeiten sein, deren Erkenntnisse dann zu einer vollständigen Sicherheitsanalyse führen, sodass etwa im Jahr 2020 eine Eignungsaussage zum Salzstock Gorleben getroffen wer-

Bild 8.20 Foto einer Firstenfräse in der 840-m-Sohle im Salzstock Gorleben [8.8]

den kann. Ist die Eignungsaussage positiv, kann vom BfS ein Planfeststellungsantrag zur Errichtung und Inbetriebnahme eines Endlagers im Salzstock Gorleben eingereicht werden. Planfeststellungsbehörde ist in diesem Fall das Niedersächsische Ministerium für Umwelt- und Klimaschutz. Aufgrund der heutigen Erfahrungen ist davon auszugehen, dass ein Endlager frühestens 2035 in Betrieb genommen werden könnte.

8.6.3 Barrierenkonzept, Langzeitsicherheit

Ziel der Endlagerung ist es, die radioaktiven Reststoffe für eine ausreichend lange Zeit sicher von der Biosphäre zu trennen. Hierzu muss gewährleistet sein, dass technische und geologische Barrieren den notwendigen Schutz aufbringen und sich die Endlagerstätte auch über den Zeitraum der Endlagerung nicht verändert.

Aufgrund der sehr langen (geologischen) Zeiträume, die für die Endlagerung betrachtet werden müssen, ist es nicht möglich, die Frage der geologischen Veränderung rein experimentell zu untersuchen. So ist man bei der Bewertung der Eignung einer Lagerstätte einerseits auf die gewonnenen Erkundungsergebnisse, die Interpretation geologischer Erkenntnisse (z.B. natürliche Analoga) sowie bekannter geowissenschaftlicher Entwicklungsvorgänge, andererseits auch auf Computersimulationen angewiesen, die die geologische Entwicklung in dem für die Isolation notwendigen Zeitraum aufzeigen.

Die verwendeten Computermodelle müssen hinsichtlich ihrer Eignung verifiziert werden. Für Vorhersagen über einen Zeitraum von einigen 1000 bis zu 100 000 Jahren lassen sich die Computermodelle z.B. mit Messungen an den betrachteten geologischen Formationen selbst vergleichen. Die Salzstöcke in Norddeutschland, z.B. auch der Salzstock Gorleben, entstanden vor ~250 Mio. Jahren durch die Verdunstung von Meerwasser. Die ursprünglich horizontal abgelagerten Salzfolgen wurden von Gesteinen späterer Epochen überlagert. Unterschiede in der Dichte von Salzgestein und den überlagernden Schichten und die Fließfähigkeit des Salzes führten durch die entstehenden Drücke und Spannungen zum Salzaufstieg und letztendlich zu den heute vorliegenden Salzstrukturen (Salzkissen, Salzstöcke, Salzmauern). Lässt sich diese Entwicklung nun mit angenommenen Startparametern und Randbedingungen mit Computermodellen nachbilden und ergeben sich plausible Resultate, so kann man annehmen, dass mit diesen Modellen auch die kommenden 100 000 Jahre realistisch wiedergegeben werden können.

Anmerkung

Ein weiteres Beispiel, das zur Verifikation der Computermodelle und z.B. auch zur Beurteilung des Transports radioaktiver Stoffe in der Biosphäre herangezogen werden kann, ist der Naturreaktor von Oklo (Gabun). Hier haben vor ca. 2 Mrd. Jahren im natürlichen Uran, das damals noch einen Anteil von ca. 3,7% spaltbarem ^{235}U *enthielt, selbstständige Kettenreaktionen mit Regenwasser als Moderator stattgefunden. Die erzeugten Spaltprodukte wurden ungehindert in der Umgebung verteilt. Dieser Stofftransport kann nun mit Modellrechnungen nachvollzogen werden. Durch Messungen lassen sich die Ergebnisse der Rechnungen und die Qualität der Codes überprüfen und man erhält Erfahrungswerte, wie sich radioaktive Substanzen in der Biosphäre verteilen.*

Um eine sichere Funktion des Endlagers, d.h. die Rückhaltung der endgelagerten Stoffe von der Biosphäre, zu erhalten, wird ein mehrstufiges Barrierenkonzept verfolgt, das den sicheren Einschluss des radioaktiven Inventars gewährleisten soll. Die einzelnen Barrieren lassen sich wie folgt darstellen:

- **Technische Barriere**
  Durch die Abfallkonditionierung (Abschnitt 8.5) werden die radioaktiven Reststoffe z.B. glaschemisch in eine feste Matrix gebunden. Das verwendete Glas (z.B. Borosilikatglas) weist zudem eine hohe Beständigkeit gegen Auslaugung auf.
- **Geotechnische Barriere**
  Die Resthohlräume zwischen den einzelnen Gebinden und in den Einlagerungskammern sowie die Zugangsschächte werden nach der Einbringung der

Abfallgebinde z.B. mit Salz oder Bentonit verfüllt (einer Mischung verschiedener Tonmineralien, die eine starke Wasseraufnahmefähigkeit aufweist, vgl. Bild 8.17). Als zusätzlicher Schutz dienen technische Hindernisse, z.B. Dammbauwerke, zum Abriegeln verfüllter Einlagerungsbereiche.

- ❑ **Geologische Barriere**
  Das Wirtsgestein und die es umgebenden Gesteinsschichten (Deckgebirge und Nebengestein) bilden die geologische Barriere.

Je nach gewählter geologischer Formation kann bzw. muss den unterschiedlichen Barrieren eine verschieden starke Bedeutung zugemessen werden, je nach dem wie hoch der geologische Schutz durch die vorgefundene Gegebenheit gewährleistet ist. Z.B. bietet Steinsalz als Wirtsgestein für ein Endlager einige prinzipielle Vorteile (vgl. Abschnitt 8.6.1), die weniger technische Barrieren erfordern als es beispielsweise in Granitgestein nötig wäre.

Weiterführende Literatur

Volkmer, M.: *Radioaktivität und Strahlenschutz,* Berlin: Informationskreis KernEnergie, 2004.
Bohn, Thomas, (Hrsg.): *Band 9 Handbuchreihe Energie. Reaktortechnik.* Gräfelfing: Technischer Verlag Resch, Köln: Verlag TÜV Rheinland, 1986.
Frike, J., Borst, W. L.: *Energie.* München: Oldenbourg Verlag, 1984.
Voss, A., Thöne, E. (Hrsg.): *Kernenergie und die zukünftige Energieversorgung.* Berlin: Springer Verlag, 1986.
Deutsches Atomforum: *Endlagerung technisch gelöst. 2008.*
Helmholtz Gemeinschaft: *Kernfusion. IPP, FZJ, FZK, 2006.*
Herrmann, A. G.: *Radioaktive Abfälle.* Berlin: Springer Verlag, 1983.
Wiederaufarbeitungsanlage Karlsruhe Betriebsgesellschaft mbH: *Stilllegung und Rückbau der Wiederaufarbeitungsanlage Karlsruhe. 2005.*
Ministerium für Finanzen und Energie des Landes Schleswig-Holstein: *Dezentrale Zwischenlagerung von abgebrannten Brennelementen. 2001*
Bayerisches Staatsministerium für Umwelt, Gesundheit und Verbraucherschutz: *Radioaktivität und Strahlenmessung. 2006.*

Quellenverzeichnis

[1.1] Verband der Elektrizitätswirtschaft, VDEW.
[1.2] BDEW, 2007.
[1.3] ZINK, M.: Können sich Kernenergie und regenerative Energien ergänzen? www.Energie-Fakten.de, 29. 03. 2011.
[1.4] VGB PowerTech e.V.: Pressemitteilung vom 17. September 2008.
[1.5] AG Energiebilanzen.

[2.1] WOLF RAINER LESS (HRSG.), M. FLECKENSTEIN, W. GOTTWALD, B. STIEGLITZ: *Die handlungsorientierte Ausbildung für Laborberufe, Band 1: Pflichtqualifikationen.* Würzburg: Vogel Buchverlag, 2006.

[3.1] SCHWANKNER, R.: *Radiochemie Praktikum.* Verlag UTB, 1068: 1980.
[3.2] Informationskreis KernEnergie.
[3.3] Verordnung über den Schutz vor Schäden durch ionisierende Strahlen (Strahlenschutzverordnung, StrlSchV), 2001.
[3.4] KOELZER, W.: *Lexikon zur Kernenergie.* Forschungszentrum Karlsruhe, 2008.
[3.5] BAUMGÄRNTER, F., EBERT, K., GELFORT, E., LIESER, K. H.: *Nukleare Entsorgung.* Band 3, Weinheim: VHC Verlag, 1986.
[3.6] Deutsches Atomforum (Hrsg.): *Emissionen aus Kernkraftwerken und Strahlenbelastung.* Berlin: 2008.
[3.7] Strahlenschutzregister des Bundesamtes für Strahlenschutz (BfS).
[3.8] Areva NP GmbH.
[3.9] HERING, E., SCHULZ, W.: *Kernkraftwerke, Radioaktivität und Strahlenwirkung.* Düsseldorf: VDI Verlag, 1987.

[4.1] Informationskreis KernEnergie.
[4.2] Bundesamt für Strahlenschutz, (Hrsg.): *Jahresbericht 2006.* Salzgitter: 2007.
[4.3] Uranium 2007: Resources, Production and Demand (Red Book der IAEA).
[4.4] MICHAELIS, H.: *Handbuch der Kernenergie.* Berlin: Econ Verlag, 1986.
[4.5] Urenco Deutschland GmbH.
[4.6] ZIEGLER, A: *Lehrbuch der Reaktortechnik.* Berlin: Springer Verlag, 1985.
[4.7] Westinghouse Electric Germany GmbH.
[4.8] Areva NP GmbH.

[5.1] Fricke, J., Borst, W. L.: *Energie – Ein Lehrbuch der physikalischen Grundlagen.* München: Oldenbourg Verlag, 1984.
[5.2] Michaelis, H.: *Handbuch der Kernenergie.* Berlin: Econ Verlag, 1986.
[5.3] Kugeler, K., Schulten, R.: *Hochtemperaturreaktortechnik.* Berlin: Springer Verlag, 1989.
[5.4] Strauss, K.: *Kraftwerkstechnik.* Berlin: Springer Verlag, 1997.
[5.5] Deutsches Atomforum (Hrsg.): *Basiswissen Kernenergie.* Berlin: 2004.
[5.6] Bohn, Th., (Hrsg.): Band 10 Handbuchreihe Energie. *Kernkraftwerke.* Gräfelfing: Technischer Verlag Resch / Köln: Verlag TÜV Rheinland, 1986.
[5.7] Westinghouse Electric Germany GmbH.
[5.8] Areva NP GmbH.
[5.9] Ziegler, A.: *Lehrbuch der Reaktortechnik.* Berlin: Springer Verlag, 1985.
[5.10] Informationskreis Kernenergie: *Jahresbericht Kernenergie 2006.* Berlin: 2007.
[5.11] Niedersächsische Landeszentrale für politische Bildung: *Kernenergie.* 1979.

[6.1] Ziegler, A.: *Lehrbuch der Reaktortechnik.* Berlin: Springer Verlag, 1985.
[6.2] DAtF: *Kernenergie – Aktuell* 2007, 2007.
[6.3] Bundesamt für Strahlenschutz (BfS): Auflistung in Betrieb befindlicher und abgeschalteter bzw. in Stilllegung befindlicher Leistungs-, Prototyp- und Forschungsreaktoren sowie von Anlagen der Kernbrennstoffver- und -entsorgung in Deutschland, 2006.
[6.4] Informationskreis KernEnergie: *atw*: INFORUM Verlags- und Verwaltungsgesellschaft mbH, Berlin: 2011.
[6.5] Uranium 2007: *Resources, Production and Demand* (Red Book der IAEA).
[6.6] Areva NP GmbH.
[6.7] VGB PowerTech e.V. Pressemitteilung vom 17. September 2008.
[6.8] Bohn, Th., (Hrsg.): Band 10 Handbuchreihe Energie. *Kernkraftwerke.* Gräfelfing: Technischer Verlag Resch, Köln: Verlag TÜV Rheinland, 1986.
[6.9] Informationskreis KernEnergie.
[6.10] EPR, Areva, G-61-V1-07-GER
[6.11] Kraftwerksschule e.V.
[6.12] *Atomwirtschaft,* Jahrgang 1984, Heft 12.

[6.13] Westinghouse Electric Germany GmbH.
[6.14] KUGELER, K., SCHULTEN, R.: *Hochtemperaturreaktortechnik.* Berlin: Springer Verlag, 1989.
[6.15] EFDA-JET.
[6.16] Max-Planck-Institut für Plasmaphysik.
[6.17] Forschungszentrum Jülich GmbH.
[6.18] Babcock Noell GmbH.
[6.19] Max-Planck-Institut für Plasmaphysik (IPP) (Hrsg.): *Kernfusion – Berichte aus der Forschung*, Folge 2. Garching: 2003.
[6.20] Forschungszentrum Karlsruhe GmbH.
[6.21] ITER.

[7.1] Westinghouse Electric Germany GmbH.
[7.2] Siemens AG, Energy Sector.
[7.3] Balcke Dürr GmbH.
[7.4] e.on Kernkraft GmbH.

[8.1] Bundesamt für Strahlenschutz, (Hrsg.): *Jahresbericht 2006*. Salzgitter: 2007.
[8.2] DAtF: Aufbewahrung radioaktiver Abfälle – Zwischenlösung bis zur Endlagerung, 2007.
[8.3] Westinghouse Electric Germany GmbH.
[8.4] Gesellschaft für Nuklear-Service mbH.
[8.5] Brennelementlager Gorleben GmbH.
[8.6] Informationskreis KernEnergie.
[8.7] Forschungszentrum Karlsruhe GmbH, Institut für Nukleare Entsorgung.
[8.8] DBE mbH.
[8.9] DBE-Technology GmbH.
[8.10] Deutsches Atomforum e.V.: *Jahresbericht 2007*. Berlin: 2008.

Stichwortverzeichnis